输电线路无人机巡检专业题库

国网河北省电力有限公司培训中心　组织编写

中国建材工业出版社

图书在版编目（CIP）数据

输电线路无人机巡检专业题库 / 国网河北省电力有限公司培训中心组织编写．--北京：中国建材工业出版社，2020.11

ISBN 978-7-5160-2864-3

Ⅰ.①输…　Ⅱ.①国…　Ⅲ.①无人驾驶飞机—应用—输电线路—巡回检测—岗位培训—习题集　Ⅳ.①TM726-44

中国版本图书馆 CIP 数据核字（2020）第 048055 号

输电线路无人机巡检专业题库
Shudian Xianlu Wurenji Xunjian Zhuanye Tiku
国网河北省电力有限公司培训中心　组织编写

出版发行：中国建材工业出版社
地　　址：北京市海淀区三里河路 1 号
邮　　编：100044
经　　销：全国各地新华书店
印　　刷：北京雁林吉兆印刷有限公司
开　　本：787mm×1092mm　1/16
印　　张：25.75
字　　数：440 千字
版　　次：2020 年 11 月第 1 版
印　　次：2020 年 11 月第 1 次
定　　价：138.00 元

本社网址：www.jccbs.com，微信公众号：zgjcgycbs

前　　言

为进一步加强输电线路无人机巡检专业的规范化、标准化，更好地开展无人机巡检的培训工作，提升一线员工的理论水平，国网河北省电力有限公司结合无人机巡检现状以及河北电网的生产实际，根据国家、行业、企业的规程标准规定，组织编写《输电线路无人机巡检专业题库》。

本书以无人机巡检作业的基础理论及规程标准为主要依据，题型设置包括单选题、多选题、判断题、填空题、简答题、缺陷识别题六种类型，题型设置充分，具有较强的实用性，可以发挥对培训效果的检测作用。

本书由陈长金主编，由丁立坤主审。其中第一部分单选题，由陈长金、闫佳文、郭小燕、刘哲编写，第二部分多选题，由陈长金、王英军、崔延平、刘东、吴强、赵锦涛编写，第三部分判断题，由陈长金、王英军、魏力强、程旭、邹园、刘晨晨编写，第四部分填空题，由陈长金、蒋春悦、王万福、李学斌、陈旭、杨明智编写，第五部分简答题，由陈长金、祝晓辉、丁立坤、许磊、任燕编写，第六部分缺陷识别，由陈长金、李刚涛、吕潇、郝顺杰、芦浩编写，全书由陈长金统稿。

本书最大限度结合理论与实际生产，既可以作为技能培训的学习参考资料，又可以作为技能鉴定、专业技能竞赛和相关技术人员的学习材料。

由于编者水平有限，加之时间仓促，书中难免有疏漏或不妥之处，存在不少缺点和疏漏，敬请广大读者批评指正。

本书编写组

2020 年 7 月

目　　录

第1部分　单选题

1. 高［电］压：①通常指超过低压的电压等级。②特定情况下，指电力系统中(　　)的电压等级。

A. 输电　　B. 变电　　C. 配电　　D. 用电

答案：A

出处：《国家电网公司电力安全工作规程 线路部分》(Q/GDW 1799.2—2013)

2. (　　)的电气设备，系指全部带有电压、一部分带有电压或一经操作即带有电压的电气设备。

A. 试验中　　B. 运行中　　C. 运用中　　D. 调试中

答案：C

出处：《国家电网公司电力安全工作规程 线路部分》(Q/GDW 1799.2—2013)

3. 事故紧急抢修工作，指电气设备发生故障被迫紧急停止运行，需(　　)恢复的抢修和排除故障的工作。

A. 短时间内　　B. 按计划时间内　　C. 规定时间内　　D. 限定时间内

答案：A

出处：《国家电网公司电力安全工作规程 线路部分》(Q/GDW 1799.2—2013)

4. 事故紧急抢修工作，指电气设备发生故障(　　)，需短时间内恢复的抢修和排除故障的工作。

A. 可以短期运行　　B. 有可能引起停运

C. 被迫紧急停止运行　　D. 可能引起系统障碍

答案：C

出处：《国家电网公司电力安全工作规程 线路部分》(Q/GDW 1799.2—2013)

5. 双重称号是指线路的(　　)。

A. 名称和称号　　B. 名称和位置称号　　C. 编号和位置称号　　D. 编号和称号

答案：B

出处：《国家电网公司电力安全工作规程 线路部分》(Q/GDW 1799.2—2013)

6. 线路位置称号指上线、中线或下线和(　　)的左线或右线。

A. 面向送电侧　　B. 面向受电侧

C. 面向线路杆塔号增大方向　　D. 面向线路杆塔号减小方向

答案：C

出处：《国家电网公司电力安全工作规程 线路部分》(Q/GDW 1799.2—2013)

7. 为加强电力生产现场管理，规范(　　)，保证人身、电网和设备的安全，依据国家有关法律、法规，结合电力生产的实际，制定电力安全工作规程。

A. 电力生产的安全管理　　B. 各类工作人员的行为

C. 现场作业的工作流程　　D. 各类设备的作业方法

答案：B

出处：《国家电网公司电力安全工作规程 线路部分》（Q/GDW 1799.2—2013）

8. 为加强电力生产现场管理，规范各类工作人员的行为，保证人身、电网和设备的安全，依据国家有关法律、法规，（　），制定电力安全工作规程。

A. 结合电力行业特点　　B. 根据工作实际

C. 结合电力生产的实际　　D. 为满足现场需要

答案：C

出处：《国家电网公司电力安全工作规程 线路部分》（Q/GDW 1799.2—2013）

9. 作业现场的（　）等应符合有关标准、规范的要求，工作人员的劳动防护用品应合格、齐备。

A. 办公条件和安全设施　　B. 办公条件和生产设施

C. 生产条件和生产设施　　D. 生产条件和安全设施

答案：D

出处：《国家电网公司电力安全工作规程 线路部分》（Q/GDW 1799.2—2013）

10. 作业现场的生产条件和安全设施等应符合有关标准、规范的要求，工作人员的（　）应合格、齐备。

A. 个人工器具　　B. 服装　　C. 劳动防护用品　　D. 作业保护

答案：C

出处：《国家电网公司电力安全工作规程 线路部分》（Q/GDW 1799.2—2013）

11. 经常有人工作的场所及施工车辆上宜配备急救箱，存放急救用品，并应指定（　）经常检查、补充或更换。

A. 技术员　　B. 管理员　　C. 单人　　D. 专人

答案：D

出处：《国家电网公司电力安全工作规程 线路部分》（Q/GDW 1799.2—2013）

12. 现场使用的安全工器具应（　）并符合有关要求。

A. 规范　　B. 合格　　C. 齐备　　D. 可靠

答案：B

出处：《国家电网公司电力安全工作规程 线路部分》（Q/GDW 1799.2—2013）

13. 各类作业人员应被告知其作业现场和工作岗位存在的危险因素、防范措施及（　）。

A. 事故紧急处理措施　　B. 紧急救护措施　　C. 应急预案　　D. 逃生方法

答案：A

出处：《国家电网公司电力安全工作规程 线路部分》（Q/GDW 1799.2—2013）

14. 作业人员应经医师鉴定，无妨碍工作的病症，体格检查每（　）至少一次。

A. 半年　　B. 一年　　C. 两年　　D. 三年

答案：C

出处：《国家电网公司电力安全工作规程 线路部分》（Q/GDW 1799.2—2013）

15. 作业人员应经医师鉴定，（　）病症，体格检查每两年至少一次。

A. 无容易传染的　　B. 无不能治愈的　　C. 无慢性　　D. 无妨碍工作的

答案：D

出处：《国家电网公司电力安全工作规程 线路部分》(Q/GDW 1799.2—2013)

16. 作业人员应具备必要的电气知识和业务技能，且按工作性质，熟悉《国家电网公司电力安全工作规程 线路部分》的相关部分，并经(　　)。

A. 专业培训　　B. 考试合格　　C. 技能培训　　D. 现场实习

答案：B

出处：《国家电网公司电力安全工作规程 线路部分》(Q/GDW 1799.2—2013)

17. 作业人员应具备必要的安全生产知识，学会紧急救护法，特别要学会(　　)。

A. 创伤急救　　B. 溺水急救　　C. 触电急救　　D. 高空急救

答案：C

出处：《国家电网公司电力安全工作规程 线路部分》(Q/GDW 1799.2—2013)

18. 作业人员应具备必要的(　　)，学会紧急救护法，特别要学会触电急救。

A. 安全生产知识　　B. 技能等级　　C. 专业学历　　D. 工作经验

答案：A

出处：《国家电网公司电力安全工作规程 线路部分》(Q/GDW 1799.2—2013)

19. 进入作业现场应正确佩戴安全帽，现场作业人员应穿(　　)、绝缘鞋。

A. 绝缘服　　B. 屏蔽服

C. 防静电服　　D. 全棉长袖工作服

答案：D

出处：《国家电网公司电力安全工作规程 线路部分》(Q/GDW 1799.2—2013)

20. 各类作业人员应接受相应的安全生产教育和岗位技能培训，经(　　)上岗。

A. 领导批准　　B. 安全培训　　C. 考试合格　　D. 现场实习

答案：C

出处：《国家电网公司电力安全工作规程 线路部分》(Q/GDW 1799.2—2013)

21. 作业人员对《国家电网公司电力安全工作规程 线路部分》应(　　)考试一次。

A. 每半半　　B. 每年　　C. 每两年　　D. 每三年

答案：B

出处：《国家电网公司电力安全工作规程 线路部分》(Q/GDW 1799.2—2013)

22. 作业人员因故间断电气工作连续(　　)个月以上者，应重新学习《国家电网公司电力安全工作规程 线路部分》，并经考试合格后，方能恢复工作。

A. 半　　B. 一　　C. 二　　D. 三

答案：D

出处：《国家电网公司电力安全工作规程 线路部分》(Q/GDW 1799.2—2013)

23. 参与公司系统所承担电气工作的外单位或外来人员应熟悉《国家电网公司电力安全工作规程 线路部分》，经考试合格，并经(　　)认可，方可参加工作。

A. 相关单位分管领导　　B. 设备运维管理单位

C. 安全监督管理部门　　D. 调度控制中心

答案：B

出处：《国家电网公司电力安全工作规程 线路部分》(Q/GDW 1799.2—2013)

24. 任何人发现有违反《国家电网公司电力安全工作规程 线路部分》的情况，应

(　　)，经纠正后才能恢复作业。

A. 立即制止　　B. 立即报告领导　　C. 停止作业　　D. 批评教育

答案：A

出处：《国家电网公司电力安全工作规程 线路部分》(Q/GDW 1799.2—2013)

25. 现场勘察由工作票签发人或(　　)组织。

A. 项目经理　　B. 工作负责人　　C. 施工队负责人　　D. 工作许可人

答案：B

出处：《国家电网公司电力安全工作规程 线路部分》(Q/GDW 1799.2—2013)

26. 在220kV带电线路杆塔上且与带电导线最小安全距离不小于3m规定的工作应使用(　　)。

A. 第一种工作票　　B. 第二种工作票

C. 带电工作票　　D. 事故紧急抢修单

答案：B

出处：《国家电网公司电力安全工作规程 线路部分》(Q/GDW 1799.2—2013)

27. 非连续进行的事故修复工作，应使用(　　)。

A. 工作票　　B. 事故紧急抢修单　　C. 安全措施票　　D. 工作任务单

答案：A

出处：《国家电网公司电力安全工作规程 线路部分》(Q/GDW 1799.2—2013)

28. 涂写杆塔号、安装标识牌等，工作地点在杆塔最下层导线以下，并能够保持符合安全规程要求安全距离的工作可(　　)。

A. 使用第一种工作票　　B. 使用第二种工作票

C. 使用带电作业票　　D. 按口头或电话命令执行

答案：D

出处：《国家电网公司电力安全工作规程 线路部分》(Q/GDW 1799.2—2013)

29. 工作票填写如有个别错、漏内容需要修改，应使用(　　)，字迹应清楚。

A. 修正液修改　　B. 附纸修改　　C. 规范的符号　　D. 备注修改

答案：C

出处：《国家电网公司电力安全工作规程 线路部分》(Q/GDW 1799.2—2013)

30. 工作票一份交工作负责人，另一份留存工作票签发人或工作许可人处。工作票应(　　)交给工作负责人。

A. 工作时　　B. 提前　　C. 开工前　　D. 许可时

答案：B

出处：《国家电网公司电力安全工作规程 线路部分》(Q/GDW 1799.2—2013)

31. 用计算机生成或打印的工作票应使用统一的票面格式。由(　　)审核无误，手工或电子签名后方可执行。

A. 工作票签发人　　B. 工作许可人　　C. 工作负责人　　D. 生产管理人员

答案：A

出处：《国家电网公司电力安全工作规程 线路部分》(Q/GDW 1799.2—2013)

32. 一张工作票中，工作票签发人和工作许可人(　　)工作负责人。

A. 可以兼任　　B. 不得兼任　　C. 必要时兼任　　D. 经批准可兼任

答案：B

出处：《国家电网公司电力安全工作规程　线路部分》(Q/GDW 1799.2—2013)

33. 工作票由设备运维管理单位签发，也可由经设备运维管理单位(　　)的检修及基建单位签发。

A. 审核合格　　B. 授权

C. 批准　　D. 审核合格且经批准

答案：D

出处：《国家电网公司电力安全工作规程　线路部分》(Q/GDW 1799.2—2013)

34. 检修及基建单位的(　　)应事先送有关设备运维管理单位、调度控制中心备案。

A. 工作许可人名单　　B. 工作票签发人、工作负责人名单

C. 单位人员名单　　D. 工作班成员名单

答案：B

出处：《国家电网公司电力安全工作规程　线路部分》(Q/GDW 1799.2—2013)

35. 检修及基建单位的工作票签发人、工作负责人名单应事先送有关(　　)备案。

A. 发包单位的安质部、建设部　　B. 发包单位的安质部、运维检修部

C. 设备运维管理单位、调度控制中心　　D. 发包单位的建设部、运维检修部

答案：C

出处：《国家电网公司电力安全工作规程　线路部分》(Q/GDW 1799.2—2013)

36. 承发包工程中，工作票(　　)。

A. 必须由设备运维单位签发　　B. 必须由承包单位签发

C. 可实行“双签发”形式　　D. 必须由主管部门签发

答案：C

出处：《国家电网公司电力安全工作规程　线路部分》(Q/GDW 1799.2—2013)

37. 承发包工程中，工作票可实行(　　)形式。签发工作票时，双方(　　)在工作票上分别签名，各自承担《国家电网公司电力安全工作规程　线路部分》工作票签发人相应的安全责任。

A. 工作票签发人　　B. 工作负责人　　C. 项目负责人　　D. 生产管理人员

答案：A

出处：《国家电网公司电力安全工作规程　线路部分》(Q/GDW 1799.2—2013)

38. 在工作期间，工作票应始终保留在(　　)手中。

A. 工作票签发人　　B. 工作负责人　　C. 工作许可人　　D. 专责监护人

答案：B

出处：《国家电网公司电力安全工作规程　线路部分》(Q/GDW 1799.2—2013)

39. 带电作业工作票，对同一电压等级、同类型、相同安全措施且(　　)的带电作业，可在数条线路上共用一张工作票。

A. 同时停用重合闸　　B. 同时开展的工作　　C. 同一天的工作　　D. 依次进行

答案：D

出处：《国家电网公司电力安全工作规程　线路部分》(Q/GDW 1799.2—2013)

40. 一个工作负责人(　　)多张工作票。

A. 不能同时持有　　B. 不能同时执行

C. 不能一次执行　　D. 不能同时接受许可

答案：B

出处：《国家电网公司电力安全工作规程 线路部分》（Q/GDW 1799.2—2013）

41. 若一张工作票下设多个小组工作，每个小组应指定（　　），并使用工作任务单。

A. 工作联系人　　B. 工作协调人

C. 工作许可人　　D. 小组负责人（监护人）

答案：D

出处：《国家电网公司电力安全工作规程 线路部分》（Q/GDW 1799.2—2013）

42. 一张工作票下设多个小组工作，工作任务单由（　　）许可。

A. 工作票签发人　B. 工作负责人　C. 工作许可人　D. 小组负责人

答案：B

出处：《国家电网公司电力安全工作规程 线路部分》（Q/GDW 1799.2—2013）

43. 一张工作票下设多个小组工作，工作结束后，由小组负责人交回工作任务单，向（　　）办理工作结束手续。

A. 工作票签发人　B. 工作负责人　C. 工作许可人　D. 调控值班人员

答案：B

出处：《国家电网公司电力安全工作规程 线路部分》（Q/GDW 1799.2—2013）

44. 工作任务单一式两份，由工作票签发人或工作负责人签发，一份（　　）留存，另一份交小组负责人执行。

A. 工作许可人　B. 工作负责人　C. 工作票签发人　D. 调控值班人员

答案：B

出处：《国家电网公司电力安全工作规程 线路部分》（Q/GDW 1799.2—2013）

45. 一回线路检修（施工），若配合停电线路属于其他单位，应由检修（施工）单位事先（　　），经配合线路的设备运维管理单位同意并实施停电、接地。

A. 口头告知　B. 书面告知　C. 口头申请　D. 书面申请

答案：D

出处：《国家电网公司电力安全工作规程 线路部分》（Q/GDW 1799.2—2013）

46. 一回线路检修（施工），其邻近或交叉的其他电力线路需进行配合停电和接地时，应在（　　）。

A. 工作日志中记录　　B. 交底记录中记录

C. 工作票中列入相应的注意事项　　D. 工作票中列入相应的安全措施

答案：D

出处：《国家电网公司电力安全工作规程 线路部分》（Q/GDW 1799.2—2013）

47. 若配合停电线路属于其他单位，应由检修（施工）单位事先书面申请，经配合线路的（　　）同意并实施停电、接地。

A. 设备运维管理单位　　B. 设备资产单位

C. 设备检修单位　　D. 设备施工单位

答案：A

出处：《国家电网公司电力安全工作规程 线路部分》（Q/GDW 1799.2—2013）

48. 若配合停电线路属于其他单位，应由检修（施工）单位事先书面申请，经配合线路的设备运维管理单位同意并实施（　　）。

A. 停电　　B. 接地　　C. 停电、接地　　D. 隔离

答案：C

出处：《国家电网公司电力安全工作规程 线路部分》(Q/GDW 1799.2—2013)

49. 一条线路分区段工作，若填用一张工作票，经(　　)同意，在线路检修状态下，由工作班自行装设的接地线等安全措施可分段执行。

A. 工作票签发人　　B. 工作负责人　　C. 工作许可人　　D. 专责监护人

答案：A

出处：《国家电网公司电力安全工作规程 线路部分》(Q/GDW 1799.2—2013)

50. 一条线路分区段工作，若填用一张工作票，经工作票签发人同意，在线路检修状态下，由工作班自行装设的接地线等安全措施可分段执行。工作票中应填写清楚使用接地线的(　　)等随工作区段转移情况。

A. 装设时间、位置　　B. 编号、装拆时间、位置

C. 编号、装拆时间　　D. 编号、装设时间、位置

答案：B

出处：《国家电网公司电力安全工作规程 线路部分》(Q/GDW 1799.2—2013)

51. 一条线路分区段工作，若填用一张工作票，经工作票签发人同意，在线路检修状态下，由工作班自行装设的接地线等安全措施(　　)。

A. 应一次完成　　B. 可分段执行

C. 可分天执行　　D. 应在工作前完成

答案：B

出处：《国家电网公司电力安全工作规程 线路部分》(Q/GDW 1799.2—2013)

52. 持线路或电缆工作票进入变电站或发电厂升压站进行架空线路、电缆等工作，应增填工作票份数，由变电站或发电厂(　　)许可，并留存。

A. 技术人员　　B. 值班人员　　C. 工作许可人　　D. 安全人员

答案：C

出处：《国家电网公司电力安全工作规程 线路部分》(Q/GDW 1799.2—2013)

53. 持线路或电缆工作票进入变电站或发电厂升压站进行架空线路、电缆等工作，应(　　)，由变电站或发电厂工作许可人许可，并留存。

A. 得到部门领导人批准　　B. 持工作联系单

C. 得到调度工作许可　　D. 增填工作票份数

答案：D

出处：《国家电网公司电力安全工作规程 线路部分》(Q/GDW 1799.2—2013)

54. 第一、第二种工作票和带电作业工作票的有效时间，以批准的(　　)为限。

A. 工作时间　　B. 申请时间　　C. 停役时间　　D. 检修期

答案：D

出处：《国家电网公司电力安全工作规程 线路部分》(Q/GDW 1799.2—2013)

55. 第二种工作票需办理延期手续，应在有效时间尚未结束以前由(　　)向工作票签发人提出申请，经同意后给予办理。

A. 小组负责人　　B. 工作负责人　　C. 工作许可人　　D. 专责监护人

答案：B

出处：《国家电网公司电力安全工作规程 线路部分》（Q/GDW 1799.2—2013）

56. 第一种工作票需办理延期手续，应在有效时间尚未结束以前由工作负责人向（ ）提出申请，经同意后给予办理。

A. 工作票签发人　B. 调控值班员　C. 工作许可人　D. 专责监护人

答案：C

出处：《国家电网公司电力安全工作规程 线路部分》（Q/GDW 1799.2—2013）

57. 第一种工作票需办理延期手续，应在（ ）由工作负责人向工作许可人提出申请，经同意后给予办理。

A. 计划时间尚未结束以前　B. 有效时间尚未结束以前

C. 工作总结前　D. 有效时间结束前

答案：B

出处：《国家电网公司电力安全工作规程 线路部分》（Q/GDW 1799.2—2013）

58. 工作票签发人名单应（ ）。

A. 公布　B. 公示　C. 备案　D. 口头通知

答案：A

出处：《国家电网公司电力安全工作规程 线路部分》（Q/GDW 1799.2—2013）

59. 工作负责人（监护人）、工作许可人应由有一定工作经验，熟悉《国家电网公司电力安全工作规程 线路部分》、熟悉工作范围内的设备情况，并经（ ）批准的人员担任。

A. 工区（车间）　B. 主管领导　C. 安监部门　D. 本单位

答案：A

出处：《国家电网公司电力安全工作规程 线路部分》（Q/GDW 1799.2—2013）

60. 检查工作票所列安全措施是否正确完备，是否符合现场实际条件，必要时予以补充完善是（ ）的安全责任。

A. 工作票签发人　B. 工作许可人

C. 工作负责人（监护人）　D. 专责监护人

答案：C

出处：《国家电网公司电力安全工作规程 线路部分》（Q/GDW 1799.2—2013）

61. 工作许可人审票时，确认工作票所列安全措施是否正确完备，对工作票所列内容发生疑问时，应向（ ）询问清楚，必要时予以补充。

A. 工作票签发人　B. 工作许可人

C. 工作负责人（监护人）　D. 专责监护人

答案：A

出处：《国家电网公司电力安全工作规程 线路部分》（Q/GDW 1799.2—2013）

62. 保证由其负责的停、送电和许可工作的命令正确是（ ）的安全责任。

A. 工作票签发人　B. 工作许可人

C. 工作负责人（监护人）　D. 专责监护人

答案：B

出处：《国家电网公司电力安全工作规程 线路部分》（Q/GDW 1799.2—2013）

63. 监督被监护人员遵守《国家电网公司电力安全工作规程 线路部分》和执行现场安全措施，及时纠正被监护人员的不安全行为是（ ）的安全责任。

A. 工作票签发人　　B. 工作许可人

C. 工作负责人（监护人）　　D. 专责监护人

答案：D

出处：《国家电网公司电力安全工作规程 线路部分》（Q/GDW 1799.2—2013）

64. 工作班成员的安全责任：服从（　　）的指挥，严格遵守《国家电网公司电力安全工作规程 线路部分》和劳动纪律，在确定的作业范围内工作，对自己在工作中的行为负责，互相关心工作安全。

A. 工作负责人（监护人）、专责监护人　　B. 工作负责人（监护人）

C. 工作负责人（监护人）、小组监护人　　D. 专责监护人

答案：A

出处：《国家电网公司电力安全工作规程 线路部分》（Q/GDW 1799.2—2013）

65. 正确使用施工机具、安全工器具和劳动防护用品是（　　）的安全责任。

A. 工作票签发人　　B. 工作班成员　　C. 工作负责人　　D. 专责监护人

答案：B

出处：《国家电网公司电力安全工作规程 线路部分》（Q/GDW 1799.2—2013）

66. 填用第一种工作票进行工作，工作负责人应在得到（　　）的许可后，方可开始工作。

A. 第一个工作许可人　　B. 工作票签发人

C. 任何一个工作许可人　　D. 全部工作许可人

答案：D

出处：《国家电网公司电力安全工作规程 线路部分》（Q/GDW 1799.2—2013）

67. 线路停电检修，工作许可人应在线路可能受电的各方面（含变电站、发电厂、环网线路、分支线路、用户线路和配合停电的线路）都已停电，并挂好（　　）后，方能发出许可工作的命令。

A. 安全警示牌　　B. 工作接地线　　C. 个人保安线　　D. 操作接地线

答案：D

出处：《国家电网公司电力安全工作规程 线路部分》（Q/GDW 1799.2—2013）

68. 对直接在现场许可的停电工作，工作许可人和工作负责人应在工作票上记录（　　），并签名。

A. 工作内容　　B. 停电范围　　C. 许可时间　　D. 安全措施

答案：C

出处：《国家电网公司电力安全工作规程 线路部分》（Q/GDW 1799.2—2013）

69. 若停电线路作业还涉及其他单位配合停电的线路，工作负责人应在得到指定的配合停电设备（　　）通知这些线路已停电，并履行工作许可书面手续后才可开始工作。

A. 资产管理单位联系人　　B. 运维管理单位联系人

C. 调控值班员　　D. 运维人员

答案：B

出处：《国家电网公司电力安全工作规程 线路部分》（Q/GDW 1799.2—2013）

70. 填用（　　）工作票时，不需要履行工作许可手续。

A. 电力线路第一种　　B. 电力线路第二种

C. 带电作业　　D. 电力电缆第一种

答案：B

出处：《国家电网公司电力安全工作规程 线路部分》（Q/GDW 1799.2—2013）

71. 工作许可手续完成后，工作负责人、专责监护人应向工作班成员交待工作内容、人员分工、带电部位和现场安全措施，进行危险点告知，并履行确认手续，（ ），工作班方可开始工作。

A. 所有人员签字后 B. 装完工作接地线后

C. 所有人员到位后 D. 现场准备工作完成后

答案：B

出处：《国家电网公司电力安全工作规程 线路部分》（Q/GDW 1799.2—2013）

72. 若专责监护人必须长时间离开工作现场，应由（ ）变更专责监护人，履行变更手续，并告知全体被监护工作人员。

A. 工作票签发人 B. 工作负责人 C. 小组负责人 D. 工作许可人

答案：B

出处：《国家电网公司电力安全工作规程 线路部分》（Q/GDW 1799.2—2013）

73. 若工作负责人必须长时间离开工作现场，应由（ ）变更工作负责人，履行变更手续，并告知全体作业人员及工作许可人。

A. 工作票签发人 B. 原工作票签发人 C. 工作许可人 D. 小组负责人

答案：B

出处：《国家电网公司电力安全工作规程 线路部分》（Q/GDW 1799.2—2013）

74. 工作期间，工作负责人若因故暂时离开工作现场时，应指定能胜任的人员临时代替，并告知（ ）。

A. 工作票签发人 B. 工作班成员 C. 工作许可人 D. 小组负责人

答案：B

出处：《国家电网公司电力安全工作规程 线路部分》（Q/GDW 1799.2—2013）

75. 在工作中遇雷、雨、大风或其他任何情况威胁到（ ）时，工作负责人或专责监护人可根据情况，临时停止工作。

A. 作业人员的安全 B. 电网的安全

C. 设备的安全 D. 施工机具的安全

答案：A

出处：《国家电网公司电力安全工作规程 线路部分》（Q/GDW 1799.2—2013）

76. 在工作中遇雷、雨、大风或其他任何情况威胁到作业人员的安全时，（ ）可根据情况，临时停止工作。

A. 工作负责人 B. 工作许可人 C. 专责监护人 D. 工作票签发人

答案：A

出处：《国家电网公司电力安全工作规程 线路部分》（Q/GDW 1799.2—2013）

77. 白天工作间断时，工作地点的（ ）仍保留不动。

A. 操作接地线 B. 工作接地线 C. 全部接地线 D. 安全警示牌

答案：C

出处：《国家电网公司电力安全工作规程 线路部分》（Q/GDW 1799.2—2013）

78. 填用数日内工作有效的第一种工作票，每日收工时如果将工作地点所装的接地线拆

除，次日恢复工作前应(　　)。

A. 重新验电　　B. 直接挂接地线

C. 重新验电挂接地线　　D. 使用个人保安线

答案：C

出处：《国家电网公司电力安全工作规程　线路部分》(Q/GDW 1799.2—2013)

79. 工作完工后，(　　)应检查线路检修地段的状况，确认在杆塔上、导线上、绝缘子串上及其他辅助设备上没有遗留的个人保安线、工具、材料等，查明全部作业人员确由杆塔上撤下后，再命令拆除工作地段所挂的接地线。

A. 工作负责人(包括小组负责人)　　B. 工作许可人

C. 专责监护人　　D. 班组人员

答案：A

出处：《国家电网公司电力安全工作规程　线路部分》(Q/GDW 1799.2—2013)

80. 完工(　　)，应即认为线路带电，不准任何人再登杆进行工作。

A. 接地线拆除后　　B. 作业人员确由杆塔上撤下后

C. 各作业点报完工后　　D. 个人保安线拆除后

答案：A

出处：《国家电网公司电力安全工作规程　线路部分》(Q/GDW 1799.2—2013)

81. 多个小组工作，(　　)应得到所有小组负责人工作结束的汇报。

A. 工作许可人　　B. 工作监护人　　C. 工作票签发人　　D. 工作负责人

答案：D

出处：《国家电网公司电力安全工作规程　线路部分》(Q/GDW 1799.2—2013)

82. 已终结的工作票、事故紧急抢修单、工作任务单应保存(　　)。

A. 6个月　　B. 9个月　　C. 一年　　D. 两年

答案：C

出处：《国家电网公司电力安全工作规程　线路部分》(Q/GDW 1799.2—2013)

83. 进行线路停电作业前，应断开线路上需要操作的(　　)(含分支)断路器(开关)、隔离开关(刀闸)和熔断器。

A. 各端　　B. 两端　　C. 送电端　　D. 任一端

答案：A

出处：《国家电网公司电力安全工作规程　线路部分》(Q/GDW 1799.2—2013)

84. 停电设备的各端，应有明显的断开点，若无法观察到停电设备的断开点，应有能够反映设备运行状态的(　　)等指示。

A. 电气和机械　　B. 遥信信息　　C. 机械　　D. 变位

答案：A

出处：《国家电网公司电力安全工作规程　线路部分》(Q/GDW 1799.2—2013)

85. 断开跌落式熔断器后，跌落式熔断器的熔管应摘下或(　　)。

A. 悬挂标识牌　　B. 加锁

C. 设围栏　　D. 悬挂标识牌、加锁

答案：A

出处：《国家电网公司电力安全工作规程　线路部分》(Q/GDW 1799.2—2013)

86. 在停电线路工作地段接地前，应使用(　　)验明线路确无电压。

A. 不小于相应电压等级、合格的验电器

B. 相应电压等级、合格的接触式验电器

C. 相应电压等级、合格的验电器

D. 不小于相应电压等级、合格的接触式验电器

答案：B

出处：《国家电网公司电力安全工作规程 线路部分》(Q/GDW 1799.2—2013)

87. 直流线路和(　　)kV 及以上的交流线路，可使用合格的绝缘棒或专用的绝缘绳验电。

A. 35　　B. 66　　C. 110　　D. 330

答案：D

出处：《国家电网公司电力安全工作规程 线路部分》(Q/GDW 1799.2—2013)

88. 66kV、110kV 线路验电时，人体与被验电设备最小安全距离为(　　)m，并设专人监护。

A. 1　　B. 1.5　　C. 2　　D. 2.5

答案：B

出处：《国家电网公司电力安全工作规程 线路部分》(Q/GDW 1799.2—2013)

89. 500kV 线路验电时，人体与被验电设备最小安全距离为(　　)m，并设专人监护。

A. 3　　B. 4　　C. 5　　D. 6

答案：C

出处：《国家电网公司电力安全工作规程 线路部分》(Q/GDW 1799.2—2013)

90. 验电前，应先在有电设备上进行试验，确认验电器良好；无法在有电设备上进行试验时，可用(　　)高压发生器等确认验电器良好。

A. 工频　　B. 高频　　C. 中频　　D. 低频

答案：A

出处：《国家电网公司电力安全工作规程 线路部分》(Q/GDW 1799.2—2013)

91. 使用伸缩式验电器时应保证绝缘的(　　)。

A. 长度　　B. 有效　　C. 有效长度　　D. 良好

答案：C

出处：《国家电网公司电力安全工作规程 线路部分》(Q/GDW 1799.2—2013)

92. 根据间接验电信号的变化进行判断时，至少应有(　　)的指示发生对应变化，且所有这些确定的指示均已同时发生对应变化，才能确认该设备已无电。

A. 两个机械指示位置　　B. 两个电气指示位置

B. 带电显示装置　　D. 两个非同样原理或非同源

答案：D

出处：《国家电网公司电力安全工作规程 线路部分》(Q/GDW 1799.2—2013)

93. 线路的验电应逐相（直流线路逐极）进行。检修联络用的断路器（开关）、隔离开关（刀闸）或其组合时，应在其(　　)验电。

A. 送电侧　　B. 受电侧　　C. 两侧　　D. 任意一侧

答案：C

出处：《国家电网公司电力安全工作规程 线路部分》(Q/GDW 1799.2—2013)

94. 安装工作接地线应全部列入(　　)，工作负责人应确认所有工作接地线均已挂设完成方可宣布开工。

A. 工作票　　B. 操作票　　C. 工作任务单　　D. 现场交底记录

答案：A

出处：《国家电网公司电力安全工作规程 线路部分》(Q/GDW 1799.2—2013)

95. 各工作班(　　)各端和工作地段内有可能反送电的各分支线（包括用户）都应接地。

A. 作业杆塔　　B. 工作线路　　C. 停电线路　　D. 工作地段

答案：D

出处：《国家电网公司电力安全工作规程 线路部分》(Q/GDW 1799.2—2013)

96. (　　)线路可以只在工作地点附近装设一组工作接地线。

A. 作业杆塔　　B. 配合停电单　　C. 停电线路　　D. 工作地段

答案：B

出处：《国家电网公司电力安全工作规程 线路部分》(Q/GDW 1799.2—2013)

97. 禁止作业人员擅自变更工作票中指定的接地线位置，如需变更，应由工作负责人征得(　　)同意，并在工作票上注明变更情况。

A. 工作许可人　　B. 调控值班员　　C. 工作票签发人　　D. 各小组负责人

答案：C

出处：《国家电网公司电力安全工作规程 线路部分》(Q/GDW 1799.2—2013)

98. 禁止作业人员(　　)接地线位置。

A. 变更工作票中指定的　　B. 变更

C. 擅自变更工作票中指定的　　D. 改变

答案：C

出处：《国家电网公司电力安全工作规程 线路部分》(Q/GDW 1799.2—2013)

99. 对同杆塔架设的多层电力线路挂接地线时，应(　　)。

A. 先挂低压、后挂高压，先挂上层、后挂下层，先挂远侧、后挂近侧

B. 先挂高压、后挂低压，先挂上层、后挂下层，先挂近侧、后挂远侧

C. 先挂低压、后挂高压，先挂下层、后挂上层，先挂近侧、后挂远侧

D. 先挂高压、后挂低压，先挂下层、后挂上层，先挂远侧、后挂近侧

答案：C

出处：《国家电网公司电力安全工作规程 线路部分》(Q/GDW 1799.2—2013)

100. 对同杆塔架设的多层电力线路拆除接地线时，应(　　)。

A. 先拆低压、后拆高压，先拆上层、后拆下层，先拆近侧、后拆远侧

B. 先拆高压、后拆低压，先拆上层、后拆下层，先拆远侧、后拆近侧

C. 先拆低压、后拆高压，先拆下层、后拆上层，先拆近侧、后拆远侧

D. 先拆高压、后拆低压，先拆下层、后拆上层，先拆远侧、后拆近侧

答案：B

出处：《国家电网公司电力安全工作规程 线路部分》(Q/GDW 1799.2—2013)

101. 成套接地线应由有透明护套的多股软铜线和专用线夹组成，其截面积不应小于

(　　)mm^2，同时应满足装设地点短路电流的要求。

A. 18　　B. 20　　C. 25　　D. 30

答案：C

出处：《国家电网公司电力安全工作规程 线路部分》(Q/GDW 1799.2—2013)

102. 装、拆接地线时，人体不准碰触(　　)。

A. 接地线的导体端　　B. 接地线和未接地的导线

C. 已接地的导线　　D. 接地通道

答案：B

出处：《国家电网公司电力安全工作规程 线路部分》(Q/GDW 1799.2—2013)

103. 在杆塔或横担接地良好的条件下装设接地线时，接地线可单独或合并后接到杆塔上，但杆塔接地电阻和(　　)应良好。

A. 接地装置　　B. 接地通道　　C. 杆塔基础　　D. 土壤电阻

答案：B

出处：《国家电网公司电力安全工作规程 线路部分》(Q/GDW 1799.2—2013)

104. 无接地引下线的杆塔，可采用临时接地体。临时接地体的截面积和埋深分别不准小于(　　)。

A. 190mm^2 和 0.4m　　B. 160mm^2 和 0.6m

C. 160mm^2 和 0.8m　　D. 190mm^2 和 0.6m

答案：D

出处：《国家电网公司电力安全工作规程 线路部分》(Q/GDW 1799.2—2013)

105. 断开耐张杆塔引线或工作中需要拉开断路器（开关）、隔离开关（刀闸）时，应先在其(　　)装设接地线。

A. 两侧　　B. 受电侧　　C. 送电侧　　D. 任意一侧

答案：A

出处：《国家电网公司电力安全工作规程 线路部分》(Q/GDW 1799.2—2013)

106. 工作地段如有邻近、平行、交叉跨越及同杆塔架设线路，为防止停电检修线路上感应电压伤人，在需要工作时，应使用个人保安线。

A. 杆塔上　　B. 绝缘子串上　　C. 接触或接近导线　　D. 架空地线上

答案：C

出处：《国家电网公司电力安全工作规程 线路部分》(Q/GDW 1799.2—2013)

107. 个人保安线由(　　)负责自行装、拆。

A. 作业人员　　B. 专责监护人　　C. 工作负责人　　D. 小组负责人

答案：A

出处：《国家电网公司电力安全工作规程 线路部分》(Q/GDW 1799.2—2013)

108. 个人保安线应在杆塔上接触或接近导线的(　　)挂接，作业结束，脱离导线后拆除。

A. 作业开始前　　B. 作业时　　C. 开工前　　D. 许可工作前

答案：A

出处：《国家电网公司电力安全工作规程 线路部分》(Q/GDW 1799.2—2013)

109. 个人保安线应使用有透明护套的多股软铜线，截面积不应小于(　　)mm2，且应带有绝缘手柄或绝缘部件。

A. 20　　B. 16　　C. 14　　D. 12

答案：B

出处：《国家电网公司电力安全工作规程　线路部分》(Q/GDW 1799.2—2013)

110. 进行地面10kV配电设备部分停电的工作，人员工作时距设备小于(　　)m安全距离以内的未停电设备，应增设临时围栏。临时围栏与带电部分的距离，不准小于0.35m。

A. 0.7　　B. 1.0　　C. 1.2　　D. 1.5

答案：A

出处：《国家电网公司电力安全工作规程　线路部分》(Q/GDW 1799.2—2013)

111. 进行地面配电设备部分停电的工作，所增设的临时围栏应装设牢固，并悬挂(　　)的标识牌。

A. "止步，高压危险!"　　B. "禁止合闸，有人工作!"

C. "禁止攀登，高压危险!"　　D. "在此工作!"

答案：A

出处：《国家电网公司电力安全工作规程　线路部分》(Q/GDW 1799.2—2013)

112. 高压配电设备做耐压试验时应在周围设围栏，围栏上应向外悬挂适当数量的(　　)标识牌。

A. "止步，高压危险"　　B. "禁止合闸，有人工作"

C. "禁止攀登，高压危险"　　D. "在此工作"

答案：A

出处：《国家电网公司电力安全工作规程　线路部分》(Q/GDW 1799.2—2013)

113. 夜间巡线应沿线路(　　)进行；大风时，巡线应沿线路(　　)前进，以免万一触及断落的导线。

A. 外侧；上风侧　　B. 内侧；下风侧　　C. 外侧；下风侧　　D. 内侧；上风侧

答案：A

出处：《国家电网公司电力安全工作规程　线路部分》(Q/GDW 1799.2—2013)

114. 巡线人员发现导线、电缆断落地面或悬挂空中，应设法防止行人靠近断线地点(　　)m以内。

A. 4　　B. 6　　C. 8　　D. 10

答案：C

出处：《国家电网公司电力安全工作规程　线路部分》(Q/GDW 1799.2—2013)

115. 进行配电设备巡视的人员，应熟悉设备的(　　)。

A. 投运时间和检修周期　　B. 内部结构和接线情况

B. 内部结构和投运时间　　D. 内部结构和检修周期

答案：B

出处：《国家电网公司电力安全工作规程　线路部分》(Q/GDW 1799.2—2013)

116. 倒闸操作应使用(　　)。

A. 操作票　　B. 倒闸操作票　　C. 倒闸票　　D. 倒闸工作票

答案：B

出处：《国家电网公司电力安全工作规程　线路部分》(Q/GDW 1799.2—2013)

117. 操作后无法看到设备实际位置，需通过各类信号进行判断时，至少应有(　　)指示发生对应变化，且所有这些确定的指示均已同时发生对应变化，方可确认该设备已操作到位。

A. 两个非同样原理　　B. 两个非同源的

C. 两个同样原理和同源的　　D. 两个非同样原理或非同源的

答案：D

出处：《国家电网公司电力安全工作规程 线路部分》(Q/GDW 1799.2—2013)

118. 操作中发生疑问时，不准擅自更改操作票，应向(　　)询问，清楚无误后再进行操作。

A. 调控值班员　　B. 操作监护人　　C. 运维值班员　　D. 操作发令人

答案：D

出处：《国家电网公司电力安全工作规程 线路部分》(Q/GDW 1799.2—2013)

119. 在操作柱上断路器（开关）时，应有防止断路器（开关）(　　)时伤人的措施。

A. 失灵　　B. 坠落　　C. 损坏　　D. 爆炸

答案：D

出处：《国家电网公司电力安全工作规程 线路部分》(Q/GDW 1799.2—2013)

120. 雨天操作应使用有防雨罩的绝缘棒，并(　　)。

A. 穿绝缘鞋，戴绝缘手套　　B. 穿绝缘靴，戴橡胶手套

C. 穿绝缘鞋，戴橡胶手套　　D. 穿绝缘靴，戴绝缘手套

答案：D

出处：《国家电网公司电力安全工作规程 线路部分》(Q/GDW 1799.2—2013)

121. 更换配电变压器跌落式熔断器熔丝的工作，应先将(　　)拉开。

A. 低压断路器

B. 高压隔离开关（刀闸）或跌落式熔断器

C. 低压断路器和高压隔离开关（刀闸）或跌落式熔断器

D. 跌落式熔断器

答案：C

出处：《国家电网公司电力安全工作规程 线路部分》(Q/GDW 1799.2—2013)

122. 作废的操作票，应注明“作废”字样，未执行的应注明“未执行”字样，已操作的应注明“已执行”字样。操作票应保存(　　)。

A. 三个月　　B. 六个月　　C. 一年　　D. 两年

答案：C

出处：《国家电网公司电力安全工作规程 线路部分》(Q/GDW 1799.2—2013)

123. 解开或恢复杆塔、配电变压器和避雷器的接地引线时，应戴(　　)。

A. 绝缘手套　　B. 线手套　　C. 皮手套　　D. 棉手套

答案：A

出处：《国家电网公司电力安全工作规程 线路部分》(Q/GDW 1799.2—2013)

124. 测量低压线路和配电变压器低压侧的电流时，可使用(　　)。应注意不触及其他带电部分，以防相间短路。

A. 电压表　　B. 功率表　　C. 钳型电流表　　D. 绝缘电阻表

答案：C

出处：《国家电网公司电力安全工作规程 线路部分》(Q/GDW 1799.2—2013)

125. 带电线路导线的垂直距离（导线弛度、交叉跨越距离），可用(　　)测量。

A. 皮尺　　B. 钢卷尺

C. 测量仪或使用绝缘测量工具　　D. 绳索

答案：C

出处：《国家电网公司电力安全工作规程 线路部分》(Q/GDW 1799.2—2013)

126. 在线路带电情况下，砍剪靠近线路的树木时，(　　)应在工作开始前，向全体人员说明：电力线路有电，人员、树木、绳索应与导线保持符合安全规程要求的安全距离。

A. 工作许可人　　B. 工作票签发人　　C. 工作负责人　　D. 小组负责人

答案：C

出处：《国家电网公司电力安全工作规程 线路部分》(Q/GDW 1799.2—2013)

127. 在10kV线路带电情况下，砍剪靠近线路的树木时，人员、树木、绳索应与导线保持(　　)m的安全距离。

A. 4.0　　B. 3.0　　C. 2.5　　D. 1.0

答案：D

出处：《国家电网公司电力安全工作规程 线路部分》(Q/GDW 1799.2—2013)

128. 在66kV、110kV线路带电情况下，砍剪靠近线路的树木时，人员、树木、绳索应与导线保持(　　)m的安全距离。

A. 4.0　　B. 3.0　　C. 2.5　　D. 1.0

答案：B

出处：《国家电网公司电力安全工作规程 线路部分》(Q/GDW 1799.2—2013)

129. 在220kV线路带电情况下，砍剪靠近线路的树木时，人员、树木、绳索应与导线保持(　　)m的安全距离。

A. 5.0　　B. 4.0　　C. 3.0　　D. 2.5

答案：B

出处：《国家电网公司电力安全工作规程 线路部分》(Q/GDW 1799.2—2013)

130. 砍剪树木时，应使用安全带。安全带不准系在待砍剪树枝的断口(　　)。

A. 附近　　B. 附近或以上　　C. 以上　　D. 以下

答案：B

出处：《国家电网公司电力安全工作规程 线路部分》(Q/GDW 1799.2—2013)

131. 砍剪山坡树木应做好防止树木向(　　)弹跳接近导线的措施。

A. 下　　B. 上　　C. 左　　D. 右

答案：A

出处：《国家电网公司电力安全工作规程 线路部分》(Q/GDW 1799.2—2013)

132. 树枝接触或接近高压带电导线时，应将高压线路停电或用(　　)使树枝远离带电导线至安全距离。此前禁止人体接触树木。

A. 绳索　　B. 干燥的毛竹　　C. 绝缘工具　　D. 工具

答案：C

出处：《国家电网公司电力安全工作规程 线路部分》(Q/GDW 1799.2—2013)

133. 风力超过(　　)级时，禁止砍剪高出或接近导线的树木。

A. 3　　B. 4　　C. 5　　D. 6

答案：C

出处：《国家电网公司电力安全工作规程 线路部分》(Q/GDW 1799. 2—2013)

134. 使用油锯和电锯的作业，应由熟悉(　　)的人员操作。使用时，应先检查所能锯到的范围内有无铁钉等金属物件，以防金属物体飞出伤人。

A. 试验周期和机电原理　　B. 机械性能和机电原理

C. 试验周期和操作方法　　D. 机械性能和操作方法

答案：D

出处：《国家电网公司电力安全工作规程 线路部分》(Q/GDW 1799. 2—2013)

135. 在带电杆塔上进行测量、防腐、巡视检查、紧杆塔螺栓、清除杆塔上异物等工作，应使用绝缘无极绳索，风力应不大于(　　)级，并应有专人监护。

A. 4　　B. 5　　C. 6　　D. 7

答案：B

出处：《国家电网公司电力安全工作规程 线路部分》(Q/GDW 1799. 2—2013)

136. 在 66kV、110kV 带电线路杆塔上工作，作业人员活动范围及其所携带的工具、材料等，与带电导线最小安全距离不准小于(　　)m。

A. 1. 0　　B. 1. 5　　C. 3. 0　　D. 4. 0

答案：B

出处：《国家电网公司电力安全工作规程 线路部分》(Q/GDW 1799. 2—2013)

137. 在 220kV 带电线路杆塔上工作，作业人员活动范围及其所携带的工具、材料等，与带电导线最小安全距离不准小于(　　)m。

A. 1. 0　　B. 1. 5　　C. 3. 0　　D. 4. 0

答案：C

出处：《国家电网公司电力安全工作规程 线路部分》(Q/GDW 1799. 2—2013)

138. 在 330kV 带电线路杆塔上工作，作业人员活动范围及其所携带的工具、材料等，与带电导线最小安全距离不准小于(　　)m。

A. 1. 5　　B. 3. 0　　C. 4. 0　　D. 5. 0

答案：C

出处：《国家电网公司电力安全工作规程 线路部分》(Q/GDW 1799. 2—2013)

139. 在 500kV 带电线路杆塔上工作，作业人员活动范围及其所携带的工具、材料等，与带电导线最小安全距离不准小于(　　)m。

A. 3. 0　　B. 4. 0　　C. 5. 0　　D. 8. 0

答案：C

出处：《国家电网公司电力安全工作规程 线路部分》(Q/GDW 1799. 2—2013)

140. 在 10kV 及以下的带电杆塔上进行工作，作业人员距最下层带电导线的垂直距离不准小于(　　)m。

A. 0. 35　　B. 0. 6　　C. 0. 7　　D. 1. 0

答案：C

出处：《国家电网公司电力安全工作规程 线路部分》(Q/GDW 1799. 2—2013)

141. 运行中的高压直流输电系统的直流接地极线路和接地极应视为带电线路。各种工作情况下，邻近运行中的直流接地极线路导线的最小安全距离按(　　)直流电压等级控制。

A. ±50kV　　B. ±400kV　　C. ±500kV　　D. ±660kV

答案：A

出处：《国家电网公司电力安全工作规程 线路部分》(Q/GDW 1799.2—2013)

142. 邻近或交叉其他 220kV 电力线工作的安全距离为(　　)m。

A. 1.8　　B. 2.1　　C. 3.0　　D. 4.0

答案：D

出处：《国家电网公司电力安全工作规程 线路部分》(Q/GDW 1799.2—2013)

143. 邻近或交叉其他 110kV 电力线工作的安全距离为(　　)m。

A. 1.0　　B. 2.0　　C. 3.0　　D. 4.0

答案：C

出处：《国家电网公司电力安全工作规程 线路部分》(Q/GDW 1799.2—2013)

144. 邻近或交叉其他 330kV 电力线工作的安全距离为(　　)m。

A. 3.0　　B. 4.0　　C. 5.0　　D. 6.0

答案：C

出处：《国家电网公司电力安全工作规程 线路部分》(Q/GDW 1799.2—2013)

145. 邻近或交叉其他 500kV 电力线工作的安全距离为(　　)m。

A. 4.0　　B. 5.0　　C. 6.0　　D. 7.0

答案：C

出处：《国家电网公司电力安全工作规程 线路部分》(Q/GDW 1799.2—2013)

146. 邻近或交叉其他±500kV 电力线工作的安全距离为(　　)m。

A. 7.8　　B. 8.2　　C. 10　　D. 11.1

答案：A

出处：《国家电网公司电力安全工作规程 线路部分》(Q/GDW 1799.2—2013)

147. 停电检修的线路如与另一回带电线路相交叉或接近，以致工作时人员和工器具可能和另一回导线接触或接近至符合安全规程规定的安全距离以内，则另一回线路也应(　　)。

A. 停电　　B. 接地　　C. 停电并予接地　　D. 停用重合闸

答案：C

出处：《国家电网公司电力安全工作规程 线路部分》(Q/GDW 1799.2—2013)

148. 在邻近带电 66kV 线路进行工作时，人体、导线、施工机具等与带电导线的安全距离为(　　)m，牵引绳索和拉绳与带电导线的最小安全距离为(　　)m。

A. 1；3　　B. 2.5；4　　C. 3；4　　D. 4；5

答案：C

出处：《国家电网公司电力安全工作规程 线路部分》(Q/GDW 1799.2—2013)

149. 在邻近带电 110kV 线路进行工作时，人体、导线、施工机具等与带电导线的安全距离应为(　　)m，牵引绳索和拉绳与带电导线的最小安全距离应为(　　)m。

A. 1；3　　B. 2.5；4　　C. 3；5　　D. 4；6

答案：C

出处：《国家电网公司电力安全工作规程 线路部分》（Q/GDW 1799.2—2013）

150. 在邻近带电220kV线路进行工作时，人体、导线、施工机具等与带电导线的安全距离应为（　　）m，牵引绳索和拉绳与带电导线的最小安全距离应为（　　）m。

A. 4；6　　B. 5；7　　C. 6；8.5　　D. 7；9

答案：A

出处：《国家电网公司电力安全工作规程 线路部分》（Q/GDW 1799.2—2013）

151. 在邻近带电330kV线路进行工作时，人体、导线、施工机具等与带电导线的安全距离应为（　　）m，牵引绳索和拉绳与带电导线的最小安全距离应为（　　）m。

A. 4；6　　B. 5；7　　C. 6；8　　D. 7；9

答案：B

出处：《国家电网公司电力安全工作规程 线路部分》（Q/GDW 1799.2—2013）

152. 在邻近带电500kV线路进行工作时，人体、导线、施工机具等与带电导线的安全距离应为（　　）m，牵引绳索和拉绳与带电导线的最小安全距离应为（　　）m。

A. 5；7　　B. 6；8.5　　C. 9；8.5　　D. 10；8.5

答案：B

出处：《国家电网公司电力安全工作规程 线路部分》（Q/GDW 1799.2—2013）

153. 在交叉档内松紧、降低或架设导、地线的工作，只有停电检修线路在带电线路（　　）时才可进行。

A. 上面　　B. 中间　　C. 下面　　D. 侧面

答案：C

出处：《国家电网公司电力安全工作规程 线路部分》（Q/GDW 1799.2—2013）

154. 若同杆架设的10（20）kV及以下线路带电，当满足安全规程规定的安全距离且采取可靠防止人身安全措施的情况下，可以进行（　　）的登杆停电检修工作。

A. 上层线路　　B. 下层线路

C. 整基杆塔　　D. 除最上层以外的线路

答案：B

出处：《国家电网公司电力安全工作规程 线路部分》（Q/GDW 1799.2—2013）

155. 同杆塔多回线路中部分线路停电的工作，工作票签发人和工作负责人对停电检修线路的称号应特别注意正确填写和检查。多回线路中的每回线路（直流线路每极）都应填写（　　）。

A. 线路名称　　B. 双重称号　　C. 线路称号　　D. 双重名称

答案：B

出处：《国家电网公司电力安全工作规程 线路部分》（Q/GDW 1799.2—2013）

156. 同杆塔多回线路中部分线路停电的工作，工作负责人在接受许可开始工作的命令时，应与（　　）核对停电线路双重称号无误。

A. 值班调控人员　　B. 工作票签发人　　C. 工作许可人　　D. 运维人员

答案：C

出处：《国家电网公司电力安全工作规程 线路部分》（Q/GDW 1799.2—2013）

157. 在同杆塔架设多回路中部分线路停电的杆塔上进行工作时，（　　）进入带电侧的横担或在该侧横担上放置任何物件。

A. 可以　　B. 经工作负责人同意可以
C. 不宜　　D. 不准

答案：D

出处：《国家电网公司电力安全工作规程 线路部分》(Q/GDW 1799.2—2013)

158. 在同杆塔架设多回线路中部分线路停电的杆塔上进行工作时，在停电线路一侧吊起或向下放落工具、材料等物体时，应使用(　　)传递，物件与带电导线的安全距离应符合安全规程的规定。

A. 绳索　　B. 钢丝绳　　C. 绝缘绳索　　D. 绝缘无极绳圈

答案：D

出处：《国家电网公司电力安全工作规程 线路部分》(Q/GDW 1799.2—2013)

159. 在同杆塔架设的多回线路上，下层线路带电，上层线路停电作业时，(　　)进行放、撤导线和地线的工作。

A. 不准　　B. 不宜
C. 经工作负责人同意可以　　D. 经领导批准可以

答案：A

出处：《国家电网公司电力安全工作规程 线路部分》(Q/GDW 1799.2—2013)

160. 在±400kV及以上电压等级的直流线路单极停电侧进行工作时，应穿着(　　)。

A. 静电感应防护服　　B. 全套屏蔽服　　C. 全棉工作服　　D. 导电鞋

答案：B

出处：《国家电网公司电力安全工作规程 线路部分》(Q/GDW 1799.2—2013)

161. 带电更换架空地线或架设耦合地线时，应通过(　　)可靠接地。

A. 滑车　　B. 绝缘滑车　　C. 放线滑车　　D. 金属滑车

答案：D

出处：《国家电网公司电力安全工作规程 线路部分》(Q/GDW 1799.2—2013)

162. 绝缘架空地线应视为带电体。作业人员与绝缘架空地线之间的距离不应小于(　　)m。(1000kV为0.6m)

A. 0.2　　B. 0.3　　C. 0.4　　D. 0.5

答案：C

出处：《国家电网公司电力安全工作规程 线路部分》(Q/GDW 1799.2—2013)

163. 如需在绝缘架空地线上作业，应用接地线或个人保安线将其可靠接地或采用(　　)方式进行。

A. 地电位　　B. 等电位　　C. 中间电位　　D. 斗臂车作业

答案：B

出处：《国家电网公司电力安全工作规程 线路部分》(Q/GDW 1799.2—2013)

164. 邻近高压线路工作，用(　　)传递大件金属物品(包括工具、材料等)时，杆塔或地面上作业人员应将金属物品接地后再接触，以防电击。

A. 绝缘绳索　　B. 尼龙绳　　C. 钢丝绳　　D. 麻绳

答案：A

出处：《国家电网公司电力安全工作规程 线路部分》(Q/GDW 1799.2—2013)

165. 在超过(　　)m深的基坑内作业时，向坑外抛掷土石应防止土石回落坑内，并做好防止土层塌方的临边防护措施。

A. 1. 0　　B. 1. 5　　C. 2. 0　　D. 2. 5

答案：B

出处：《国家电网公司电力安全工作规程 线路部分》（Q/GDW 1799. 2—2013）

166. 在下水道、煤气管线、潮湿地、垃圾堆或有腐蚀物等附近挖坑，在挖深超过(　　)m的坑内工作时，应采取安全措施，如戴防毒面具、向坑中送风和持续检测等。

A. 2. 0　　B. 2. 5　　C. 3. 0　　D. 3. 5

答案：A

出处：《国家电网公司电力安全工作规程 线路部分》（Q/GDW 1799. 2—2013）

167. 进行石坑、冻土坑打眼或打桩时，应检查锤把、锤头及钢钎。扶钎人应站在打锤人(　　)。

A. 正面　　B. 背面　　C. 侧面　　D. 对面

答案：C

出处：《国家电网公司电力安全工作规程 线路部分》（Q/GDW 1799. 2—2013）

168. (　　)携带器材登杆或在杆塔上移位。

A. 允许　　B. 经工作负责人同意可

C. 不宜　　D. 禁止

答案：D

出处：《国家电网公司电力安全工作规程 线路部分》（Q/GDW 1799. 2—2013）

169. 上横担进行工作前，应检查横担连接是否牢固和腐蚀情况，检查时安全带（绳）应系在主杆或(　　)上。

A. 绝缘子　　B. 导线　　C. 拉板　　D. 牢固的构件

答案：D

出处：《国家电网公司电力安全工作规程 线路部分》（Q/GDW 1799. 2—2013）

170. 在杆塔上作业时，应使用有后备保护绳或速差自锁器的双控背带式安全带，当后备保护绳超过(　　)m时，应使用缓冲器。

A. 1. 5　　B. 2　　C. 2. 5　　D. 3

答案：D

出处：《国家电网公司电力安全工作规程 线路部分》（Q/GDW 1799. 2—2013）

171. 在杆塔上作业，工作点下方应按(　　)设围栏或其他保护措施。

A. 坠落半径　　B. 作业范围　　C. 工作区域　　D. 活动范围

答案：A

出处：《国家电网公司电力安全工作规程 线路部分》（Q/GDW 1799. 2—2013）

172. 在杆塔上水平使用梯子时，应使用(　　)梯子。

A. 绝缘　　B. 铝合金　　C. 特制的专用　　D. 竹木

答案：C

出处：《国家电网公司电力安全工作规程 线路部分》（Q/GDW 1799. 2—2013）

173. 在杆塔上水平使用梯子时，应使用特制的专用梯子。工作前应将梯子两端与固定物可靠连接，一般(　　)在梯子上工作。

A. 由一人　　B. 不超过两人　　C. 两人　　D. 不超过3人

答案：A

出处：《国家电网公司电力安全工作规程 线路部分》(Q/GDW 1799.2—2013)

174. 在相分裂导线上工作时，安全带（绳）应挂在同一根子导线上，后备保护绳应挂在(　　)上。

A. 同一根子导线　B. 相邻两根子导线　C. 任意两根子导线　D. 整组相导线

答案：D

出处：《国家电网公司电力安全工作规程 线路部分》(Q/GDW 1799.2—2013)

175. 立、撤杆塔过程中基坑内禁止有人工作。除指挥人及指定人员外，其他人员应在处于杆塔高度的(　　)倍距离以外。

A. 1　B. 1.2　C. 1.5　D. 2

答案：B

出处：《国家电网公司电力安全工作规程 线路部分》(Q/GDW 1799.2—2013)

176. 顶杆及叉杆只能用于竖立(　　)m 以下的拔梢杆，不准用铁锹、桩柱等代用。

A. 8　B. 10　C. 12　D. 15

答案：A

出处：《国家电网公司电力安全工作规程 线路部分》(Q/GDW 1799.2—2013)

177. 使用吊车立、撤杆时，钢丝绳套应挂在电杆的(　　)以防止电杆突然倾倒。

A. 适当位置　B. 上部　C. 下部　D. 中部

答案：A

出处：《国家电网公司电力安全工作规程 线路部分》(Q/GDW 1799.2—2013)

178. 使用倒落式抱杆立、撤杆时，抱杆下部应固定牢固，抱杆(　　)应设临时拉线控制，临时拉线应均匀调节并由有经验的人员控制。

A. 上部　B. 中部　C. 顶部　D. 下部

答案：C

出处：《国家电网公司电力安全工作规程 线路部分》(Q/GDW 1799.2—2013)

179. 整体立、撤杆塔过程中，杆塔起立至(　　)时，应停止牵引，使用临时拉线调整杆塔。

A. 60°　B. 70°　C. 80°　D. 90°

答案：C

出处：《国家电网公司电力安全工作规程 线路部分》(Q/GDW 1799.2—2013)

180. 整体立、撤杆塔过程中，杆顶起立离地约(　　)m 时，应对杆塔进行一次冲击试验，对各受力点处做一次全面检查，确无问题，再继续起立。

A. 0.5　B. 0.6　C. 0.7　D. 0.8

答案：D

出处：《国家电网公司电力安全工作规程 线路部分》(Q/GDW 1799.2—2013)

181. 整体立、撤杆塔过程中，杆塔起立(　　)后，应减缓速度，注意各侧拉线。

A. 50°　B. 60°　C. 70°　D. 80°

答案：C

出处：《国家电网公司电力安全工作规程 线路部分》(Q/GDW 1799.2—2013)

182. 立、撤杆作业现场，不准利用树木或外露岩石作为受力桩。一个锚桩上的临时拉线不准超过(　　)根，临时拉线不准固定在有可能移动或其他不可靠的物体上。

A. 一　　B. 两　　C. 三　　D. 四

答案：B

出处：《国家电网公司电力安全工作规程 线路部分》(Q/GDW 1799.2—2013)

183. 临时拉线绑扎工作应由有经验的人员担任。临时拉线应在(　　)方可拆除。

A. 永久拉线安装时　　B. 永久拉线全部安装完毕承力后

C. 永久拉线全部安装完毕后　　D. 永久拉线安装前

答案：B

出处：《国家电网公司电力安全工作规程 线路部分》(Q/GDW 1799.2—2013)

184. 杆塔分解组立，提升抱杆时应逐节提升，禁止提升(　　)。

A. 过慢　　B. 过快　　C. 过低　　D. 过高

答案：D

出处：《国家电网公司电力安全工作规程 线路部分》(Q/GDW 1799.2—2013)

185. 杆塔分解组立，杆塔单面吊装时，抱杆倾斜不宜超过(　　)。

A. 15°　　B. 20°　　C. 25°　　D. 30°

答案：A

出处：《国家电网公司电力安全工作规程 线路部分》(Q/GDW 1799.2—2013)

186. 在10kV带电设备附近进行立、撤杆工作，杆塔、拉线与临时拉线应与带电设备保持的最小安全距离为(　　)。

A. 3m　　B. 4m　　C. 5m　　D. 6m

答案：A

出处：《国家电网公司电力安全工作规程 线路部分》(Q/GDW 1799.2—2013)

187. 在35kV带电设备附近进行立、撤杆工作，杆塔、拉线与临时拉线应与带电设备保持的最小安全距离为(　　)。

A. 3m　　B. 4m　　C. 5m　　D. 6m

答案：B

出处：《国家电网公司电力安全工作规程 线路部分》(Q/GDW 1799.2—2013)

188. 在66kV带电设备附近进行立、撤杆工作，杆塔、拉线与临时拉线应与带电设备保持的最小安全距离为(　　)。

A. 3m　　B. 4m　　C. 5m　　D. 6m

答案：B

出处：《国家电网公司电力安全工作规程 线路部分》(Q/GDW 1799.2—2013)

189. 在110kV带电设备附近进行立、撤杆工作，杆塔、拉线与临时拉线应与带电设备保持的最小安全距离为(　　)。

A. 3m　　B. 4m　　C. 5m　　D. 6m

答案：C

出处：《国家电网公司电力安全工作规程 线路部分》(Q/GDW 1799.2—2013)

190. 在220kV带电设备附近进行立、撤杆工作，杆塔、拉线与临时拉线应与带电设备保持的最小安全距离为(　　)。

A. 4m　　B. 5m　　C. 6m　　D. 7m

答案：C

出处：《国家电网公司电力安全工作规程 线路部分》(Q/GDW 1799.2—2013)

191. 在330kV带电设备附近进行立、撤杆工作，杆塔、拉线与临时拉线应与带电设备保持的最小安全距离为(　　)。

A. 6m　　B. 7m　　C. 8m　　D. 9m

答案：B

出处：《国家电网公司电力安全工作规程 线路部分》(Q/GDW 1799.2—2013)

192. 在500kV带电设备附近进行立、撤杆工作，杆塔、拉线与临时拉线应与带电设备保持的最小安全距离为(　　)。

A. 6m　　B. 7m　　C. 8.5m　　D. 9m

答案：C

出处：《国家电网公司电力安全工作规程 线路部分》(Q/GDW 1799.2—2013)

193. 已经立起的杆塔，回填夯实后方可撤去拉绳及叉杆。回填土块直径应不大于(　　)，回填应按规定分层夯实。

A. 30mm　　B. 40mm　　C. 50mm　　D. 60mm

答案：A

出处：《国家电网公司电力安全工作规程 线路部分》(Q/GDW 1799.2—2013)

194. 杆塔上有人时，(　　)调整或拆除拉线。

A. 可　　B. 宜　　C. 不准　　D. 不宜

答案：C

出处：《国家电网公司电力安全工作规程 线路部分》(Q/GDW 1799.2—2013)

195. 放线、紧线与撤线工作均应有(　　)，并做到通信畅通、加强监护。

A. 专人指挥、统一安排　　B. 专人指挥、统一信号

C. 分组指挥、统一安排　　D. 分组指挥、统一信号

答案：B

出处：《国家电网公司电力安全工作规程 线路部分》(Q/GDW 1799.2—2013)

196. 放线、紧线时，如遇导、地线有卡、挂住现象，应(　　)处理。处理时操作人员应站在卡线处外侧，采用工具、大绳等撬、拉导线。

A. 松线后　　B. 紧线后　　C. 紧线前　　D. 松线前

答案：A

出处：《国家电网公司电力安全工作规程 线路部分》(Q/GDW 1799.2—2013)

197. 放线、紧线与撤线工作时，人员不准站在或跨在已受力的牵引绳、导线的(　　)侧和展放的导、地线圈内以及牵引绳或架空线的垂直下方，防止意外跑线时受伤。

A. 外角　　B. 内角　　C. 受力　　D. 牵引

答案：B

出处：《国家电网公司电力安全工作规程 线路部分》(Q/GDW 1799.2—2013)

198. 跨越架的中心应在线路中心线上，宽度应超出所施放或拆除线路的两边各(　　)m，架顶两侧应装设外伸羊角。

A. 0.5　　B. 1.0　　C. 1.2　　D. 1.5

答案：D

出处：《国家电网公司电力安全工作规程 线路部分》（Q/GDW 1799.2—2013）

199. 跨越架与被跨 10kV 电力线路应不小于（　　）m 的安全距离，否则应停电搭设。

A. 0.7　　B. 1.0　　C. 1.2　　D. 1.5

答案：B

出处：《国家电网公司电力安全工作规程 线路部分》（Q/GDW 1799.2—2013）

200. 跨越架与被跨 35kV 电力线路应不小于（　　）m 的安全距离，否则应停电搭设。

A. 1.0　　B. 1.5　　C. 2.0　　D. 2.5

答案：D

出处：《国家电网公司电力安全工作规程 线路部分》（Q/GDW 1799.2—2013）

201. 跨越架与被跨 66kV 电力线路应不小于（　　）m 的安全距离，否则应停电搭设。

A. 2.5　　B. 3.0　　C. 4.0　　D. 5.0

答案：B

出处：《国家电网公司电力安全工作规程 线路部分》（Q/GDW 1799.2—2013）

202. 跨越带电线路时应使用（　　）。

A. 纤维绳　　B. 棕绳　　C. 绝缘绳索　　D. 白棕绳

答案：C

出处：《国家电网公司电力安全工作规程 线路部分》（Q/GDW 1799.2—2013）

203. 在张力放线的全过程中，人员不准在牵引绳、导引绳、导线（　　）通过或逗留。

A. 上方　　B. 下方　　C. 外角侧　　D. 两侧

答案：B

出处：《国家电网公司电力安全工作规程 线路部分》（Q/GDW 1799.2—2013）

204. 峭壁、陡坡的场地或人行道上的冰雪、碎石、泥土应经常清理，靠外面一侧应设（　　）高的栏杆。在栏杆内侧设（　　）高的侧板，以防坠物伤人。

A. 1050～1200mm；180mm　　B. 1050～1200mm；170mm

C. 1050～1100mm；180mm　　D. 1050～1100mm；170mm

答案：A

出处：《国家电网公司电力安全工作规程 线路部分》（Q/GDW 1799.2—2013）

205. 在没有脚手架或者在没有栏杆的脚手架上工作，高度超过（　　）m 时，应使用安全带或采取其他可靠的安全措施。

A. 1.2　　B. 1.5　　C. 2.0　　D. 2.5

答案：B

出处：《国家电网公司电力安全工作规程 线路部分》（Q/GDW 1799.2—2013）

206. 当临时高处行走区域不能装设防护栏杆时，应设置（　　）mm 高的安全水平扶绳，且每隔（　　）m 设一个固定支撑点。

A. 1050；2　　B. 1050；3　　C. 1150；2　　D. 1150；3

答案：A

出处：《国家电网公司电力安全工作规程 线路部分》（Q/GDW 1799.2—2013）

207. 特殊情况下，确需在恶劣天气进行露天高处抢修时，应组织人员充分讨论必要的安全措施，经（　　）批准后方可进行。

A. 运维人员　　B. 值班调控人员　　C. 工区　　D. 本单位

答案：D

出处：《国家电网公司电力安全工作规程 线路部分》(Q/GDW 1799.2—2013)

208. 在5级及以上的大风以及暴雨、雷电、冰雹、大雾、沙尘暴等恶劣天气下，(　　)露天高处作业。

A. 应停止　B. 不宜　C. 采取措施可　D. 经工作负责人同意可

答案：A

出处：《国家电网公司电力安全工作规程 线路部分》(Q/GDW 1799.2—2013)

209. 硬质梯子的横档应嵌在支柱上，梯阶的距离不应大于(　　)cm，并在距梯顶(　　)m处设限高标志。

A. 30；1　B. 30；1.5　C. 40；1　D. 40；1.5

答案：C

出处：《国家电网公司电力安全工作规程 线路部分》(Q/GDW 1799.2—2013)

210. 凡参加高处作业的人员，应(　　)进行一次体检。

A. 半年　B. 每年　C. 两年　D. 三年

答案：B

出处：《国家电网公司电力安全工作规程 线路部分》(Q/GDW 1799.2—2013)

211. 起重指挥信号应(　　)，分工明确。

A. 简单、标准、畅通　B. 简明、标准、畅通

C. 简明、统一、畅通　D. 简单、统一、畅通

答案：C

出处：《国家电网公司电力安全工作规程 线路部分》(Q/GDW 1799.2—2013)

212. 起重吊钩应挂在物件的(　　)。

A. 顶端　B. 中部　C. 重心线上　D. 中心线上

答案：C

出处：《国家电网公司电力安全工作规程 线路部分》(Q/GDW 1799.2—2013)

213. 起重机上应备有灭火装置，驾驶室内应铺(　　)，禁止存放易燃物品。

A. 布垫　B. 纤维垫　C. 塑料垫　D. 橡胶绝缘垫

答案：D

出处：《国家电网公司电力安全工作规程 线路部分》(Q/GDW 1799.2—2013)

214. 起重机械(　　)至少应做一次全面技术检查。

A. 每季度　B. 每半年　C. 每年　D. 每两年

答案：C

出处：《国家电网公司电力安全工作规程 线路部分》(Q/GDW 1799.2—2013)

215. 在用起重机械，应当在(　　)进行一次常规性检查，并做好记录。

A. 每月　B. 每季　C. 每半年　D. 每次使用前

答案：D

出处：《国家电网公司电力安全工作规程 线路部分》(Q/GDW 1799.2—2013)

216. 起吊重物前，应由(　　)检查悬吊情况及所吊物件的捆绑情况，认为可靠后方准试行起吊。

A. 工作负责人　　B. 吊车司机
C. 起重设备指挥人员　　D. 起重设备操作人员
答案：A
出处：《国家电网公司电力安全工作规程 线路部分》(Q/GDW 1799.2—2013)

217. 使用机械牵引杆件上山时，应将杆身绑牢，钢丝绳不准触磨岩石或坚硬地面，牵引路线两侧(　　)m 以内，不准有人逗留或通过。
A. 4　　B. 5　　C. 6　　D. 7
答案：B
出处：《国家电网公司电力安全工作规程 线路部分》(Q/GDW 1799.2—2013)

218. 风力大于 5 级或湿度大于(　　)%时，不宜进行带电作业。
A. 50　　B. 60　　C. 70　　D. 80
答案：D
出处：《国家电网公司电力安全工作规程 线路部分》(Q/GDW 1799.2—2013)

219. 在特殊情况下，必须在恶劣天气进行带电抢修时，应组织有关人员充分讨论并编制必要的(　　)，经本单位批准后方可进行。
A. 安全措施　　B. 组织措施　　C. 技术措施　　D. 施工方案
答案：A
出处：《国家电网公司电力安全工作规程 线路部分》(Q/GDW 1799.2—2013)

220. 对于比较复杂、难度较大的带电作业新项目和研制的新工具，应进行(　　)，确认安全可靠，编出操作工艺方案和安全措施，并经本单位批准后，方可进行和使用。
A. 电气试验　　B. 机械试验　　C. 科学试验　　D. 出厂试验
答案：C
出处：《国家电网公司电力安全工作规程 线路部分》(Q/GDW 1799.2—2013)

221. 参加带电作业的人员，应经(　　)，并经考试合格取得资格、单位批准后，方能参加相应的作业。
A. 理论培训　　B. 专门培训　　C. 作业培训　　D. 岗前培训
答案：B
出处：《国家电网公司电力安全工作规程 线路部分》(Q/GDW 1799.2—2013)

222. 带电作业(　　)或工作负责人认为有必要时，应组织有经验的人员到现场勘察，根据勘察结果做出能否进行带电作业的判断，并确定作业方法和所需工具以及应采取的措施。
A. 工作许可人　　B. 工作票签发人　　C. 工作监护人　　D. 主管领导
答案：B
出处：《国家电网公司电力安全工作规程 线路部分》(Q/GDW 1799.2—2013)

223. 带电作业工作负责人在带电作业工作开始前，应与(　　)联系。
A. 运维人员　　B. 值班调控人员　　C. 工作票签发人　　D. 单位领导
答案：B
出处：《国家电网公司电力安全工作规程 线路部分》(Q/GDW 1799.2—2013)

224. 进行 10kV 地电位带电作业时，人身与带电体间的安全距离为(　　)m。
A. 0.7　　B. 0.6　　C. 0.5　　D. 0.4

答案：D

出处：《国家电网公司电力安全工作规程 线路部分》(Q/GDW 1799.2—2013)

225. 进行66kV地电位带电作业时，人身与带电体间的安全距离为(　　)m。

A. 0.7　　B. 0.6　　C. 0.5　　D. 0.4

答案：A

出处：《国家电网公司电力安全工作规程 线路部分》(Q/GDW 1799.2—2013)

226. 进行110kV地电位带电作业时，人身与带电体间的安全距离为(　　)m。

A. 1.8　　B. 1.0　　C. 0.7　　D. 0.6

答案：B

出处：《国家电网公司电力安全工作规程 线路部分》(Q/GDW 1799.2—2013)

227. 进行220kV地电位带电作业时，人身与带电体间的安全距离为(　　)m。

A. 1.8　　B. 1.0　　C. 0.7　　D. 0.6

答案：A

出处：《国家电网公司电力安全工作规程 线路部分》(Q/GDW 1799.2—2013)

228. 带电作业所使用绝缘操作杆的最小有效绝缘长度：10kV(　　)m，35kV(　　)m。

A. 0.6；0.9　　B. 0.7；1.0　　C. 0.7；0.9　　D. 0.6；1.0

答案：C

出处：《国家电网公司电力安全工作规程 线路部分》(Q/GDW 1799.2—2013)

229. 带电作业所使用绝缘操作杆的最小有效绝缘长度：66kV(　　)m，110kV(　　)m。

A. 0.9；2.1　　B. 1.0；1.3　　C. 0.9；1.3　　D. 1.0；2.1

答案：B

出处：《国家电网公司电力安全工作规程 线路部分》(Q/GDW 1799.2—2013)

230. 带电作业所使用绝缘操作杆的最小有效绝缘长度：220kV(　　)m，330kV(　　)m。

A. 1.3；2.5　　B. 2.1；3.1　　C. 1.3；3.1　　D. 2.1；2.5

答案：B

出处：《国家电网公司电力安全工作规程 线路部分》(Q/GDW 1799.2—2013)

231. 带电作业所使用绝缘承力工具、绝缘绳索的最小有效绝缘长度：10kV(　　)m，35kV(　　)m。

A. 0.4；0.6　　B. 0.4；0.7　　C. 0.3；0.6　　D. 0.3；0.7

答案：A

出处：《国家电网公司电力安全工作规程 线路部分》(Q/GDW 1799.2—2013)

232. 带电作业所使用绝缘承力工具、绝缘绳索的最小有效绝缘长度：110kV(　　)m，66kV(　　)m。

A. 1.0；0.6　　B. 1.3；0.7　　C. 1.3；0.6　　D. 1.0；0.7

答案：D

出处：《国家电网公司电力安全工作规程 线路部分》(Q/GDW 1799.2—2013)

233. 带电作业所使用绝缘承力工具、绝缘绳索的最小有效绝缘长度：220kV(　　)m，

330kV（　　）m。

A. 1.8；3.7　　B. 1.0；2.8　　C. 1.0；3.7　　D. 1.8；2.8

答案：D

出处：《国家电网公司电力安全工作规程 线路部分》（Q/GDW 1799.2—2013）

234. 带电更换绝缘子或在绝缘子串上作业时，应保证作业中良好绝缘子片数不少于：110kV（　　）片，220kV（　　）片。

A. 6；10　　B. 6；9　　C. 5；9　　D. 5；10

答案：C

出处：《国家电网公司电力安全工作规程 线路部分》（Q/GDW 1799.2—2013）

235. 在绝缘子串未脱离导线前，带电拆、装靠近横担的第一片绝缘子时，应采用专用短接线或（　　）方可直接进行操作。

A. 穿绝缘靴　　B. 戴绝缘手套　　C. 穿导电靴　　D. 穿屏蔽服

答案：D

出处：《国家电网公司电力安全工作规程 线路部分》（Q/GDW 1799.2—2013）

236. 若需在35kV电压等级进行等电位带电作业时，应采取可靠的（　　）措施。

A. 安全　　B. 技术　　C. 绝缘隔离　　D. 屏蔽

答案：C

出处：《国家电网公司电力安全工作规程 线路部分》（Q/GDW 1799.2—2013）

237. 等电位带电作业一般在（　　）及以上电压等级的电力线路和电气设备上进行。

A. 10kV、±100kV　　B. 66kV、±125kV

C. 66kV、±100kV　　D. 10kV、±125kV

答案：B

出处：《国家电网公司电力安全工作规程 线路部分》（Q/GDW 1799.2—2013）

238. 等电位作业人员应在衣服外面穿合格的全套屏蔽服（包括帽、衣裤、手套、袜和鞋，750kV、1000kV等电位作业人员还应戴面罩），且各部分应（　　）。

A. 绝缘良好　　B. 连接良好　　C. 齐全完好　　D. 密封完好

答案：B

出处：《国家电网公司电力安全工作规程 线路部分》（Q/GDW 1799.2—2013）

239. 等电位作业人员对接地体的距离应不小于：66kV（　　）m，110kV（　　）m。

A. 0.6；1.0　　B. 0.7；1.8　　C. 0.7；1.0　　D. 0.6；1.8

答案：C

出处：《国家电网公司电力安全工作规程 线路部分》（Q/GDW 1799.2—2013）

240. 等电位作业人员对接地体的距离应不小于：220kV（　　）m，330kV（　　）m。

A. 1.0；3.4　　B. 1.8；2.6　　C. 1.8；3.4　　D. 1.0；2.6

答案：B

出处：《国家电网公司电力安全工作规程 线路部分》（Q/GDW 1799.2—2013）

241. 等电位作业人员对邻相导线的距离应不小于：66kV（　　）m，110kV（　　）m。

A. 0.9；2.5　　B. 0.9；1.4　　C. 0.8；2.5　　D. 0.8；1.4

答案：B

出处：《国家电网公司电力安全工作规程 线路部分》（Q/GDW 1799.2—2013）

242. 等电位作业人员对邻相导线的距离应不小于：220kV（　　）m，330kV（　　）m。

A. 1.4；3.5　　B. 2.5；5.0　　C. 2.5；3.5　　D. 1.4；5.0

答案：C

出处：《国家电网公司电力安全工作规程 线路部分》（Q/GDW 1799.2—2013）

243. 等电位作业人员在绝缘梯上作业或者沿绝缘梯进入强电场时，其与接地体和带电体两部分间隙所组成的组合间隙不准小于：66kV（　　）m，110kV（　　）m。

A. 0.8；2.1　　B. 0.8；1.2　　C. 0.9；2.1　　D. 0.9；1.2

答案：B

出处：《国家电网公司电力安全工作规程 线路部分》（Q/GDW 1799.2—2013）

244. 等电位作业人员在绝缘梯上作业或者沿绝缘梯进入强电场时，其与接地体和带电体两部分间隙所组成的组合间隙不准小于：220kV（　　）m；330kV（　　）m。

A. 1. 2；3.1　　B. 1.2；3.9　　C. 2.1；3.1　　D. 2.1；3.9

答案：C

出处：《国家电网公司电力安全工作规程 线路部分》（Q/GDW 1799.2—2013）

245. 等电位作业人员沿绝缘子串进入强电场的作业，一般在（　　）及以上电压等级的绝缘子串上进行。

A. 35kV　　B. 110kV　　C. 220kV　　D. 330kV

答案：C

出处：《国家电网公司电力安全工作规程 线路部分》（Q/GDW 1799.2—2013）

246. 等电位作业人员在电位转移前，应得到（　　）的许可。

A. 工作票签发人　　B. 工作许可人　　C. 专责监护人　　D. 工作负责人

答案：D

出处：《国家电网公司电力安全工作规程 线路部分》（Q/GDW 1799.2—2013）

247. 等电位作业人员转移电位时，人体裸露部分与带电体的距离，110、220kV不应小于（　　）m。

A. 0.2　　B. 0.3　　C. 0.4　　D. 0.5

答案：B

出处：《国家电网公司电力安全工作规程 线路部分》（Q/GDW 1799.2—2013）

248. 220kV等电位作业人员与地电位作业人员传递工具和材料时，应使用绝缘绳索进行，其有效长度不准小于（　　）m。

A. 1.8　　B. 2.5　　C. 4　　D. 4.5

答案：A

出处：《国家电网公司电力安全工作规程 线路部分》（Q/GDW 1799.2—2013）

249. 330kV等电位作业人员与地电位作业人员传递工具和材料时，应使用绝缘绳索进行，其有效长度不准小于（　　）m。

A. 2.6　　B. 2.7　　C. 2.8　　D. 2.9

答案：C

出处：《国家电网公司电力安全工作规程 线路部分》（Q/GDW 1799.2—2013）

250. 进行66kV带电清扫工作时，绝缘操作杆的有效长度不准小于（　　）m。

A. 1.0　　B. 1.3　　C. 1.5　　D. 2.1

答案：A

出处：《国家电网公司电力安全工作规程 线路部分》（Q/GDW 1799.2—2013）

251. 进行330kV带电清扫工作时，绝缘操作杆的有效长度不准小于(　　)m。

A. 1.3　　B. 2.1　　C. 3.1　　D. 4.0

答案：C

出处：《国家电网公司电力安全工作规程 线路部分》（Q/GDW 1799.2—2013）

252. 进行500kV带电清扫工作时，绝缘操作杆的有效长度不准小于(　　)m。

A. 2.1　　B. 3.1　　C. 4.0　　D. 5.3

答案：C

出处：《国家电网公司电力安全工作规程 线路部分》（Q/GDW 1799.2—2013）

253. 高架绝缘斗臂车操作人员应服从(　　)的指挥，作业时应注意周围环境及操作速度。

A. 专责监护人　　B. 工作负责人　　C. 工作许可人　　D. 斗臂中人员

答案：B

出处：《国家电网公司电力安全工作规程 线路部分》（Q/GDW 1799.2—2013）

254. 绝缘斗臂车作业接近和离开带电部位时，应由(　　)操作，但下部操作人员不准离开操作台。

A. 专职司机　　B. 斗臂中人员　　C. 下部操作人员　　D. 工作负责人

答案：B

出处：《国家电网公司电力安全工作规程 线路部分》（Q/GDW 1799.2—2013）

255. 10kV绝缘斗臂车绝缘臂的有效绝缘长度应大于(　　)m，且应在下端装设泄漏电流监视装置。

A. 0.8　　B. 1.0　　C. 1.2　　D. 1.5

答案：B

出处：《国家电网公司电力安全工作规程 线路部分》（Q/GDW 1799.2—2013）

256. 保护间隙的接地线应用多股软铜线。其截面应满足接地短路容量的要求，但不准小于(　　)mm^2。

A. 25　　B. 35　　C. 50　　D. 70

答案：A

出处：《国家电网公司电力安全工作规程 线路部分》（Q/GDW 1799.2—2013）

257. 在330kV线路上进行带电作业，其保护间隙的整定值为(　　)。

A. 0.7～0.8m　　B. 1.0～1.1m　　C. 1.3m　　D. 2.3m

答案：B

出处：《国家电网公司电力安全工作规程 线路部分》（Q/GDW 1799.2—2013）

258. 在500kV线路上进行带电作业，其保护间隙的整定值为(　　)。

A. 0.7～0.8m　　B. 1.0～1.1m　　C. 1.3m　　D. 2.3m

答案：C

出处：《国家电网公司电力安全工作规程 线路部分》（Q/GDW 1799.2—2013）

259. 针式绝缘子及少于(　　)片的悬式绝缘子不准使用火花间隙检测器进行带电检测。

A. 3　　B. 4　　C. 5　　D. 6

答案：A

出处：《国家电网公司电力安全工作规程 线路部分》（Q/GDW 1799.2—2013）

260. 带电检测 110kV 绝缘子串（7 片成串）时，当发现同一串中的零值绝缘子片数达到（　　）片时，应立即停止检测。

A. 4　　B. 2　　C. 3　　D. 5

答案：C

出处：《国家电网公司电力安全工作规程 线路部分》（Q/GDW 1799.2—2013）

261. 带电检测 220kV 绝缘子串（13 片成串）时，当发现同一串中的零值绝缘子片数达到（　　）片时，应立即停止检测。

A. 3　　B. 4　　C. 5　　D. 6

答案：C

出处：《国家电网公司电力安全工作规程 线路部分》（Q/GDW 1799.2—2013）

262. 进行直接接触 20kV 及以下电压等级带电设备的作业，绝缘防护用具使用前应进行（　　）。作业过程中禁止摘下绝缘防护用具。

A. 外观检查　　B. 预防性试验　　C. 现场试验　　D. 充气试验

答案：A

出处：《国家电网公司电力安全工作规程 线路部分》（Q/GDW 1799.2—2013）

263. 带电作业工具房内的相对湿度应保持在 50%～（　　）%。室内温度应略高于室外，且不宜低于（　　）℃。

A. 80；5　　B. 70；0　　C. 80；0　　D. 70；5

答案：B

出处：《国家电网公司电力安全工作规程 线路部分》（Q/GDW 1799.2—2013）

264. 带电作业工具房进行室内通风时，应在干燥的天气进行，并且室外的相对湿度不准高于（　　）。

A. 60%　　B. 65%　　C. 70%　　D. 75%

答案：D

出处：《国家电网公司电力安全工作规程 线路部分》（Q/GDW 1799.2—2013）

265. 带电作业工具使用前，仔细检查确认没有损坏、受潮、变形、失灵，否则禁止使用。使用 2500V 及以上绝缘电阻表或绝缘检测仪进行分段绝缘检测（电极宽 2cm，极间宽 2cm），阻值应不低于（　　）。

A. 400MΩ　　B. 500MΩ　　C. 600MΩ　　D. 700MΩ

答案：D

出处：《国家电网公司电力安全工作规程 线路部分》（Q/GDW 1799.2—2013）

266. 带电作业工具应定期进行电气试验，其试验周期为（　　）。

A. 预防性试验每年一次，检查性试验每年一次，两次试验间隔半年

B. 预防性试验每年半次，检查性试验每年一次，两次试验间隔一年

C. 预防性试验每年半次，检查性试验每年半次，两次试验间隔半年

D. 预防性试验每年一次，检查性试验每年半次，两次试验间隔一年

答案：A

出处：《国家电网公司电力安全工作规程 线路部分》（Q/GDW 1799.2—2013）

267. 带电作业工具应定期进行机械试验，其试验周期为(　　)。

A. 绝缘工具每年半次，金属工具两年半次

B. 绝缘工具每年半次，金属工具两年一次

C. 绝缘工具每年一次，金属工具两年半次

D. 绝缘工具每年一次，金属工具两年一次

答案：D

出处：《国家电网公司电力安全工作规程 线路部分》(Q/GDW 1799.2—2013)

268. 带电作业绝缘工具电气预防性试验中，操作冲击耐压试验以(　　)为合格(采用250/2500μs 的标准波)。

A. 无二次击穿、闪络　　B. 无二次击穿

C. 无一次击穿、闪络　　D. 无一次击穿

答案：C

出处：《国家电网公司电力安全工作规程 线路部分》(Q/GDW 1799.2—2013)

269. 带电作业绝缘工具电气预防性试验中，工频耐压试验以(　　)为合格。

A. 无击穿、无闪络及过热　　B. 无击穿、无闪络

C. 无击穿、无过热　　D. 无闪络、无过热

答案：A

出处：《国家电网公司电力安全工作规程 线路部分》(Q/GDW 1799.2—2013)

270. 绝缘工具的检查性试验条件：将绝缘工具分成若干段进行工频耐压试验，(　　)，以无击穿、闪络及过热为合格。

A. 每 200mm 耐压 75kV，时间为 1min　　B. 每 200mm 耐压 60kV，时间为 2min

C. 每 300mm 耐压 60kV，时间为 2min　　D. 每 300mm 耐压 75kV，时间为 1min

答案：D

出处：《国家电网公司电力安全工作规程 线路部分》(Q/GDW 1799.2—2013)

271. 整套屏蔽服装各最远端点之间的电阻值均不得大于(　　)Ω。

A. 35　　B. 30　　C. 25　　D. 20

答案：D

出处：《国家电网公司电力安全工作规程 线路部分》(Q/GDW 1799.2—2013)

272. 带电作业工具的机械预防性试验标准：静荷重试验为(　　)倍额定工作负荷下持续(　　)min，工具无变形及损伤者为合格。

A. 1.2；1　　B. 1.0；2　　C. 1.0；1　　D. 1.2；2

答案：A

出处：《国家电网公司电力安全工作规程 线路部分》(Q/GDW 1799.2—2013)

273. 带电作业工具的机械预防性试验标准：动荷重试验为(　　)倍额定工作负荷下操作(　　)次，工具灵活、轻便、无卡住现象为合格。

A. 1.2；3　　B. 1.0；3　　C. 1.2；2　　D. 1.0；2

答案：B

出处：《国家电网公司电力安全工作规程 线路部分》(Q/GDW 1799.2—2013)

274. 施工机具和安全工器具应(　　)，专人保管。入库、出库、使用前应进行检查。

A. 统一编号　　B. 专人领用　　C. 专库保管　　D. 集中放置

答案：A

出处：《国家电网公司电力安全工作规程　线路部分》（Q/GDW 1799.2—2013）

275. 机具应由(　　)操作和使用。

A. 考试合格人员　　B. 专门人员

C. 机具管理员　　D. 了解其性能并熟悉使用知识的人员

答案：D

出处：《国家电网公司电力安全工作规程　线路部分》（Q/GDW 1799.2—2013）

276. 绞磨应放置平稳，锚固可靠，受力(　　)方不准有人。锚固绳应有防滑动措施。

A. 前　　B. 侧　　C. 后　　D. 上

答案：A

出处：《国家电网公司电力安全工作规程　线路部分》（Q/GDW 1799.2—2013）

277. 滑车与绞磨（卷扬机）卷筒的距离：光面卷筒不应小于卷筒长度的(　　)倍，有槽卷筒不应小于卷筒长度的(　　)倍。

A. 20；15　　B. 15；15　　C. 15；10　　D. 20；10

答案：A

出处：《国家电网公司电力安全工作规程　线路部分》（Q/GDW 1799.2—2013）

278. 牵引绳应从卷筒下方卷入，排列整齐，并与卷筒垂直，在卷筒上不准少于(　　)圈。

A. 3　　B. 4　　C. 5　　D. 6

答案：C

出处：《国家电网公司电力安全工作规程　线路部分》（Q/GDW 1799.2—2013）

279. 人力绞磨架上固定磨轴的活动挡板应装在(　　)，禁止反装。

A. 受力的一侧　　B. 不受力的一侧　　C. 上侧　　D. 下侧

答案：B

出处：《国家电网公司电力安全工作规程　线路部分》（Q/GDW 1799.2—2013）

280. 拉磨尾绳不应少于2人，应站在(　　)，且不准在绳圈内。

A. 锚桩后面　　B. 绞磨后面　　C. 卷筒后面　　D. 锚桩前面

答案：A

出处：《国家电网公司电力安全工作规程　线路部分》（Q/GDW 1799.2—2013）

281. 拖拉机绞磨两轮胎应在同一水平面上，前后支架应受力平衡。绞磨卷筒应与牵引绳的最近转向点保持(　　)m以上的距离。

A. 4　　B. 5　　C. 6　　D. 7

答案：B

出处：《国家电网公司电力安全工作规程　线路部分》（Q/GDW 1799.2—2013）

282. 独立抱杆至少应有(　　)根拉绳，人字抱杆至少应有(　　)根拉绳并有限制腿部开度的控制绳，所有拉绳均应固定在牢固的地锚上，必要时经校验合格。

A. 三；二　　B. 三；三　　C. 四；二　　D. 四；三

答案：C

出处：《国家电网公司电力安全工作规程　线路部分》（Q/GDW 1799.2—2013）

283. 整体弯曲超过杆长的(　　)的金属抱杆禁止使用。

A. 1/600　　B. 1/700　　C. 1/800　　D. 1/900

答案：A

出处：《国家电网公司电力安全工作规程 线路部分》(Q/GDW 1799.2—2013)

284. 缆风绳与220kV架空输电线的最小安全距离为(　　)m。

A. 4.0　　B. 5.0　　C. 6.0　　D. 7.0

答案：C

出处：《国家电网公司电力安全工作规程 线路部分》(Q/GDW 1799.2—2013)

285. 缆风绳与110kV架空输电线的最小安全距离为(　　)m。

A. 4.0　　B. 5.0　　C. 6.0　　D. 7.0

答案：B

出处：《国家电网公司电力安全工作规程 线路部分》(Q/GDW 1799.2—2013)

286. 缆风绳与抱杆顶部及地锚的连接应牢固可靠。缆风绳与地面的夹角一般不大于(　　)。

A. 30°　　B. 75°　　C. 45°　　D. 50°

答案：C

出处：《国家电网公司电力安全工作规程 线路部分》(Q/GDW 1799.2—2013)

287. 地锚坑在引出线露出地面的位置，其前面及两侧的(　　)m范围内不准有沟、洞、地下管道或地下电缆等。

A. 1　　B. 2　　C. 3　　D. 4

答案：B

出处：《国家电网公司电力安全工作规程 线路部分》(Q/GDW 1799.2—2013)

288. 地锚的分布及埋设深度应根据(　　)。

A. 地锚的受力情况及土质情况　　B. 地锚的布设形式及土质情况

C. 地锚的布设形式及地形情况　　D. 地锚的受力情况及地形情况

答案：A

出处：《国家电网公司电力安全工作规程 线路部分》(Q/GDW 1799.2—2013)

289. 导线穿入联结网套应到位，网套夹持导线的长度不准少于导线直径的(　　)倍。网套末端应以铁丝绑扎不少于(　　)圈。

A. 25；20　　B. 25；15　　C. 30；15　　D. 30；20

答案：D

出处：《国家电网公司电力安全工作规程 线路部分》(Q/GDW 1799.2—2013)

290. 双钩紧线器受力后应至少保留(　　)有效丝杆长度。

A. 1/5　　B. 1/6　　C. 1/7　　D. 1/8

答案：A

出处：《国家电网公司电力安全工作规程 线路部分》(Q/GDW 1799.2—2013)

291. 木质锚桩应使用(　　)的木料，有严重损伤、纵向裂纹和出现横向裂纹时，应禁止使用。

A. 耐腐性较好　　B. 木质较硬　　C. 任意　　D. 韧性较好

答案：B

出处：《国家电网公司电力安全工作规程 线路部分》(Q/GDW 1799.2—2013)

292. 链条葫芦的吊钩、链轮、倒卡等有变形时，以及链条直径磨损量达(　　)时，应禁止使用。

A. 10%　　B. 12%　　C. 15%　　D. 20%

答案：A

出处：《国家电网公司电力安全工作规程 线路部分》(Q/GDW 1799.2—2013)

293. 悬挂链条葫芦的架梁或建筑物，应(　　)，否则不得悬挂。

A. 查阅图纸　　B. 经过计算

C. 经过估算　　D. 现场检查牢固性

答案：B

出处：《国家电网公司电力安全工作规程 线路部分》(Q/GDW 1799.2—2013)

294. 缆风绳及拖拉绳的配合滑轮直径应不小于钢丝绳直径的(　　)倍，安全系数为(　　)。

A. 12；3.5　　B. 16；4.5　　C. 12；4.5　　D. 16；3.5

答案：A

出处：《国家电网公司电力安全工作规程 线路部分》(Q/GDW 1799.2—2013)

295. 地锚钢丝绳的安全系数为(　　)，捆绑用钢丝绳的安全系数为(　　)。

A. 5～6；10　　B. 4～5；10　　C. 5～6；14　　D. 4～6；14

答案：A

出处：《国家电网公司电力安全工作规程 线路部分》(Q/GDW 1799.2—2013)

296. 直径为19～27mm的钢丝绳端部用绳卡固定连接时，绳卡数量应为(　　)个。

A. 3　　B. 4　　C. 5　　D. 6

答案：B

出处：《国家电网公司电力安全工作规程 线路部分》(Q/GDW 1799.2—2013)

297. 钢丝绳端部用绳卡固定连接时，绳卡间距不应小于钢丝绳直径的(　　)倍。

A. 3　　B. 4　　C. 5　　D. 6

答案：D

出处：《国家电网公司电力安全工作规程 线路部分》(Q/GDW 1799.2—2013)

298. 钢丝绳插接的环绳或绳套，其插接长度应不小于钢丝绳直径的(　　)倍，且不准小于(　　)mm。

A. 15；400　　B. 15；300　　C. 20；400　　D. 20；300

答案：B

出处：《国家电网公司电力安全工作规程 线路部分》(Q/GDW 1799.2—2013)

299. 绞磨卷筒的细腰部直径与钢丝绳直径之比不应小于(　　)。

A. 8　　B. 9　　C. 10　　D. 11

答案：C

出处：《国家电网公司电力安全工作规程 线路部分》(Q/GDW 1799.2—2013)

300. 合成纤维吊装带使用环境温度为(　　)。

A. −30～100℃　　B. −40～90℃　　C. −40～100℃　　D. −30～90℃

答案：C

出处：《国家电网公司电力安全工作规程 线路部分》(Q/GDW 1799.2—2013)

301. 在带电设备区域内使用汽车吊、斗臂车时，车身应使用截面积不小于(　　)mm^2的软铜线可靠接地。

A. 14　　B. 16　　C. 18　　D. 20

答案：B

出处：《国家电网公司电力安全工作规程 线路部分》(Q/GDW 1799.2—2013)

302. 在带电设备区域内使用汽车起吊机、斗臂车时，在道路上施工应(　　)，并设置适当的警示标识牌。

A. 设专人看守　　B. 设警示灯　　C. 避免车流高峰　　D. 设围栏

答案：D

出处：《国家电网公司电力安全工作规程 线路部分》(Q/GDW 1799.2—2013)

303. 起重机停放或行驶时，其车轮、支腿或履带的前端或外侧与沟、坑边缘的距离不准小于沟、坑深度的(　　)倍；否则应采取防倾、防坍塌措施。

A. 0.8　　B. 1.0　　C. 1.2　　D. 1.4

答案：C

出处：《国家电网公司电力安全工作规程 线路部分》(Q/GDW 1799.2—2013)

304. 作业时，起重机的臂架、吊具、辅具、钢丝绳及吊物等与110kV架空输电线及其他带电体的最小安全距离不准小于(　　)m，且应设专人监护。

A. 3　　B. 4　　C. 5　　D. 6

答案：C

出处：《国家电网公司电力安全工作规程 线路部分》(Q/GDW 1799.2—2013)

305. 作业时，起重机的臂架、吊具、辅具、钢丝绳及吊物等与220kV架空输电线及其他带电体的最小安全距离不准小于(　　)m，且应设专人监护。

A. 5　　B. 6　　C. 7　　D. 8

答案：B

出处：《国家电网公司电力安全工作规程 线路部分》(Q/GDW 1799.2—2013)

306. 作业时，起重机的臂架、吊具、辅具、钢丝绳及吊物等与10kV架空输电线及其他带电体的最小安全距离不准小于(　　)m，且应设专人监护。

A. 1　　B. 1.5　　C. 3　　D. 3.5

答案：C

出处：《国家电网公司电力安全工作规程 线路部分》(Q/GDW 1799.2—2013)

307. 汽车起重机行驶时，应将臂杆放在支架上，吊钩(　　)。

A. 挂在挂钩上　　B. 挂上重物并将钢丝绳收紧

C. 挂在挂钩上并将钢丝绳收紧　　D. 钢丝绳收紧

答案：C

出处：《国家电网公司电力安全工作规程 线路部分》(Q/GDW 1799.2—2013)

308. 麻绳、纤维绳用作吊绳时，其许用应力不准大于0.98kN/cm^2；用作绑扎绳时，许用应力应降低(　　)。

A. 30%　　B. 40%　　C. 50%　　D. 60%

答案：C

出处：《国家电网公司电力安全工作规程 线路部分》(Q/GDW 1799.2—2013)

309. 纤维绳在潮湿状态下的允许荷重应减少(　　)。

A. 一半　　B. 三分之一　　C. 四分之一　　D. 五分之一

答案：A

出处：《国家电网公司电力安全工作规程 线路部分》(Q/GDW 1799.2—2013)

310. 涂沥青的纤维绳允许荷重应降低(　　)使用。

A. 10%　　B. 20%　　C. 30%　　D. 40%

答案：B

出处：《国家电网公司电力安全工作规程 线路部分》(Q/GDW 1799.2—2013)

311. 卸扣应是锻造的，且不准(　　)。

A. 纵向受力　　B. 横向受力　　C. 侧向受力　　D. 两侧受力

答案：B

出处：《国家电网公司电力安全工作规程 线路部分》(Q/GDW 1799.2—2013)

312. 不准使卸扣处于(　　)。

A. 吊件的转角　　B. 吊件的侧面　　C. 吊件的上部　　D. 吊件的底部

答案：A

出处：《国家电网公司电力安全工作规程 线路部分》(Q/GDW 1799.2—2013)

313. 滑车起重量为5t时，两滑车滑轮中心间最小距离为(　　)mm。

A. 900　　B. 1000　　C. 1200　　D. 1400

答案：A

出处：《国家电网公司电力安全工作规程 线路部分》(Q/GDW 1799.2—2013)

314. 线路作业中使用的滑车应有(　　)，否则必须采取封口措施。

A. 制动装置　　B. 防止脱钩的保险装置

C. 保险装置　　D. 润滑装置

答案：B

出处：《国家电网公司电力安全工作规程 线路部分》(Q/GDW 1799.2—2013)

315. 线路作业中使用开门滑车时，应(　　)，防止绳索自动跑出。

A. 检查开门勾环　　B. 打开开门勾环

C. 将开门勾环锁死　　D. 将开门勾环扣紧

答案：D

出处：《国家电网公司电力安全工作规程 线路部分》(Q/GDW 1799.2—2013)

316. 拴挂固定滑车的桩或锚，应按(　　)加以计算，使之埋设牢固可靠。

A. 土质不同情况　　B. 地形不同情况

C. 布设不同情况　　D. 桩或锚形式不同情况

答案：A

出处：《国家电网公司电力安全工作规程 线路部分》(Q/GDW 1799.2—2013)

317. 起重机具的预防性试验周期为(　　)。

A. 半年　　B. 一年　　C. 两年　　D. 三年

答案：B

出处：《国家电网公司电力安全工作规程 线路部分》(Q/GDW 1799.2—2013)

318. 安全工器具宜存放在温度为(　　)、相对湿度为(　　)以下并且干燥通风的安全工器具室内。

A. －15～35℃；80％　　B. －25～35℃；80％

C. －15～30℃；60％　　D. －25～30℃；60％

答案：A

出处：《国家电网公司电力安全工作规程 线路部分》（Q/GDW 1799.2—2013）

319. 绝缘隔板和绝缘罩应存放在室内干燥、离地面（　　）mm 以上的架上或专用的柜内。

A. 100　　B. 150　　C. 180　　D. 200

答案：D

出处：《国家电网公司电力安全工作规程 线路部分》（Q/GDW 1799.2—2013）

320. 绝缘隔板和绝缘罩只允许在（　　）kV 及以下电压的电气设备上使用，并应有足够的绝缘和机械强度。

A. 10　　B. 35　　C. 110　　D. 220

答案：B

出处：《国家电网公司电力安全工作规程 线路部分》（Q/GDW 1799.2—2013）

321. 用于 10kV 电压等级时，绝缘隔板的厚度不应小于（　　）mm。

A. 2　　B. 3　　C. 4　　D. 5

答案：B

出处：《国家电网公司电力安全工作规程 线路部分》（Q/GDW 1799.2—2013）

322. 用于 35kV 电压等级时，绝缘隔板的厚度不应小于（　　）mm。

A. 3　　B. 4　　C. 5　　D. 6

答案：B

出处：《国家电网公司电力安全工作规程 线路部分》（Q/GDW 1799.2—2013）

323. 绝缘手套、绝缘靴的工频耐压试验周期为（　　）。

A. 三个月　　B. 一年　　C. 一年半　　D. 两年

答案：C

出处：《国家电网公司电力安全工作规程 线路部分》（Q/GDW 1799.2—2013）

324. 所有升降口、大小孔洞、楼梯和平台的临时遮栏应由上、下两道横杆及栏杆柱组成。上杆离地高度为（　　）mm，下杆离地高度为（　　）mm。

A. 1050～1200；500～600　　B. 1150～1300；500～600

C. 1050～1200；700～800　　D. 1150～1300；700～800

答案：A

出处：《国家电网公司电力安全工作规程 线路部分》（Q/GDW 1799.2—2013）

325. 所有升降口、大小孔洞、楼梯和平台，应装设不低于（　　）mm 高的栏杆和不低于（　　）mm 高的护板。

A. 1050；100　　B. 1000；100　　C. 1050；90　　D. 1000；90

答案：A

出处：《国家电网公司电力安全工作规程 线路部分》（Q/GDW 1799.2—2013）

326. 特种设备（锅炉、压力容器（含气瓶）、压力管道、电梯、起重机械、场（厂）内专用机动车辆），在使用前应经（　　）检验合格，取得合格证并制订安全使用规定和定期检验维护制度。

A. 本单位安监部门　　B. 设备运维管理单位

C. 特种设备检测机构　　D. 设备生产厂家

答案：C

出处：《国家电网公司电力安全工作规程 线路部分》(Q/GDW 1799.2—2013)

327. 特种设备在投入使用前或者投入使用后(　　)日内，使用单位应当向直辖市或者设有区的市级特种设备安全监督管理部门登记。

A. 7　　B. 15　　C. 30　　D. 60

答案：C

出处：《国家电网公司电力安全工作规程 线路部分》(Q/GDW 1799.2—2013)

328. 在户外变电站和高压室内搬动梯子、管子等长物，应(　　)，并与带电部分保持足够的安全距离。

A. 两人放倒搬运　　B. 两人搬运　　C. 两人搬运　　D. 两人肩扛

答案：A

出处：《国家电网公司电力安全工作规程 线路部分》(Q/GDW 1799.2—2013)

329. 所有电气设备的(　　)均应有良好的接地装置。使用中不准将接地装置拆除或对其进行任何工作。

A. 金属外壳　　B. 绝缘部分　　C. 电机部分　　D. 导电部分

答案：A

出处：《国家电网公司电力安全工作规程 线路部分》(Q/GDW 1799.2—2013)

330. 工作场所的照明，应该保证足够的(　　)，夜间作业应有充足的照明。

A. 功率　　B. 亮度　　C. 照明时间　　D. 数量

答案：B

出处：《国家电网公司电力安全工作规程 线路部分》(Q/GDW 1799.2—2013)

331. 电气工具和用具应由专人保管，每(　　)应由电气试验单位进行定期检查。

A. 3个月　　B. 6个月　　C. 9个月　　D. 一年

答案：B

出处：《国家电网公司电力安全工作规程 线路部分》(Q/GDW 1799.2—2013)

332. 使用金属外壳的电气工具时应戴(　　)。

A. 帆布手套　　B. 线手套　　C. 绝缘手套　　D. 皮手套

答案：C

出处：《国家电网公司电力安全工作规程 线路部分》(Q/GDW 1799.2—2013)

333. 电动工具、机具应(　　)良好。

A. 接地或接零　　B. 接地或绝缘　　C. 接零或绝缘　　D. 接线

答案：A

出处：《国家电网公司电力安全工作规程 线路部分》(Q/GDW 1799.2—2013)

334. 移动式电动机械和手持电动工具的单相电源线应使用(　　)芯软橡胶电缆。

A. 二　　B. 三　　C. 四　　D. 五

答案：B

出处：《国家电网公司电力安全工作规程 线路部分》(Q/GDW 1799.2—2013)

335. 移动式电动机械和手持电动工具的三相电源线在三相四线制系统中应使用(　　)芯软橡胶电缆。

A. 二　　B. 三　　C. 四　　D. 五

答案：C

出处：《国家电网公司电力安全工作规程 线路部分》(Q/GDW 1799.2—2013)

336. 移动式电动机械和手持电动工具的三相电源线在三相五线制系统中宜使用(　　)芯软橡胶电缆。

A. 三　　B. 四　　C. 五　　D. 六

答案：C

出处：《国家电网公司电力安全工作规程 线路部分》(Q/GDW 1799.2—2013)

337. 长期停用或新领用的电动工具应用(　　)V 的绝缘电阻表测量其绝缘电阻，如带电部件与外壳之间的绝缘电阻值达不到(　　)MΩ，应进行维修处理。

A. 1000；2　　B. 500；3　　C. 1000；3　　D. 500；2

答案：D

出处：《国家电网公司电力安全工作规程 线路部分》(Q/GDW 1799.2—2013)

338. 电动工具的电气部分经维修后，应进行绝缘电阻测量及绝缘耐压试验，试验电压参见《手持式电动工具的管理、使用、检查和维修安全技术规程》(GB/T 3787—2017)中的相关规定，试验时间为(　　)min。

A. 1　　B. 1.5　　C. 2　　D. 3

答案：A

出处：《国家电网公司电力安全工作规程 线路部分》(Q/GDW 1799.2—2013)

339. 在潮湿或含有酸类的场地上以及在金属容器内应使用(　　)V 及以下电动工具。

A. 12　　B. 24　　C. 36　　D. 60

答案：B

出处：《国家电网公司电力安全工作规程 线路部分》(Q/GDW 1799.2—2013)

340. 潜水泵工作时，泵的周围(　　)m 以内水面禁止有人进入。

A. 30　　B. 35　　C. 40　　D. 45

答案：A

出处：《国家电网公司电力安全工作规程 线路部分》(Q/GDW 1799.2—2013)

341. 不准在带有压力(液体压力或气体压力)的设备上或带电的设备上进行焊接。在特殊情况下需在带压和带电的设备上进行焊接时，应采取安全措施，并经(　　)批准。

A. 工作负责人　　B. 工作许可人

C. 本单位　　D. 部门主管生产领导

答案：C

出处：《国家电网公司电力安全工作规程 线路部分》(Q/GDW 1799.2—2013)

342. 紧急救护时，发现伤员意识不清、瞳孔扩大、无反应、呼吸、心跳停止时，应立即在现场就地抢救，用(　　)支持呼吸和循环，对脑、心重要脏器供氧。

A. 心脏按压法　　B. 口对口呼吸法　　C. 口对鼻呼吸法　　D. 心肺复苏法

答案：D

出处：《国家电网公司电力安全工作规程 线路部分》(Q/GDW 1799.2—2013)

343. 触电急救，在医务人员（　　）前，不得放弃现场抢救，更不能只根据没有呼吸或脉搏的表现，擅自判定伤员死亡，放弃抢救。

A. 未到达　　B. 未接替救治

C. 做出死亡诊断　　D. 判断呼吸或脉搏表现

答案：B

出处：《国家电网公司电力安全工作规程 线路部分》（Q/GDW 1799.2—2013）

344. 触电急救应分秒必争，一经明确心跳、呼吸停止的，立即就地迅速用（　　）进行抢救，并坚持不断地进行，同时及早与医疗急救中心（医疗部门）联系，争取医务人员接替救治。

A. 心脏按压法　　B. 口对口呼吸法　　C. 口对鼻呼吸法　　D. 心肺复苏法

答案：D

出处：《国家电网公司电力安全工作规程 线路部分》（Q/GDW 1799.2—2013）

345. 触电急救脱离电源，就是要把触电者接触的那一部分带电设备的（　　）断路器（开关）、隔离开关（刀闸）或其他断路设备断开，或设法将触电者与带电设备脱离开。

A. 有关　　B. 所有　　C. 高压　　D. 低压

答案：B

出处：《国家电网公司电力安全工作规程 线路部分》（Q/GDW 1799.2—2013）

346. 伤员脱离电源后，判断伤员有无意识应在（　　）以内完成。

A. 5s　　B. 10s　　C. 30s　　D. 60s

答案：B

出处：《国家电网公司电力安全工作规程 线路部分》（Q/GDW 1799.2—2013）

347. 触电伤员脱离电源后，正确的抢救体位是（　　）。

A. 左侧卧位　　B. 右侧卧位　　C. 仰卧位　　D. 俯卧位

答案：C

出处：《国家电网公司电力安全工作规程 线路部分》（Q/GDW 1799.2—2013）

348. 触电急救，当采用胸外心脏按压法进行急救时，伤员应仰卧于（　　）上。

A. 柔软床垫　　B. 硬板床或地　　C. 担架　　D. 弹簧床

答案：B

出处：《国家电网公司电力安全工作规程 线路部分》（Q/GDW 1799.2—2013）

349. 触电急救，胸外心脏按压频率应保持在（　　）次/min。

A. 60　　B. 80　　C. 100　　D. 120

答案：C

出处：《国家电网公司电力安全工作规程 线路部分》（Q/GDW 1799.2—2013）

350. 进行心肺复苏法时，如有担架搬运伤员，应该持续做心肺复苏，中断时间不超过（　　）s。

A. 5　　B. 10　　C. 30　　D. 60

答案：A

出处：《国家电网公司电力安全工作规程 线路部分》（Q/GDW 1799.2—2013）

351. 被电击伤并经过心肺复苏抢救成功的电击伤员，都应让其充分休息，并在医务人员指导下进行不少于（　　）h 的心脏监护。

A. 12　　B. 24　　C. 36　　D. 48

答案：D

出处：《国家电网公司电力安全工作规程 线路部分》(Q/GDW 1799.2—2013)

352. 烧伤急救时，强酸或碱灼伤应迅速脱去被溅染衣物，现场立即用大量清水彻底冲洗，然后用适当的药物给予中和；冲洗时间不少于(　　)min。

A. 5　　B. 10　　C. 15　　D. 20

答案：B

出处：《国家电网公司电力安全工作规程 线路部分》(Q/GDW 1799.2—2013)

353. 犬咬伤后应立即用浓肥皂水或清水冲洗伤口至少(　　)min，同时用挤压法自上而下将残留伤口内唾液挤出，然后再用碘酒涂搽伤口。

A. 5　　B. 10　　C. 15　　D. 20

答案：C

出处：《国家电网公司电力安全工作规程 线路部分》(Q/GDW 1799.2—2013)

354. 为加强国家电网公司架空输电线路运维管理，提高运维工作的(　　)，保障电网安全运行，依据国家法律法规及公司有关规定，特制定《国家电网公司架空输电线路运维管理规定》。

A. 质量和效率　　B. 质量　　C. 效率　　D. 管理效率

答案：A

出处：《国家电网公司架空输电线路运维管理规定》[国网（运检/4）305—2014]

355. 本规定所称的线路运维管理是指对国家电网公司系统(　　)电压等级交直流线路开展的运维管理相关工作。

A. 10kV　　B. 10kV 及以上　　C. 35kV　　D. 35kV 及以上

答案：D

出处：《国家电网公司架空输电线路运维管理规定》[国网（运检/4）305—2014]

356. 线路运维管理工作中，乡镇供电所履行(　　)职责。

A. 协调配合开展所辖区域 35kV 及以上线路的通道维护、清障和防外破工作

B. 组织开展设备缺陷管理和隐患排查治理工作

C. 开展线路运维管理工作的统计、分析、总结及上报

D. 开展设备缺陷管理和隐患排查治理工作

答案：A

出处：《国家电网公司架空输电线路运维管理规定》[国网（运检/4）305—2014]

357. 输电运维班负责开展无人机巡检、维修保养，(　　)开展直升机巡检作业等工作。

A. 组织　　B. 自行　　C. 配合　　D. 协调

答案：C

出处：《国家电网公司架空输电线路运维管理规定》[国网（运检/4）305—2014]

358. 根据《国家电网公司架空输电线路运维管理规定》，各级运检部门应提前介入线路工程前期(　　)。

A. 参与可行性研究、设计选线、终勘定位、初步设计评审及技术审查工作，落实技术标准和反措要求，提出书面意见

B. 跟踪工程进度和质量，督促问题整改，重大问题报本单位运检部协调解决

C. 对发现的问题与缺陷，形成书面材料报上级主管部门和相关单位，并跟踪核实

D. 线路运检单位负责督促建设管理单位处理与整改

答案：A

出处：《国家电网公司架空输电线路运维管理规定》[国网（运检/4）305—2014]

359. 根据《国家电网公司架空输电线路运维管理规定》，线路运检单位应提前介入工程施工的(　　)。

A. 参与可行性研究、设计选线、终勘定位、初步设计评审及技术审查工作，落实技术标准和反措要求，提出书面意见

B. 跟踪工程进度和质量，督促问题整改，重大问题报本单位运检部协调解决

C. 对发现的问题与缺陷，形成书面材料报上级主管部门和相关单位，并跟踪核实

D. 线路运检单位负责督促建设管理单位处理与整改

答案：B

出处：《国家电网公司架空输电线路运维管理规定》[国网（运检/4）305—2014]

360. 各级运检部门应参加所负责或参与工程的启动试运行方案审查并参加各项启动工作，工程试运行期间组织输电运维班开展(　　)，并督促问题整改。

A. 隐患治理　　B. 特巡、检测　　C. 自查自纠　　D. 统计、分析

答案：B

出处：《国家电网公司架空输电线路运维管理规定》[国网（运检/4）305—2014]

361. 输电运维班应按实物资产管理的要求，(　　)。

A. 做好实物资产的有序性、安全性、完整性

B. 做好备品备件、仪器仪表、专用工器具的检验、入库工作，建立实物资产台账

C. 做好设备包装、仪器仪表、专用工器具的检验、入库工作，建立实物资产台账

D. 做好实物资产的统计、分析、出入库登记

答案：B

出处：《国家电网公司架空输电线路运维管理规定》[国网（运检/4）305—2014]

362. 工程竣工投运后1年内出现的质量问题，各级运检部门应向建设管理单位提出，必要时报上级运检部协调解决。线路运检单位负责督促(　　)处理与整改，(　　)负责核实验收。

A. 输电运维班；各级运检部门　　B. 建设管理单位；各级运检部门

C. 建设管理单位；输电运维班　　D. 建设管理单位；线路运检单位

答案：C

出处：《国家电网公司架空输电线路运维管理规定》[国网（运检/4）305—2014]

363. 各级运检部门应明确所辖线路的运维管理界限，不得出现空白点。不同运维单位共同维护的线路，其分界点原则上按行政区域划分，由(　　)审核批准。

A. 主管领导　　B. 上级运检部门　　C. 各级运检部门　　D. 运检部

答案：B

出处：《国家电网公司架空输电线路运维管理规定》[国网（运检/4）305—2014]

364. 现场运行规程主要体现线路(　　)运维要求。

A. 差别化　　B. 同步化　　C. 差异化　　D. 不同的

答案：C

出处：《国家电网公司架空输电线路运维管理规定》[国网（运检/4）305—2014]

365. 线路运检单位应建立健全（　　），按线路区段明确责任人。

A. 线路巡视岗位责任制　　B. 内部控制制度

B. 缺陷防治工作格局　　D. 安全生产责任制度

答案：A

出处：《国家电网公司架空输电线路运维管理规定》[国网（运检/4）305—2014]

366. 线路正常巡视采用状态巡视方式，状态巡视是指根据线路设备和（　　）特点，结合状态评价和运行经验确定线路区段的巡视周期并动态调整的巡视方式。

A. 通道环境　　B. 本体缺陷　　C. 天气　　D. 季节

答案：A

出处：《国家电网公司架空输电线路运维管理规定》[国网（运检/4）305—2014]

367. 线路状态信息应（　　）地反映线路运行状况及通道环境状况，并及时补充完善。

A. 真实　　B. 实时　　C. 真实、有效　　D. 准确、完整

答案：D

出处：《国家电网公司架空输电线路运维管理规定》[国网（运检/4）305—2014]

368. 输电运维班应根据线路状态信息划分不属于特殊区段的是（　　）。

A. 树竹速长区　　B. 轻污区　　C. 微风振动区　　D. 无人区

答案：B

出处：《国家电网公司架空输电线路运维管理规定》[国网（运检/4）305—2014]

369. 输电运维班应及时掌握通道内树竹生长、建筑物、地理环境、特殊气候特点及跨越铁路、公路、河流、电力线等详细分布状况，对重要线路或特殊区段应逐档绘制（　　）状态图，并根据通道状态变化动态修订。

A. 通道环境　　B. 线路　　C. 线路通道　　D. 电力线路

答案：C

出处：《国家电网公司架空输电线路运维管理规定》[国网（运检/4）305—2014]

370. 线路状态巡视周期一般划分为（　　）类。

A. 4　　B. 3　　C. 2　　D. 1

答案：B

出处：《国家电网公司架空输电线路运维管理规定》[国网（运检/4）305—2014]

371. Ⅰ类线路巡视周期一般为（　　）个月。

A. 4　　B. 3　　C. 2　　D. 1

答案：D

出处：《国家电网公司架空输电线路运维管理规定》[国网（运检/4）305—2014]

372. Ⅱ类线路巡视周期一般为（　　）个月。

A. 4　　B. 3　　C. 2　　D. 1

答案：C

出处：《国家电网公司架空输电线路运维管理规定》[国网（运检/4）305—2014]

373. Ⅲ类线路巡视周期一般为（　　）个月。

A. 2～6　　B. 3～6　　C. 2～5　　D. 3～5

答案：B

出处：《国家电网公司架空输电线路运维管理规定》[国网（运检/4）305—2014]

374. Ⅰ类线路巡视周期一般为1个月。其中不包括(　　)。

A. 特高压交直流线路

B. 城市（城镇）及近郊区域的线路区段

C. 外破易发区、偷盗多发区、采动影响区、水淹（冲刷）区、垂钓区、重要跨越、大跨越等特殊区段

D. 状态评价为“正常”状态的线路区段

答案：D

出处：《国家电网公司架空输电线路运维管理规定》[国网（运检/4）305—2014]

375. 退运线路应纳入正常运维范围，巡视周期一般为3个月。发现丢失塔材等缺陷应及时进行处理，确保线路(　　)。

A. 完好　　B. 稳固　　C. 安全　　D. 完好、稳固

答案：D

出处：《国家电网公司架空输电线路运维管理规定》[国网（运检/4）305—2014]

376. 退运线路应纳入正常运维范围，巡视周期一般为(　　)个月。发现丢失塔材等缺陷应及时进行处理，确保线路完好、稳固。

A. 2　　B. 3　　C. 2～6　　D. 3～6

答案：B

出处：《国家电网公司架空输电线路运维管理规定》[国网（运检/4）305—2014]

377. 跨区线路、重要电源送出线路、单电源线路、重要联络线路、电铁牵引站供电线路、重要负荷供电线路巡视周期不应超过(　　)个月。

A. 4　　B. 3　　C. 2　　D. 1

答案：D

出处：《国家电网公司架空输电线路运维管理规定》[国网（运检/4）305—2014]

378. 新、改建线路或区段在投运后3个月内，应(　　)进行1次全面巡视。

A. 每周　　B. 半月　　C. 每月　　D. 一个半月

答案：C

出处：《国家电网公司架空输电线路运维管理规定》[国网（运检/4）305—2014]

379. 输电运维班对多雷区、微风振动区、重污区、重冰区、导线易舞区、大跨越等区段应适当开展带电登杆（塔）检查，不属于重点抽查的是(　　)。

A. 导线　　B. 基础　　C. 金具　　D. 绝缘子

答案：B

出处：《国家电网公司架空输电线路运维管理规定》[国网（运检/4）305—2014]

380. 线路运检单位组织输电运维班于每年(　　)前逐线、逐段编报次年度巡视计划，经本单位运检部审核并经主管领导批准后下发执行。500（330）kV及以上交直流线路的年度巡视计划应报省公司运检部备案。

A. 9月30日　　B. 10月31日　　C. 11月30日　　D. 12月31日

答案：C

出处：《国家电网公司架空输电线路运维管理规定》[国网（运检/4）305—2014]

381. 每月(　　)前，线路运检单位编制下发状态巡视月度实施计划。输电运维班应根

据月度实施计划编制周计划并执行。

A. 15 日　　B. 25 日　　C. 28 日　　D. 30 日

答案：C

出处：《国家电网公司架空输电线路运维管理规定》[国网（运检/4）305—2014]

382. 输电运维班在巡视中发现线路新增隐患及特殊区段范围发生变化时，应于每月(　　)汇总上报线路运检单位。线路运检单位应根据设备状况、季节和天气影响以及电网运行要求等，对巡视计划及巡视周期进行调整，并在本单位运检部备案。

A. 15 日　　B. 25 日　　C. 28 日　　D. 30 日

答案：B

出处：《国家电网公司架空输电线路运维管理规定》[国网（运检/4）305—2014]

383. 输电运维班巡视中发现的缺陷、隐患应及时录入运检管理系统，最长不超过(　　)。

A. 2 日　　B. 3 日　　C. 4 日　　D. 5 日

答案：B

出处：《国家电网公司架空输电线路运维管理规定》[国网（运检/4）305—2014]

384. 线路发生故障后，不论开关重合是否成功，线路运检单位均应根据气象环境、故障录波、行波测距、雷电定位系统、在线监测、现场巡视情况等信息初步判断(　　)，组织故障巡视。

A. 故障类型　　B. 故障位置　　C. 故障档　　D. 故障点

答案：A

出处：《国家电网公司架空输电线路运维管理规定》[国网（运检/4）305—2014]

385. 线路运检单位应在气候剧烈变化、自然灾害、外力影响、异常运行和对电网安全稳定运行有特殊要求时组织开展(　　)。

A. 特殊巡视　　B. 线路巡视　　C. 现场盯守　　D. 制订应急方案

答案：A

出处：《国家电网公司架空输电线路运维管理规定》[国网（运检/4）305—2014]

386. 在线路巡视周期内，已开展直升机或无人机巡视的线路或区段，(　　)周期可适当调整，巡视内容以通道环境和塔头以下部件为主。

A. 线路巡视　　B. 巡视　　C. 人工巡视　　D. Ⅱ类线路巡视

答案：C

出处：《国家电网公司架空输电线路运维管理规定》[国网（运检/4）305—2014]

387. 线路运检单位应根据线路运维状态、运维时间、线路环境等实际信息，制订合理的(　　)，并开展检测分析，编报分析报告。

A. 检测计划　　B. 巡视计划　　C. 检测周期　　D. 巡视周期

答案：A

出处：《国家电网公司架空输电线路运维管理规定》[国网（运检/4）305—2014]

388. 输电运维班应严格按照检测计划开展检测工作，做好检测记录和(　　)。

A. 分析报告　　B. 电子存档　　C. 检测结果上报工作　D. 异常分析处理

答案：D

出处：《国家电网公司架空输电线路运维管理规定》[国网（运检/4）305—2014]

389. 每年雷雨季节前应对强雷区杆塔进行(　　)接地装置检查和接地电阻检测，对地下水位较高、强酸强碱等腐蚀严重区域，应按30%比例开挖检查。

A. 1次　　B. 2次　　C. 3次　　D. 4次

答案：A

出处：《国家电网公司架空输电线路运维管理规定》[国网（运检/4）305—2014]

390. 每年雷雨季节前应对强雷区杆塔进行1次接地装置检查和接地电阻检测，对地下水位较高、强酸强碱等腐蚀严重区域，应按(　　)比例开挖检查。

A. 20%　　B. 30%　　C. 40%　　D. 50%

答案：B

出处：《国家电网公司架空输电线路运维管理规定》[国网（运检/4）305—2014]

391. 对采空区和大跨越铁塔每年应开展1次倾斜检测，特殊情况应(　　)。

A. 每半年开展1次倾斜检测　　B. 缩短测试周期

C. 上报运检部　　D. 上报改造

答案：B

出处：《国家电网公司架空输电线路运维管理规定》[国网（运检/4）305—2014]

392. 根据线路运行状态，适时开展夜间巡视，及时发现线路电晕放电隐患。对电晕放电较严重的部位，宜进行(　　)，采取相应处理措施。

A. 缺陷分析　　B. 缺陷评估　　C. 状态评价　　D. 紫外成像分析

答案：D

出处：《国家电网公司架空输电线路运维管理规定》[国网（运检/4）305—2014]

393. 输电运维班应按照公司运维装备配置标准配备相应的(　　)。

A. 劳动防护用具　　B. 劳保用品　　C. 检测设备　　D. 检修工具

答案：C

出处：《国家电网公司架空输电线路运维管理规定》[国网（运检/4）305—2014]

394. 线路运检单位应加强线路在线监测装置的运维工作，及时(　　)失效的在线监测装置。

A. 修复　　B. 上报　　C. 更换　　D. 检测

答案：C

出处：《国家电网公司架空输电线路运维管理规定》[国网（运检/4）305—2014]

395. (　　)应收集气象、覆冰、风偏、舞动、微风振动、杆塔倾斜、导线温度、视频等线路运行环境和状态的实时监测数据，开展数据统计与分析，编制月度专题报告并报上级运检部，适时发布预警信息。

A. 输电运检室　　B. 各级运维部　　C. 各级评价中心　　D. 各级运行专责

答案：C

出处：《国家电网公司架空输电线路运维管理规定》[国网（运检/4）305—2014]

396. 线路缺陷分为本体缺陷、附属设施缺陷和(　　)三类。

A. 树障矛盾　　B. 外部隐患　　C. 防护区内施工缺陷　　D. 通道环境缺陷

答案：B

出处：《国家电网公司架空输电线路运维管理规定》[国网（运检/4）305—2014]

397. (　　)指组成线路本体的全部构件、附件及零部件缺陷，包括基础、杆塔、导线、地线（OPGW）、绝缘子、金具、接地装置、拉线等发生的缺陷。

A. 线路缺陷　　B. 本体缺陷　　C. 附属设施缺陷　　D. 外部隐患

答案：B

出处：《国家电网公司架空输电线路运维管理规定》[国网（运检/4）305—2014]

398.（　）指附加在线路本体上的线路识识、安全标识牌、各种技术监测或具有特殊用途的设备（如在线监测、防雷、防鸟装置等）发生的缺陷。

A. 线路缺陷　　B. 本体缺陷　　C. 附属设施缺陷　　D. 外部隐患

答案：C

出处：《国家电网公司架空输电线路运维管理规定》[国网（运检/4）305—2014]

399.（　）指外部环境变化对线路的安全运行已构成某种潜在性威胁的情况，如在线路保护区内违章建房、种植树竹、堆物、取土及各种施工作业等。

A. 线路缺陷　　B. 本体缺陷　　C. 附属设施缺陷　　D. 外部隐患

答案：D

出处：《国家电网公司架空输电线路运维管理规定》[国网（运检/4）305—2014]

400. 危急缺陷指缺陷情况已危及到线路安全运行，随时可能导致线路发生事故，既危险又紧急的缺陷。危急缺陷消除时间不应超过（　　），或临时采取确保线路安全的技术措施进行处理，随后消除。

A. 12 小时　　B. 24 小时　　C. 48 小时　　D. 一周

答案：B

出处：《国家电网公司架空输电线路运维管理规定》[国网（运检/4）305—2014]

401. 严重缺陷指缺陷情况对线路安全运行已构成严重威胁，短期内线路尚可维持安全运行，情况虽危险，但紧急程度较危急缺陷次之的一类缺陷。此类缺陷的处理一般不超过（　　），最多不超过 1 个月，消除前须加强监视。

A. 48 小时　　B. 64 小时　　C. 5 天　　D. 1 周

答案：D

出处：《国家电网公司架空输电线路运维管理规定》[国网（运检/4）305—2014]

402. 缺陷应纳入运检管理系统进行全过程（　　），主要包括缺陷登录、统计、分析、处理、验收和上报等。

A. 监控　　B. 管控　　C. 管理　　D. 闭环管理

答案：D

出处：《国家电网公司架空输电线路运维管理规定》[国网（运检/4）305—2014]

403. 输电运维班通过现场巡视、检（监）测等手段收集缺陷，确认、定性缺陷后，在运检管理系统为缺陷建档，纳入（　　）。

A. 电子档案　　B. 评价参考　　C. 缺陷管理流程　　D. 状态评价

答案：C

出处：《国家电网公司架空输电线路运维管理规定》[国网（运检/4）305—2014]

404. 线路运检单位应核对缺陷性质，并组织安排缺陷的消除工作，危急缺陷应报上级运检部；上级运检部应协调、监督、指导缺陷的消除工作，缺陷在未消除之前应制定有效的设备风险管控措施；输电运维班对缺陷处理情况进行验收检查。特高压交直流线路危急缺陷应立即上报（　）。

A. 线路运检单位　B. 市公司运检部　C. 省公司运检部　D. 国网运检部

答案：D

出处：《国家电网公司架空输电线路运维管理规定》[国网（运检/4）305—2014]

405. 线路运检单位应结合线路运行经验、季节特点和通道情况积极开展线路隐患排查治理工作，建立（　　），及时消除设备和通道隐患。

A. 隐患排查治理计划　B. 隐患台账　C. 缺陷管理流程　D. 电子档案

答案：B

出处：《国家电网公司架空输电线路运维管理规定》[国网（运检/4）305—2014]

406. 各级运检部门应认真做好（　　）运行分析和典型故障、缺陷的专题分析工作。

A. 月度、季度、年度　B. 月度　C. 季度　D. 年度

答案：A

出处：《国家电网公司架空输电线路运维管理规定》[国网（运检/4）305—2014]

407. 省公司运检部每季度应组织 1 次运行分析会，省检修（分）公司、地（市）公司、县公司运检部每月组织 1 次运行分析会，输电运维班每月开展（　　）运行分析。

A. 1 次　B. 2 次　C. 3 次　D. 4 次

答案：A

出处：《国家电网公司架空输电线路运维管理规定》[国网（运检/4）305—2014]

408. 各级运检部门应及时组织开展故障分析工作，各级评价中心做好技术支撑。省检修（分）公司、地（市）公司运检部应在故障点确认后（　　）内组织完成故障分析，形成故障分析报告并报送省公司运检部。

A. 1 日　B. 2 日　C. 3 日　D. 4 日

答案：B

出处：《国家电网公司架空输电线路运维管理规定》[国网（运检/4）305—2014]

409. 跨区线路故障分析报告应于故障点确认后（　　）内按要求完成，并报国网运检部。各级运检部门应适时组织召开典型故障分析会，总结故障经验，提出改进措施。

A. 1 日　B. 2 日　C. 3 日　D. 4 日

答案：C

出处：《国家电网公司架空输电线路运维管理规定》[国网（运检/4）305—2014]

410. 对线路设备的整体状况开展评价工作由省公司运检部组织，（　　）负责，省检修（分）公司、地（市）公司、县公司运检部根据《架空输电线路状态评价导则》，对线路设备的整体状况开展评价工作。

A. 设备状态评价中心　B. 市公司运检部　C. 县公司　D. 输电运检室

答案：A

出处：《国家电网公司架空输电线路运维管理规定》[国网（运检/4）305—2014]

411. 状态评价工作应纳入日常生产管理，定期进行评价。对评价为（　　）状态的线路应制定相应的检修策略并结合技改大修进行处理。

A. 注意　B. 异常　C. 严重　D. 异常、严重

答案：D

出处：《国家电网公司架空输电线路运维管理规定》[国网（运检/4）305—2014]

412. 状态评价结果应形成报告并按时报上级（　　）。

A. 运检部　　B. 领导　　C. 检修公司　　D. 输电运维室

答案：A

出处：《国家电网公司架空输电线路运维管理规定》[国网（运检/4）305—2014]

413. 国网运检部、省公司运检部应组织退役线路的技术鉴定，并及时督促(　　)办理线路报废手续。

A. 运维部　　B. 线路运检单位　　C. 市公司　　D. 各级下属公司

答案：B

出处：《国家电网公司架空输电线路运维管理规定》[国网（运检/4）305—2014]

414. 防治线路污闪工作目标：不发生大面积电网污闪停电事件和500（330）kV及以上线路(　　)。

A. 污闪跳闸　　B. 污闪大面积停电

C. 污闪小面积停电　　D. 长时间污闪停电

答案：A

出处：《国家电网公司架空输电线路运维管理规定》[国网（运检/4）305—2014]

415. 输电运维班应每年进行污秽监测点绝缘子的污秽测量，线路运检单位汇总上报。省设备状态评价中心应结合沿线污源变化和污秽测量数据，每(　　)年统一修订污区分布图；线路运检单位依据修订的污区分布图及时开展外绝缘校核，并报省设备状态评价中心复核。

A. 1　　B. 2　　C. 3　　D. 4

答案：C

出处：《国家电网公司架空输电线路运维管理规定》[国网（运检/4）305—2014]

416. 未喷涂防污闪涂料的瓷、玻璃绝缘子应结合停电检修做好清扫，必要时对已喷涂防污闪涂料的瓷、玻璃绝缘子开展(　　)检查。

A. 外观　　B. 不定期　　C. 定期　　D. 憎水性

答案：D

出处：《国家电网公司架空输电线路运维管理规定》[国网（运检/4）305—2014]

417. 各级运检部门应加强沿线气象环境资料的调研收集，建设观冰站（点）、自动气象站，安装气象在线监测装置，并按照气象监测工作要求，组织开展气象观测工作，掌握特殊地形、特殊气候区域的资料，每(　　)年统一修订舞动区分布图、冰区分布图。

A. 1　　B. 2　　C. 3　　D. 4

答案：C

出处：《国家电网公司架空输电线路运维管理规定》[国网（运检/4）305—2014]

418. 各级运检部门应利用公司覆冰预测预警系统开展线路覆冰气候、形势、厚度自动化预报和冰情监测，及时掌握线路(　　)，发布预警信息。各线路运检单位应按照冰情预报、预警信息做好抗冰、融冰准备工作。

A. 运行状态　　B. 覆冰情况　　C. 融冰情况　　D. 抗冰能力

答案：B

出处：《国家电网公司架空输电线路运维管理规定》[国网（运检/4）305—2014]

419. 各级运检部门应组织开展覆冰舞动故障分析工作，掌握(　　)。线路运检单位根据舞动区分布图开展差异化防舞动治理。输电运维班应加强防舞效果的观测和防舞装置的维护。

A. 线路运行状态　　B. 覆冰情况

C. 覆冰舞动规律　　D. 覆冰舞动规律和故障特点

答案：D

出处：《国家电网公司架空输电线路运维管理规定》[国网（运检/4）305—2014]

420. 输电运维班应在覆冰季节前对线路做全面检查，落实(　　)措施。

A. 除冰　　B. 融冰

C. 防舞动　　D. 除冰、融冰和防舞动

答案：D

出处：《国家电网公司架空输电线路运维管理规定》[国网（运检/4）305—2014]

421. 线路覆冰后，对线路覆冰、舞动重点区段的导地线线夹出口处、绝缘子锁紧销及相关金具进行检查和消缺，及时(　　)导地线弧垂。

A. 测量　　B. 调整　　C. 校核和调整　　D. 校核

答案：C

出处：《国家电网公司架空输电线路运维管理规定》[国网（运检/4）305—2014]

422. 各线路运检单位应根据覆冰厚度和天气情况，对导地线采取融冰、除冰等措施以减少(　　)。

A. 覆冰厚度　　B. 覆冰长度　　C. 导地线覆冰　　D. 对导线危害

答案：C

出处：《国家电网公司架空输电线路运维管理规定》[国网（运检/4）305—2014]

423. 各级运检部门应结合(　　)，对设计冰厚取值偏低、抗冰能力弱而又未采取防冰措施的线路进行改造。

A. 天气情况　　B. 经验　　C. 线路周边环境　　D. 冰区分布图

答案：D

出处：《国家电网公司架空输电线路运维管理规定》[国网（运检/4）305—2014]

424. 各级运检部门应加强线路防风偏管理，组织开展风偏故障统计分析工作，掌握沿线气象环境资料，每(　　)年统一修订风区分布图。

A. 1　　B. 2　　C. 3　　D. 4

答案：C

出处：《国家电网公司架空输电线路运维管理规定》[国网（运检/4）305—2014]

425. 各级运检部门组织开展(　　)，加强山区线路大档距的边坡及新增交叉跨越的排查，对影响线路安全运行的隐患及时治理。

A. 弧垂测量　　B. 风偏校核　　C. 特殊区段隐患排查　　D. 大档距、交叉跨越排查

答案：B

出处：《国家电网公司架空输电线路运维管理规定》[国网（运检/4）305—2014]

426. 对处于(　　)、飑线风多发的局部微气象区段杆塔，应根据故障时风速调查情况重新核算设计条件。

A. 强风区　　B. 大风区　　C. 中风及以上风力区　　D. 多风地区

答案：A

出处：《国家电网公司架空输电线路运维管理规定》[国网（运检/4）305—2014]

427. 省公司应充分发挥地（市）、县公司地域优势，建立线路通道属地化管理及考核机制；地（市）、县公司实行线路通道属地化管理，做好督促、检查落实工作；乡镇供电所开展（　　）线路的通道维护、清障和防外破等具体工作。

A. 10kV 及以上　B. 35kV 及以上　C. 110kV 及以上　D. 220kV 及以上

答案：B

出处：《国家电网公司架空输电线路运维管理规定》[国网（运检/4）305—2014]

428. 各级运检部门应不断完善线路通道安全联防、联控机制。线路运检单位应组织开展（　　）工作，加强联防护线员的业务培训，落实异常情况汇报制度。

A. 群众护线　B. 与警察联合执法护线

C. 全民护线　D. 联防护线

答案：A

出处：《国家电网公司架空输电线路运维管理规定》[国网（运检/4）305—2014]

429. 各级运检部门应建立防外破内部联控、外部联防机制，加强防外破过程工作检查和重大事件的协调；线路运检单位开展（　　）故障分析工作，掌握故障特点，划分易发区域，建立隐患档案，及时跟踪处理，实现闭环管理；输电运维班应对外部隐患进行排查治理。

A. 外力破坏　B. 线路　C. 本体　D. 高温跳闸

答案：A

出处：《国家电网公司架空输电线路运维管理规定》[国网（运检/4）305—2014]

430. 线路运检单位应建立起重机、水泥泵车等特种工程车辆车主、驾驶员及大型工程项目经理、施工员、安全员等相关人员数据库，开展电力安全知识培训，定期发送安全提醒短信，利用公益广告、媒体等方式开展（　　）。

A. 防外力破坏宣传　B. 护电宣传

C. 电力防护工作　D. 保障电力安全的宣传

答案：A

出处：《国家电网公司架空输电线路运维管理规定》[国网（运检/4）305—2014]

431. 线路运检单位应主动服务，与线路保护区内的施工单位签订安全协议，必要时参加其组织的工程协调会，分析确定阶段施工中的高危作业，提前预警，指导其采取保证线路安全的防护措施。对每个可能危及线路安全运行的施工工序，应（　　），重点危险区段应24小时值守。

A. 现场监护　B. 加派人手　C. 通知电力部门　D. 做好安全措施

答案：A

出处：《国家电网公司架空输电线路运维管理规定》[国网（运检/4）305—2014]

432. 线路运检单位发现可能危及线路安全的行为，应立即加以制止，并向当事人发送（　　），限期整改。

A.《安全隐患告知书》B. 安全承诺书　C. 安全协议　D. 停工通知

答案：A

出处：《国家电网公司架空输电线路运维管理规定》[国网（运检/4）305—2014]

433. 输电运维班应在线路保护区的区界、山火易发区、盗窃易发区、人员密集区、施工作业区、跨越重要公路和航道的区段，设立明显警示标识并安装防护装置，必要时(　　)。

A. 缩短巡视周期　　B. 派人现场盯守

C. 更改线路走径　　D. 安装视频监控系统

答案：D

出处：《国家电网公司架空输电线路运维管理规定》[国网（运检/4）305—2014]

434. 各级运检部门应利用公司线路山火监测预警系统实时监测线路周边的火点位置和范围，分析火险火情对线路可能产生的影响，发布线路山火预警信息。各线路运检单位应根据(　　)做好处置准备工作。

A. 经验　　B. 预警信息　　C. 监测情况　　D. 线路电压等级

答案：B

出处：《国家电网公司架空输电线路运维管理规定》[国网（运检/4）305—2014]

435. (　　)应定期开展防山火宣传，在山火易发时段及清明节前后等特殊时期，应加强线路巡视和线路走廊内的杂草、树木、易燃易爆物品等清理，并对重点防火地段派人值守，必要时可加装视频监控等设施。

A. 各级市（县）分公司　　B. 市公司

C. 县公司　　D. 输电运维班

答案：D

出处：《国家电网公司架空输电线路运维管理规定》[国网（运检/4）305—2014]

436. 线路发生外力破坏事件时，应向上级运检部门说清楚事件经过、发生原因及责任处理，并尽快落实(　　)。

A. 抢修工作　　B. 事故应急抢修　　C. 抢修班组　　D. 防范措施

答案：D

出处：《国家电网公司架空输电线路运维管理规定》[国网（运检/4）305—2014]

437. 各级运检部门应组织开展鸟害故障分析工作，掌握鸟类活动规律和鸟害故障特点，划分鸟害易发区域，编制(　　)。

A. 鸟害分布图　　B. 巡视计划　　C. 鸟害防范措施　　D. 消除鸟害措施

答案：C

出处：《国家电网公司架空输电线路运维管理规定》[国网（运检/4）305—2014]

438. 线路运检单位应根据环境、设备特点和运行经验编制大跨越段现场运行规程，确定相应的(　　)。

A. 周期巡视计划　　B. 鸟害防范措施　　C. 维护检修周期　　D. 消除鸟害措施

答案：C

出处：《国家电网公司架空输电线路运维管理规定》[国网（运检/4）305—2014]

439. 大跨越段线路可设专门维护班组管理。在洪汛、覆冰、大风和雷电活动频繁的季节，宜(　　)，做好记录，有条件的可安装自动监测设备。

A. 设专人监视　　B. 进行特殊巡视　　C. 缩短巡视周期　　D. 加强维护

答案：A

出处：《国家电网公司架空输电线路运维管理规定》[国网（运检/4）305—2014]

440. 输电运维班应加强大跨越段杆塔、基础、导线、地线、绝缘子、金具等设备和防洪、防冰、防舞、防雷、防振等设施的(　　)，并做好长期的气象、覆冰、雷电、水文的观测记录和分析工作。

A. 巡视和维护　　B. 巡视和维护　　C. 巡视和维护　　D. 以上都不是

答案：A

出处：《国家电网公司架空输电线路运维管理规定》[国网（运检/4）305—2014]

441. 输电运维班应做好大跨越段导、地线振动测量。加强大跨越段杆塔接地电阻测量，适当(　　)。加强主塔的升降设备、航空指示灯、照明和通信等附属设施维修保养。

A. 缩短检测周期　B. 缩短测试周期　C. 缩短巡视周期　D. 以上都不是

答案：A

出处：《国家电网公司架空输电线路运维管理规定》[国网（运检/4）305—2014]

442. 为进一步提高线路可靠性，提升线路管理水平，开展标准化线路建设工作，标准化线路应在状态评价为“(　　)”的基础上，达到线路运维的各项标准要求。

A. 正常　　B. 注意　　C. 严重　　D. 危急

答案：A

出处：《国家电网公司架空输电线路运维管理规定》[国网（运检/4）305—2014]

443. 按照标准化线路建设基本要求，新建线路应达到(　　)水平，省公司运检部结合实际逐年安排在运输电线路标准化建设，制订标准化建设计划，组织建设工作，线路运检单位负责实施。

A. 达标线路　　B. 金牌工程　　C. 标准化线路　　D. 验收合格

答案：C

出处：《国家电网公司架空输电线路运维管理规定》[国网（运检/4）305—2014]

444. 省公司运检部负责省检修（分）公司、地（市）公司标准化线路建设的(　　)与评比工作。

A. 监督　　B. 验收　　C. 督促　　D. 指导

答案：B

出处：《国家电网公司架空输电线路运维管理规定》[国网（运检/4）305—2014]

445. 标准化线路建设实行动态管理，省公司运检部每(　　)年对标准化线路建设进行复评。

A. 1　　B. 2　　C. 3　　D. 4

答案：C

出处：《国家电网公司架空输电线路运维管理规定》[国网（运检/4）305—2014]

446. 根据线路建设或运行的需要，考虑(　　)、地形地貌等因素，在线路走廊附近选择有代表性的区域，建设气象监测站（点），对风速、风向、气温、湿度、气压、降水、覆冰（雨凇）等实施监测。

A. 区域气候特征　　B. 线路等级　　C. 线路长度　　D. 电压等级

答案：A

出处：《国家电网公司架空输电线路运维管理规定》[国网（运检/4）305—2014]

447. 《国家电网公司架空输电线路运维管理规定》[国网（运检/4）305—2014] 适用于(　　)以及与气象部门共建的气象监测站（点）。

A. 系统内　　B. 省公司

C. 地市级公司　　D. 各级地市（县）公司

答案：A

出处：《国家电网公司架空输电线路运维管理规定》[国网（运检/4）305—2014]

448. 气象监测工作应贯彻执行规程规范和规定要求，确保监测数据（　　），为线路工程规划选线和安全可靠运行提供气象数据支持。

A. 完整、有效　　B. 准确、有效　　C. 完整、准确　　D. 真实、有效

答案：C

出处：《国家电网公司架空输电线路运维管理规定》[国网（运检/4）305—2014]

449. 气象监测场地、设备、监测方法和气象监测数据的（　　）应满足《地面气象观测规范》（QX/T 55—2007）、《架空输电线路覆冰观测技术规定》（DL/T 5462—2012）等规范、规定的要求。

A. 完整性、有效性　　B. 准确性、有效性

C. 准确性、完整性　　D. 真实性、有效性

答案：C

出处：《国家电网公司架空输电线路运维管理规定》[国网（运检/4）305—2014]

450. 满足《输电线路气象监测装置技术规范》（Q/GDW 243—2010）、《输电线路状态监测装置通用技术规范》（Q/GDW 242—2010）等规范要求，并应接入输变电设备状态监测系统，进行（　　）。

A. 统一管理　　B. 规范管理　　C. 实施监测　　D. 设备状态监测

答案：A

出处：《国家电网公司架空输电线路运维管理规定》[国网（运检/4）305—2014]

451. 应根据输电线路规划、沿线气候特性、地形地貌以及邻近区域国家气象台（站）分布情况，综合论证设站的（　　）。

A. 必要性与合理性　　B. 必要性和可能性

C. 合理性和可能性　　D. 合理性与可能性

答案：A

出处：《国家电网公司架空输电线路运维管理规定》[国网（运检/4）305—2014]

452. 在线监测装置数据通过（　　）形式上传至输变电设备状态监测系统。

A. 自动采集　　B. 数据采集　　C. 人工采集　　D. 人工

答案：A

出处：《国家电网公司架空输电线路运维管理规定》[国网（运检/4）305—2014]

453. 观冰站（点）在覆冰期人工气象观测每（　　），非覆冰期人工气象观测每日3次（08时、14时、20时）。

A. 2小时1次　　B. 3小时1次　　C. 4小时1次　　D. 5小时1次

答案：A

出处：《国家电网公司架空输电线路运维管理规定》[国网（运检/4）305—2014]

454. 气象监测管理单位应定期检查监测数据，确保数据（　　），定期保存、备份气象监测数据。

A. 连续、完整　　B. 准确、完整

C. 准确、连续　　D. 准确、连续与完整

答案：D

出处：《国家电网公司架空输电线路运维管理规定》[国网（运检/4）305—2014]

455.（　　）运行维护主要包括设备巡视检修、检测鉴定、故障处理以及生产生活设施维护和检修。

A. 无人机　　B. 气象监测设备　　C. 送电线路　　D. 线路在线监测

答案：B

出处：《国家电网公司架空输电线路运维管理规定》[国网（运检/4）305—2014]

456.（　　）应制定现场运行规程，应明确气象监测日常维护、定期检测校准、设备例行检修、数据通信卡管理等内容和要求。

A. 检修公司　　B. 市公司检修部　　C. 各级公司　　D. 运维单位

答案：D

出处：《国家电网公司架空输电线路运维管理规定》[国网（运检/4）305—2014]

457. 运维单位应按照气象设备、微气象监测装置相关技术标准做好设备设施（　　）工作。

A. 巡视和维护　　B. 检修或维护　　C. 巡视和检修　　D. 维护和检修

答案：D

出处：《国家电网公司架空输电线路运维管理规定》[国网（运检/4）305—2014]

458. 运维单位应对每个气象监测站（　　）编制值班日志。值班日志应记录气象监测站设备当日的天气概况、设备运行情况。

A. 提前一月　　B. 提前一周　　C. 统一　　D. 单独

答案：D

出处：《国家电网公司架空输电线路运维管理规定》[国网（运检/4）305—2014]

459. 运维单位应每月检查（　　）气象监测设备运行状态。在雷雨季节来临前应对观冰站生产设备（值班室、观测场、供水供电、防雷设施）进行一次全面检查，消除安全隐患。

A. 1 次　　B. 2 次　　C. 3 次　　D. 4 次

答案：A

出处：《国家电网公司架空输电线路运维管理规定》[国网（运检/4）305—2014]

460. 气象监测设备发生故障后，运维单位应尽快查明原因并恢复运行，必要时应组织生产厂家到现场协商解决方案。遇重大异常或故障，运维单位应及时报告（　　）。

A. 上级主管部门　　B. 上级主管领导　　C. 主管领导　　D. 生产厂家

答案：A

出处：《国家电网公司架空输电线路运维管理规定》[国网（运检/4）305—2014]

461. 输电运维班应在施工单位移交竣工资料后（　　）天内完成设备变更（异动）的台账基础信息维护。

A. 7　　B. 5　　C. 3　　D. 1

答案：A

出处：《国家电网公司架空输电线路运维管理规定》[国网（运检/4）305—2014]

462. 输电运维班应在设备投运前，依照施工图完成新投运线路设备台账基础信息的录入工作。投运当天及时修改线路状态，（　　）天内确保设备台账基础信息完善到位。

A. 7　　B. 5　　C. 3　　D. 1

答案：A

出处：《国家电网公司架空输电线路运维管理规定》[国网（运检/4）305—2014]

463. 线路运检人员培训内容应结合培训对象的（　　）和岗位要求进行，主要内容包括基础理论知识、法律法规、技术标准、管理规范、故障分析处理及专业技能等。

A. 业务能力　　B. 工作经验　　C. 学习能力　　D. 工作年限

答案：A

出处：《国家电网公司架空输电线路运维管理规定》[国网（运检/4）305—2014]

464. 线路运检作业人员应定期进行理论知识和技能培训，建立基本情况档案和培训考核记录。（　　）至少进行1次线路技术标准、管理规范（包括法规）考试，每人每月应至少完成1次技术问答。

A. 每年　　B. 半年　　C. 季　　D. 月

答案：A

出处：《国家电网公司架空输电线路运维管理规定》[国网（运检/4）305—2014]

465. 架空输电线路是用绝缘子和杆塔将导线架设于地面上的（　　）电力线路。

A. 35kV及以上　　B. 35kV　　C. 110kV及以上　　D. 110kV

答案：A

出处：《国家电网公司架空输电线路运维管理规定》[国网（运检/4）305—2014]

466. 特高压线路是交流（　　）kV、直流（　　）kV及以上电压等级的输电线路。

A. 1000；±500　　B. 1000；±800　　C. 750；±500　　D. 750；±500

答案：B

出处：《国家电网公司架空输电线路运维管理规定》[国网（运检/4）305—2014]

467. 工业企业地区、港口、码头、火车站、城镇、村庄等人口密集区，属于（　　）。

A. 工业区　　B. 污染区　　C. 公众环境　　D. 居民区

答案：C

出处：《国家电网公司架空输电线路运维管理规定》[国网（运检/4）305—2014]

468. 居民区以外地区，均属非居民区。虽然时常有人、有车辆或农业机械到达，但未遇房屋或房屋稀少的地区，亦属（　　）。

A. 工业区　　C. 公众环境　　C. 居民区　　D. 非居民区

答案：D

出处：《国家电网公司架空输电线路运维管理规定》[国网（运检/4）305—2014]

469. 设计覆冰厚度为（　　）及以下地区为轻冰区。

A. 5mm　　C. 7mm　　C. 10mm　　D. 12mm

答案：C

出处：《国家电网公司架空输电线路运维管理规定》[国网（运检/4）305—2014]

470. 设计覆冰厚度大于（　　）地区为中冰区；设计覆冰厚度为20mm及以上地区为重冰区。

A. 5mm小于15mm　　B. 7mm小于20mm

C. 10mm小于20mm　　D. 12mm小于25mm

答案：C

出处：《国家电网公司架空输电线路运维管理规定》[国网（运检/4）305—2014]

471. 设计覆冰厚度为(　　)及以上地区为重冰区。

A. 10mm　　B. 12mm　　C. 15mm　　D. 20mm

答案：D

出处：《国家电网公司架空输电线路运维管理规定》[国网（运检/4）305—2014]

472. 根据现场污秽（包括盐密和灰密）的严重程度，污区从非常轻到非常重共分(　　)级。

A. 4　　B. 5　　C. 6　　D. 7

答案：B

出处：《国家电网公司架空输电线路运维管理规定》[国网（运检/4）305—2014]

473. (　　)是指某一大区域内的局部地段。由于地形、位置、坡向及温度、湿度等出现特殊变化，造成局部区域形成有别于大区域的更为特殊且对线路运行产生严重影响的气象区域。

A. 微地形区　　B. 不良地质区　　C. 微气象区　　D. 哑口形微地形

答案：C

出处：《国家电网公司架空输电线路运维管理规定》[国网（运检/4）305—2014]

474. 设备缺陷指设备在运用中发生异常，虽能继续使用，但影响安全、经济运行。设备缺陷按其严重程度分为(　　)三类。

A. 注意、异常、严重　　B. 正常、严重、危急

C. 危急、严重、一般　　D. 危急、严重、注意

答案：C

出处：《国家电网公司架空输电线路运维管理规定》[国网（运检/4）305—2014]

475. (　　)是线路在运行中，因其两端分界点内线路发生故障引起开关由接通状态变为开断状态的动作（包括重合成功之前的开断动作）。

A. 故障跳闸　　B. 跳闸　　C. 线路跳闸　　D. 开断动作

答案：C

出处：《国家电网公司架空输电线路运维管理规定》[国网（运检/4）305—2014]

476. 线路跳闸率是每百千米线路(　　)中发生跳闸的次数（包括重合成功的情况），计算单位为次/（百千米·年）。

A. 1个月　　B. 1个季度　　C. 半年　　D. 1年

答案：D

出处：《国家电网公司架空输电线路运维管理规定》[国网（运检/4）305—2014]

477. 雷击跳闸率是每百千米线路(　　)中因雷击发生跳闸的次数（包括重合成功的情况），计算单位为次/（百千米·年）。

A. 1个月　　B. 1个季度　　C. 半年　　D. 1年

答案：D

出处：《国家电网公司架空输电线路运维管理规定》[国网（运检/4）305—2014]

478. 线路故障停运率是每百千米线路(　　)中发生跳闸重合不成功的次数，计算单位为次/（百千米·年）。

A. 1个月　　B. 1个季度　　C. 半年　　D. 1年

答案：D

出处：《国家电网公司架空输电线路运维管理规定》[国网（运检/4）305—2014]

479.（　　）是为掌握线路的运行状况，及时发现线路本体、附属设施以及保护区出现的缺陷或隐患，并为线路检修、维护及状态评价（评估）等提供依据，近距离对线路进行观测、检查、记录的工作。

A. 正常巡视　　B. 故障巡视　　C. 特殊巡视　　D. 线路巡视

答案：D

出处：《国家电网公司架空输电线路运维管理规定》[国网（运检/4）305—2014]

480. 线路巡视人员按一定的周期对线路所进行的巡视，包括对线路设备（　　）和线路保护区（线路通道）所进行的巡视。

A. 线路本体和附属设备　　B. 通道环境

C. 防护区内施工作业　　D. 风刮异物

答案：A

出处：《国家电网公司架空输电线路运维管理规定》[国网（运检/4）305—2014]

481.（　　）是运维单位为查明线路故障点、故障原因及故障情况等所组织的线路巡视。

A. 正常巡视　　B. 故障巡视　　C. 特殊巡视　　D. 线路巡视

答案：B

出处：《国家电网公司架空输电线路运维管理规定》[国网（运检/4）305—2014]

482.（　　）是在特殊情况下或根据特殊需要，采取特殊巡视方法所进行的线路巡视。它包括夜间巡视、交叉巡视、登杆塔检查、防外力破坏巡视以及直升机（或利用其他飞行器）空中巡视等。

A. 正常巡视　　B. 故障巡视　　C. 特殊巡视　　D. 线路巡视

答案：C

出处：《国家电网公司架空输电线路运维管理规定》[国网（运检/4）305—2014]

483.（　　）根据线路本体各组件运行状态及周围环境变化情况，有针对性地开展运维和检修工作。

A. 状态评价　　B. 状态检测　　C. 状态管理　　D. 线路检修

答案：C

出处：《国家电网公司架空输电线路运维管理规定》[国网（运检/4）305—2014]

484.（　　）是能够实时自动采集架空输电线路设施运行状态信息，通过通信网络系统，将信息传输到后端数据处理的系统。

A. 无人机巡视　　B. 状态评价　　C. 在线监测系统　　D. 气象监测设备

答案：C

出处：《国家电网公司架空输电线路运维管理规定》[国网（运检/4）305—2014]

485. 架空输电线路地基与（　　）巡视检查内容：回填土下沉或缺土、水淹、冬涨、堆积杂物等。

A. 无人机巡视　　B. 基面　　C. 通道环境　　D. 线路周边异物

答案：B

出处：《国家电网公司架空输电线路运维管理规定》[国网（运检/4）305—2014]

486. 架空输电线路杆塔基础巡视检查内容：破损、疏松、（　　）、漏筋、基础下沉、保护帽破损、边坡保护不够。

A. 螺栓丢失　　B. 裂纹　　C. 土埋塔角　　D. 爬梯变形

答案：B

出处：《国家电网公司架空输电线路运维管理规定》[国网（运检/4）305—2014]

487. 架空输电线路杆塔巡视检查内容：（　　），主材弯曲，地线支架变形，塔材、螺栓丢失，严重锈蚀，脚钉缺失，爬梯变形，土埋塔角。

A. 杆塔倾斜　　B. 保护帽破损　　C. 边坡保护不够　　D. 基础下沉

答案：A

出处：《国家电网公司架空输电线路运维管理规定》[国网（运检/4）305—2014]

488. 架空输电线路接地装置巡视检查内容：（　　）、严重锈蚀、螺栓松脱、地线带丢失、接地带外露、接地带连接部位有雷电烧痕等。

A. 杆塔倾斜　　B. 保护帽破损　　C. 边坡保护不够　　D. 断裂

答案：D

出处：《国家电网公司架空输电线路运维管理规定》[国网（运检/4）305—2014]

489. 架空输电线路拉线及基础巡视检查内容：拉线金具等被拆卸、拉线棒严重锈蚀和蚀损拉线松弛、断股、（　　）、基础回填土下沉或缺土等。

A. 严重锈蚀　　B. 裂纹　　C. 土埋塔角　　D. 爬梯变形

答案：A

出处：《国家电网公司架空输电线路运维管理规定》[国网（运检/4）305—2014]

490. 架空输电线路绝缘子巡视检查内容：伞裙破损、严重污秽、有放电痕迹、弹簧销缺失、钢帽裂纹断裂、钢脚严重锈蚀、绝缘子串顺线路方向角大于（　　）或300mm。

A. 200mm　　B. 7.5°　　C. 400mm　　D. 8.5°

答案：B

出处：《国家电网公司架空输电线路运维管理规定》[国网（运检/4）305—2014]

491. 架空输电线路导线、地线、引流线、屏蔽线、OPGW巡视检查的内容：散股、断股、损伤、（　　）、导线接头部位过热、悬挂漂浮物、弧垂过大或过小、严重损失、有电晕现象、导线缠绕、覆冰舞动、风偏过大、对交叉跨越物距离不够。

A. 裂纹　　B. 严重污秽　　C. 放电烧伤　　D. 锈蚀

答案：C

出处：《国家电网公司架空输电线路运维管理规定》[国网（运检/4）305—2014]

492. 架空输电线路金具巡视检查内容：线夹断裂、裂纹、磨损、销钉脱落或严重锈蚀；均压环、屏蔽环烧伤、螺栓松动；防振锤跑位、脱落、严重锈蚀、阻尼线变形、（　　）；间隔棒脱落或变形、离位；各种连板、连接环、调整板损伤。

A. 松弛　　B. 过紧　　C. 烧伤　　D. 老化

答案：C

出处：《国家电网公司架空输电线路运维管理规定》[国网（运检/4）305—2014]

493. 架空输电线路防雷装置巡视检查内容：避雷器动作异常；计数器失效、破损、变形、（　　）；放电间隙变形、烧伤等。

A. 严重锈蚀　　B. 断裂　　C. 引线松脱　　D. 老化

答案：C

出处：《国家电网公司架空输电线路运维管理规定》[国网（运检/4）305—2014]

494. 架空输电线路防鸟装置巡视检查内容：固定式——(　　)、变形、螺栓松脱；活动方式——动作失灵、腿色、破损；电子、光波、声响式——供电装置失效或功能失效、损坏等。

A. 破损　　B. 断裂　　C. 锈蚀　　D. 老化

答案：A

出处：《国家电网公司架空输电线路运维管理规定》[国网（运检/4）305—2014]

495. 架空输电线路各种检测装置巡视检查内容：(　　)、损坏、功能失效。

A. 缺失　　B. 断裂　　C. 锈蚀　　D. 老化

答案：A

出处：《国家电网公司架空输电线路运维管理规定》[国网（运检/4）305—2014]

496. 架空输电线路杆号、警告、防护、指示、相位等标识巡视检查内容：(　　)、损坏、字迹或颜色不清、严重锈蚀等。

A. 缺失　　B. 断裂　　C. 严重锈蚀　　D. 老化

答案：A

出处：《国家电网公司架空输电线路运维管理规定》[国网（运检/4）305—2014]

497. 架空输电线路航空警示器材巡视检查内容：高塔警示灯、跨江线彩球缺失、(　　)、失灵。

A. 损坏　　B. 严重污秽　　C. 严重锈蚀　　D. 老化

答案：A

出处：《国家电网公司架空输电线路运维管理规定》[国网（运检/4）305—2014]

498. 架空输电线路线路通道内建（构）筑物巡视检查内容：有(　　)，导线与建（构）筑物安全距离不足等。

A. 违章建筑　　B. 建筑物施工进度

C. 建筑物施工起止日期　　D. 签安全承诺书

答案：A

出处：《国家电网公司架空输电线路运维管理规定》[国网（运检/4）305—2014]

499. 架空输电线路通道内(　　)巡视检查内容有出现裂缝、坍塌等情况。

A. 微地形区　　B. 不良地质区　　C. 微气象区　　D. 采动影响区

答案：D

出处：《国家电网公司架空输电线路运维管理规定》[国网（运检/4）305—2014]

500. (　　)的主要特征是存在施工作业，杆塔、拉线基础周围取土、挖沙、堆土，漂浮物集中，以及线路通道附近放风筝、钓鱼、射击、爆破采石等现象，可能造成线路故障或受损的区段。

A. 偷盗多发区　　B. 外破易发区　　C. 地质灾害区　　D. 采动影响区

答案：B

出处：《国家电网公司架空输电线路运维管理规定》[国网（运检/4）305—2014]

501. (　　)的主要特征是跨越树木或竹林，且处于树竹快速生长期，当季自然生长高度可能不满足交跨距离的区段。

A. 树竹速长区　　B. 树线矛盾区　　C. 木材生长区　　D. 外破易发区

答案：A

出处：《国家电网公司架空输电线路运维管理规定》[国网（运检/4）305—2014]

502.（　　）的主要特征是社会治安环境较差，经常性发生盗窃、破坏线路本体及附属设施的区域。

A. 闹事区　　B. 外破易发区　　C. 偷盗多发区　　D. 线路高危区

答案：C

出处：《国家电网公司架空输电线路运维管理规定》[国网（运检/4）305—2014]

503.（　　）的主要特征是因地下开采作业引起或可能引起地表移动变形的区域。

A. 采动影响区　　B. 外破易发区　　C. 不良地质区　　D. 地表移动区

答案：A

出处：《国家电网公司架空输电线路运维管理规定》[国网（运检/4）305—2014]

504.（　　）的主要特征是线路通道或周边树木、茅草等易燃性植被茂盛，且存在不安全用火、燃烧秸秆、放火烧荒、上坟祭祀等火灾隐患，易引发大面积火灾的区域。

A. 护林防护区　　B. 护线防火区　　C. 山火高发区　　D. 外破易发区

答案：C

出处：《国家电网公司架空输电线路运维管理规定》[国网（运检/4）305—2014]

505.（　　）的主要特征是存在崩塌、滑坡、泥石流、地面塌陷、地裂缝或地面沉降等地质灾害风险的区域。

A. 偷盗多发区　　B. 外破易发区　　C. 地质灾害区　　D. 采动影响区

答案：C

出处：《国家电网公司架空输电线路运维管理规定》[国网（运检/4）305—2014]

506.（　　）的主要特征是处于草原、候鸟迁徙通道，邻近河流、湖泊、大型水库、湿地等水域的鸟类活动明显的区域，以及杆塔上鸟窝较多或发生过鸟害故障的区域。

A. 鸟害故障区　　B. 外破易发区　　C. 鸟类活动区　　D. 鸟害多发区

答案：D

出处：《国家电网公司架空输电线路运维管理规定》[国网（运检/4）305—2014]

507. 多雷区的主要特征是根据地闪密度分布图，雷电活动强度处于（　　）及以上的区域。

A. C1 级　　B. C2 级　　C. D1 级　　D. D2 级

答案：A

出处：《国家电网公司架空输电线路运维管理规定》[国网（运检/4）305—2014]

508.（　　）的主要特征是依据风区分布图，对应风速标准超过线路基本设计风速的区域，以及历史发生过强风天气造成线路风偏放电、杆塔倾斜、倒塔等故障的区域。

A. 微地形区　　B. 强风区　　C. 强气象区　　D. 风害区

答案：D

出处：《国家电网公司架空输电线路运维管理规定》[国网（运检/4）305—2014]

509. 微风振动区的主要特征是在风载荷作用下，造成导线（　　）的区域。

A. 低频微幅振动较弱　　B. 高频微幅振动较弱

C. 低频微幅振动较强　　D. 高频微幅振动较强

答案：D

出处：《国家电网公司架空输电线路运维管理规定》[国网（运检/4）305—2014]

510. 重污区的主要特征是根据污区分布图，污区等级在(　　)及以上的区域。

A. a级　　B. b级　　C. c级　　D. d级

答案：D

出处：《国家电网公司架空输电线路运维管理规定》[国网（运检/4）305—2014]

511. 重冰区的主要特征是设计覆冰厚度为(　　)及以上区段或根据运行经验出现超过20mm覆冰的区段。

A. 10mm　　B. 20mm　　C. 30mm　　D. 40mm

答案：B

出处：《国家电网公司架空输电线路运维管理规定》[国网（运检/4）305—2014]

512. 易舞区的主要特征是根据舞动分布图，舞动等级在(　　)及以上的区域。

A. 1级　　B. 2级　　C. 3级　　D. 4级

答案：B

出处：《国家电网公司架空输电线路运维管理规定》[国网（运检/4）305—2014]

513. 季冻区的主要特征是存在季节性土层结冻及融化，对(　　)造成影响的区域。

A. 导线　　B. 绝缘子　　C. 杆塔基础　　D. 附件

答案：C

出处：《国家电网公司架空输电线路运维管理规定》[国网（运检/4）305—2014]

514. (　　)的主要特征是存在杆塔基础被冲刷、浸泡、冰挤，可能影响基础安全的区域。

A. 强降雨区　　B. 水塘区　　C. 水淹（冲刷）区　　D. 强雨雪区

答案：C

出处：《国家电网公司架空输电线路运维管理规定》[国网（运检/4）305—2014]

515. 垂钓区的主要特征是因垂钓可能对(　　)和人身安全造成影响的区域。

A. 导线　　B. 鱼塘　　C. 线路运行　　D. 财产

答案：C

出处：《国家电网公司架空输电线路运维管理规定》[国网（运检/4）305—2014]

516. (　　)的主要特征是车辆、作业机械难以到达、常年无人居住、补给困难的区域，主要集中在高原、高山、峡谷、沙漠、戈壁滩等地区。

A. 无人区　　B. 野外　　C. 线路空白区　　D. 不宜生存区

答案：A

出处：《国家电网公司架空输电线路运维管理规定》[国网（运检/4）305—2014]

517. 重要跨越的主要特征是跨越高速公路、电气化铁路、高铁和通航河流的(　　)。

A. 线路耐张段　　B. 线路相邻杆塔　　C. 线路区域　　D. 两档间线路

答案：A

出处：《国家电网公司架空输电线路运维管理规定》[国网（运检/4）305—2014]

518. (　　)的主要特征是跨越高速公路、电气化铁路、高铁和通航河流的线路耐张段。

A. 重要跨越　　B. 重要线路　　C. Ⅰ类线路　　D. Ⅱ类线路

答案：A

出处：《国家电网公司架空输电线路运维管理规定》[国网（运检/4）305—2014]

519. 重要跨越的主要特征是跨越(　　)、电气化铁路、高铁和通航河流的线路耐张段。

A. 高速公路　B. 国道　C. 省道　D. 人口密集区

答案：A

出处：《国家电网公司架空输电线路运维管理规定》[国网（运检/4）305—2014]

520.（　）的主要特征是线路跨越通航江河、湖泊或海峡等，因档距较大（在1000m以上）或杆塔较高（100m以上），导线选型或杆塔设计需特殊考虑，且发生故障时严重影响航运或修复特别困难的耐张段。

A. 大跨越　B. 重要跨越　C. 超大跨越　D. 大档距

答案：A

出处：《国家电网公司架空输电线路运维管理规定》[国网（运检/4）305—2014]

521. 国家电网公司（　）检查考核的内容：防撞警示标志的安装必须牢固可靠，安装在醒目的位置；涂刷的防撞警示线应醒目、无剥落；防撞设施不应损害，不应出现裂缝、变形；防护套管及警示标识无缺失、破损。

A. 标准化输电线路建设防撞设施　B. 标准化输电线路建设警示牌

C. 标准化输电线路建设防外破　D. 标准化输电线路建设防撞警示牌

答案：A

出处：《国家电网公司架空输电线路运维管理规定》[国网（运检/4）305—2014]

522. 国家电网公司标准化输电线路建设防舞动装置不得出现（　）、变形、损坏、缺失等。

A. 龟裂　B. 松动　C. 脆化　D. 滑移

答案：B

出处：《国家电网公司架空输电线路运维管理规定》[国网（运检/4）305—2014]

523. 国家电网公司标准化输电线路建设防舞复合相间间隔棒伞裙不应出现破损、龟裂、硬化、（　）、粉化等现象。

A. 松动　B. 变形　C. 脆化　D. 损坏

答案：C

出处：《国家电网公司架空输电线路运维管理规定》[国网（运检/4）305—2014]

524. 无人直升机巡检系统是指利用无人直升机搭载可见光、红外等检测设备，完成架空输电线路（　）的作业系统。

A. 巡检任务　B. 巡视任务　C. 检修任务　D. 修理任务

答案：A

出处：《架空输电线路无人直升机巡检系统》

525. 多旋翼无人直升机通常有四旋翼、六旋翼和（　）等结构。

A. 七旋翼　B. 八旋翼　C. 五旋翼　D. 螺旋旋翼

答案：B

出处：《架空输电线路无人直升机巡检系统》

526. 搭载在无人直升机上，用于检测、采集和记录架空输电线路信息的设备或装置，可为（　）光电吊舱形式，也可为云台搭载光电传感器形式。

A. 普通式　B. 红外式　C. 转塔式　D. 新式

答案：C

出处：《架空输电线路无人直升机巡检系统》

527. 由地面站、通信天线以及控制软件等组成，通过(　　)对无人直升机和任务设备进行控制的设备及工具的集合。

A. 手动方式　　B. 预设方式　　C. 口头方式　　D. 遥控方式

答案：D

出处：《架空输电线路无人直升机巡检系统》

528. 保障无人直升机巡检系统正常工作的设备及工具的集合，一般包括(　　)专用工具、备品备件和储运车辆等。

A. 供电设备　　B. 配电设备　　C. 临时充电　　D. 接地设备

答案：A

出处：《架空输电线路无人直升机巡检系统》

529. 导航定位系统不参与控制，由飞控系统控制无人直升机(　　)，操作人员控制速度、航向、高度等的飞行模式。

A. 飞行状态　　B. 飞行姿态　　C. 飞行形态　　D. 飞行稳态

答案：B

出处：《架空输电线路无人直升机巡检系统》

530. 不依赖导航定位系统，无人直升机飞行姿态不受飞控系统(　　)，由操作人员控制的飞行模式。

A. 闭环控制　　B. 人工控制　　C. 程序控制　　D. 遥控控制

答案：A

出处：《架空输电线路无人直升机巡检系统》

531. 无论机头指向何方，无人直升机均能按照(　　)模块上的按键或遥控手柄的操控方向飞行。

A. 飞行控制　　B. 人工控制　　C. 程序控制　　D. 地面控制

答案：D

出处：《架空输电线路无人直升机巡检系统》

532. 在操作人员通过地面控制模块或遥控手柄上的(　　)启动功能后，无人直升机立即按预先设定的策略中止当前任务并返航。

A. 特定功能键　　B. 普通功能键　　C. 控制功能键　　D. 飞行功能键

答案：A

出处：《架空输电线路无人直升机巡检系统》

533. 由操作人员通过地面控制模块或遥控手柄上的(　　)进行拍照。

A. 控制功能键　　B. 普通功能键　　C. 特定功能键　　D. 飞行功能键

答案：C

出处：《架空输电线路无人直升机巡检系统》

534. 不需操作人员干扰，无人直升机按照(　　)(包括位置坐标、时间间隔等)进行拍照。

A. 模拟程序　　B. 预设程序　　C. 预定程序　　D. 操作程序

答案：B

出处：《架空输电线路无人直升机巡检系统》

535. 搭载任务设备的无人直升机任意两点(含旋翼)之间距离不大于(　　)m。

A. 1.8　　B. 1.2　　C. 1.5　　D. 2.0

答案：A

出处：《架空输电线路无人直升机巡检系统》

536. 机身上应有航行灯，航行灯发光强度不应小于(　　)cd。

A. 20　　B. 25　　C. 15　　D. 22

答案：B

出处：《架空输电线路无人直升机巡检系统》

537. 无人直升机巡检系统环境适应性等级按适用的环境温度范围和(　　)进行划分。

A. 水平　　B. 基准线　　C. 最高海拔　　D. 最低海拔

答案：C

出处：《架空输电线路无人直升机巡检系统》

538. 按适用(　　)，无人直升机系统分为普通型、高温型、低温型、极低温型和特殊型。

A. 环境温度　　B. 空气温度　　C. 平均温度　　D. 地面温度

答案：A

出处：《架空输电线路无人直升机巡检系统》

539. 按适用(　　)，无人直升机巡检系统分为Ⅰ、Ⅱ、Ⅲ、Ⅳ和Ⅴ型。

A. 水平高度　　B. 海拔　　C. 最高海拔　　D. 最低海拔

答案：B

出处：《架空输电线路无人直升机巡检系统》

540. 自检项目至少包括动力电池电压、遥测遥控和(　　)功能。

A. 手动定位　　B. 自动定位　　C. 导航定位　　D. 控制定位

答案：C

出处：《架空输电线路无人直升机巡检系统》

541. 系统具备任务规划功能：可对起降方式、飞行速度以及航点信息等进行设置，可设置航点数量不少于(　　)个。在飞行过程中可实时修改航点。

A. 25　　B. 50　　C. 30　　D. 55

答案：B

出处：《架空输电线路无人直升机巡检系统》

542. 导航定位偏差水平方向不大于1.5m，垂直方向不大于(　　)m。

A. 3　　B. 2　　C. 5　　D. 4

答案：A

出处：《架空输电线路无人直升机巡检系统》

543. 具备影像实时传输功能，在飞行高度(　　)m时全向传输距离不小于2km。

A. 30　　B. 50　　C. 40　　D. 60

答案：C

出处：《架空输电线路无人直升机巡检系统》

544. 系统具备链路中断返航功能：在链路中断后，无人直升机应悬停等待通信信号恢复，且等待时间可预先设置。在等待时间内若通信信号恢复，无人直升机可继续执行任务，否则按预设航线返航。返航航点、速度等参数可预先设置，可设置的航点个数不少于

(　　)个。

A. 8　　B. 10　　C. 9　　D. 12

答案：B

出处：《架空输电线路无人直升机巡检系统》

545. 宜具备跟踪功能，跟踪精度不低于(　　)mrad。

A. 0.3　　B. 0.5　　C. 0.4　　D. 0.8

答案：C

出处：《架空输电线路无人直升机巡检系统》

546. 可通过无线网络下载、更新地图。在地图上可设置(　　)和航线，在飞行过程中实时显示飞行航向和航迹。

A. 定位坐标　　B. 位置点　　C. 信息点　　D. 航点信息

答案：D

出处：《架空输电线路无人直升机巡检系统》

547. 电池不应变形，表面无针眼、磕碰、裂纹等。电源正负极(　　)清晰，接头有防松措施，宜使用防误插接头。

A. 标示　　B. 标识　　C. 标志　　D. 标帜

答案：B

出处：《架空输电线路无人直升机巡检系统》

548. 适用试验箱外的同型号地面站和遥控手柄，分别控制无人直升机在三轴运动测量台上飞行(　　)min（飞行半径不小于1.5m、高度不低于1.5m)，同时启动任务设备进行摄像，期间控制任务设备进行各方向转动并拍摄。

A. 3　　B. 7　　C. 5　　D. 6

答案：C

出处：《架空输电线路无人直升机巡检系统》

549. 宜在户外露天场地进行，面积应满足无人直升机巡检系统飞行安全要求，对于小型无人直升机巡检系统试验，面积应不小于(　　)m^2。若为室内场地，还应保持净空高度不低于10m。

A. 100　　B. 90　　C. 80　　D. 120

答案：A

出处：《架空输电线路无人直升机巡检系统》

550. 无人直升机飞行状态稳定后，适时由(　　)模式切换为全自主飞行模式，观察无人直升机飞行状态。

A. 控制飞行　　B. 手动飞行　　C. 增稳飞行　　D. 自主飞行

答案：B

出处：《架空输电线路无人直升机巡检系统》

551. 在场地上规划飞行航线，航线与周边障碍物的距离应满足飞行安全要求。航线应封闭，高度范围为(　　)m，且距线路边导线水平距离不大于10m。

A. (50±5)　　B. (40±10)　　C. (40±5)　　D. (50±10)

答案：C

出处：《架空输电线路无人直升机巡检系统》

552. 场地布置数字化测量系统，可对场地内无人直升机的飞行航迹进行测量，各方向测量精度均不低于(　　)m。

A. 1　　B. 2　　C. 3　　D. 4

答案：A

出处：《架空输电线路无人直升机巡检系统》

553. 将无人直升机放飞，在指定区域持续飞行，直至电池电压低于(　　)，然后控制无人直升机返航降落。期间观察报警提示方式。

A. 稳定电压　　B. 告警电压　　C. 最低电压　　D. 保护电压

答案：B

出处：《架空输电线路无人直升机巡检系统》

554. 打开试验箱门，观察无人直升机的状态是否正常，地面站和(　　)是否正常待机。

A. 遥控手柄　　B. 控制单元　　C. 控制功能键　　D. 遥控功能键

答案：A

出处：《架空输电线路无人直升机巡检系统》

555. 将地面站、遥控手柄等通电，处于待机状态，放置在试验箱内合适位置，地面站可外接电源以保证其在试验过程中始终处于待机工作状态。另准备(　　)地面站和遥控手柄各一套，放置在试验箱外，使试验人员在箱外可对无人直升机进行操控。

A. 同厂家　　B. 同规格　　C. 同质量　　D. 同型号

答案：D

出处：《架空输电线路无人直升机巡检系统》

556. 试飞宜在户外露天场地进行，面积应满足无人直升机巡检系统飞行安全要求，对于小型无人直升机巡检系统试验，面积应不小于 $100m^2$。若为室内场地，还应保持净空高度不低于(　　)m。

A. 9　　B. 10　　C. 8　　D. 12

答案：B

出处：《架空输电线路无人直升机巡检系统》

557. 试验用尘宜为（　　），其应能通过筛孔为 75μm、金属丝直径 50μm 的平面网状筛，使用次数不超过 20 次。

A. 滑石粉　　B. 石灰粉　　C. 石膏粉　　D. 水泥粉

答案：A

出处：《架空输电线路无人直升机巡检系统》

558. 将遥控遥测信号模块的信号连接线断开，观察报警(　　)方式，检查飞控系统是否锁死，然后将信号线重新连接好。

A. 提供　　B. 提示　　C. 预警　　D. 报警

答案：B

出处：《架空输电线路无人直升机巡检系统》

559. 在地面站按照初始航点设置(　　)，完成自检，将无人直升机设置为全自主飞行模式，以不小于 3m/s 的速度按初始航线飞行。

A. 预定航线　　B. 制定航线　　C. 初始航线　　D. 设定航线

答案：C

出处：《架空输电线路无人直升机巡检系统》

560. 对试验场地距地面2m高的环境风速进行持续5min的测量。若测量期间最大瞬时风速始终不大于（　　）m/s，则可按步骤开始试验。

A. 3　　B. 4　　C. 5　　D. 6

答案：A

出处：《架空输电线路无人直升机巡检系统》

561. 场地上应有500kV及以上电压等级输电线路或(　　)输电线路。

A. 低压　　B. 模拟　　C. 高压　　D. 零电压

答案：B

出处：《架空输电线路无人直升机巡检系统》

562. 飞行在户外露天场地进行，面积应满足无人直升机巡检系统飞行安全要求。在场地上布置(　　)个测量点，各测量点之间的空间距离不小于20m，与周边障碍物距离应满足飞行安全要求。

A. 4　　B. 5　　C. 3　　D. 6

答案：C

出处：《架空输电线路无人直升机巡检系统》

563. 在位置追踪功能试验中，进行试验布置时场地上需布置(　　)个测量点。

A. 2　　B. 3　　C. 4　　D. 5

答案：B

出处：《架空输电线路无人直升机巡检系统》

564. 在无人机拍照功能试验中，布置的测量点之间的空间距离不小于(　　)m。

A. 20　　B. 25　　C. 15　　D. 10

答案：A

出处：《架空输电线路无人直升机巡检系统》

565. 在无人机拍照功能试验中，在地面站上进行设置时，应采取(　　)的方式。

A. 在每个测量点悬停2min、间隔3～5s连续拍照

B. 在每个测量点悬停1min、间隔3～5s连续拍照

C. 在每个测量点悬停1min、间隔2～4s连续拍照

D. 在每个测量点悬停2min、间隔2～4s连续拍照

答案：B

出处：《架空输电线路无人直升机巡检系统》

566. 在无人机拍照功能试验中，要求对任一形式的任务设备全自主飞行模式下，无人直升机均能在所有测量点按预先设置进行(　　)。

A. 转动和拍照　　B. 转动和悬停　　C. 悬停和拍照　　D. 飞行和悬停

答案：C

出处：《架空输电线路无人直升机巡检系统》

567. 在无人机转动性能试验中，若某方向水平转动范围大于360°，则需在该方向连续转动(　　)圈及以上。

A. 1　　B. 2　　C. 3　　D. 4

答案：B

出处：《架空输电线路无人直升机巡检系统》

568. 在无人机转动性能试验中，要求垂直转动角速度测量结果的平均值不小于(　　)。

A. 25°/s　　B. 30°/s　　C. 40°/s　　D. 45°/s

答案：B

出处：《架空输电线路无人直升机巡检系统》

569. 稳像精准试验中，靶板上应设置直径不大于(　　)的黑色圆点作为参照物。

A. 5mm　　B. 4mm　　C. 3mm　　D. 2mm

答案：C

出处：《架空输电线路无人直升机巡检系统》

570. 稳像精准试验中，振动频率步长为(　　)。

A. 2Hz　　B. 3Hz　　C. 4Hz　　D. 5Hz

答案：D

出处：《架空输电线路无人直升机巡检系统》

571. 在可见光成像性能试验中，镜头所在平面距靶场中心(　　)。

A. 5m　　B. 10m　　C. 15m　　D. 20m

答案：B

出处：《架空输电线路无人直升机巡检系统》

572. 在可见光成像性能试验中，要求影像有效像素不低于(　　)像素。

A. 1100 万　　B. 1200 万　　C. 1300 万　　D. 1400 万

答案：D

出处：《架空输电线路无人直升机巡检系统》

573. 在红外成像性能试验中，要求环境温度在(　　)条件下进行。

A. 0～45℃　　B. −10～40℃　　C. 0～40℃　　D. −10～45℃

答案：C

出处：《架空输电线路无人直升机巡检系统》

574. 射频电磁场辐射抗扰度试验中，无人直升机任意部位与电波暗室壁的距离不小于(　　)。

A. 0.5m　　B. 1m　　C. 1.5m　　D. 2m

答案：B

出处：《架空输电线路无人直升机巡检系统》

575. 电放电抗扰度试验中，需在垂直耦合板上选取均匀分布的(　　)个放电点。

A. 20　　B. 15　　C. 10　　D. 5

答案：C

出处：《架空输电线路无人直升机巡检系统》

576. 依据《架空输电线路无人直升机巡检系统》中的规定，地面站软件性能试验中要求地面站可通过无线网络下载地图，在地图上可设置(　　)。

A. 航点信息　　B. 航线　　C. 航点信息和航线　　D. 飞行轨迹

答案：C

出处：《架空输电线路无人直升机巡检系统》

577. 依据《架空输电线路无人直升机巡检系统》中的规定，动力电池宜使用(　　)。

A. 防松脱接头　　B. 防误插接头　　C. 专用接头　　D. 抗变形接头

答案：B

出处：《架空输电线路无人直升机巡检系统》

578. 依据《架空输电线路无人直升机巡检系统》中的规定，跟踪精度试验中的移动标靶应为(　　)。

A. 银白色圆球　　B. 银灰色圆盘　　C. 银白色圆盘　　D. 银灰色圆球

答案：D

出处：《架空输电线路无人直升机巡检系统》

579. 依据《架空输电线路无人直升机巡检系统》中的规定，抗电磁干扰性能试验中的试验结果等级划分为(　　)个等级。

A. 三　　B. 四　　C. 五　　D. 六

答案：B

出处：《架空输电线路无人直升机巡检系统》

580. 依据《架空输电线路无人直升机巡检系统》中的规定，23℃快速放电容量实验中，充电前应先将电池按规格书规定的方法放电至(　　)。

A. 放电标准电压　　B. 额定放电电压　　C. 放电截止电压　　D. 截止放电电压

答案：C

出处：《架空输电线路无人直升机巡检系统》

581. 依据《架空输电线路无人直升机巡检系统》中的规定，电池循环寿命试验中每次充放电之间应隔(　　)。

A. 0.5～1h　　B. 1～1.5h　　C. 1～2h　　D. 1.5～2h

答案：A

出处：《架空输电线路无人直升机巡检系统》

582. 依据《架空输电线路无人直升机巡检系统》中的规定，电池低气压试验过程中，调节箱内气压至11.6kPa（对应海拔为15240m）并保持(　　)。

A. 4h　　B. 5h　　C. 6h　　D. 7h

答案：C

出处：《架空输电线路无人直升机巡检系统》

583. 依据《架空输电线路无人直升机巡检系统》中的规定，电池温度冲击试验中，温度变化速率从不超过(　　)。

A. 1℃/min　　B. 2℃/min　　C. 3℃/min　　D. 4℃/min

答案：A

出处：《架空输电线路无人直升机巡检系统》

584. 依据《架空输电线路无人直升机巡检系统》中的规定，电池耐振动性试验中，电池按(　　)规定的方法充满电。

A. 电池使用说明　　B. 电池管理规定　　C. 无人机电池管理　　D. 电池规格书

答案：D

出处：《架空输电线路无人直升机巡检系统》

585. 依据《架空输电线路无人直升机巡检系统》中的规定，电池耐振动性试验中，扫频时间为(　　)。

A. 10min　　B. 15min　　C. 20min　　D. 25min

答案：B

出处：《架空输电线路无人直升机巡检系统》

586. 依据《架空输电线路无人直升机巡检系统》行业标准，动力电池外部短路试验中，当电池温度下降到比峰值低(　　)或短路时间达到 24h，满足两种情况之一时，试验终止。

A. 15%　　B. 20%　　C. 25%　　D. 30%

答案：B

出处：《架空输电线路无人直升机巡检系统》

587. 依据《架空输电线路无人直升机巡检系统》行业标准，动力电池挤压试验中，对于矩形电池，仅对其(　　)进行挤压。

A. 最大面　　B. 最小面　　C. 底面　　D. 侧面

答案：A

出处：《架空输电线路无人直升机巡检系统》

588. 依据《架空输电线路无人直升机巡检系统》行业标准，动力电池加速度冲击试验中，对于圆柱形电池，需对其侧面和底面分别进行(　　)试验。

A. 一次　　B. 二次　　C. 三次　　D. 四次

答案：C

出处：《架空输电线路无人直升机巡检系统》

589. 依据《架空输电线路无人直升机巡检系统》行业标准，动力电池跌落试验中，电池以(　　)高度进行自由跌落。

A. 1m　　B. 2m　　C. 3m　　D. 4m

答案：A

出处：《架空输电线路无人直升机巡检系统》

590. 依据《架空输电线路无人直升机巡检系统》行业标准，运输振动性能试验中，对于运输时不要求固定的，在试验样品周围布置限制挡板，但应保证试验样品中心能在其周围(　　)范围内做无约束运动。

A. 5mm　　B. 10mm　　C. 15mm　　D. 20mm

答案：B

出处：《架空输电线路无人直升机巡检系统》

591. 依据《架空输电线路无人直升机巡检系统》行业标准，运输跌落性能试验中，试验样品前、后、左、右 4 个面分别朝向地面方向，按自由落体下跌，每个面各跌落(　　)。

A. 一次　　B. 二次　　C. 三次　　D. 四次

答案：A

出处：《架空输电线路无人直升机巡检系统》

592. 依据《架空输电线路无人直升机巡检系统》行业标准，应进行型式试验的情况中不包括(　　)。

A. 新产品投产或老产品转厂生产的试制定型

B. 产品结构、材料、设计、工艺以及元器件等有较大改动时

C. 产品停产一年及以上，恢复生产时

D. 上一次形式试验已超过 2 年时

答案：D

出处：《架空输电线路无人直升机巡检系统》

593. 依据《架空输电线路无人直升机巡检系统》行业标准，无人直升机巡检系统包装件重心应尽量(　　)。

A. 位于中心线　B. 位于重心线　C. 靠下且居中　D. 靠上且居中

答案：C

出处：《架空输电线路无人直升机巡检系统》

594. 依据《架空输电线路无人直升机巡检系统》行业标准，无人直升机巡检系统出厂文件资料不包括(　　)。

A. 技术规范书　B. 操作手册　C. 维护保养手册　D. 出厂检验报告

答案：A

出处：《架空输电线路无人直升机巡检系统》

595. 依据《架空输电线路无人直升机巡检系统》行业标准，无人直升机巡检系统的运输过程中(　　)，避免碰撞，避免雨、雪等的直接淋袭。

A. 绑扎牢固，轻拿轻放　B. 倒放固定，轻拿轻放

C. 不可倒放，轻拿轻放　D. 不可倾倒，轻拿轻放

答案：C

出处：《架空输电线路无人直升机巡检系统》

596. 在抗风飞行性能试验中，对于小型无人直升机巡检系统试验，面积应不小于(　　)。

A. $80m^2$　B. $90m^2$　C. $100m^2$　D. $120m^2$

答案：C

出处：《架空输电线路无人直升机巡检系统》

597. 在抗风飞行性能试验中，若为室内场地，还应保持净空高度不低于(　　)。

A. 8m　B. 9m　C. 10m　D. 12m

答案：C

出处：《架空输电线路无人直升机巡检系统》

598. 在位置追踪功能试验中，各测量点之间的空间距离不小于(　　)。

A. 10m　B. 15m　C. 20m　D. 25m

答案：C

出处：《架空输电线路无人直升机巡检系统》

599. 在无人机拍照功能试验中，要求对任一形式的任务设备手动或增稳飞行模式下，均可控制任务设备(　　)。

A. 转动和拍照　B. 转动和悬停　C. 悬停和拍照　D. 飞行和悬停

答案：A

出处：《架空输电线路无人直升机巡检系统》

600. 在无人机转动性能试验中，将试验样品充电，使任务设备开始摄像，且视场中心对准(　　)位置。

A. 0°　B. 90°　C. 180°　D. 270°

答案：A

出处：《架空输电线路无人直升机巡检系统》

601. 稳像精准试验中，靶板平面与任务设备视轴相(　　)，距镜头(　　)。

A. 垂直；3～5m　　B. 平行；3～5m　　C. 垂直；4～6m　　D. 平行；4～6m

答案：A

出处：《架空输电线路无人直升机巡检系统》

602. 稳像精准试验中，应调整任务设备为(　　)。

A. 最短焦距状态且随时调节　　B. 最长焦距状态且随时调节

C. 最短焦距状态且固定不变　　D. 最长焦距状态且固定不变

答案：D

出处：《架空输电线路无人直升机巡检系统》

603. 在可见光成像性能试验中，将试验样品通电，通过地面控制模块或遥控手柄将任务设备焦距设置为(　　)。

A. 最短焦距状态且随时调节　　B. 最长焦距状态且随时调节

C. 最短焦距状态且固定不变　　D. 最长焦距状态且固定不变

答案：C

出处：《架空输电线路无人直升机巡检系统》

604. 在红外成像性能试验中，红外成像任务设备视轴与精密黑体 A 和 B 辐射面中心连线等高、与辐射面所在的平面垂直，镜头所在平面距中心连线(　　)。

A. 5m　　B. 10m　　C. 15m　　D. 20m

答案：B

出处：《架空输电线路无人直升机巡检系统》

605. 依据《架空输电线路无人直升机巡检系统》中的规定，射频电磁场辐射抗扰度试验中，射频电磁场信号强度为(　　)，并用(　　)的正弦波对信号进行 80%的幅度调制。

A. 20V/m；2kHz　　B. 20V/m；1kHz　　C. 10V/m；2kHz　　D. 10V/m；1kHz

答案：D

出处：《架空输电线路无人直升机巡检系统》

606. 依据《架空输电线路无人直升机巡检系统》中的规定，脉冲磁场抗扰度试验中，接地（参考）平面为(　　)厚的非磁性金属板（铜或铝），尺寸不小于(　　)。

A. 0.25mm；1m×1m　　B. 0.5mm；1.2m×1.2m

C. 0.25mm；1m×1m　　D. 0.5mm；1.2m×1.2m

答案：A

出处：《架空输电线路无人直升机巡检系统》

607. 依据《架空输电线路无人直升机巡检系统》中的规定，静电放电抗扰度试验中，在垂直耦合板上选取均匀分布的(　　)个放电点。

A. 8　　B. 9　　C. 10　　D. 12

答案：C

出处：《架空输电线路无人直升机巡检系统》

608. 依据《架空输电线路无人直升机巡检系统》中的规定，地面站软件性能试验在设置时，应采取(　　)指向航向方向的方式，且保证平均飞行速度为(　　)。

A. 机头方向；6～12m/s　　B. 机尾方向；5～10m/s

C. 机头方向；5～10m/s　　D. 机尾方向；6～12m/s

答案：C

出处：《架空输电线路无人直升机巡检系统》

609. 依据《架空输电线路无人直升机巡检系统》中的规定，跟踪精度试验中，在指定起降区域将试验样品通电，完成自检，飞至距标靶运动平面(　　)、距地约(　　)高度处悬停。

A. 12m；5m　　B. 12m；6m　　C. 10m；5m　　D. 10m；6m

答案：C

出处：《架空输电线路无人直升机巡检系统》

610. 依据《架空输电线路无人直升机巡检系统》中的规定，23℃快速放电容量实验中需将充满的电池在（23±2)℃的环境下放置(　　)。

A. 1h　　B. 2h　　C. 3h　　D. 4h

答案：D

出处：《架空输电线路无人直升机巡检系统》

611. 依据《架空输电线路无人直升机巡检系统》行业标准，动力电池外部短路试验中，外部短路总电阻为(　　)。

A. （80±10）mΩ　　B. （90±10）mΩ　　C. （80±20）mΩ　　D. （90±20）mΩ

答案：C

出处：《架空输电线路无人直升机巡检系统》

612.《架空输电线路无人机巡检作业安全工作规程》规定了架空输电线路无人机巡检作业安全工作的总则、保证安全的组织措施、保证安全的技术措施、安全注意事项、巡检作业(　　)处理、设备及资料管理。

A. 正常　　B. 异常　　C. 故障　　D. 紧急

答案：B

出处：《架空输电线路无人机巡检作业安全工作规程》

613.《架空输电线路无人机巡检作业安全工作规程》适用于使用(　　)和固定翼无人机巡检系统对公司架空输电线路开展无人机巡检作业的工作人员。

A. 小型无人直升机　　B. 中型无人直升机

C. 中小型无人直升机　　D. 大型无人直升机

答案：C

出处：《架空输电线路无人机巡检作业安全工作规程》

614.《架空输电线路无人机巡检作业安全工作规程》适用于使用中小型无人直升机和固定翼无人机巡检系统对(　　)开展无人机巡检作业的工作人员。

A. 公司架空输电线路　B. 高压输电线路　　C. 山区输电线路　　D. 平原输电线路

答案：A

出处：《架空输电线路无人机巡检作业安全工作规程》

615.《架空输电线路无人机巡检作业安全工作规程》适用于使用中小型无人直升机和固定翼无人机巡检系统对公司架空输电线路开展(　　)的工作人员。

A. 无人机巡检作业　B. 正常巡视　　C. 故障巡视　　D. 特殊巡视

答案：A

出处：《架空输电线路无人机巡检作业安全工作规程》

616.《架空输电线路无人机巡检作业安全工作规程》适用于使用中小型无人直升机和固定翼无人机巡检系统对公司架空输电线路开展无人机巡检作业的(　　)。

A. 现场作业　　B. 设备检测　　C. 周围环境　　D. 工作人员

答案：D

出处：《架空输电线路无人机巡检作业安全工作规程》

617. 一般将无人机分系统为旋翼带尾桨或共轴反桨形式的称为(　　)。

A. 小型无人直升机巡检系统　　B. 中型无人直升机巡检系统

C. 大型无人直升机巡检系统　　D. 固定翼无人机巡检系统

答案：B

出处：《架空输电线路无人机巡检作业安全工作规程》

618. 一般将无人机分系统为多旋翼形式的称为(　　)。

A. 小型无人直升机巡检系统　　B. 中型无人直升机巡检系统

C. 大型无人直升机巡检系统　　D. 固定翼无人机巡检系统

答案：A

出处：《架空输电线路无人机巡检作业安全工作规程》

619. 一般将无人机分系统为固定翼形式的称为(　　)。

A. 小型无人直升机巡检系统　　B. 中型无人直升机巡检系统

C. 大型无人直升机巡检系统　　D. 固定翼无人机巡检系统

答案：D

出处：《架空输电线路无人机巡检作业安全工作规程》

620. 无人机巡检作业是指利用无人机巡检系统对架空输电线路本体和附属设施的(　　)、通道走廊环境等进行检查和检测的工作。

A. 整体外观　　B. 内部结构　　C. 运行状态　　D. 异常状态

答案：C

出处：《架空输电线路无人机巡检作业安全工作规程》

621. 无人机巡检作业是指利用无人机巡检系统对架空输电线路本体和附属设施的运行状态、通道走廊(　　)等进行检查和检测的工作。

A. 环境　　B. 建筑　　C. 树木　　D. 跨越

答案：A

出处：《架空输电线路无人机巡检作业安全工作规程》

622. (　　)是指利用地面控制站以增稳或全自主模式控制无人机巡检系统飞行的人员。

A. 程控手　　B. 操控手　　C. 任务手　　D. 机务

答案：A

出处：《架空输电线路无人机巡检作业安全工作规程》

623. 程控手是指利用(　　)以增稳或全自主模式控制无人机巡检系统飞行的人员。

A. 遥控器　　B. 地面控制站　　C. 飞行控制软件　　D. 模拟驾驶室

答案：B

出处：《架空输电线路无人机巡检作业安全工作规程》

624. 程控手是指利用地面控制站以增稳或全自主模式控制无人机巡检系统(　　)的

人员。

A. 起飞　B. 悬停　C. 飞行　D. 降落

答案：C

出处：《架空输电线路无人机巡检作业安全工作规程》

625.（　　）是指利用遥控器以手动或增稳模式控制无人机巡检系统飞行的人员。

A. 程控手　B. 操控手　C. 任务手　D. 机务

答案：B

出处：《架空输电线路无人机巡检作业安全工作规程》

626. 操控手是指利用（　　）以手动或增稳模式控制无人机巡检系统飞行的人员。

A. 遥控器　B. 地面控制站　C. 飞行控制软件　D. 模拟驾驶室

答案：A

出处：《架空输电线路无人机巡检作业安全工作规程》

627. 操控手是指利用遥控器以手动或增稳模式控制无人机巡检系统（　　）的人员。

A. 起飞　B. 悬停　C. 飞行　D. 降落

答案：C

出处：《架空输电线路无人机巡检作业安全工作规程》

628.（　　）是指操控任务载荷分系统对输电线路本体、附属设施和通道走廊环境等进行拍照、摄像的人员。

A. 程控手　B. 操控手　C. 任务手　D. 机务

答案：C

出处：《架空输电线路无人机巡检作业安全工作规程》

629. 任务手是指操控（　　）对输电线路本体、附属设施和通道走廊环境等进行拍照、摄像的人员。

A. 无人机分系统　B. 任务载荷分系统

C. 综合保障分系统　D. 维护保养分系统

答案：B

出处：《架空输电线路无人机巡检作业安全工作规程》

630. 巡检航线是指（　　）时无人机巡检系统的飞行路线。

A. 起飞　B. 飞行　C. 降落　D. 巡检作业

答案：D

出处：《架空输电线路无人机巡检作业安全工作规程》

631. 巡检作业点是指（　　）无人直升机巡检作业时，无人直升机巡检系统停留进行拍照、摄像等作业的位置。

A. 大型　B. 中型　C. 中小型　D. 小型

答案：C

出处：《架空输电线路无人机巡检作业安全工作规程》

632. 巡检作业点是指中小型无人直升机巡检作业时，无人直升机巡检系统（　　）进行拍照、摄像等作业的位置。

A. 起飞　B. 飞行　C. 降落　D. 停留

答案：D

出处：《架空输电线路无人机巡检作业安全工作规程》

633.（ ）是指为维护空中交通秩序、保障空中交通安全和国家安全，按照国家有关法规划设，对航空器在空间内活动应遵守的规则、方式和时间等进行了规定和限制的区域。

A. 空中管制区　　B. 空中禁区　　C. 空中限制区　　D. 空中危险区

答案：A

出处：《架空输电线路无人机巡检作业安全工作规程》

634. 空中管制区是指为维护空中交通秩序、保障空中交通安全和国家安全，按照（ ）划设，对航空器在空间内活动应遵守的规则、方式和时间等进行了规定和限制的区域。

A. 国家有关法律　　B. 国家有关法规　　C. 行业规定　　D. 企业规定

答案：B

出处：《架空输电线路无人机巡检作业安全工作规程》

635. 空中管制区是指为维护空中交通秩序、保障空中交通安全和国家安全，按照国家有关法规划设，对（ ）在空间内活动应遵守的规则、方式和时间等进行了规定和限制的区域

A. 航空器　　B. 民用航空器　　C. 有人机　　D. 无人机

答案：A

出处：《架空输电线路无人机巡检作业安全工作规程》

636.（ ）的空中管制区包括塔台管制区、进近管制区和区域管制区等。

A. 军用航空　　B. 民用航空　　C. 融合空域　　D. 隔离空域

答案：B

出处：《架空输电线路无人机巡检作业安全工作规程》

637.（ ）是指由国家划设的，未按照国家有关规则经特别批准，任何航空器不得飞入的空间。

A. 空中禁区　　B. 空中限制区　　C. 空中避让区　　D. 空中危险区

答案：A

出处：《架空输电线路无人机巡检作业安全工作规程》

638. 空中禁区是指由（ ）划设的，未按照国家有关规则经特别批准，任何航空器不得飞入的空间。

A. 国家　　B. 空军　　C. 管制部门　　D. 运营人

答案：A

出处：《架空输电线路无人机巡检作业安全工作规程》

639. 空中禁区是指由国家划设的，未按照国家有关规则经特别批准，任何（ ）不得飞入的空间。

A. 航空器　　B. 民用航空器　　C. 有人机　　D. 无人机

答案：A

出处：《架空输电线路无人机巡检作业安全工作规程》

640.（ ）是指由管制部门划设的，在规定时限内，未经管制部门许可的航空器禁止飞入的空间。

A. 空中禁区　　B. 空中限制区　　C. 空中避让区　　D. 空中危险区

答案：B

出处：《架空输电线路无人机巡检作业安全工作规程》

641. 空中限制区是指由（　　）划设的，在规定时限内，未经管制部门许可的航空器禁止飞入的空间。

A. 国家　　B. 空军　　C. 管制部门　　D. 运营人

答案：C

出处：《架空输电线路无人机巡检作业安全工作规程》

642. 空中限制区是指由管制部门划设的，在（　　）内，未经管制部门许可的航空器禁止飞入的空间。

A. 任何时间　　B. 夜晚时间　　C. 有效时间　　D. 规定时限

答案：D

出处：《架空输电线路无人机巡检作业安全工作规程》

643. 空中限制区是指由管制部门划设的，在规定时限内，未经管制部门（　　）的航空器禁止飞入的空间。

A. 许可　　B. 允许　　C. 审核　　D. 批准

答案：A

出处：《架空输电线路无人机巡检作业安全工作规程》

644.（　　）是指由管制部门划设，供对空射击或者发射使用的，在规定时限内，禁止无关航空器飞入的空间。

A. 空中禁区　　B. 空中限制区　　C. 空中避让区　　D. 空中危险区

答案：D

出处：《架空输电线路无人机巡检作业安全工作规程》

645. 空中危险区是指由（　　）划设，供对空射击或者发射使用的，在规定时限内，禁止无关航空器飞入的空间。

A. 国家　　B. 空军　　C. 管制部门　　D. 运营人

答案：C

出处：《架空输电线路无人机巡检作业安全工作规程》

646. 空中危险区是指由管制部门划设，供对空射击或者发射使用的，在（　　）内，禁止无关航空器飞入的空间。

A. 任何时间　　B. 夜晚时间　　C. 有效时间　　D. 规定时限

答案：D

出处：《架空输电线路无人机巡检作业安全工作规程》

647. 空中危险区是指由管制部门划设，供对空射击或者发射使用的，在规定时限内，禁止（　　）飞入的空间。

A. 无关航空器　　B. 民用航空器　　C. 有人机　　D. 无人机

答案：A

出处：《架空输电线路无人机巡检作业安全工作规程》

648. 目视可及是指（　　）通过直接目视可看见无人机巡检系统的范围。

A. 程控手　　B. 操控手　　C. 任务手　　D. 人员

答案：D

出处：《架空输电线路无人机巡检作业安全工作规程》

649. 目视可及是指人员通过直接目视可(　　)无人机巡检系统的范围。

A. 操作　　B. 遥控　　C. 控制　　D. 看见

答案：D

出处：《架空输电线路无人机巡检作业安全工作规程》

650. 使用(　　)巡检系统进行的架空输电线路巡检作业，作业人员包括工作负责人（一名）和工作班成员。工作班成员至少包括程控手、操控手和任务手。

A. 大型无人直升机　　B. 中型无人直升机　　C. 小型无人直升机　　D. 固定翼无人机

答案：B

出处：《架空输电线路无人机巡检作业安全工作规程》

651. 使用(　　)巡检系统进行的架空输电线路巡检作业，作业人员包括工作负责人（一名）和工作班成员，分别担任程控手和操控手，工作负责人可兼任程控手或操控手，但不得同时兼任。

A. 大型无人直升机　　B. 中型无人直升机　　C. 小型无人直升机　　D. 固定翼无人机

答案：C

出处：《架空输电线路无人机巡检作业安全工作规程》

652. 使用小型无人直升机巡检系统进行的架空输电线路巡检作业，必要时，也可增设一名(　　)，此时工作班成员至少包括程控手和操控手。

A. 专责监护人　　B. 专职工作负责人

C. 安全员　　D. 工作负责人（监护人）

答案：B

出处：《架空输电线路无人机巡检作业安全工作规程》

653. 使用(　　)巡检系统进行的架空输电线路巡检作业，作业人员包括工作负责人（一名）和工作班成员。工作班成员至少包括程控手和操控手。

A. 大型无人直升机　　B. 中型无人直升机　　C. 小型无人直升机　　D. 固定翼无人机

答案：D

出处：《架空输电线路无人机巡检作业安全工作规程》

654. 在试验和推广新技术、新工艺、新设备时，应制定相应的安全措施，确定无人机巡检系统状态良好，并履行相关(　　)手续后方可执行。

A. 上报　　B. 审批　　C. 核实　　D. 确认

答案：B

出处：《架空输电线路无人机巡检作业安全工作规程》

655. 各单位可根据(　　)制定《架空输电线路无人机巡检作业安全工作规程》补充条款和实施细则，并履行相关审批手续后方可执行。

A. 现场情况　　B. 特殊情况　　C. 异常情况　　D. 其他情况

答案：A

出处：《架空输电线路无人机巡检作业安全工作规程》

656.（　　)应根据无人机巡检作业计划，按相关要求办理空域审批手续，并密切跟踪当地空域变化情况。

A. 工作票签发人　　B. 工作许可人　　C. 工作负责人　　D. 线路责任班组

答案：B

出处：《架空输电线路无人机巡检作业安全工作规程》

657. 各单位应建立空域申报(　　)机制，满足无人机应急巡检作业时空域使用要求。

A. 协调　　B. 联动　　C. 应急　　D. 相应

答案：A

出处：《架空输电线路无人机巡检作业安全工作规程》

658. 一个工作负责人不能同时(　　)多张工作票（单）。

A. 填写　　B. 持有　　C. 执行　　D. 终结

答案：C

出处：《架空输电线路无人机巡检作业安全工作规程》

659. 工作负责人应在工作(　　)向工作许可人申请办理工作许可手续。

A. 开始前　　B. 开始后　　C. 结束前　　D. 结束后

答案：A

出处：《架空输电线路无人机巡检作业安全工作规程》

660. 当面办理工作许可手续和派人办理工作许可手续时，工作许可人和工作负责人在(　　)上均应签名。

A. 单份工作票　　B. 两份工作票　　C. 全部工作票　　D. 各自工作票

答案：B

出处：《架空输电线路无人机巡检作业安全工作规程》

661. 隔天工作间断时，应撤收所有设备并清理工作现场。恢复工作时，应重新报告(　　)，对无人机巡检系统进行检查，确认其状态正常，重新自检。

A. 工作票签发人　　B. 工作许可人　　C. 工作负责人　　D. 专责监护人

答案：B

出处：《架空输电线路无人机巡检作业安全工作规程》

662. 应根据巡检作业要求和所用无人机巡检系统技术性能进行(　　)。

A. 现场勘察　　B. 填工作票　　C. 航线规划　　D. 航前检查

答案：C

出处：《架空输电线路无人机巡检作业安全工作规程》

663. 除必要的跨越外，无人机巡检系统不得在公路、铁路两侧路基外各(　　)m之间飞行。

A. 50　　B. 80　　C. 100　　D. 120

答案：C

出处：《架空输电线路无人机巡检作业安全工作规程》

664. 无人机巡检系统距油气管线边缘距离不得小于(　　)m。

A. 50　　B. 80　　C. 100　　D. 120

答案：C

出处：《架空输电线路无人机巡检作业安全工作规程》

665. 航前检查应检查起飞和降落点(　　)，确认满足所用无人机巡检系统的技术指标要求。

A. 天气情况　　B. 周围环境　　C. 磁场强度　　D. 信号干扰

答案：B

出处：《架空输电线路无人机巡检作业安全工作规程》

666. 每次放飞前，应对无人机巡检系统的动力系统、导航定位系统、飞控系统、通信链路、任务系统等进行检查。当发现任一系统出现（　　）状态时，应认真排查原因、修复，在确保安全可靠后方可放飞。

A. 提示　　B. 告警　　C. 故障　　D. 不适航

答案：D

出处：《架空输电线路无人机巡检作业安全工作规程》

667. 无人机巡检系统放飞后，宜在起飞点附近进行悬停或盘旋飞行，作业人员确认系统工作正常后方可继续执行巡检任务。否则，应（　　），排查原因、修复，在确保安全可靠后方可再次放飞。

A. 原地悬停　　B. 迅速升高

C. 及时降落　　D. 在本次工作完成后

答案：C

出处：《架空输电线路无人机巡检作业安全工作规程》

668.（　　）应始终注意观察无人机巡检系统飞行姿态，发动机或电机运转声音等信息，判断系统工作是否正常。如有异常，应及时判断原因，采取应对措施。

A. 工作负责人　　B. 操控手　　C. 程控手　　D. 任务手

答案：B

出处：《架空输电线路无人机巡检作业安全工作规程》

669. 采用自主飞行模式时，（　　）应始终掌控遥控手柄，且处于备用状态，注意按程控手指令进行操作，操作完毕后向程控手汇报操作结果。

A. 工作负责人　　B. 操控手　　C. 程控手　　D. 任务手

答案：B

出处：《架空输电线路无人机巡检作业安全工作规程》

670. 采用增稳或手动飞行模式时，（　　）应及时向操控手通报无人机巡检系统发动机或电机转速、电池电压、航迹、飞行姿态、速度及高度等遥测信息。

A. 工作负责人　　B. 操控手　　C. 程控手　　D. 任务手

答案：C

出处：《架空输电线路无人机巡检作业安全工作规程》

671. 采用增稳或手动飞行模式时，当无人直升机巡检系统飞行中出现链路中断故障时，巡检系统可原地悬停等候（　　）min，待链路恢复正常后继续执行巡检任务。

A. 1～2　　B. 1～5　　C. 3～5　　D. 3～10

答案：B

出处：《架空输电线路无人机巡检作业安全工作规程》

672. 无人机巡检系统飞行时，（　　）应密切观察无人机巡检系统飞行航迹是否符合预设航线。

A. 工作负责人　　B. 操控手　　C. 程控手　　D. 任务手

答案：C

出处：《架空输电线路无人机巡检作业安全工作规程》

673. 当大巡检作业(　　)，应按所用无人机巡检系统要求进行检查和维护工作，对外观及关键零部件进行检查。

A. 开始前　　B. 开始后　　C. 结束前　　D. 结束后

答案：D

出处：《架空输电线路无人机巡检作业安全工作规程》

674. 工作地点、起降点及起降航线上应避免无关人员干扰，必要时可设置(　　)。

A. 围栏　　B. 禁行标识　　C. 安全警示区　　D. 工作区域

答案：C

出处：《架空输电线路无人机巡检作业安全工作规程》

675. 现场禁止使用可能对无人机巡检系统(　　)造成干扰的电子设备。

A. 卫星信号　　B. 导航信号　　C. 通信链路　　D. 图传链路

答案：C

出处：《架空输电线路无人机巡检作业安全工作规程》

676. 起飞和降落时，现场所有人员应与无人机巡检系统始终保持足够的安全距离，作业人员不得位于起飞和降落航线(　　)。

A. 前　　B. 后　　C. 上　　D. 下

答案：D

出处：《架空输电线路无人机巡检作业安全工作规程》

677. 巡检作业现场作业人员均应穿戴(　　)服装。

A. 长袖棉质　　B. 工作　　C. 防晒　　D. 防风

答案：A

出处：《架空输电线路无人机巡检作业安全工作规程》

678. 巡检作业工作前(　　)h及工作过程中不应饮用任何酒精类饮品。

A. 6　　B. 8　　C. 12　　D. 24

答案：B

出处：《架空输电线路无人机巡检作业安全工作规程》

679. 使用中型无人直升机巡检系统的巡检作业，操控手应在巡检作业前(　　)个工作日完成所用中型无人直升机巡检系统的检查，确认状态正常，准备好现场作业工器具以及备品备件等物资，并向工作负责人汇报检查和准备结果。

A. 1　　B. 2　　C. 3　　D. 5

答案：A

出处：《架空输电线路无人机巡检作业安全工作规程》

680. 使用中型无人直升机巡检系统的巡检作业，宜采用(　　)起飞，(　　)降落模式。

A. 自主；自主　　B. 自主；增稳　　C. 增稳；自主　　D. 增稳；增稳

答案：B

出处：《架空输电线路无人机巡检作业安全工作规程》

681. 使用中型无人直升机巡检系统的巡检作业，无人直升机巡检系统悬停时应(　　)悬停，且不应在设备、建筑、设施、公路和铁路等的上方悬停。

A. 顺风　　B. 顶风　　C. 自动　　D. 手动

答案：B

出处：《架空输电线路无人机巡检作业安全工作规程》

682. 使用中型无人直升机巡检系统的巡检作业，无人直升机巡检系统到达巡检作业点后，程控手应及时通报任务手，由(　　)操控任务设备进行拍照、摄像等作业，任务手完成作业后应及时向程控手汇报。任务手与程控手之间应保持信息畅通。

A. 工作负责人　B. 程控手　C. 操控手　D. 任务手

答案：D

出处：《架空输电线路无人机巡检作业安全工作规程》

683. 使用中型无人直升机巡检系统的巡检作业，若无人直升机巡检系统在巡检作业点处的位置、姿态以及悬停时间等需要调整以满足拍照和摄像作业的要求，任务手应及时告知程控手具体要求，由(　　)根据现场情况和无人直升机的状态决定是否实施。实施操作应由程控手通过地面站进行。

A. 工作负责人　B. 操控手　C. 程控手　D. 任务手

答案：C

出处：《架空输电线路无人机巡检作业安全工作规程》

684. 使用中型无人直升机巡检系统的巡检作业，巡检作业时，无人直升机巡检系统距线路设备距离不宜小于 30m、水平距离不宜小于(　　)m，距周边障碍物距离不宜小于 50m。

A. 15　B. 25　C. 35　D. 45

答案：B

出处：《架空输电线路无人机巡检作业安全工作规程》

685. 使用中型无人直升机巡检系统的巡检作业，巡检飞行速度不宜大于(　　)m/s。

A. 10　B. 15　C. 20　D. 30

答案：B

出处：《架空输电线路无人机巡检作业安全工作规程》

686. 使用小型无人直升机巡检系统的巡检作业，(　　)应在巡检作业前一个工作日完成所用无人直升机巡检系统的检查，确认状态正常，准备好现场作业工器具以及备品备件等物资。

A. 工作负责人　B. 操控手　C. 程控手　D. 任务手

答案：B

出处：《架空输电线路无人机巡检作业安全工作规程》

687. 使用小型无人直升机巡检系统的巡检作业，可采用自主或增稳飞行模式控制无人直升机巡检系统飞至巡检作业点，然后以(　　)飞行模式进行拍照、摄像等作业。不应采用手动飞行模式。

A. 自主　B. GPS　C. 增稳　D. 手动

答案：C

出处：《架空输电线路无人机巡检作业安全工作规程》

688. 使用小型无人直升机巡检系统的巡检作业时，无人直升机巡检系统距线路设备距离不宜小于(　　)m。

A. 3　B. 5　C. 8　D. 10

答案：B

出处：《架空输电线路无人机巡检作业安全工作规程》

689. 使用小型无人直升机巡检系统的巡检作业，巡检飞行速度不宜大于(　　)m/s。

A. 10　　B. 15　　C. 20　　D. 30

答案：A

出处：《架空输电线路无人机巡检作业安全工作规程》

690. 使用固定翼无人机巡检系统的巡检作业，(　　)应在巡检作业前一个工作日完成所用固定翼无人机巡检系统的检查，确认状态正常，准备好现场作业工器具以及备品备件等物资，并向工作负责人汇报检查和准备结果。

A. 工作负责人　　B. 操控手　　C. 程控手　　D. 任务手

答案：B

出处：《架空输电线路无人机巡检作业安全工作规程》

691. 使用固定翼无人机巡检系统的巡检作业，程控手应在巡检作业前一个工作日完成(　　)工作，编辑生成飞行航线、各巡检作业点作业方案和安全策略，并交工作负责人检查无误。

A. 现场勘察　　B. 填工作票　　C. 航线规划　　D. 航前检查

答案：C

出处：《架空输电线路无人机巡检作业安全工作规程》

692. 使用固定翼无人机巡检系统的巡检作业，巡检飞行速度不宜大于(　　)m/s。

A. 10　　B. 15　　C. 20　　D. 30

答案：D

出处：《架空输电线路无人机巡检作业安全工作规程》

693. 无人机巡检系统在空中飞行时发生故障或遇紧急意外情况等，应尽可能控制无人机巡检系统在(　　)区域紧急降落。

A. 附近　　B. 原目标　　C. 操控手所在　　D. 安全

答案：D

出处：《架空输电线路无人机巡检作业安全工作规程》

694. 巡检作业区域出现雷雨、大风等可能影响作业的突变天气时，应及时评估巡检作业(　　)性，在确保安全后方可继续执行巡检作业，否则应采取措施控制无人机巡检系统避让、返航或就近降落。

A. 安全　　B. 及时　　C. 准确　　D. 完整

答案：A

出处：《架空输电线路无人机巡检作业安全工作规程》

695. 巡检作业区域出现其他飞行器或飘浮物时，应立即评估巡检作业安全性，在确保安全后方可继续执行巡检作业，否则应采取(　　)措施。

A. 悬停　　B. 避让　　C. 返航　　D. 就近降落

答案：B

出处：《架空输电线路无人机巡检作业安全工作规程》

696. 无人机巡检系统发生坠机等故障或事故时，应妥善处理(　　)并立即上报，及时进行民事协调，做好舆情监控。

A. 次生灾害　　B. 二次伤害

C. 损失核算　　　　　　　　　　　　D. 操作人员心理疏导

答案：A

出处：《架空输电线路无人机巡检作业安全工作规程》

697. 每次巡检作业结束后，工作负责人应填写无人机巡检系统使用记录单，记录无人机巡检系统作业表现及当前状态等信息，并于第(　)个工作日内交维护保养人员。

A. 一　　B. 二　　C. 三　　D. 四

答案：B

出处：《架空输电线路无人机巡检作业安全工作规程》

698. (　)应建立线路资料信息，包括线路走向和走势、交叉跨越情况、杆塔坐标、周边地形地貌等，并核实无误。

A. 基建单位　　B. 设备运维单位　　C. 线路责任班组　　D. 工作负责人

答案：B

出处：《架空输电线路无人机巡检作业安全工作规程》

699. 设备运维单位应提前掌握线路周边重要建筑和设施、人员活动密集区、空中管制区、无线电干扰区、通信阻隔区、大风或切变风多发区、森林防火区和无人区等的分布情况，提前建立各型无人机巡检系统正常以及备选起飞和降落区档案，由(　　)在地图上进行标注，并及时更新。

A. 工作票签发人　　B. 工作许可人　　C. 工作负责人　　D. 专责监护人

答案：B

出处：《架空输电线路无人机巡检作业安全工作规程》

700. 无人机巡检作业，工作负责人应具有(　　)年及以上的架空输电线路巡检实际工作经验，具有(　　)次及以上的无人机巡检实际工作经验。

A. 3；5　　B. 3；10　　C. 2；5　　D. 2；10

答案：B

出处：《架空输电线路无人机巡检作业安全工作规程》

701. 小型无人直升机巡检系统操控手应累计具有(　　)h 及以上的小型无人直升机实际飞行小时数，且本机型实际飞行小时数不应少于(　　)h。

A. 10；6　　B. 20；10　　C. 20；15　　D. 30；15

答案：B

出处：《架空输电线路无人机巡检作业安全工作规程》

702. 中大型无人直升机巡检系统操控手应累计具有(　　)h 及以上的中大型无人直升机实际飞行小时数，且本机型实际飞行小时数不应少于(　　)h。

A. 10；6　　B. 20；10　　C. 20；15　　D. 30；15

答案：D

出处：《架空输电线路无人机巡检作业安全工作规程》

703. 固定翼无人机巡检系统操控手应累计具有(　　)h 及以上的固定翼无人机实际飞行小时数，且本机型实际飞行小时数不应少于(　　)h。

A. 10；6　　B. 20；10　　C. 20；15　　D. 30；15

答案：C

出处：《架空输电线路无人机巡检作业安全工作规程》

704. 小型无人直升机巡检系统程控手应具有（　　）次及以上的小型无人直升机巡检工作经验，且本机型巡检工作经验不应少于（　　）次。

A. 5；3　　B. 10；5　　C. 10；6　　D. 20；10

答案：C

出处：《架空输电线路无人机巡检作业安全工作规程》

705. 中大型无人直升机巡检系统程控手应具有（　　）次及以上的中大型无人直升机巡检工作经验，且本机型巡检工作经验不应少于（　　）次。

A. 5；3　　B. 10；5　　C. 10；6　　D. 20；10

答案：D

出处：《架空输电线路无人机巡检作业安全工作规程》

706. 固定翼无人机巡检系统程控手应具有（　　）次及以上的固定翼或中大型无人直升机巡检工作经验，且本机型巡检工作经验不应少于（　　）次。

A. 5；3　　B. 10；5　　C. 10；6　　D. 20；10

答案：B

出处：《架空输电线路无人机巡检作业安全工作规程》

707. 小型无人直升机巡检系统任务手应具有（　　）次及以上的小型无人直升机巡检工作经验，且本机型巡检工作经验不应少于（　　）次。

A. 5；3　　B. 10；5　　C. 10；6　　D. 20；10

答案：A

出处：《架空输电线路无人机巡检作业安全工作规程》

708. 中大型无人直升机巡检系统任务手应具有（　　）次及以上的中大型无人直升机巡检工作经验，且本机型巡检工作经验不应少于（　　）次。

A. 5；3　　B. 10；5　　C. 10；6　　D. 20；10

答案：B

出处：《架空输电线路无人机巡检作业安全工作规程》

709. 小型无人直升机巡检系统机务应具有（　　）次及以上的小型旋翼无人机巡检工作经验，且本机型巡检工作经验不应少于（　　）次。

A. 5；3　　B. 10；5　　C. 10；6　　D. 20；10

答案：C

出处：《架空输电线路无人机巡检作业安全工作规程》

710. 中大型无人直升机巡检系统机务应具有（　　）次及以上的中大型无人直升机巡检工作经验，且本机型巡检工作经验不应少于（　　）次。

A. 5；3　　B. 10；5　　C. 10；6　　D. 20；10

答案：D

出处：《架空输电线路无人机巡检作业安全工作规程》

711. 固定翼无人机巡检系统机务应具有（　　）次及以上的固定翼巡检工作经验，且本机型巡检工作经验不应少于（　　）次。

A. 5；3　　B. 10；5　　C. 10；6　　D. 20；10

答案：B

出处：《架空输电线路无人机巡检作业安全工作规程》

712.《架空输电线路无人直升机巡检技术规程》适用于采用中、小型无人直升机在(　　)及以上电压等级架空输电线路所进行的巡检作业。

A. 35kV　　B. 110kV（66kV）　　C. 220kV　　D. 330kV

答案：B

出处：《架空输电线路无人直升机巡检技术规程》

713.《架空输电线路无人直升机巡检技术规程》中规定，通信链路包括图像传输链路和(　　)传输链路。

A. 遥控遥测信号　　B. GPS　　C. 飞控　　D. 电调

答案：A

出处：《架空输电线路无人直升机巡检技术规程》

714.《架空输电线路无人直升机巡检技术规程》中规定，中型无人直升机巡检系统指空机质量(　　)的无人直升机巡检系统。

A. 大于等于 7kg 且不大于 116kg　　B. 大于 7kg 且不大于 116kg

C. 大于 7kg 且不大于等于 116kg　　D. 大于等于 7kg 且不大于等于 116kg

答案：B

出处：《架空输电线路无人直升机巡检技术规程》

715.《架空输电线路无人直升机巡检技术规程》中规定，小型无人直升机巡检系统指空机质量(　　)的无人直升机巡检系统，一般指电动多旋翼无人机。

A. 小于等于 7kg　　B. 小于 7kg 且不小于 1kg

C. 小于 7kg　　D. 小于 7kg 且不小于等于 1kg

答案：C

出处：《架空输电线路无人直升机巡检技术规程》

716.《架空输电线路无人直升机巡检技术规程》中规定，航线规划指根据空域情况、(　　)环境和无人直升机性能等信息，规划巡检飞行航线，满足工作任务要求。

A. 天气情况　　B. 线路通道　　C. 障碍物　　D. 申请空域

答案：B

出处：《架空输电线路无人直升机巡检技术规程》

717.《架空输电线路无人直升机巡检技术规程》中规定，程控手是利用地面控制站以增稳或(　　)控制无人机巡检系统的作业人员。

A. 姿态模式　　B. 遥控模式　　C. 全自主模式　　D. 任意模式

答案：C

出处：《架空输电线路无人直升机巡检技术规程》

718.《架空输电线路无人直升机巡检技术规程》中规定，操控手是利用(　　)以手动或增稳模式控制无人机巡检系统的作业人员。

A. 遥控器　　B. 风向　　C. 地面站　　D. 飞控子系统

答案：A

出处：《架空输电线路无人直升机巡检技术规程》

719.《架空输电线路无人直升机巡检技术规程》中规定，任务手是利用机载任务设备对巡检目标进行(　　)的作业人员。

A. 巡视　　B. 检查设备　　C. 拍照、摄像　　D. 巡视检查设备

答案：C

出处：《架空输电线路无人直升机巡检技术规程》

720.《架空输电线路无人直升机巡检技术规程》中规定，无人直升机巡检类别分为(　　)、故障巡检、特殊巡检。

A. 委派巡视　　B. 夜间巡视　　C. 普通巡视　　D. 正常巡检

答案：D

出处：《架空输电线路无人直升机巡检技术规程》

721.《架空输电线路无人直升机巡检技术规程》中规定，正常巡检是使用高清照相机(摄像机)检查导地线、绝缘子、金具、杆塔、基础、附属设施、(　　)等异常情况和缺陷隐患。

A. 覆冰　　B. 舞动　　C. 鸟害　　D. 线路通道

答案：D

出处：《架空输电线路无人直升机巡检技术规程》

722.《架空输电线路无人直升机巡检技术规程》中规定，作业人员应具有(　　)年及以上架空输电线路运行维护工作经验，了解航空、气象、地理等相关知识，掌握无人直升机理论及技能，并考试合格。

A. 1　　B. 1.5　　C. 2　　D. 2.5

答案：C

出处：《架空输电线路无人直升机巡检技术规程》

723.《架空输电线路无人直升机巡检技术规程》中规定，作业人员应身体健康、精神状态良好，无妨碍作业的生理和心理障碍。作业前8小时及作业过程中严禁饮用任何(　　)饮品。

A. 酒精类　　B. 碳酸饮料　　C. 矿泉水　　D. 奶制品

答案：A

出处：《架空输电线路无人直升机巡检技术规程》

724.《架空输电线路无人直升机巡检技术规程》中规定，中型机操控手负责无人直升机人工起降操控、(　　)、检查、撤收。

A. 设备准备　　B. 飞行准备　　C. 观测　　D. 航线规划

答案：A

出处：《架空输电线路无人直升机巡检技术规程》

725.《架空输电线路无人直升机巡检技术规程》中规定，中型机程控手负责无人直升机飞行、遥测信息监测、设备准备、检查、(　　)、撤收。

A. 飞行准备　　B. 设备准备　　C. 航线规划　　D. 起降操作

答案：C

出处：《架空输电线路无人直升机巡检技术规程》

726.《架空输电线路无人直升机巡检技术规程》中规定，中型机工作负责人全面组织巡检工作开展，负责现场(　　)。

A. 设备安全　　B. 飞行安全　　C. 工作人员安全　　D. 措施安排

答案：B

出处：《架空输电线路无人直升机巡检技术规程》

727.《架空输电线路无人直升机巡检技术规程》中规定，中型机任务手负责任务设备操作、现场环境观察、(　　)、设备准备、检查、撤收。

A. 任务规划　　B. 飞行安全　　C. 图传信息监测　　D. 航线规划

答案：C

出处：《架空输电线路无人直升机巡检技术规程》

728.《架空输电线路无人直升机巡检技术规程》中规定，小型机工作负责人负责组织巡检工作开展及现场飞行安全，可兼任(　　)。

A. 操控手或程控手　　B. 监护人

C. 操控手或监护人　　D. 程控手或监护人

答案：A

出处：《架空输电线路无人直升机巡检技术规程》

729.《架空输电线路无人直升机巡检技术规程》中规定，中型无人直升机应储备不少于(　　)架次正常巡检所需油料，小型无人直升机应配备不少于(　　)组电池。

A. 2；5　　B. 3；6　　C. 2；6　　D. 3；5

答案：C

出处：《架空输电线路无人直升机巡检技术规程》

730.《架空输电线路无人直升机巡检技术规程》中规定，起飞和降落时，作业人员应与无人直升机始终保持足够安全距离，(　　)。

A. 避开起降航线　　B. 不得在野外起飞

C. 不得随意起飞　　D. 严禁任何人接近

答案：A

出处：《架空输电线路无人直升机巡检技术规程》

731.《架空输电线路无人直升机巡检技术规程》中规定，在雨、雪、风沙天气条件时，应采取必要的遮蔽措施后方可进行；雷电天气不得进行(　　)操作。

A. 起飞和降落　　B. 加油和放油　　C. 起飞和巡线　　D. 降落和放油

答案：B

出处：《架空输电线路无人直升机巡检技术规程》

732.《架空输电线路无人直升机巡检技术规程》中规定，在检查杆塔本体及金具时，应悬停检查，中型无人直升机单次悬停不宜超过(　　)，与线路设备净空距离不小于30m、水平距离不小于25m。

A. 6min　　B. 5min　　C. 4min　　D. 3min

答案：B

出处：《架空输电线路无人直升机巡检技术规程》

733.《架空输电线路无人直升机巡检技术规程》中规定，在检查杆塔本体及金具时，应悬停检查，中型无人直升机单次悬停不宜超过5min，与线路设备净空距离不小于(　　)、水平距离不小于25m。

A. 35m　　B. 30m　　C. 25m　　D. 20m

答案：B

出处：《架空输电线路无人直升机巡检技术规程》

734.《架空输电线路无人直升机巡检技术规程》中规定，在检查杆塔本体及金具时，应悬停检查，中型无人直升机单次悬停不宜超过5min，与线路设备净空距离不小于30m、水平距离不小于(　　)。

A. 35m　　B. 30m　　C. 25m　　D. 20m

答案：C

出处：《架空输电线路无人直升机巡检技术规程》

735.《架空输电线路无人直升机巡检技术规程》中规定，巡检作业，严禁中型无人直升机在线路正上方飞行。确有必要跨越线路，应采用上跨方式，与最上层线路的净空距离不小于(　　)。

A. 35m　　B. 30m　　C. 25m　　D. 20m

答案：B

出处：《架空输电线路无人直升机巡检技术规程》

736.《架空输电线路无人直升机巡检技术规程》中规定，相邻两回线路边线之间的距离小于(　　)时，严禁中型无人直升机在两回线路之间飞行。

A. 80m　　B. 100m　　C. 120m　　D. 150m

答案：B

出处：《架空输电线路无人直升机巡检技术规程》

737.《架空输电线路无人直升机巡检技术规程》中规定，小型无人直升机不能长时间在线路设备正上方悬停，应始终与带电设备保持不小于(　　)的净空距离。

A. 3m　　B. 5m　　C. 8m　　D. 10m

答案：B

出处：《架空输电线路无人直升机巡检技术规程》

738.《架空输电线路无人直升机巡检技术规程》中规定，对现场勘查认为危险性、复杂性较大的无人直升机巡检作业，应专门编制组织措施、(　　)、安全措施，并履行相关审批手续。

A. 技术措施　　B. 飞行措施　　C. 空域措施　　D. 地面措施

答案：A

出处：《架空输电线路无人直升机巡检技术规程》

739.《架空输电线路无人直升机巡检技术规程》中规定，故障巡检、(　　)等非计划巡检也应办理工作许可手续。

A. 普通巡检　　B. 特殊巡检　　C. 计划巡检　　D. 非计划巡检

答案：B

出处：《架空输电线路无人直升机巡检技术规程》

740.《架空输电线路无人直升机巡检技术规程》中规定，中型无人直升机启动后应在地面(　　)。

A. 充分预热发动机　　B. 检查无人机情况

C. 检查发动机有无异常　　D. 检查螺旋桨是否正常

答案：A

出处：《架空输电线路无人直升机巡检技术规程》

741.《架空输电线路无人直升机巡检技术规程》中规定，无人直升机可采用全自主或手动增稳模式起飞，离地后应先保持低空悬停，确定各项(　　)后方可执行巡检作业。

A. 运转平稳　　B. 性能稳定　　C. 无异常　　D. 状态正常

答案：D

出处：《架空输电线路无人直升机巡检技术规程》

742.《架空输电线路无人直升机巡检技术规程》中规定，中型无人直升机巡检飞行速度不宜大于（　　）。

A. 10m/s　　B. 20m/s　　C. 15m/s　　D. 5m/s

答案：C

出处：《架空输电线路无人直升机巡检技术规程》

743.《架空输电线路无人直升机巡检技术规程》中规定，小型无人直升机巡检飞行速度不宜大于（　　）。

A. 10m/s　　B. 20m/s　　C. 15m/s　　D. 5m/s

答案：A

出处：《架空输电线路无人直升机巡检技术规程》

744.《架空输电线路无人直升机巡检技术规程》中规定，单旋翼带尾桨的中型无人直升机悬停时应（　　）悬停。

A. 顺风　　B. 左侧风　　C. 右侧风　　D. 顶风

答案：D

出处：《架空输电线路无人直升机巡检技术规程》

745.《架空输电线路无人直升机巡检技术规程》中规定，作业过程中，任务手如发现飞行航线、悬停点与预设航线偏差较大，应及时告知程控手（操控手）调整（　　）。

A. 飞行航线　　B. 飞行计划　　C. 飞行任务　　D. 应急预案

答案：A

出处：《架空输电线路无人直升机巡检技术规程》

746.《架空输电线路无人直升机巡检技术规程》中规定，无人直升机降落前，应确认（　　）无异常。

A. 降落地面　　B. 降落场地　　C. 降落海面　　D. 降落和放油

答案：B

出处：《架空输电线路无人直升机巡检技术规程》

747.《架空输电线路无人直升机巡检技术规程》中规定，作业结束后，应及时向空管部门汇报，履行（　　）手续。

A. 工作终结　　B. 工作结束　　C. 工作完成　　D. 任务完成

答案：A

出处：《架空输电线路无人直升机巡检技术规程》

748.《架空输电线路无人直升机巡检技术规程》中规定，撤收前，油动无人直升机应将油箱内剩余油料（　　）储存。

A. 加满　　B. 回收　　C. 加满并妥善　　D. 回收并妥善

答案：D

出处：《架空输电线路无人直升机巡检技术规程》

749. 高空无人机飞行高度在（　　）。

A. 2000～10000m　　B. 3000～12000m　　C. 5000～15000m　　D. 4000～13000m

答案：C

出处：《架空输电线路无人机巡检技术》

750. 超高空无人机飞行高度一般在(　　)，可以完成远程（横跨地球）侦查监视任务

A. 10000m以上　B. 15000m以上　C. 15000m以下　D. 12000m以上

答案：B

出处：《架空输电线路无人机巡检技术》

751. 小型无人机活动半径一般在(　　)左右，超近程无人机活动半径在(　　)以内。

A. 20km；10km　B. 30km；15km　C. 40km；20km　D. 50km；25km

答案：B

出处：《架空输电线路无人机巡检技术》

752. 中程无人机活动半径一般在(　　)，近程无人机的活动半径可达(　　)。

A. 100～300km；100km　B. 120～330km；110km

C. 140～350km；120km　D. 160～380km；150km

答案：A

出处：《架空输电线路无人机巡检技术》

753. 低空无人机飞行高度一般在100～1000m，超低空无人机飞行高度一般在(　　)。

A. 110m以上　B. 120m以下　C. 100m以上　D. 100m以下

答案：D

出处：《架空输电线路无人机巡检技术》

754. 无人机在应急救灾方面有(　　)和森林防火监测。

A. 外力破坏监测　B. 大型施工类监测　C. 洪涝灾害监测　D. 自然灾害监测

答案：C

出处：《架空输电线路无人机巡检技术》

755. 架空输电线路杆塔依据功能的分类有(　　)和承力杆塔。

A. 直线杆塔　B. 耐张杆塔　C. 直线换位杆塔　D. 直线转角杆塔

答案：A

出处：《架空输电线路无人机巡检技术》

756. 遥感无人机还可以应用于海岸带调查，如填海造地、(　　)、海岸带变迁等情况。

A. 海岸巡逻　B. 水产养殖　C. 海岸施工　D. 海上乐园

答案：B

出处：《架空输电线路无人机巡检技术》

757. 直线跨越杆塔，用于跨越河流、(　　)、电力线路等设施。

A. 铁路　B. 桥梁　C. 村庄　D. 道路

答案：D

出处：《架空输电线路无人机巡检技术》

758. 有人机巡检作业范围大、效率高且不受地形的限制，可迅速跨越两个工作地点，巡视(　　)只需3h左右，效率是人工巡检的几十倍。

A. 80基杆塔　B. 90基杆塔　C. 100基杆塔　D. 120基杆塔

答案：C

出处：《架空输电线路无人机巡检技术》

759. 大部分无人机最主要的结构包含机体平台和(　　)等。
A. 控制系统　　B. 动力装置　　C. 制动装置　　D. 保护装置
答案：B
出处：《架空输电线路无人机巡检技术》
760. 大部分固定翼无人机结构包含机身、机翼、尾翼、(　　)和发动机等。
A. 起落架　　B. 起落平台　　C. 供电设备　　D. 燃料
答案：A
出处：《架空输电线路无人机巡检技术》
761. 直升机的特点是垂直升降、(　　)、低速度向前或向后飞行。
A. 高速度向前　　B. 滞留　　C. 悬停　　D. 低速度向右
答案：C
出处：《架空输电线路无人机巡检技术》
762. 直升机的缺点是(　　)、耗油量较大、航程较短。
A. 速度高　　B. 返航速度慢　　C. 悬停时间短　　D. 速度低
答案：D
出处：《架空输电线路无人机巡检技术》
763. 多轴飞行器，是一种具有(　　)及以上旋翼轴的特殊直升机。
A. 两个　　B. 三个　　C. 四个　　D. 五个
答案：B
出处：《架空输电线路无人机巡检技术》
764. 与直升机相比，旋翼机的优点有结构非常简单、(　　)、安全性较好。
A. 造价低廉　　B. 速度低　　C. 耗油量较大　　D. 航程较短
答案：A
出处：《架空输电线路无人机巡检技术》
765. 电动动力系统主要由动力电机、(　　)、调速系统三部分组成。
A. 动力系统　　B. 动力电源　　C. 保护系统　　D. 控制装置
答案：B
出处：《架空输电线路无人机巡检技术》
766. 机翼翼型的主要参数有翼型厚度、中弧线、(　　)和翼型弯度等。
A. 右翼　　B. 左翼　　C. 翼弦　　D. 襟翼
答案：C
出处：《架空输电线路无人机巡检技术》
767. 无人机每次失速的直接原因是(　　)。
A. 转角过大　　B. 速度低　　C. 信号弱　　D. 迎角过大
答案：D
出处：《架空输电线路无人机巡检技术》
768. 在流体动力学中，失速是指翼型气动攻角增加到一定程度时，翼型所产生的(　　)的一种状态。
A. 升力突然减小　　B. 升力突然增大　　C. 风力过大　　D. 阻力小
答案：A

出处：《架空输电线路无人机巡检技术》

769. 无人机转弯时，必要的额外升力通过升降舵控制飞机“抬头”来获得，这增加了机翼的迎角，(　　)。如果在转弯的任何时候迎角过大，飞机就会失速。

A. 同时增加了阻力　　B. 同时增加了升力

C. 同时减小了升力　　D. 同时减小了阻力

答案：B

出处：《架空输电线路无人机巡检技术》

770. 地面效应亦称为翼地效应或翼面效应，是一种使飞行器诱导(　　)，同时能获得比空中飞行更高升阻比的流体力学效应。

A. 阻力增加　　B. 阻力增大　　C. 阻力减小　　D. 减少阻力

答案：C

出处：《架空输电线路无人机巡检技术》

771. 国家电网公司使用的无人机有(　　)和固定翼类两种类型。

A. 直升机　　B. 飞行器　　C. 航空器　　D. 旋翼类

答案：D

出处：《架空输电线路无人机巡检技术》

772. 无人直升机飞行动作主要通过控制遥控器(　　)来实现。

A. 操纵杆　　B. 控制器　　C. 操控系统　　D. 制动器

答案：A

出处：《架空输电线路无人机巡检技术》

773. 无人直升机通过自动倾斜器的偏转可以实现无人直升机的(　　)。

A. 纵向运动　　B. 纵横向运动　　C. 横向运动　　D. 前后运动

答案：B

出处：《架空输电线路无人机巡检技术》

774. 固定翼无人机飞行基本上分起飞、(　　)和降落三个阶段。

A. 空中悬停　　B. 滑跑起飞　　C. 空中转弯　　D. 弹射起飞

答案：C

出处：《架空输电线路无人机巡检技术》

775. 小型无人直升机，是指空机质量(　　)的无人直升机。

A. 小于7kg　　B. 大于7kg　　C. 小于等于7kg　　D. 大于等于7kg

答案：C

出处：《架空输电线路无人机巡检技术》

776. 小型无人直升机适用于(　　)(2～3个基塔)、多方位精细化巡检和故障巡检。

A. 短距离　　B. 中等距离　　C. 较长距离　　D. 长距离

答案：A

出处：《架空输电线路无人机巡检技术》

777. 中型无人直升机，是指空机质量(　　)的无人直升机。

A. 小于7kg　　B. 大于7kg且小于116kg

B. 大于116kg且小于5700kg　　D. 大于5700kg

答案：B

出处：《架空输电线路无人机巡检技术》

778. 中型无人直升机适用于(　　)、多任务精细化巡检。

A. 短距离　　B. 中等距离　　C. 较长距离　　D. 长距离

答案：B

出处：《架空输电线路无人机巡检技术》

779. 大型无人直升机，是指空机质量(　　)的无人直升机。

A. 小于 7kg　　B. 大于 7kg 且小于 116kg

C. 大于等于 116kg　　D. 大于 116kg

答案：D

出处：《架空输电线路无人机巡检技术》

780. 小型固定翼无人机，是指空机质量(　　)的固定翼无人机。

A. 小于 7kg　　B. 大于 7kg　　C. 小于等于 7kg　　D. 大于等于 7kg

答案：C

出处：《架空输电线路无人机巡检技术》

781. 小型固定翼无人机续航时间一般不少于(　　)，适用于小范围通道巡检、应急巡检和灾害普查。

A. 0.5h　　B. 1h　　C. 1.5h　　D. 2h

答案：B

出处：《架空输电线路无人机巡检技术》

782. 小型固定翼无人机续航时间一般不少于 1h，适用于(　　)通道巡检、应急巡检和灾害普查。

A. 小范围　　B. 极小范围　　C. 中等范围　　D. 大范围

答案：A

出处：《架空输电线路无人机巡检技术》

783. 中型固定翼无人机，是指空机质量(　　)的固定翼无人机。

A. 小于 7kg　　B. 大于 7kg 且小于等于 20kg

C. 大于 20kg 且小于等于 116kg　　D. 大于 116kg

答案：B

出处：《架空输电线路无人机巡检技术》

784. 中型固定翼无人机续航时间一般不少于(　　)，适用于大范围通道巡检、应急巡检和灾害普查。

A. 0.5h　　B. 1h　　C. 1.5h　　D. 2h

答案：D

出处：《架空输电线路无人机巡检技术》

785. 中型固定翼无人机续航时间一般不少于 2h，适用于(　　)通道巡检、应急巡检和灾害普查。

A. 小范围　　B. 中等范围　　C. 大范围　　D. 特大范围

答案：C

出处：《架空输电线路无人机巡检技术》

786. 大型固定翼无人机，是指空机质量(　　)的固定翼无人机。

A. 小于 7kg　　B. 大于 7kg 且小于等于 20kg
C. 大于 20kg　　D. 大于等于 20kg
答案：C
出处：《架空输电线路无人机巡检技术》
787. 无人直升机巡检系统包括无人直升机系统、任务载荷和(　　)。
A. 综合保障系统　　B. 地面站系统　　C. 飞行控制系统　　D. 机载通信系统
答案：A
出处：《架空输电线路无人机巡检技术》
788. 无人直升机系统包括无人直升机平台和(　　)。
A. 地面站系统　　B. 机载通信系统　　C. 综合保障系统　　D. 飞行控制系统
答案：B
出处：《架空输电线路无人机巡检技术》
789. 任务载荷包括机载吊舱和(　　)。
A. 机载设备　　B. 辅助设备　　C. 任务设备　　D. 飞行设备
答案：C
出处：《架空输电线路无人机巡检技术》
790. 综合保障系统包括地面保障设备、(　　)及储运车辆。
A. 数据传输系统　　B. 飞行控制系统　　C. 机载通信系统　　D. 地面站系统
答案：D
出处：《架空输电线路无人机巡检技术》
791. 无人直升机巡检系统的机载通信系统包括数据传输系统和(　　)的机载部分。
A. 视频传输系统　　B. 语音传输系统　　C. 图像传输系统　　D. 文字传输系统
答案：A
出处：《架空输电线路无人机巡检技术》
792. 无人直升机巡检系统的任务设备包括可见光检测设备（可见光相机和可见光摄像机）和(　　)。
A. 雷达检测设备　　B. 超声波检测设备　　C. 红外检测设备　　D. 激光检测设备
答案：C
出处：《架空输电线路无人机巡检技术》
793. 无人直升机巡检系统的地面保障设备包括供电设备、燃料、(　　)用具、工器具。
A. 调试　　B. 测试　　C. 检测　　D. 监视
答案：A
出处：《架空输电线路无人机巡检技术》
794. 小型无人直升机巡检系统的地面站系统包括飞行操控器、飞行控制软件、(　　)。
A. 检测系统软件　　B. 硬件设备　　C. 地面通信系统　　D. 地面测控车辆
答案：C
出处：《架空输电线路无人机巡检技术》
795. 大、中型无人直升机巡检系统应配备(　　)储运车辆。
A. 专用　　B. 特定　　C. 任意　　D. 特制
答案：A

出处：《架空输电线路无人机巡检技术》

796. 固定翼无人机巡检系统包括固定翼无人机系统、任务载荷、(　　)和综合保障系统。

A. 飞行控制系统　　B. 机载通信系统　　C. 发射回收系统　　D. 航迹控制系统

答案：C

出处：《架空输电线路无人机巡检技术》

797. 固定翼无人机巡检系统的机载通信系统包括(　　)和视频传输系统的机载部分。

A. 文字传输系统　　B. 语音传输系统　　C. 数据传输系统　　D. 图像传输系统

答案：C

出处：《架空输电线路无人机巡检技术》

798. 大型固定翼无人机巡检系统有机载吊舱，中、小型固定翼无人机巡检系统(　　)专设机载吊舱。

A. 没有　　B. 禁止　　C. 宜　　D. 不准

答案：A

出处：《架空输电线路无人机巡检技术》

799. 固定翼无人机发射回收系统的类型主要根据固定翼无人机巡检系统的(　　)决定。

A. 起飞方式　　B. 降落方式　　C. 起降方式　　D. 控制方式

答案：C

出处：《架空输电线路无人机巡检技术》

800. 固定翼无人机发射回收系统的类型主要根据固定翼无人机巡检系统的起降方式决定，滑跑起降方式无固定硬件装置但需要有起降场地，弹射起飞方式(　　)具备弹射架，伞降方式需要具备机载降落伞，撞网撞绳降落方式需要具备拦截网、绳。

A. 不需要　　B. 需要　　C. 可不　　D. 必须

答案：B

出处：《架空输电线路无人机巡检技术》

801. 固定翼无人机巡检系统的地面保障设备包括(　　)、燃料、调试用具和工器具。

A. 辅助设备　　B. 防护设备　　C. 检修设备　　D. 供电设备

答案：D

出处：《架空输电线路无人机巡检技术》

802. 飞行控制系统是一个较为复杂的闭环负反馈控制系统，它可以控制无人机实现定高度、(　　)、定姿态飞行。

A. 定轨迹　　B. 定航向　　C. 定速　　D. 定时

答案：B

出处：《架空输电线路无人机巡检技术》

803. 飞行控制系统具有手动、(　　)和自动三种控制模式。

A. 半自动　　B. 速度　　C. 定时　　D. 定位

答案：B

出处：《架空输电线路无人机巡检技术》

804. 手动飞行模式对操控技术要求(　　)，但无法长距离控制飞机，通常只在出现异常或紧急状况下使用。

A. 较高　　B. 较低　　C. 一般　　D. 极高

答案：A

出处：《架空输电线路无人机巡检技术》

805. 速度模式是采用机载飞行任务模块来控制飞机，然后根据指令执行前飞、后退、侧飞、盘旋、悬停等飞行任务，其中（　）、悬停应用于无人直升机，其他飞行任务也适用于固定翼无人机，此模式具有良好的操控性。

A. 前飞　　B. 后退　　C. 侧飞　　D. 盘旋

答案：B

出处：《架空输电线路无人机巡检技术》

806. 自动模式是根据杆塔GPS位置，事先设置好的航路点和悬停点，自动起飞、（　）、悬停、降落。此模式安全可靠，适合实际巡线需求。

A. 盘旋　　B. 前飞　　C. 飞行　　D. 后退

答案：C

出处：《架空输电线路无人机巡检技术》

807. 目前应用于架空输电线路巡检的无人机巡检系统具备手动、速度和自动三种飞行模式，并且具备（　）、航线规划、一键返航、失控返航、三维程控飞行等功能。

A. 自主飞行　　B. 自主导航　　C. 自主控制　　D. 自主起降

答案：D

出处：《架空输电线路无人机巡检技术》

808. 无人机上的惯性导航是一种（　）的导航系统。

A. 半自动　　B. 完全自主　　C. 手动　　D. 手自一体

答案：B

出处：《架空输电线路无人机巡检技术》

809. 惯导系统目前发展出的方式有挠性惯导、（　）、光纤惯导、微固态惯性仪表等。

A. 激光惯导　　B. 红外惯导　　C. 超声惯导　　D. 雷达惯导

答案：A

出处：《架空输电线路无人机巡检技术》

810. GPS导航的优点是全球性、全天候、连续精密导航与定位能力，（　）较出色，但是不能提供载体的姿态信息。

A. 精准性　　B. 连续性　　C. 实时性　　D. 信息完整性

答案：C

出处：《架空输电线路无人机巡检技术》

811. 视觉导航系统由视觉信息采集部分、（　）及导航跟踪部分三大部分构成。

A. 视觉信息存储部分　　B. 视觉信息整理部分

C. 视觉信息分析部分　　D. 视觉信息处理部分

答案：D

出处：《架空输电线路无人机巡检技术》

812. 视觉导航可任意获取丰富的环境信息，并且具有独立性、准确性、（　）以及信息完整性等优势。

A. 灵敏性　　B. 可靠性　　C. 自主性　　D. 全面性

答案：B

出处：《架空输电线路无人机巡检技术》

813. 地磁导航具有无源性、无辐射、(　　)强，不受敌方干扰、全天时、全天候、全地域、能耗低的优良特性，且导航不存在误差积累。

A. 隐蔽性　　B. 实时性　　C. 灵敏性　　D. 精确性

答案：A

出处：《架空输电线路无人机巡检技术》

814. 地磁导航具有无源性、无辐射、隐蔽性强，不受敌方干扰、全天时、全天候、(　　)、能耗低的优良特性，且导航不存在误差积累。

A. 全领域　　B. 全方位　　C. 全地域　　D. 全性能

答案：C

出处：《架空输电线路无人机巡检技术》

815. 多普勒导航优点是自主性好，反应快，(　　)强，测速精度高，能用于各种气候条件和地形条件。

A. 实时性　　B. 精准性　　C. 隐蔽性　　D. 抗干扰性

答案：D

出处：《架空输电线路无人机巡检技术》

816. 天文导航不受人工和自然形成的电磁波，不向外辐射电磁波，(　　)好，定位、定向的精度比较高，定位误差与定位时刻无关。

A. 灵敏性　　B. 隐蔽性　　C. 精准性　　D. 实时性

答案：B

出处：《架空输电线路无人机巡检技术》

817. 航迹推算导航系统具有自主性、(　　)强，只需利用自身惯性元件的观测量即可推导出位置、速度等导航参数，抗无线电干扰能力强，全天候，机动灵活。

A. 隐蔽性　　B. 实时性　　C. 精准性　　D. 保密性

答案：D

出处：《架空输电线路无人机巡检技术》

818. 目前应用于电力巡检的无人机系统，通常使用惯性导航、(　　)与地磁导航相结合的组合导航方式。

A. 多普勒导航　　B. GPS 卫星导航　　C. 视觉导航　　D. 天文导航

答案：B

出处：《架空输电线路无人机巡检技术》

819. 无人机通信系统需要实时性好，(　　)高，以便后台操控人员及时观察电力巡线的现场情况。

A. 可靠性　　B. 抗干扰性　　C. 隐蔽性　　D. 精确性

答案：A

出处：《架空输电线路无人机巡检技术》

820. 无人机通信系统要对高压线及高压设备产生的(　　)干扰要有很强的抗干扰能力。

A. 电场　　B. 电磁　　C. 磁场　　D. 辐射

答案：B

出处：《架空输电线路无人机巡检技术》

821. 数据传输系统通过天线接收地面遥控发射机发射的调频信号，经过放大、鉴频、解调、译码后，以(　　)形式发送给飞行控制系统，实现远距离的遥控。

A. 串行　　B. 并行　　C. 先串行后并行　　D. 先并行后串行

答案：A

出处：《架空输电线路无人机巡检技术》

822. 为了保障无人机巡线系统及输电线路的安全，提升巡线作业的可靠性，有必要实现无人机对输电导线的(　　)。

A. 认知　　B. 识别　　C. 避障　　D. 定位

答案：C

出处：《架空输电线路无人机巡检技术》

823. 机载的信号采集模块包括毫米波雷达测距传感器，毫米波雷达测距传感器与信号预处理模块相连，将模拟信号转换为数字信号，并将周围的环境信息经通信端口发送给机载(　　)分析模块，由机载分析模块发出相应的指令给飞控系统的控制模块，再由飞控系统的控制模块发送给无人机动力系统。

A. 定位　　B. 避障　　C. 识别　　D. 控制

答案：B

出处：《架空输电线路无人机巡检技术》

824. 适用于架空输电线路无人机巡检系统的微波测距在(　　)的范围内能感知厘米级别的障碍物或设备。

A. 10～30m　　B. 30～100m　　C. 100～200m　　D. 200～350m

答案：B

出处：《架空输电线路无人机巡检技术》

825. 避障策略和避障指令由飞控系统(　　)计算，确保在山区复杂地形条件下，随时与线路保持安全距离，避免飞机碰撞导线或其他障碍物。

A. 实时　　B. 定时　　C. 精准　　D. 可靠

答案：A

出处：《架空输电线路无人机巡检技术》

826. 无人机巡检机载监测系统是用机载摄像机、机载照相机、红外热像仪、激光雷达检测输电网上的导线、杆塔、绝缘子、(　　)、销钉等设备，并且发现设备破损、部件丢失、设备热缺陷等故障，从而为架空输电线路安全运行提供重要的安全保障。

A. 金具　　B. 防震锤　　C. 线夹　　D. 地线

答案：C

出处：《架空输电线路无人机巡检技术》

827. 无人机巡检机载监测系统是用机载摄像机、机载照相机、红外热像仪、激光雷达检测输电网上的导线、杆塔、绝缘子、线夹、销钉等设备，并且发现设备破损、(　　)、设备热缺陷等故障，从而为架空输电线路安全运行提供重要的安全保障。

A. 部件损坏　　B. 部件锈蚀　　C. 部件丢失　　D. 部件断裂

答案：C

出处：《架空输电线路无人机巡检技术》

828. 检测终端的功能是为地面飞行控制人员和任务操控人员提供实时的可见光和红外视频，同时提供高清晰度的(　　)供后期分析输电线路、杆塔和线路走廊的故障和缺陷。

A. 图像　　B. 视频　　C. 静态照片　　D. 语音

答案：C

出处：《架空输电线路无人机巡检技术》

829. 检测终端机载照相机具有高分辨率、(　　)，可在输电线路安全距离外拍摄数码照片，通过后期观察，可分辨目标物体

A. 高清晰度　　B. 高精确度　　C. 低清晰度　　D. 低精确度

答案：A

出处：《架空输电线路无人机巡检技术》

830. 检测终端红外热像仪是检测系统中一个非常关键的检测设备，无线图像传输系统传输的实时红外视频，可以帮助任务操控人员检测输电线路上的接头、绝缘子、夹板、(　　)、高压线、压接套管、绝缘子引线等有无热故障和缺陷。

A. 地线　　B. 引流线　　C. 导线　　D. 金具

答案：B

出处：《架空输电线路无人机巡检技术》

831. 红外热像仪提供(　　)和网络控制接口。

A. 模数视频接口　　B. 虚拟视频接口　　C. 数字视频接口　　D. 模拟视频接口

答案：D

出处：《架空输电线路无人机巡检技术》

832. 通过红外热像仪提供的红外视频可清晰看到输电线路及设备的(　　)。

A. 发热点　　B. 发光点　　C. 发亮点　　D. 发红点

答案：A

出处：《架空输电线路无人机巡检技术》

833. 激光雷达技术综合了(　　)、激光测距技术、惯性导航 IMU 技术、全球定位 GPS 技术、数字摄影测量及图像处理技术等多种技术，能快速、准确地获取裸地表以及地表上各种物体的三维坐标和物理特征，是国际上先进的一种测绘技术。

A. 摄像技术　　B. 红外检测技术　　C. 扫描技术　　D. 自动控制技术

答案：C

出处：《架空输电线路无人机巡检技术》

834. 激光雷达技术在电力行业中实现了线路的自动化智能选线设计和线路(　　)方案的路径优化，缩短了输电线路长度，节省了工程造价。

A. 规划　　B. 设计　　C. 施工　　D. 改造

答案：B

出处：《架空输电线路无人机巡检技术》

835. 机载光电吊舱在控制指令的驱动下，可实现吊舱对输电线路、杆塔和(　　)的搜索和定位的要求，同时进行监视、拍照并记录。

A. 金具　　B. 周围环境　　C. 杆塔位置　　D. 线路走廊

答案：D

出处：《架空输电线路无人机巡检技术》

836. 增稳云台的水平与(　　)，可以根据飞机的GPS和姿态信息以及巡检对象的GPS信息自动调整，也可以由地面操作人员通过软件手动控制。

A. 俯角度　　B. 角度　　C. 仰角度　　D. 俯仰角度

答案：D

出处：《架空输电线路无人机巡检技术》

837. 云台的增稳控制主要由速度控制器、电机驱动器、电机和编码器旋转速度构成速度环，由目标位置、前馈控制器、(　　)、编码器位置信息构成位置环实现。

A. 定位控制器　　B. 位置控制器　　C. 角度控制器　　D. 幅度控制器

答案：B

出处：《架空输电线路无人机巡检技术》

838. 基于图像的无人机图像采集设备姿态伺服技术主要研究无人机的机载云台姿态伺服技术，完成搭载高清相机对设备的(　　)。

A. 图像采集　　B. 视频采集

C. 信息采集　　D. 图像和视频采集

答案：C

出处：《架空输电线路无人机巡检技术》

839. 基于机载视频的输电线路目标跟踪技术通过某种特征（如颜色）的分布来对目标进行描述，然后在各帧中通过目标模板与候选目标的相似性度量来寻找目标，并沿着特征分布相似性的梯度方向迭代搜索目标位置，最终实现模式匹配和目标(　　)。

A. 跟踪　　B. 定位　　C. 确认　　D. 匹配

答案：A

出处：《架空输电线路无人机巡检技术》

840. 飞行器一般是在架空输电线路(　　)一侧，且匀速沿输电线路飞行，连续的不同图像中，输电线路的位置变化幅度较小，基本保持不变。

A. 下方　　B. 上方　　C. 上下方　　D. 左右方

答案：B

出处：《架空输电线路无人机巡检技术》

841. 全景图像拼接技术在卫星遥感探测、气象、医学、军事、(　　)、大面积文化遗产保护以及虚拟场景实现方面具有广泛的应用价值。

A. 消防　　B. 公安　　C. 电力　　D. 航空航天

答案：D

出处：《架空输电线路无人机巡检技术》

842. 决定架空输电线路杆塔外形的因素有电压等级、(　　)、地形、地质情况及使用条件等。

A. 杆塔高度　　B. 地理位置　　C. 线路回数　　D. 线路走廊

答案：C

出处：《架空输电线路无人机巡检技术》

843. 根据玻璃、瓷质和合成绝缘子的各自特性，其常见故障有(　　)、掉串、裂纹破损、闪络放电和异物等。

A. 自爆　　B. 脏污　　C. 击穿　　D. 火花

答案：A

出处：《架空输电线路无人机巡检技术》

844. 玻璃绝缘子片自爆导致的(　　)是玻璃绝缘子特有的故障缺陷，将该缺陷统称为玻璃绝缘子的损伤，也是玻璃绝缘子最需要识别诊断的缺陷。

A. 掉片损伤　　B. 裂纹损伤　　C. 绝缘损伤　　D. 爆裂损伤

答案：A

出处：《架空输电线路无人机巡检技术》

845. 无人机巡检系统申报飞行空域原则上与其他空域水平间隔不小于(　　)，垂直间隔不小于 2km。

A. 20km　　B. 30km　　C. 40km　　D. 50km

答案：A

出处：《架空输电线路无人机巡检技术》

846. 无人机巡检系统申报飞行空域原则上与其他空域水平间隔不小于 20km，垂直间隔不小于(　　)。

A. 0.5km　　B. 1km　　C. 1.5km　　D. 2km

答案：D

出处：《架空输电线路无人机巡检技术》

847. 无人机巡检系统飞行空域的申报一般需提前(　　)提交申请并提交国籍标志和登记标志、驾驶员相应的资质证书、飞行器性能数据和三视图、可靠的通信保障方案、特殊情况处置预案。

A. 5 日　　B. 6 日　　C. 7 日　　D. 8 日

答案：C

出处：《架空输电线路无人机巡检技术》

848. 无论是在融合空域还是在隔离空域实施飞行都要(　　)，经过相应部门批准后方能执行。飞行计划申报应于北京时间前一日 15 时前向所使用空域的管制单位提交飞行计划申请。

A. 提前报告　　B. 当面报告　　C. 书面申请　　D. 预先申请

答案：D

出处：《架空输电线路无人机巡检技术》

849. 无论是在融合空域还是在隔离空域实施飞行都要预先申请，经过相应部门批准后方能执行。飞行计划申报应于北京时间前一日(　　)前向所使用空域的管制单位提交飞行计划申请。

A. 12 时　　B. 13 时　　C. 14 时　　D. 15 时

答案：D

出处：《架空输电线路无人机巡检技术》

850. 飞行巡检工作流程包括任务规划、任务准备、(　　)和巡检报告生成四个步骤。

A. 任务实施　　B. 任务执行　　C. 任务确认　　D. 任务检查

答案：B

出处：《架空输电线路无人机巡检技术》

851. 线路临时普查工作方式没有足够的时间去规划精确的飞行线路，可以采用输电线路无人机智能巡检系统的(　　)飞行模式，操控人员利用地面站实时图像显示，全程控制无人机的飞行。

A. 自动　　B. 速度　　C. 手动　　D. 半自动

答案：B

出处：《架空输电线路无人机巡检技术》

852. 任务执行是指执行飞行巡检任务时，外控手、内控手和任务操作人员严格按照《架空输电线路无人机电力巡线技术导则》《架空输电线路无人直升机巡检技术规程》及《架空输电线路固定翼无人机巡检技术规程》等来进行(　　)操作。

A. 规范化　　B. 标准化　　C. 常规化　　D. 精确化

答案：A

出处：《架空输电线路无人机巡检技术》

853. 无人机常规巡检主要对输电线路导线、地线和杆塔上部的塔材、金具、(　　)、附属设施、线路走廊等进行常规性检查。

A. 间隔棒　　B. 防振锤　　C. 绝缘子　　D. 销钉

答案：C

出处：《架空输电线路无人机巡检技术》

854. 可见光巡检主要检查内容包括导线、地线（光缆）、绝缘子、(　　)、杆塔、基础、附属设施、通道走廊等外部可见异常情况和缺陷。

A. 导线接续管　　B. 金具　　C. 耐张管　　D. 跳线线夹

答案：B

出处：《架空输电线路无人机巡检技术》

855. 红外巡检主要检查内容包括导线接续管、(　　)、跳线线夹及绝缘子等相关发热异常情况。

A. 并沟线夹　　B. 补修管　　C. 耐张管　　D. 耐张线夹

答案：C

出处：《架空输电线路无人机巡检技术》

856. 根据被巡检线路电压等级和线路架设结构，大、中型无人直升机飞行巡检(　　)以下电压等级的单回路输电线路采取单侧巡检方式。

A. 110kV　　B. 220kV　　C. 330kV　　D. 500kV

答案：D

出处：《架空输电线路无人机巡检技术》

857. 根据被巡检线路电压等级和线路架设结构，大、中型无人直升机飞行巡检500kV以下多回同杆架设和(　　)及以上电压等线输电线路采取双侧巡检方式。

A. 110kV　　B. 220kV　　C. 330kV　　D. 500kV

答案：D

出处：《架空输电线路无人机巡检技术》

858. 在检查杆塔本体及连接金具时，应进行悬停检查。大、中型无人机距杆塔水平距离在(　　)范围内，位置与地线横担水平或稍高于地线横担，悬停时间一般在1～5min为宜。

A. 50～60m　　B. 60～70m　　C. 80～90m　　D. 90～100m

答案：A

出处：《架空输电线路无人机巡检技术》

859. 在检查杆塔本体及连接金具时，应进行悬停检查。大、中型无人机距杆塔水平距离在50～60m范围内，位置与地线横担水平或稍高于地线横担，悬停时间一般在(　　)为宜。

A. 1～2min　　B. 1～3min　　C. 1～4min　　D. 1～5min

答案：D

出处：《架空输电线路无人机巡检技术》

860. 在进行近距离单基杆塔巡检时（100m范围内，操作人员可通过观察无人机姿态判断飞行情况）采用(　　)飞行模式，由操作人员手动控制无人机靠近输电设备开展巡检工作，实现线路小部件的拍照。

A. 自动　　B. 手动　　C. 增稳　　D. 程控

答案：C

出处：《架空输电线路无人机巡检技术》

861. 在进行较远距离设备巡检时（大于100m，在小型无人直升机测控范围及续航时间内）采用(　　)飞行模式，按照规划好的航线开展飞行巡检工作。

A. 自动　　B. 手动　　C. 增稳　　D. 程控

答案：D

出处：《架空输电线路无人机巡检技术》

862. 小型无人直升机在手动干预下可控制在(　　)范围内较近距离地检查杆塔设备，在程控飞行模式时，当无人机到达杆塔位置时可暂停程控飞行，转为增稳飞行模式悬停检查，为达到更好的巡检效果，可小范围调整无人机位置。

A. 10～20m　　B. 20～30m　　C. 30～40m　　D. 40～50m

答案：A

出处：《架空输电线路无人机巡检技术》

863. 由于小型旋翼机的机型较小，受风速的影响较大，在执行巡检任务时要根据当时的风速和(　　)确定是否满足巡检条件。

A. 气温　　B. 风向　　C. 能见度　　D. 云底高度

答案：B

出处：《架空输电线路无人机巡检技术》

864. 根据光照方向调整航迹方向，避免因光照引起的图像采集模糊或者(　　)的情况出现。

A. 图像光线不足　　B. 图像锐化严重　　C. 图像曝光过度　　D. 图像信息缺失

答案：C

出处：《架空输电线路无人机巡检技术》

865. 根据现场地形条件选定无人直升机起飞点及降落点，起降点四周应空旷无树木、山石等障碍物，航线范围内无超高物体（建筑物、高山等），大型无人直升机起降点大小为(　　)左右大小平整的地面。

A. 1m×1m　　B. 3m×3m　　C. 5m×5m　　D. 7m×7m

答案：C

出处：《架空输电线路无人机巡检技术》

866. 根据现场地形条件选定无人直升机起飞点及降落点，起降点四周应空旷无树木、山石等障碍物，航线范围内无超高物体（建筑物、高山等），中型无人直升机起降点大小为（　　）左右大小平整的地面。

A. 1m×1m　　B. 3m×3m　　C. 5m×5m　　D. 7m×7m

答案：B

出处：《架空输电线路无人机巡检技术》

867. 根据现场地形条件选定无人直升机起飞点及降落点，起降点四周应空旷无树木、山石等障碍物，航线范围内无超高物体（建筑物、高山等），小型无人直升机起降点大小为（　　）左右大小平整的地面。

A. 1m×1m　　B. 3m×3m　　C. 5m×5m　　D. 7m×7m

答案：A

出处：《架空输电线路无人机巡检技术》

868. 对于间隔时间较长的相同的巡检任务［间隔（　　）以上］，应重新核实历史航线中的起降点、特殊区段是否满足飞行条件，如果不满足应进行航线修改。

A. 1个月　　B. 3个月　　C. 6个月　　D. 12个月

答案：C

出处：《架空输电线路无人机巡检技术》

869. 无人直升机巡检作业应有（　　）相应的《无人直升机巡检作业应急处置预案》，预案内容应包含无人机巡检作业危险点、风险预控措施、发生应急事故的处置流程等。

A. 本班组　　B. 本专业　　C. 本工区　　D. 本单位

答案：D

出处：《架空输电线路无人机巡检技术》

870. 巡检作业前（　　）工作日，工作负责人应向线路途经区域的空管部门履行航线报批手续。

A. 1个　　B. 2个　　C. 3个　　D. 5个

答案：C

出处：《架空输电线路无人机巡检技术》

871. 巡检作业前（　　）工作日，工作负责人应向调度、安监部门履行报备手续。

A. 1个　　B. 3个　　C. 5个　　D. 7个

答案：B

出处：《架空输电线路无人机巡检技术》

872. 巡检作业前（　　）工作日，工作负责人应提前了解作业现场当天的气象情况，决定是否能够进行飞行巡检作业，并再次向当地空管部门申请放飞许可。

A. 1个　　B. 2个　　C. 3个　　D. 5个

答案：A

出处：《架空输电线路无人机巡检技术》

873. 大、中型无人机直升机应常备有（　　）正常任务飞行所需的油料，小型无人机直升机应有5组及以上备用电池，并应定期充满电。

A. 1次　　B. 2次　　C. 1～2次　　D. 3次

答案：B

出处：《架空输电线路无人机巡检技术》

874. 大、中型无人直升机应常备有 2 次正常任务飞行所需的油料，小型无人机直升机应有(　　)及以上备用电池，并应定期充满电。

A. 2 组　　B. 3 组　　C. 4 组　　D. 5 组

答案：D

出处：《架空输电线路无人机巡检技术》

875. 在执行巡检时对操控作业人员应进行无人直升机培训学习，参加该机型无人机(　　)并合格。

A. 理论考试　　B. 技能考试

C. 专业培训　　D. 理论及技能考试

答案：D

出处：《架空输电线路无人机巡检技术》

876. 在执行巡检时，操控作业人员应具有(　　)及以上高压输电线路运行维护工作经验，熟悉航空、气象、地理等相关专业知识，掌握《架空输电线路运行规程》(DL/T 741)有关专业知识，并经过专业培训，考试合格且持有上岗证。

A. 1 年　　B. 2 年　　C. 3 年　　D. 5 年

答案：B

出处：《架空输电线路无人机巡检技术》

877. 在执行巡检时，操控作业人员应具有 2 年及以上高压输电线路运行维护工作经验，熟悉航空、气象、地理等相关专业知识，掌握《架空输电线路运行规程》(DL/T 741) 有关专业知识，并经过专业培训，(　　)且持有上岗证。

A. 领导批准　　B. 师傅带领　　C. 考试合格　　D. 现场实习

答案：C

出处：《架空输电线路无人机巡检技术》

878. 巡检作业时，若需无人直升机转到线路另一侧，应在线路(　　)飞过，并保持足够的安全距离。

A. 上方　　B. 下方　　C. 附近　　D. 任何一方

答案：A

出处：《架空输电线路无人机巡检技术》

879. 巡检作业时，若需大型无人直升机转到线路另一侧，应在线路上方飞过，并保持(　　)的安全距离。

A. 10m　　B. 30m　　C. 50m　　D. 70m

答案：C

出处：《架空输电线路无人机巡检技术》

880. 巡检作业时，若需中型无人直升机转到线路另一侧，应在线路上方飞过，并保持(　　)的安全距离。

A. 10m　　B. 30m　　C. 50m　　D. 70m

答案：B

出处：《架空输电线路无人机巡检技术》

881. 巡检作业时，若需小型无人直升机转到线路另一侧，应在线路上方飞过，并保持(　　)的安全距离。

A. 10m　　B. 30m　　C. 50m　　D. 70m

答案：A

出处：《架空输电线路无人机巡检技术》

882. 严禁无人机在变电站（所）、电厂上空穿越。相邻两回线路边线之间的距离小于(　　)（山区为150m）时，无人机严禁在两回线路之间上空飞行。

A. 50m　　B. 80m　　C. 100m　　D. 120m

答案：C

出处：《架空输电线路无人机巡检技术》

883. 巡检作业时，严禁无人直升机在线路正上方飞行。无人直升机飞行巡检时与杆塔及边导线的距离应不小于最小安全距离；同时为保证巡检效果，无人机与最近一侧的线路、铁塔净空距离不宜大于(　　)。

A. 50m　　B. 100m　　C. 150m　　D. 200m

答案：B

出处：《架空输电线路无人机巡检技术》

884. 安置测控地面站发电机离测控车大于(　　)处（注意应选择在下风口），并打入接地桩接地测控车也要进行接地操作，然后才能连接测控地面站。

A. 10m　　B. 15m　　C. 20m　　D. 30m

答案：A

出处：《架空输电线路无人机巡检技术》

885. 起飞前再次确认气象情况，确保(　　)、风速等环境条件不超过各类型旋翼无人机的飞行限制值。如果有下暴雨、下雪或闪电打雷等以及风速可能超过该机型抗风限值的天气情况，不得进行飞行作业。

A. 大气压强　　B. 大气温度　　C. 大气密度　　D. 大气状况

答案：B

出处：《架空输电线路无人机巡检技术》

886. 大型无人机启动过程应确保机体周围(　　)范围内无人员。

A. 10m　　B. 15m　　C. 20m　　D. 30m

答案：B

出处：《架空输电线路无人机巡检技术》

887. 中型无人机启动过程应确保机体周围(　　)范围内无人员。

A. 10m　　B. 15m　　C. 20m　　D. 30m

答案：A

出处：《架空输电线路无人机巡检技术》

888. 内、外操纵手确认机体无异常，遥控界面的上行、下行数据无异常后方可启动无人机，启动后无人机在地面预热(　　)。

A. 1～2min　　B. 2～3min　　C. 3～4min　　D. 4～5min

答案：A

出处：《架空输电线路无人机巡检技术》

889. 在增稳模式下起飞无人机，在无人机高地面4～5m的高度时应悬停10～20s，观察发动机的转速、无人直升机的振动和整机的响声是否正常，确认正常后，方可继续升空至(　　)左右悬停，待转入程控飞行执行巡检任务。

A. 10m　　B. 20m　　C. 30m　　D. 40m

答案：B

出处：《架空输电线路无人机巡检技术》

890. 无人机巡检任务结束后返航，返回至降落点上方并悬停，降低无人机高度至(　　)左右，确认降落地面平整后方可进行降落操作。

A. 15m　　B. 20m　　C. 25m　　D. 30m

答案：C

出处：《架空输电线路无人机巡检技术》

891. 无人直升机降落采取增稳模式手动降落，降落时应注意观察垂直下降率，确保无人机下降速率不超过(　　)，在无人机桨叶还未完全停下来前，严禁任何人接近无人机。

A. 1.0m/s　　B. 1.5m/s　　C. 2.0m/s　　D. 2.5m/s

答案：B

出处：《架空输电线路无人机巡检技术》

892. 无人直升机巡检中如果发现可疑缺陷但无法明确地判定，应另委派人员进行人工巡查，现场判定。巡检结果判定要在(　　)内完成，以确保整个输电线路的安全有效运行。

A. 规定周期　　B. 规定时限　　C. 计划　　D. 短时间

答案：B

出处：《架空输电线路无人机巡检技术》

893. 无人机巡检数据要进行最后的备份、归档操作，而且档案至少保留(　　)，以备后期的检查监督。

A. 1年　　B. 1.5年　　C. 2年　　D. 3年

答案：C

出处：《架空输电线路无人机巡检技术》

894. 根据线路运维现状合理安排无人机巡检周期，巡检周期一般为1个月，重载线路建议每月开展2次巡检。外部隐患多发区宜增至(　　)，对于线下施工作业频繁的线路可适当增加巡检频次。

A. 每月3次　　B. 每月5次　　C. 每周1次　　D. 每周2次

答案：C

出处：《架空输电线路无人机巡检技术》

895. 无人机巡检需工作负责人1名，作业人员至少(　　)。其中，程控手1人，负责无人机飞行姿态保持，数传信息监测，操控手1人，负责任务找荷操作、现场环境和图传信息监测等工作。

A. 2名　　B. 3名　　C. 4名　　D. 5名

答案：A

出处：《架空输电线路无人机巡检技术》

896. 巡检人员应在作业前(　　)准备好现场作业工器具以及备品备件等物资，完成无人机巡检系统检查，确保各部件工作正常。

A. 一个工作日　　B. 两个工作日　　C. 三个工作日　　D. 五个工作日

答案：A

出处：《架空输电线路无人机巡检技术》

897. 程控手应在巡检作业前（　　）完成航线规划，编辑生成飞行航线和安全策略，并交工作负责人检查无误。

A. 一个工作日　　B. 两个工作日　　C. 三个工作日　　D. 五个工作日

答案：A

出处：《架空输电线路无人机巡检技术》

898. 无人机应在杆塔、导线（　　）以盘旋、直飞的方式开展巡检作业。

A. 正上方　　B. 平行　　C. 左侧　　D. 右侧

答案：A

出处：《架空输电线路无人机巡检技术》

899. 无人机航线距离线路包络线的垂直距离应不小于（　　）。

A. 50m　　B. 80m　　C. 100m　　D. 120m

答案：C

出处：《架空输电线路无人机巡检技术》

900. 无人机巡航速度应在（　　）范围内，不得急速升降。

A. 60～80km/h　　B. 80～100km/h　　C. 100～120km/h　　D. 60～120km/h

答案：D

出处：《架空输电线路无人机巡检技术》

901. 作业所用无人机巡检系统应通过本单位入网检测，各设备、系统应运行良好。巡检人员应确保身体健康，精神状态良好，作业前（　　）及作业过程中严禁饮用任何酒精类饮品。

A. 4h　　B. 6h　　C. 8h　　D. 12h

答案：C

出处：《架空输电线路无人机巡检技术》

902. 利用无人机巡检时，山区作业地面风速不宜大于（　　）；平原作业地面风速不宜大于10m/s。

A. 5m/s　　B. 6m/s　　C. 7m/s　　D. 8m/s

答案：C

出处：《架空输电线路无人机巡检技术》

903. 利用无人机巡检时，山区作业地面风速不宜大于7m/s；平原作业地面风速不宜大于（　　）。

A. 5m/s　　B. 10m/s　　C. 15m/s　　D. 20m/s

答案：B

出处：《架空输电线路无人机巡检技术》

904. 巡检区域处于狭长地带或（　　）、大落差、微气象等特殊区域时，巡检人员应根据无人机的性能及气象情况判断是否继续飞行。

A. 大档距　　B. 大跨越　　C. 极大档距　　D. 极限档距

答案：A

出处：《架空输电线路无人机巡检技术》

905. 如遇现场环境、天气恶化或发生其他威胁到无人机飞行安全的情况，(   )可停止本次巡检作业；若无人机已经放飞，应立即采取措施，控制无人机返航、就近降落或采取其他安全策略，保证无人机安全。

A. 专责监护人　　B. 工作负责人　　C. 操作人员　　D. 工作许可人

答案：B

出处：《架空输电线路无人机巡检技术》

906. 起飞质量达 5kg 以上的无人机不建议采用手抛起飞方式，20kg 以上的无人机不建议采用(   )方式。高海拔地区作业时应适当增加弹射架长度或滑跑距离，以保证起飞初速度。

A. 手抛起飞　　B. 弹射起飞　　C. 滑跑起飞　　D. 自主起飞

答案：B

出处：《架空输电线路无人机巡检技术》

907. 当无人机出现姿态不稳、航速偏移大、链路不畅等故障时，应及时修正舵向，调节速度、高度，恢复通信链路，若长时间无法恢复正常，应视无人机状态由(   )决定是否终止巡检作业。

A. 操作人员　　B. 专责监护人　　C. 工作许可人　　D. 工作负责人

答案：D

出处：《架空输电线路无人机巡检技术》

908. 民航局指导监督全国民用无人驾驶航空器系统空中交通(   )工作。

A. 管辖　　B. 管控　　C. 管制　　D. 管理

答案：D

出处：《民用无人驾驶航空器系统空中交通管理办法》

909. (   )向其管制空域内的民用无人驾驶航空器系统提供空中交通服务。

A. 民航局　　B. 地区管理局　　C. 空管单位　　D. 管制单位

答案：C

出处：《民用无人驾驶航空器系统空中交通管理办法》

910. (   )指导监督全国民用无人驾驶航空器系统空中交通管理工作。

A. 民航局　　B. 地区管理局　　C. 空管单位　　D. 管制单位

答案：A

出处：《民用无人驾驶航空器系统空中交通管理办法》

911. (   )负责本辖区内民用无人驾驶航空器系统空中交通服务的监督和管理工作。

A. 民航局　　B. 地区管理局　　C. 空管单位　　D. 管制单位

答案：B

出处：《民用无人驾驶航空器系统空中交通管理办法》

912. 在民用航空使用空域范围内开展民用无人驾驶航空器系统飞行活动，应通过地区管理局评审，以下条件错误的为(   )。

A. 在视距内飞行，且天气条件不影响持续可见无人驾驶航空器

B. 民用无人驾驶航空器符合适航管理相关要求

C. 驾驶员符合相关资质要求

D. 在进行飞行前负责人完成对民用无人驾驶航空器系统的检查

答案：D

出处：《民用无人驾驶航空器系统空中交通管理办法》

913. 民用无人驾驶航空器在空域内运行应当符合国家和民航有关规定，经评估满足空域运行安全的要求。以下评估内容错误的为(　　)。

A. 民用无人驾驶航空器系统运营人执照情况

B. 民用无人驾驶航空器的飞行性能

C. 民用无人驾驶航空器系统活动计划

D. 民用无人驾驶航空器系统情况

答案：A

出处：《民用无人驾驶航空器系统空中交通管理办法》

914. 以下说法错误的是(　　)。

A. 民用无人驾驶航空器飞行应当为其单独划设隔离空域

B. 明确水平范围、垂直范围

C. 明确使用时段

D. 民航使用空域内不准为民用无人驾驶航空器划设隔离空域

答案：D

出处：《民用无人驾驶航空器系统空中交通管理办法》

915. 原则上不划设民用无人驾驶航空器飞行空域中错误的是(　　)。

A. 飞行密集区　　B. 人口稠密区　　C. 重点地区　　D. 机场周边空域

答案：D

出处：《民用无人驾驶航空器系统空中交通管理办法》

916. 依据《民用无人驾驶航空器系统空中交通管理办法》的规定，以下隔离空域的划设要求错误的是(　　)。

A. 隔离空域由空管单位会同运营人划设

B. 划设隔离空域应综合考虑民用无人驾驶航空器通信导航监视能力、航空器性能、应急程序等因素

C. 隔离空域边界原则上距其他航空器使用空域边界的水平距离不小于10km

D. 隔离空域上下限距其他航空器使用空域垂直距离8400m（含）以下不得小于800m，8400m以上不得小于1200m

答案：D

出处：《民用无人驾驶航空器系统空中交通管理办法》

917. 民用无人驾驶航空器在隔离空域内运行时，以下要求错误的是(　　)。

A. 民用无人驾驶航空器应当遵守规定的程序和安全要求

B. 民用无人驾驶航空器确保在所分配的隔离空域内飞行

C. 与水平边界保持6km以上距离

D. 防止民用无人驾驶航空器无意间从隔离空域脱离

答案：C

出处：《民用无人驾驶航空器系统空中交通管理办法》

918. 为了防止民用无人驾驶航空器和其他航空器活动相互穿越隔离空域边界，提高民

用无人驾驶航空器运行的安全性，以下安全措施错误的为（　　）。

A. 驾驶员应当持续监视民用无人驾驶航空器飞行

B. 当驾驶员发现民用无人驾驶航空器脱离隔离空域时，应向相关空管单位通报

C. 空管单位发现民用无人驾驶航空器脱离隔离空域时，应当防止其与其他航空器发生冲突，通知驾驶员采取相关措施，并向相关管制单位通报

D. 在空管单位和民用无人驾驶航空器系统驾驶员之间应建立可靠的通信

答案：C

出处：《民用无人驾驶航空器系统空中交通管理办法》

919. 依据《民用无人驾驶航空器系统空中交通管理办法》的规定，以下民用无人驾驶航空器的无线电管理应当符合规定中错误的为（　　）。

A. 民用无人驾驶航空器系统活动中使用无线电频率、无线电设备应当遵守国家无线电管理法规和规定

B. 不得对航空无线电频率造成干扰

C. 使用民用无人驾驶航空器系统应当遵守国家有关部门发布的无线电管制命令

D. 未经批准，不得在民用无人驾驶航空器上发射语音广播通信信号

答案：B

出处：《民用无人驾驶航空器系统空中交通管理办法》

920. 民用无人驾驶航空器是指（　　）。

A. 没有驾驶员操作的民用航空器　　B. 没有机载驾驶员操作的航空器

B. 没有机载驾驶员的民用航空器　　D. 没有机载驾驶员操作的民用航空器

答案：D

出处：《民用无人驾驶航空器系统空中交通管理办法》

921. 民用无人驾驶航空器系统是指（　　）。

A. 民用无人驾驶航空器及与其安全操作有关的组件，主要包括遥控站、数据链路等

B. 民用无人驾驶航空器及与其安全运行有关的组件，主要包括遥控站、电池等

C. 民用无人驾驶航空器及与其安全操作有关的组件，主要包括遥控站、电池等

D. 民用无人驾驶航空器及与其安全运行有关的组件，主要包括遥控站、数据链路等

答案：D

出处：《民用无人驾驶航空器系统空中交通管理办法》

922. 遥控驾驶航空器是无人驾驶航空器的（　　）。

A. 子类　　B. 分类　　C. 亚类　　D. 支类

答案：C

出处：《民用无人驾驶航空器系统空中交通管理办法》

923. 遥控驾驶航空器是指由（　　）操纵的无人驾驶航空器。

A. 驾驶员　　B. 遥控器　　C. 操纵员　　D. 遥控站

答案：D

出处：《民用无人驾驶航空器系统空中交通管理办法》

924. 指挥与控制链路是指遥控驾驶航空器和遥控站之间为（　　）目的建立的数据链接。

A. 飞行控制　　B. 飞行操纵　　C. 飞行管理　　D. 飞行遥控

答案：C

出处：《民用无人驾驶航空器系统空中交通管理办法》

925. 自主无人驾驶航空器系统是指不允许驾驶员介入(　　)的无人驾驶航空器。

A. 飞行控制　　B. 飞行操纵　　C. 飞行管理　　D. 飞行遥控

答案：C

出处：《民用无人驾驶航空器系统空中交通管理办法》

926. 感知与避让是指观察、发现、探测(　　)或其他危险，并采取适当行动的能力。

A. 交通障碍　　B. 交通阻碍　　C. 交通冲突　　D. 交通阻拦

答案：C

出处：《民用无人驾驶航空器系统空中交通管理办法》

927. 驾驶员是指由运营人指派对遥控驾驶航空器的运行负有必不可少职责并在飞行期间(　　)操纵无人驾驶航空器的人。

A. 适时　　B. 实时　　C. 及时　　D. 随时

答案：A

出处：《民用无人驾驶航空器系统空中交通管理办法》

928. 观测员是指由运营人(　　)的人员，通过目视观测遥控驾驶航空器协助驾驶员安全实施飞行。

A. 指定的有经验　　B. 认定的有经验

C. 认定的训练有素　　D. 指定的训练有素

答案：D

出处：《民用无人驾驶航空器系统空中交通管理办法》

929. 隔离空域是指专门分配给(　　)系统运行的空域，通过限制其他航空器的进入以规避碰撞风险。

A. 有人驾驶航空器　　B. 航空器

C. 无人驾驶航空器　　D. 有人驾驶与无人驾驶之外的航空器

答案：C

出处：《民用无人驾驶航空器系统空中交通管理办法》

930. 直接目视视觉接触的范围为：真高(　　)m 以下；距离不超过驾驶员或观测员视线范围或最大 500m 半径的范围，两者中取(　　)值。

A. 120；较大　　B. 100；较大　　C. 120；较小　　D. 100，较小

答案：C

出处：《民用无人驾驶航空器系统空中交通管理办法》

931. 以下(　　)是非重点地区。

A. 军事重地　　B. 发电厂

C. 行政中心　　D. 地方政府临时划设的区域

答案：B

出处：《民用无人驾驶航空器系统空中交通管理办法》

932. 近年来，民用无人机的（　　）在国内外蓬勃发展，特别是低空、慢速、微轻小型无人机数量快速增加，占到民用无人机的绝大多数。

A. 生产和应用　　B. 生产和使用　　C. 使用和应用　　D. 生产和装备

答案：A

出处：《轻小型无人机运行规定（试行）》

933. 轻小型无人机范围规定，可在视距内或视距外操作的、空机质量小于或等于116kg、起飞全重不大于150kg的无人机，校正空速不超过（　　）。

A. 110km/h　　B. 100km/h　　C. 120km/h　　D. 200km/h

答案：B

出处：《轻小型无人机运行规定（试行）》

934. 《轻小型无人机运行规定（试行）》Ⅰ类无人机使用者应安全使用无人机，避免对（　　），不必按照《轻小无人机运行规定（试行）》通告后续规定管理。

A. 使用者造成伤害　　B. 其他人员造成伤害

C. 他人造成伤害　　D. 损坏飞机

答案：C

出处：《轻小型无人机运行规定（试行）》

935. 《轻小无人机运行规定（试行）》不适用于（　　），但当航空模型使用了自动驾驶仪、指令与控制数据链路或自主飞行设备时，应按照本咨询通告管理。

A. 航空模型　　B. 无线电操作的航空模型

C. 飞机模型　　D. 无线电操作的飞机模型

答案：B

出处：《轻小型无人机运行规定（试行）》

936. 《轻小无人机运行规定（试行）》不适用于室内、拦网内等（　　）运行无人机，但当该场所有聚集人群时，操作者应采取措施确保人员安全。

A. 隔离空间　　B. 空旷野外　　C. 人口密集区　　D. 城区

答案：A

出处：《轻小型无人机运行规定（试行）》

937. 无人机是由控制站管理（　　）的航空器，也称远程驾驶航空器。

A. 远程操纵　　B. 包括远程操纵或自主飞行

C. 自主飞行　　D. 包括远程操纵或自动飞行

答案：B

出处：《轻小型无人机运行规定（试行）》

938. 无人机系统也称远程驾驶航空器系统，是指由（　　）、相关控制站、所需的指令与控制数据链路以及批准的型号设计规定的任何其他部件组成的系统。

A. 遥控器　　B. 飞行员　　C. 无人机　　D. 模拟飞行器

答案：C

出处：《轻小型无人机运行规定（试行）》

939. 无人机系统驾驶员由运营人指派对无人机的运行负有必不可少责任并在（　　）适时操纵无人机的人。

A. 起飞前　　B. 起飞后　　C. 飞行期间　　D. 落地时

答案：C

出处：《轻小型无人机运行规定（试行）》

940. 无人机系统的机长指在系统运行时间内负责整个无人机系统运行和安全的（　　）

A. 驾驶员　　B. 飞行员　　C. 操作员　　D. 观测员

答案：A

出处：《轻小型无人机运行规定（试行）》

941. 无人机观测员由运营人指定的训练有素的人员，通过目视观测无人机，协助无人机驾驶员安全（　　）。

A. 飞行　　B. 实施飞行　　C. 实施起飞　　D. 正确操作

答案：B

出处：《轻小型无人机运行规定（试行）》

942.（　　）是指从事或拟从事航空器运营的个人、组织或者企业。

A. 观测员　　B. 驾驶员　　C. 航空器运营人　　D. 航空器操作员

答案：C

出处：《轻小型无人机运行规定（试行）》

943. 无人机控制站（也称遥控站、地面站）是指无人机系统的组成部分，包括用于操纵无人机的（　　）。

A. 设施　　B. 设备　　C. 装备　　D. 遥控

答案：B

出处：《轻小型无人机运行规定（试行）》

944. 无人机指令与控制数据链路是指无人机和（　　）之间为飞行管理之目的的数据链接。

A. 基站　　B. 控制站　　C. 遥控器　　D. 储存器

答案：B

出处：《轻小型无人机运行规定（试行）》

945. 无人机视距内运行指无人机驾驶员或无人机观测员与无人机保持直接目视视觉接触的操作方式，航空器处于驾驶员或观测员目视视距内半径（　　）m，相对高度低于120m的区域内。

A. 500　　B. 600　　C. 550　　D. 510

答案：A

出处：《轻小型无人机运行规定（试行）》

946. 无人机超视距运行指的是无人机在（　　）的运行。

A. 目视视距以外　　B. 目视视距以内　　C. 视距以内　　D. 视距以外

答案：A

出处：《轻小型无人机运行规定（试行）》

947. 融合空域是指有其他（　　）同时运行的空域。

A. 遥控器　　B. 航空器　　C. 储存器　　D. 无人机

答案：B

出处：《轻小型无人机运行规定（试行）》

948. 隔离空域是指专门分配给（　　）的空域，通过限制其他航空器的进入以规避碰撞风险。

A. 无人机系统　　B. 无人机系统运行

C. 无人机系统使用　　D. 无人机系统运转

答案：B

出处：《轻小型无人机运行规定（试行）》

949. 人口稠密区是指（　　）、村庄、繁忙道路或大型露天集会场所等区域。

A. 城市　　B. 乡镇　　C. 城镇　　D. 乡村

答案：C

出处：《轻小型无人机运行规定（试行）》

950. 重点地区是指军事重地、核电站和行政中心等关乎国家安全的区域及周边，或（　　）的区域。

A. 地方政府划设　　B. 地方政府临时划设

C. 政府临时划设　　D. 政府划设

答案：B

出处：《轻小型无人机运行规定（试行）》

951. 机场净空也称机场净空保护区域，是指为保护航空器起飞、飞行和降落安全，根据民用机场净空障碍物限制图要求划定的（　　）。

A. 时间范围　　B. 地域范围　　C. 空间范围　　D. 限制范围

答案：C

出处：《轻小型无人机运行规定（试行）》

952. 无人机空机质量是指不包含（　　）的无人机质量，该质量包含燃料容器和电池等固体装置。

A. 载荷和燃料　　B. 燃料　　C. 载荷　　D. 载荷和燃料

答案：D

出处：《轻小型无人机运行规定（试行）》

953. 无人机云系统（简称无人机云）是指轻小型民用无人机（　　）数据库系统，用于向无人机用户提供航行服务、气象服务等，对民用无人机运行数据（包括运营信息、位置、高度和速度等）进行实时监测。

A. 运行状态　　B. 运行动态　　C. 起飞动态　　D. 飞行状态

答案：B

出处：《轻小型无人机运行规定（试行）》

954. 电子围栏是指为阻挡即将侵入特定区域的（　　），在相应电子地理范围中画出特定区域，并配合飞行控制系统、保障区域安全的软硬件系统。

A. 飞行器　　B. 航空器　　C. 遥控器　　D. 航空无人机

答案：B

出处：《轻小型无人机运行规定（试行）》

955. 无人机主动反馈系统是指运营人主动将航空器的运行信息发送给（　　）。

A. 监视系统　　B. 控制系统　　C. 操作系统　　D. 分析系统

答案：A

出处：《轻小型无人机运行规定（试行）》

956. 民用无人机机长对民用无人机的运行直接负责，并具有最终（　　）。

A. 否定权　　B. 决定权　　C. 否决权　　D. 通过权

答案：B

出处：《轻小型无人机运行规定（试行）》

957. 民用无人机驾驶员应当根据其所驾驶的民用无人机的(　　)，符合咨询通告《民用无人驾驶航空器系统驾驶员管理暂行规定》(AC-61-FS-2013-20)中关于执照、合格证、等级、训练、考试、检查和航空经历等方面的要求，并依据本咨询通告运行。

A. 等级制度　　B. 性质分类　　C. 等级分类　　D. 材料分类

答案：C

出处：《轻小型无人机运行规定（试行）》

958. 民用无人机使用说明书应当使用机长、驾驶员及观测员能够正确理解的(　　)。

A. 语言文字　　B. 语言　　C. 文字　　D. 语音文字

答案：A

出处：《轻小型无人机运行规定（试行）》

959. 任何人员在操作民用无人机时不得粗心大意和(　　)，以免危及他人的生命或财产安全。

A. 盲干　　B. 盲目蛮干　　C. 盲目吓干　　D. 乱干蛮干

答案：B

出处：《轻小型无人机运行规定（试行）》

960. 民用无人机驾驶员在饮用任何含酒精的液体之后的(　　)h之内或处于酒精作用之下或者受到任何药物影响及其工作能力对飞行安全造成影响的情况下，不得驾驶无人机。

A. 9　　B. 7　　C. 8　　D. 10

答案：C

出处：《轻小型无人机运行规定（试行）》

961. 当飞行操作危害到空域的其他使用者、(　　)人身财产安全或不能按照本咨询通告要求继续飞行，应当立即停止飞行活动。

A. 飞行区域附近　　B. 地面上　　C. 飞行员　　D. 操作员

答案：B

出处：《轻小型无人机运行规定（试行）》

962. 电网是电力网的简称，通常是指联系发电与用电，由输电、变电、配电设备及相应的(　　)等组成的统一整体。

A. 一次系统　　B. 二次系统　　C. 一次设备　　D. 二次设备

答案：B

出处：《智能电网技术》

963. 目前，我国电网发展中，能源供应主要依赖(　　)能源。

A. 化石　　B. 火电　　C. 水电　　D. 核电

答案：A

出处：《智能电网技术》

964. (　　)是将先进的传感量测技术、信息通信技术、分析决策技术和自动控 制技术与能源电力技术以及电网基础设施高度集成而形成的新型现代化电网。

A. 智能电网　　B. 智能小区　　C. 智能城市　　D. 智能大厦

答案：A

出处：《智能电网技术》

965. 面对(　　)的挑战，当前电网面临的紧迫任务有适应清洁能源开发、输送和消纳的发展需求，提高电网的安全可靠性、灵活适应性和资源优化配置能力。

A. 环境和能源　　B. 气候　　C. 能源需求　　D. 新能源

答案：A

出处：《智能电网技术》

966.(　　)是一个刚性系统，电源的接入与退出、电能量的传输等都缺乏弹性，使电网动态柔性及重组性较差；垂直的多级控制机制反应迟缓，无法构建实时、可配置和可重组的系统，自愈及自恢复能力完全依赖于物理冗余；对用户的服务 简单，信息单向；系统内部存在多个信息孤岛，缺乏信息共享，相互割裂和孤立的各类自动化系统不能构成实时的有机统一整体。

A. 智能电网　　B. 传统电网　　C. 刚性电网　　D. 可控电网

答案：B

出处：《智能电网技术》

967. 解决能源安全与环保问题，应对(　　)变化，是发展智能电网的核心驱动力。

A. 环境　　B. 气候　　C. 技术　　D. 科技

答案：B

出处：《智能电网技术》

968. 中国建设坚强智能电网的理念是立足自主创新，建设以特高压电网为骨干网架，各级电网协调发展，具有（　　）特征的坚强智能电网的发展目标。

A. 信息化、灵活化、自动化　　B. 模块化、自动化、互动化

C. 信息化、模块化、互动化　　D. 信息化、自动化、互动化

答案：D

出处：《智能电网技术》

969. 坚强(　　)是以特高压电网为骨干网架、各级电网协调发展的坚强网架为基础，以信息通信平台为支撑，具有信息化、自动化、互动化特征，包含电力系统各个环节，覆盖所有电压等级，实现“电力流、信息流、业务流”的高度一体化融合的现代电网。

A. 智能电网　　B. 传统电网　　C. 智能城市　　D. 智能交通

答案：A

出处：《智能电网技术》

970. 强调坚强网架与电网智能化的(　　)，是以整体性、系统性的方法来客观描述现代电网发展的基本特征。

A. 科学统一　　B. 有机统一　　C. 整体统一　　D. 职能统一

答案：B

出处：《智能电网技术》

971.(　　)是坚强智能电网的基本途径，体现为对实时和非实时信息的高度集成和挖掘利用能力。

A. 信息化　　B. 自动化　　C. 互动化　　D. 高效化

答案：A

出处：《智能电网技术》

972.(　　)是坚强智能电网发展水平的直观体现，依靠高效的信息采集传输和集成应

用，实现电网自动运行控制与管理水平的提升。

A. 信息化　　B. 自动化　　C. 互动化　　D. 高效化

答案：B

出处：《智能电网技术》

973.（　　）是坚强智能电网的内在要求，通过信息的实时沟通与分析，实现电力系统各个环节的良性互动和高效协调，提升用户体验，促进电能的安全、高效、环保应用。

A. 信息化　　B. 自动化　　C. 互动化　　D. 高效化

答案：C

出处：《智能电网技术》

974.（　　）是坚强智能电网的基本技术特征。

A. 信息化　　B. 自动化　　C. 互动化　　D. 信息化、自动化、互动化

答案：D

出处：《智能电网技术》

975. 坚强智能电网是安全可靠、经济高效、清洁环保、透明开放和友好互动的电网。（　　）是指具有坚强的网架结构、强大的电力输送能力和安全可靠的电力供应。

A. 安全可靠　　B. 经济高效　　C. 清洁环保　　D. 透明开放

答案：A

出处：《智能电网技术》

976. 坚强智能电网是安全可靠、经济高效、清洁环保、透明开放和友好互动的电网。（　　）是指提高电网运行和输送效率，降低运营成本，促进能源资源和电力资产的高效利用。

A. 安全可靠　　B. 经济高效　　C. 清洁环保　　D. 透明开放

答案：B

出处：《智能电网技术》

977. 坚强智能电网是安全可靠、经济高效、清洁环保、透明开放和友好互动的电网。（　　）是指促进清洁能源发展与利用，降低能源消耗和污染物排放，提高清洁电能在终端能源消费中的比重。

A. 安全可靠　　B. 经济高效　　C. 清洁环保　　D. 透明开放

答案：C

出处：《智能电网技术》

978. 坚强智能电网是安全可靠、经济高效、清洁环保、透明开放和友好互动的电网。（　　）是指电网、电源和用户的信息透明共享，电网无歧视开放。

A. 安全可靠　　B. 经济高效　　C. 清洁环保　　D. 透明开放

答案：D

出处：《智能电网技术》

979. 坚强智能电网是安全可靠、经济高效、清洁环保、透明开放和友好互动的电网。（　　）是指实现电网运行方式的灵活调整，友好兼容各类电源和用户接入，促进发电企业和用户主动参与电网运行调节。

A. 安全可靠　　B. 经济高效　　C. 清洁环保　　D. 友好互动

答案：D

出处：《智能电网技术》

980. 坚强智能电网的(　　)体系包括电网基础体系、技术支撑体系、智能应用体系和标准规范体系。

A. 技术　　B. 科学　　C. 设备　　D. 智能

答案：A

出处：《智能电网技术》

981. 国家电网公司坚强智能电网建设的第一阶段(　　)为试点阶段。

A. 2009—2010 年　　B. 2008—2009 年　　C. 2010—2011 年　　D. 2011—2012 年

答案：A

出处：《智能电网技术》

982. 国家电网公司坚强智能电网建设的第二阶段(　　)为全面建设阶段。

A. 2011—2015 年　　B. 2012—2015 年　　C. 2013—2015 年　　D. 2014—2015 年

答案：A

出处：《智能电网技术》

983. 国家电网公司坚强智能电网建设的第三阶段(　　)为引领提升阶段。

A. 2014—2020 年　　B. 2015—2020 年　　C. 2016—2020 年　　D. 2017—2020 年

答案：C

出处：《智能电网技术》

984. 至(　　)年，基本建成坚强智能电网，技术和装备全面达到国际领先水平，电网的资源配置能力、安全水平、运行效率，以及电网与电源、用户的互动水平显著提高。

A. 2018　　B. 2019　　C. 2020　　D. 2021

答案：C

出处：《智能电网技术》

985. (　　)基础技术主要包括传感与量测技术、电力电子技术、超导技术、电网仿真技术、可视化技术、控制决策技术及信息通信技术等。

A. 智能电网　　B. 智能城市　　C. 智能大厦　　D. 智能交通

答案：A

出处：《智能电网技术》

986. 传感器是能感受规定的被测量并按照一定的规律转换成(　　)的器件或装置。

A. 可用信号　　B. 规律信号　　C. 动态信号　　D. 持续变化信号

答案：A

出处：《智能电网技术》

987. 传感器的静态特性是指传感器在(　　)工作状态下的输入/输出特性。

A. 稳定　　B. 静态　　C. 动态　　D. 持续

答案：B

出处：《智能电网技术》

988. 传感器的(　　)是指在被测量的物理量随时间变化的情况下，其输出跟随输入量的变化特性，用动态指标来表示。

A. 静态特性　　B. 稳定特性　　C. 动态特性　　D. 动态指标

答案：C

出处：《智能电网技术》

989.（　　）是涉及传感、微机械、微电子、网络、通信、信号处理、电路与系统，以及小波变换、神经网络、遗传算法、模糊理论等多种学科的综合技术。

A. 智能电网技术　　B. 智能传感器技术

C. 智能传感器网络技术　　D. 智能电力系统技术

答案：B

出处：《智能电网技术》

990. 传感器网络的基本要素是传感器、感知对象和（　　）。

A. 观察者　　B. 操作者　　C. 监督者　　D. 感知者

答案：A

出处：《智能电网技术》

991. 射频识别（Radio Frequency Identification，RFID）是一种非接触式自动识别技术，它通过（　　）自动识别目标对象并获取相关数据。

A. 射频信号　　B. 射频频率　　C. 动态信号　　D. 动态识别

答案：A

出处：《智能电网技术》

992. 同步相量测量是基于高精度卫星同步（　　）信号。

A. 感应　　B. 时钟　　C. 实时　　D. 识别

答案：B

出处：《智能电网技术》

993. RFID一般包括低频系统、频率为13.56MHz的高频系统、频段在（　　）MHz左右的超高频系统，以及工作在2.4GHz或者5.8GHz微波频段的系统。

A. 700　　B. 800　　C. 900　　D. 1000

答案：C

出处：《智能电网技术》

994. 广域测量系统（Wide Area Measurement Systems，WAMS）是在同步相量测量技术基础上发展起来的，对地域广阔的电力系统进行（　　）和分析的系统。

A. 动态监测　　B. 动态评估　　C. 静态监测　　D. 静态评估

答案：A

出处：《智能电网技术》

995.（　　）将电网各点的相量测量值送到控制中心的数据集中器，数据集中器将各个厂站的测量值同步到统一的时间坐标下，得到电网的同步相量。

A. RFID　　B. PMU　　C. WSN　　D. WAMS

答案：B

出处：《智能电网技术》

996.（　　）接收、存储、转发、处理各子站的同步相量数据，根据各子站的相量数据得到各子站相对于参考站的功角差。

A. 监控系统　　B. 数据集中器　　C. 子站　　D. 主站

答案：D

出处：《智能电网技术》

997. 混合(　　)主要包括：以 SCADA 数据为主的状态估计；以 WAMS 为主的状态估计。

A. 状态评估　　B. 技术评估　　C. 设备评估　　D. 数据评估

答案：A

出处：《智能电网技术》

998. 总体来讲，(　　)可以分为两类：第一类是基于广域测量技术的继电保护，它使用电网广域信息来检测、切除常规继电保护解决不好的某些复杂故障，这是一种具有适应性和协调性的前沿保护技术；第二类是一种智能紧急控制系统，它不是针对个别元件的故障，主要解决电力系统大范围稳定破坏、连锁反应事故。

A. 广域保护　　B. 状态保护　　C. 设备保护　　D. 技术保护

答案：A

出处：《智能电网技术》

999. (　　)是驱动智能机器自主实现其目标的过程。

A. 智能控制　　B. 智能理论　　C. 人工智能　　D. 系统控制

答案：A

出处：《智能电网技术》

1000. 广域保护系统的工作流程可以分为(　　)个层次。

A. 一　　B. 二　　C. 三　　D. 四

答案：D

出处：《智能电网技术》

1001. (　　)从环境感知系统提供的感知信息中提取与本层任务相关的信息，并产生与本层任务相关的环境描述。

A. 环境建模组件　　B. 推理决策组件　　C. 系统监控组件　　D. 领域学习组件

答案：A

出处：《智能电网技术》

1002. (　　)根据当前的环境描述，利用相关领域知识产生本层的决策结果。

A. 环境建模组件　　B. 推理决策组件　　C. 系统监控组件　　D. 领域学习组件

答案：B

出处：《智能电网技术》

1003. (　　)对其他各组件运行情况进行评价、判断，并调整各组件的有关参数。

A. 环境建模组件　　B. 推理决策组件　　C. 系统监控组件　　D. 领域学习组件

答案：C

出处：《智能电网技术》

1004. (　　)能通过有关的知识学习方法，对领域知识库进行修改，以不断提高系统的环境建模能力和推理决策能力。

A. 环境建模组件　　B. 推理决策组件　　C. 系统监控组件　　D. 领域学习组件

答案：D

出处：《智能电网技术》

1005. (　　)是与本层任务相关知识的存储和管理组件。

A. 环境建模组件　B. 推理决策组件　C. 系统监控组件　D. 领域知识库

答案：D

出处：《智能电网技术》

1006. 大电网(　　)保护需要相互配合。

A. 后备　B. 协调　C. 失步　D. 继电

答案：C

出处：《智能电网技术》

1007. 电力电子技术是使用电力电子器件对电能进行(　　)的技术，是电力技术、电子技术和控制技术的融合。

A. 变形和控制　B. 变形和操控　C. 变换和控制　D. 变换和操控

答案：C

出处：《智能电网技术》

1008. (　　)是一种新型高效的传热元件，具有优异的传热性能，传热效率高，沿轴向的等温特性好。

A. 热管　B. 热油　C. 水　D. 光敏元件

答案：A

出处：《智能电网技术》

1009. 液态冷却采用的冷却液介质为(　　)。

A. 油　B. 纯水　C. 空气　D. 油和纯水

答案：D

出处：《智能电网技术》

1010. 多重化技术是大幅度提高 FACTS 装置总容量的有效方法，采用 2、4 个或者(　　)个三相桥逆变器或三单相桥逆变器组合使用的方法，可成倍提高装置的总容量。

A. 6　B. 7　C. 8　D. 9

答案：C

出处：《智能电网技术》

1011. (　　)实现了电网运行信息从静态、二维平面、孤立数据的展示方式到动态、三维立体、连续图形的展示方式的转变。

A. 电网可视化　B. 电网动态系统　C. 电网静态系统　D. 电网系统图

答案：A

出处：《智能电网技术》

1012. (　　)是当系统中尚未发生实际的故障时，对系统在各种可能的故障场景下的安全稳定性进行分析，通过调整系统的运行方式实施预防控制，使得调整后的系统满足预想故障集下的安全稳定性要求。

A. 预防控制系统　B. 预防控制决策　C. 预防控制技术　D. 预防决策

答案：B

出处：《智能电网技术》

1013. (　　)发电主要是指利用风能、太阳能、生物质能、海洋能和地热能等各种新型可再生能源进行发电。

A. 新能源　B. 核能　C. 火电　D. 再生能源

答案：A

出处：《智能电网技术》

1014.（　　）是风电机组最重要的部分，一般由传动系统、偏航系统、液压与制动系统、发电机、控制和安全系统等组成。

A. 制动系统　　B. 风轮　　C. 塔筒　　D. 机舱

答案：D

出处：《智能电网技术》

1015. 目前应用最多的并网型风电机组是三叶片、上风向、水平轴的风电机组，其中具有代表性的机型有基于普通异步发电机的（　　）。

A. 恒速风电机组　　B. 最优滑差风电机组

C. 变速风电机组　　D. 匀速风电机组

答案：A

出处：《智能电网技术》

1016. 目前应用最多的并网型风电机组是三叶片、上风向、水平轴的风电机组，其中具有代表性的机型为基于异步发电机的（　　）。

A. 恒速风电机组　　B. 最优滑差风电机组

C. 变速风电机组　　D. 匀速风电机组

答案：B

出处：《智能电网技术》

1017. 目前应用最多的并网型风电机组是三叶片、上风向、水平轴的风电机组，其中具有代表性的机型为基于双馈感应发电机的（　　）。

A. 恒速风电机组　　B. 最优滑差风电机组

C. 变速风电机组　　D. 匀速风电机组

答案：C

出处：《智能电网技术》

1018. 目前应用最多的并网型风电机组是三叶片、上风向、水平轴的风电机组，其中具有代表性的机型有基于同步发电机的（　　）。

A. 恒速风电机组　　B. 最优滑差风电机组

C. 匀速风电机组　　D. 变速风电机组

答案：D

出处：《智能电网技术》

1019. 光伏发电是利用半导体“光生伏打效应”将（　　）直接转换为电能的发电方式。

A. 太阳辐射能　　B. 光能　　C. 太阳能　　D. 化学能

答案：A

出处：《智能电网技术》

1020. 现有的充电控制实现方法主要有经典控制和智能控制两种。（　　）包括充电电流自动监测调整、自动消除极化放电、充满自行关闭等功能。

A. 经典控制　　B. 智能控制

C. 自动控制　　D. 经典控制和智能控制

答案：A

出处：《智能电网技术》

1021. 现有的充电控制实现方法主要有经典控制和智能控制两种。(　　)对充电过程采用模糊控制方法，保证充电控制过程中各阶段动作的及时性。

A. 经典控制　　B. 智能控制

C. 自动控制　　D. 经典控制和智能控制

答案：B

出处：《智能电网技术》

1022. 太阳能热发电系统大致可以分为(　　)种基本类型。

A. 一　　B. 二　　C. 三　　D. 四

答案：C

出处：《智能电网技术》

1023. 塔式太阳能发电系统的关键技术有(　　)个方面。

A. 一　　B. 二　　C. 三　　D. 四

答案：C

出处：《智能电网技术》

1024. 太阳能能流密度低，大多低于1000W/m^2，需要大面积的光学反射装置和昂贵的接收装置将太阳能转换为热能，这一过程的投资成本就占整个电站投资的(　　)。

A. 30%　　B. 40%　　C. 50%　　D. 60%

答案：C

出处：《智能电网技术》

1025. 由于太阳能供应(　　)，需要在系统中增加蓄热装置，而安装庞大、复杂的蓄热装置和管路系统使得成本增加。

A. 不连续、不可控　　B. 不连续、不稳定

C. 不连续、不稳定、不可控　　D. 不稳定、不可控

答案：B

出处：《智能电网技术》

1026. 抽水蓄能技术是目前应用较为广泛的一种蓄能技术。其基本原理是在电力负荷低谷期将水从下池水库抽到上池水库，通过水这一能量载体将电能转化为(　　)存储起来；在电网负荷高峰期，释放上池水库中的水进行发电。

A. 势能　　B. 动能　　C. 化学能　　D. 机械能

答案：A

出处：《智能电网技术》

1027. 压缩空气储能的原理是利用电网负荷低谷时的剩余电力压缩空气，并将其储存在典型压力为(　　)MPa的高压密封设施内，在用电高峰释放出来驱动燃气轮机发电。

A. 7.5　　B. 8　　C. 8.5　　D. 9

答案：A

出处：《智能电网技术》

1028. 飞轮储能的基本原理是利用电动机带动飞轮高速旋转，将电能转化成(　　)储存起来；在需要时飞轮减速，电动机作为发电机运行，将飞轮动能转换成电能，飞轮的升速和减速实现了电能的储存和释放。

A. 势能　　B. 动能　　C. 化学能　　D. 机械能

答案：D

出处：《智能电网技术》

1029.（　）技术是目前应用较为广泛的一种蓄能技术。其基本原理是在电力负荷低谷期将水从下池水库抽到上池水库，通过水这一能量载体将电能转化为势能存储起来；在电网负荷高峰期，释放上池水库中的水进行发电。

A. 抽水蓄能　　B. 压缩空气蓄能　　C. 飞轮蓄能　　D. 太阳辐射能

答案：A

出处：《智能电网技术》

1030.（　）的原理是利用电网负荷低谷时的剩余电力压缩空气，并将其储存在典型压力为 7.5MPa 的高压密封设施内，在用电高峰释放出来驱动燃气轮机发电。

A. 抽水蓄能　　B. 压缩空气蓄能　　C. 飞轮蓄能　　D. 太阳辐射能

答案：B

出处：《智能电网技术》

1031.（　）的基本原理是利用电动机带动飞轮高速旋转，将电能转化成机械能储存起来；在需要时飞轮减速，电动机作为发电机运行，将飞轮动能转换成电能，飞轮的升速和减速实现了电能的储存和释放。

A. 抽水蓄能　　B. 压缩空气蓄能　　C. 飞轮蓄能　　D. 太阳辐射能

答案：C

出处：《智能电网技术》

1032. 铅酸蓄电池自放电小，（　）下自放电率小于 2%/月。

A. 15℃　　B. 20℃　　C. 25℃　　D. 30℃

答案：C

出处：《智能电网技术》

1033. 铅酸蓄电池的高低温性能较好，可在（　）范围内使用。

A. −30～50℃　　B. −40～50℃　　C. −40～60℃　　D. −30～60℃

答案：B

出处：《智能电网技术》

1034. 干荷蓄电池全称是干式荷电铅酸蓄电池，主要特点是负极板有较高的储电能力，在完全干燥状态下，能在（　）年内保存所得到的电量。使用时只需加入电解液，过 20～30min 就可使用。

A. 1　　B. 2　　C. 3　　D. 4

答案：B

出处：《智能电网技术》

1035. 免维护蓄电池由于自身结构上的优势，电解液的消耗非常小，在使用寿命内基本不需要补充蒸馏水，还具有耐振、耐高温、体积小、自放电小的特点。使用寿命为普通蓄电池的（　）倍，但其价格较高。

A. 1　　B. 2　　C. 3　　D. 4

答案：B

出处：《智能电网技术》

1036. 钠硫电池可大电流、高功率放电，放电电流密度一般可达(　　)mA/cm^2。

A. 100～200　　B. 100～300　　C. 200～300　　D. 200～400

答案：C

出处：《智能电网技术》

1037. 钠硫电池比能量高，其理论比能量为760Wh/kg，目前已大于100Wh/kg，是普通铅酸蓄电池的(　　)倍。

A. 2～4　　B. 1～4　　C. 3～4　　D. 1～3

答案：C

出处：《智能电网技术》

1038. (　　)也称氧化还原液流电池，是一种正、负极活性物质均为液态流体氧化-还原电对的电池。

A. 液流电池　　B. 钠硫电池　　C. 全钒液流电池　　D. 铅酸蓄电池

答案：A

出处：《智能电网技术》

1039. (　　)的主要优点是比能量大，比功率高，自放电小，无记忆效应，循环特性好，可快速放电且效率高。

A. 液流电池　　B. 锂离子电池　　C. 蓄电池　　D. 全钒液流电池

答案：B

出处：《智能电网技术》

1040. 相变储能利用材料在相变时(　　)来储能或释能。

A. 吸热　　B. 放热　　C. 温变　　D. 吸热或放热

答案：D

出处：《智能电网技术》

1041. (　　)储能属于相变储能技术的一种，相应的储能材料包括固—液无机盐高温相变储能材料、固—固无机盐高温相变储能材料和无机盐高温相变复合储能材料等。

A. 相变储能　　B. 锂电池储能　　C. 钠硫电池储能　　D. 高温盐

答案：D

出处：《智能电网技术》

1042. 对风电场进行有功功率的方式有(　　)种。

A. 五　　B. 六　　C. 七　　D. 八

答案：C

出处：《智能电网技术》

1043. 在风电场中，应用各种(　　)设备是实现风电场无功电压调节最有效的手段。

A. 有功补偿　　B. 串联补偿　　C. 并联补偿　　D. 无功补偿

答案：D

出处：《智能电网技术》

1044. 电力系统(　　)可以分为串联补偿和并联补偿，也可分为有源补偿和无源补偿。

A. 有功补偿　　B. 过补偿　　C. 欠补偿　　D. 无功补偿

答案：D

出处：《智能电网技术》

1045. 常用的(　　)设备有串联电容器组、并联电容器和并联电抗器、静止无功补偿器和静止无功发生器、同步调相机等。

A. 有功补偿　　B. 过补偿　　C. 欠补偿　　D. 无功补偿

答案：D

出处：《智能电网技术》

1046. 低电压穿越（Low Voltage Ride Through，LVRT）是指在风电场并网点电压跌落的时候，风电场能够保持并网，甚至向电网提供一定的(　　)，支持电网恢复，直到电网恢复正常，从而“穿越”此低电压时间。

A. 有功功率　　B. 稳定功率　　C. 额定功率　　D. 无功功率

答案：D

出处：《智能电网技术》

1047. 特高压交流输电是指(　　)及以上电压等级的交流输电工程及相关技术。

A. 500kV　　B. 750kV　　C. 220kV　　D. 1000kV

答案：D

出处：《智能电网技术》

1048. 1 回 1000kV 输电线路的输电能力可达同等导线截面的 500kV 输电线路的(　　)倍以上。

A. 2　　B. 3　　C. 4　　D. 5

答案：C

出处：《智能电网技术》

1049. 静止无功补偿器（SVC）是在机械投切式电容器和电感器的基础上，采用(　　)代替机械开关而发展起来的，它可以快速地改变其发出的无功功率，具有较强的无功调节能力，可为电力系统提供动态无功电源。

A. 大容量晶闸管　　B. 普通晶闸管　　C. 晶闸管　　D. 继电器

答案：A

出处：《智能电网技术》

1050. (　　)控制串联电容器在电网中可以起到控制电网潮流分布、提高系统稳定性极限、阻尼系统振荡、缓解次同步谐振、预防电压崩溃等作用。

A. 晶闸管　　B. 大容量晶闸管　　C. CSR　　D. FCL

答案：A

出处：《智能电网技术》

1051. CSR（可控并联电抗器）在电网中的应用主要体现在(　　)个方面。

A. 四　　B. 五　　C. 六　　D. 七

答案：C

出处：《智能电网技术》

1052. 当系统发生故障时，故障电流限制器通过投切或以其他的方式迅速(　　)串联阻抗来达到限制线路短路电流的目的。

A. 减小　　B. 增大　　C. 随机改变　　D. 不变

答案：B

出处：《智能电网技术》

1053. 由于独特的技术优势，VSC HVDC 可在(　　)供电、风电场等新能源并网、电能质量控制、城市负荷中心供电、弱电网互联、钻井平台变频调速等方面获得广泛应用。

A. 山区　　B. 孤岛　　C. 平原　　D. 高原

答案：B

出处：《智能电网技术》

1054. 高温超导电缆是采用无阻的、能传输高(　　)的超导材料作为导电体并能传输大电流的一种电力设施，具有体积小、质量轻、损耗低和传输容量大的优点，可以实现低损耗、高效率、大容量输电。

A. 电流密度　　B. 电场强度　　C. 电导率　　D. 电压密度

答案：A

出处：《智能电网技术》

1055. 三极直流输电（Tripole HVDC）是指由(　　)个直流极输电的新型直流输电技术。

A. 2　　B. 3　　C. 4　　D. 5

答案：B

出处：《智能电网技术》

1056. 智能变电站系统结构从逻辑上可以划分成 3 层，分别是站控层、(　　)和过程层。

A. 隔离层　　B. 间断层　　C. 分隔层　　D. 间隔层

答案：D

出处：《智能电网技术》

1057. 智能组件是若干智能电子装置的集合，安装于宿主设备旁，承担与宿主设备相关的(　　)、控制和监测等功能。

A. 测量　　B. 计算　　C. 保护　　D. 观测

答案：A

出处：《智能电网技术》

1058. 智能控制和状态可观测是高压设备智能化的基本要求，其中(　　)的测量和健康状态的监测是基础。

A. 运行状态　　B. 控制状态　　C. 保护状态　　D. 测置状态

答案：A

出处：《智能电网技术》

1059. 智能高压设备由(　　)个部分构成。

A. 二　　B. 三　　C. 四　　D. 五

答案：B

出处：《智能电网技术》

1060. 变压器的(　　)主要包括局部放电监测、油中溶解气体监测、绕组光纤测温、侵入波监测、变压器振动波谱和噪声等。

A. 外观检查　　B. 内部检查　　C. 安全检查　　D. 状态监测

答案：D

出处：《智能电网技术》

1061. 变电站模型的层次是(　　)设备、子设备、连接节点、终端。

A. 变电站、电压等级、间隔　　B. 变电站、间隔、电压等级

C. 电压等级、间隔、变电站　　D. 电压等级、变电站、间隔

答案：A

出处：《智能电网技术》

1062. IED模型的层次结构依次是(　　)、逻辑节点、数据。

A. IED、逻辑设备、服务器　　B. IED、服务器、逻辑设备

C. 服务器、IED、逻辑设备　　D. 服务器、逻辑设备、IED

答案：B

出处：《智能电网技术》

1063. (　　)管理服务指实现面向服务体系架构的基本服务，主要包括服务注册、服务查询、服务监控和代理等服务。

A. SOA　　B. Web Servers　　C. On demand　　D. CORBA

答案：A

出处：《智能电网技术》

1064. 智能电网调度技术支持系统的四类应用建立在统一的(　　)之上。

A. 高级平台　　B. 智能平台　　C. 调度平台　　D. 基础平台

答案：D

出处：《智能电网技术》

1065. (　　)主要包括网络拓扑分析、状态估计、调度员潮流、灵敏度分析、静态安全分析、可用输电能力、短路电流计算、在线外网等值等功能模块。

A. 网络分析模块　　B. 网络分析应用　　C. 网络技术应用　　D. 网络技术模块

答案：B

出处：《智能电网技术》

1066. 电网(　　)下的优化调度及经济运行，通过提高输电容量降低电网运行成本，实现电网运行、维护、建设的节能增效。

A. 正常运行状态　　B. 警戒状态　　C. 故障状态　　D. 极端灾害

答案：A

出处：《智能电网技术》

1067. 电网(　　)下对故障隐患及时发现、诊断和消除，避免事故发生，降低电网运行风险。

A. 正常运行状态　　B. 警戒状态　　C. 故障状态　　D. 极端灾害

答案：B

出处：《智能电网技术》

1068. 电网(　　)下，通过及时告警、提供辅助决策方案，避免系统偶发故障扩大，减小事故影响和损失；进一步通过故障隔离、清除，实施优化控制，平息事故，避免大停电事故的发生。

A. 正常运行状态　　B. 警戒状态　　C. 故障状态　　D. 极端灾害

答案：C

出处：《智能电网技术》

1069.(　　)情况下，通过全局优化整定的控制策略和分布式控制装置，实施有序的主动减载、切机、解列等措施，避免电网无序崩溃，保障重要负荷供电，减小停电范围，并为电网后续的恢复控制、黑启动提供条件和执行策略。

A. 正常运行状态　B. 警戒状态　C. 故障状态　D. 极端灾害

答案：D

出处：《智能电网技术》

1070. 高级配电运行监视与控制在紧急状态下，配电系统解列成若干个孤岛，可以使用本地(　　)对重要负荷持续供电。

A. 嵌入式电源　B. 普通电源　C. 分布式电源　D. 蓄电池电源

答案：C

出处：《智能电网技术》

1071. 高级配电运行监视与控制通过控制(　　)，辅助实施电压与无功优化。

A. 嵌入式电源　B. 普通电源　C. 分布式电源　D. 蓄电池电源

答案：C

出处：《智能电网技术》

1072. 高级配电运行监视与控制尽量就地平衡(　　)电能，实现可再生能源优化利用和降低配电网损耗。

A. 分布式发电　B. 嵌入式发电　C. 感应式发电机发电　D. 独立系统发电

答案：A

出处：《智能电网技术》

1073.(　　)即使满足单个元件故障准则的要求，也仍然存在更高阶失效事件的运行风险。

A. 分布式发电系统　B. 配电系统　C. 输电系统　D. 任何系统

答案：D

出处：《智能电网技术》

1074. 固态切换开关（SSTS）利用晶闸管的快速(　　)特性，可以在数毫秒内实现两路电源的切换，应用于要求提供不间断电源的场合，作为主电源和备用电源的自动切换装置。

A. 开通　B. 关断　C. 切换　D. 闭合

答案：A

出处：《智能电网技术》

1075. 有源电力滤波器可以看作是可控的(　　)。

A. 电阻　B. 电压源　C. 电流源　D. 电抗

答案：C

出处：《智能电网技术》

1076. 电力电子变压器（PET）是一种基于电力电子装置和(　　)变压器的新型变压器。

A. 中频　B. 低频　C. 高频　D. 中、高频

答案：D

出处：《智能电网技术》

1077. 分布式发电技术是充分开发和利用(　　)能源的理想方式。

A. 煤炭　　B. 太阳能　　C. 生物　　D. 可再生

答案：D

出处：《智能电网技术》

1078. 微电网是一种(　　)的集合。

A. 负荷和微电源　　B. 微电源和供电　　C. 微电源和输电　　D. 供电和负荷

答案：A

出处：《智能电网技术》

1079. 分布式电源中不适当的逆变器控制策略会产生(　　)电压和谐波污染，对电气设备产生不良影响。

A. 稳定　　B. 不平衡　　C. 平衡　　D. 合适

答案：B

出处：《智能电网技术》

1080. 分布式电源并网运行，会因安装地点、容量和接入方式不合理，与继电保护配合不恰当等因素，导致供电可靠性(　　)。

A. 降低　　B. 不变　　C. 提高　　D. 不稳定

答案：A

出处：《智能电网技术》

1081. 目前，我国电力用户用电效率、发电和供电设备利用效率较低，同时用电峰谷差不断拉大，节能潜力(　　)。

A. 一般　　B. 较大　　C. 很大　　D. 较小

答案：B

出处：《智能电网技术》

1082. 如何利用(　　)等手段，落实需求侧管理相应策略，充分调动发电企业、电网企业、用户等各方积极性，优化用电方式，提高终端用电效率，提高发、供电设备利用效率，改变仅仅依靠扩大电厂、电网建设满足用电增长的模式，是智能用电服务面临的新任务。

A. 经济、技术　　B. 创新、发展　　C. 创新、安全　　D. 经济、创新

答案：A

出处：《智能电网技术》

1083. 用户对电网企业的服务理念、服务方式、服务内容和服务质量不断提出新的更高要求，除成本更低、安全可靠等用电需求外，还希望享受更加(　　)的服务。

A. 个性化、多样化、便捷化、互动化　　B. 人性化、多样化

C. 多样化、互动化　　D. 便捷化、互动化

答案：A

出处：《智能电网技术》

1084. 电力用户通过有效手段实现与电网企业的互动，实时了解用电价格，参考电网企业提供的数据和用电策略，实现远程控制及动态自主调配用电设备，从而实现(　　)用电成本。

A. 了解　　B. 降低　　C. 控制　　D. 制定

答案：B

出处：《智能电网技术》

1085. 随着(　　)发电及储能技术的发展和成熟，电网购售关系和售电侧管理将发生变化。

A. 分布式　　B. 水电　　C. 风电　　D. 太阳能发电

答案：A

出处：《智能电网技术》

1086. 高级量测体系是用来测量、收集、储存、分析用户用电信息的完整的(　　)，主要包括智能电能表、通信网络、量测数据管理系统等。

A. 网络　　B. 系统　　C. 网络和系统　　D. 网络体系

答案：C

出处：《智能电网技术》

1087. (　　)由智能装置、通信网络和数据管理应用软件及相关系统组成。

A. 高级量测体系　　B. 单相智能电网

C. 智能用电技术　　D. 测量数据管理系统

答案：A

出处：《智能电网技术》

1088. 智能电能表分为(　　)和三相智能电能表两大类。

A. 单相智能电网　　B. 单相智能电能表　　C. 智能装置　　D. 单相智能装置

答案：B

出处：《智能电网技术》

1089. 三相智能电能表包括(　　)级三相智能电能表、0.5S级三相费控智能电能表(无线)、0.5S级三相智能电能表、1级三相费控智能电能表（无线)、1级三相费控智能电能表（载波)、1级三相费控智能电能表和1级三相智能电能表。

A. 0.1S　　B. 0.2S　　C. 0.3S　　D. 0.4S

答案：B

出处：《智能电网技术》

1090. 中压电力线载波通信为电力系统特有的通信方式，一般以(　　)kV配电线为媒介进行通信。

A. 10　　B. 35　　C. 110　　D. 220

答案：A

出处：《智能电网技术》

1091. 用电信息采集系统是对电力(　　)的用电信息进行采集、处理和实时监控的系统。

A. 用户　　B. 变电站　　C. 配电站　　D. 变压器

答案：A

出处：《智能电网技术》

1092. 用电信息采集系统的采集对象包括专线用户、各类大中小型专用变压器用户、各类(　　)供电的工商业用户和居民用户、公用配电变压器考核计量点。

A. 220V　　B. 380V　　C. 10kV　　D. 380/220V

答案：D

出处：《智能电网技术》

1093. 用电信息采集系统(　　)分为营销采集业务应用、前置采集平台、数据库管理3部分。

A. 主站层　　B. 通信信道层　　C. 采集设备层　　D. 主控层

答案：A

出处：《智能电网技术》

1094. 用电信息采集系统在(　　)上分为主站层、通信信道层、采集设备层3个层次。

A. 安全　　B. 逻辑　　C. 层次　　D. 设计

答案：B

出处：《智能电网技术》

1095. 用电信息采集系统从(　　)上可根据部署位置分为主站、通信信道、现场终端3部分。

A. 物理　　B. 逻辑　　C. 层次　　D. 设计

答案：A

出处：《智能电网技术》

1096. 用电信息采集系统的通信信道是指系统主站与终端之间的(　　)，主要包括光纤信道、GPRS/CDMA无线公网信道、230MHz无线专网信道等。

A. 主站层　　B. 远程通信信道　　C. 采集设备层　　D. 主控层

答案：B

出处：《智能电网技术》

1097. 用电信息采集(　　)包括智能电能表、采集终端、主站软件、安全加密、本地及远程通信技术。

A. 主站层　　B. 通信信道层　　C. 采集设备层　　D. 关键技术

答案：D

出处：《智能电网技术》

1098. 用电信息采集关键技术包括智能电能表、采集终端、主站软件、安全加密、本地及(　　)。

A. 通信技术　　B. 远程通信技术　　C. 视频技术　　D. 远程视频技术

答案：B

出处：《智能电网技术》

1099. 智能电能表由计量与(　　)、存储单元、通信单元及接口单元组成。

A. 数据处理　　B. 数据传输　　C. 数据处理器　　D. 数据采集

答案：A

出处：《智能电网技术》

1100. 除了基本功能外，智能电能表还需有功电能和无功电能(　　)计量，支持分布式能源用户的接入。

A. 单向　　B. 双向　　C. 同时　　D. 单次

答案：B

出处：《智能电网技术》

1101. 除了基本功能外，智能电能表还需具备阶梯电价、预付费及远程通断电功能，支持智能(　　)。

A. 需求侧管理　B. 供电侧管理　C. 用户侧管理　D. 双侧管理

答案：A

出处：《智能电网技术》

1102. 除了基本功能外，智能电能表还需可以(　　)电网运行状态、电能质量和环境参量，支持智能用电用能服务。

A. 在线监测　B. 在线诊断　C. 实时监测　D. 实时了解

答案：C

出处：《智能电网技术》

1103. 除了基本功能外，智能电能表还需具备异常用电状况在线监测、诊断、报警及智能化处理功能，满足计量装置(　　)和在线监测的需求。

A. 故障处理　B. 故障诊断　C. 故障监测　D. 故障定位

答案：A

出处：《智能电网技术》

1104. 除了基本功能外，智能电能表还需配备专用(　　)，保障电能表信息安全储存、运算和传输。

A. 安全模块　B. 加密模块　C. 智能模块　D. 检测模块

答案：B

出处：《智能电网技术》

1105. 用电信息采集终端按(　　)分为专用变压器采集终端、集中抄表终端（包括集中器、采集器）等类型。

A. 使用范围　B. 应用场所　C. 功能　D. 环境

答案：B

出处：《智能电网技术》

1106. 集中抄表终端通常包含(　　)两部分，用于低压非居民用户、居民用户用电信息采集，并对用电异常信息进行管理和监控。

A. 集中器和计算器　B. 处理器和采集器

C. 采集器和计算器　D. 集中器和采集器

答案：D

出处：《智能电网技术》

1107. 采集主站系统软件技术主要包括(　　)架构等系统设计，多信道、多规约支持技术，大数据量处理技术，应用集成与接口适配技术，双向互动技术。

A. 三层/多层　B. 二层/多层　C. 四层/多层　D. 五层/多层

答案：A

出处：《智能电网技术》

1108. 随着智能电网研究的深入和发展，用电信息采集主站软件的关键技术包括高效采集监控、标准化数据管理、数据可视化展示、多维度信息挖掘、(　　)互动应用。

A. 单向　B. 双向　C. 多向　D. 同步

答案：B

出处：《智能电网技术》

1109. 智能家居又称（　　），是通过光纤复合电缆入户等先进技术，将与家居生活有关的各种子系统有机地结合到一起，既可以在家庭内部实现资源共享和通信，又可以通过家庭智能网关与家庭外部网络进行信息交换。

A. 智能住宅　　B. 智能控制　　C. 智能服务　　D. 智能家庭

答案：A

出处：《智能电网技术》

1110.（　　）的主要目标是为人们提供一个集系统、服务、管理为一体的高效、舒适、安全、便利、环保的居住环境。

A. 智能住宅　　B. 智能控制　　C. 智能服务　　D. 智能家居

答案：D

出处：《智能电网技术》

1111. 智能社区支撑技术有（　　）。根据煤气、烟雾传感器等发出的报警信号，进行煤气、火灾报警管理；具有入侵报警功能，对家庭情况进行远方监视；也可设置多种安防模式，实现场景管理控制；当家中出现意外情况时，可通过智能家居系统向外发出紧急呼救信号，及时通知相关急救部门。

A. 小区物业安防服务

B. 公共事业信息服务（市政、医疗）

C. 商业信息服务（信息定制、信息互动、消息订阅服务等）

D. 生活便利服务

答案：A

出处：《智能电网技术》

1112. 智能社区支撑技术有（　　）。获得市政信息、施工建设信息、交通和道路信息、卫生防疫信息等；根据用户的需求，为用户提供在线医疗服务，建立医疗保健信息平台，进行门诊预约、在线咨询等服务。

A. 小区物业安防服务

B. 公共事业信息服务（市政、医疗）

C. 商业信息服务（信息定制、信息互动、消息订阅服务等）

D. 生活便利服务

答案：B

出处：《智能电网技术》

1113. 智能社区支撑技术有（　　）。商业信息服务（信息定制、信息互动、消息订阅服务等）。根据用户和信息发布者需求向特定用户发送指定的天气、股票、外汇、商品优惠等实时信息，以及超市类机构配送互动、预订产品等信息。

A. 小区物业安防服务

B. 公共事业信息服务（市政、医疗）

C. 商业信息服务（信息定制、信息互动、消息订阅服务等）

D. 生活便利服务

答案：C

出处：《智能电网技术》

1114. 电网（　　）电器主要是采用嵌入式技术，通过实时跟踪电网交流电压或频率信号，当监测到电网频率信号低于预先设定的阈值时自动断开电器与电网连接。

A. 智能型　　B. 友好型　　C. 固定型　　D. 节能型

答案：B

出处：《智能电网技术》

1115. 智能小区包含用电信息采集、双向互动服务、小区配电自动化、用户侧分布式电源及储能、电动汽车充电、智能家居等多项新技术成果应用，综合了计算机技术、综合布线技术、通信技术、控制技术、测量技术等多学科技术领域，是一种多领域、多系统协调的（　　）应用。

A. 集成　　B. 综合　　C. 分类　　D. 实践

答案：A

出处：《智能电网技术》

1116.（　　）主要有单向无序电能供给模式，单向有序电能供给模式和双向有序电能转换模式。

A. 电动汽车充放电技术　　B. 新能源汽车

C. 智能小区供电　　D. 光缆通信技术

答案：A

出处：《智能电网技术》

1117.（　　）模式是指电动汽车接入电网即充电的模式。

A. 单向无序电能供给　　B. 单向有序电能供给

C. 双向有序电能转换　　D. 双向无序电能转换

答案：A

出处：《智能电网技术》

1118.（　　）TC（Timed Charging，TC）模式为时间控制方式，指电动汽车在给定的时刻开始充电。

A. 单向无序电能供给　　B. 单向有序电能供给

C. 双向有序电能转换　　D. 双向无序电能转换

答案：B

出处：《智能电网技术》

1119.（　　）（Vehicles Plug-in with Logic/Control Regulated Charge/Discharge，V2G）模式指电动汽车与电网的能量管理系统通信，并受其控制，实现电动汽车与电网间的能量转换（充、放电）。

A. 单向无序电能供给　　B. 单向有序电能供给

C. 双向有序电能转换　　D. 双向无序电能转换

答案：C

出处：《智能电网技术》

1120.（　　）是指在政府法规和政策的支持下，采取有效的激励和引导措施以及适宜的运作方式，通过电网企业、能源服务企业、电力用户等共同协力，提高终端用电效率和改变用电方式，在满足同样用电功能的同时减少电量消耗和电力需求，为达到节约资源和保护环境，实现社会效益最优、各方受益、成本最低的能源服务所进行的管理活动。

A. DSM　　B. DAM　　C. DAS　　D. DSN

答案：A

出处：《智能电网技术》

1121.(　　)包括提高能效、负荷管理和能源替代、余能回收及新能源发电。

A. DSM　　B. DAM　　C. DAS　　D. DSN

答案：A

出处：《智能电网技术》

1122. DSM 具有双重任务：一是建立 DSM 的(　　)，即 DSM 措施中长期改变负荷特性和节约电力的行为和机制；二是建立 DSM 的短期负荷响应行为和市场机制，即建立需求响应。

A. 短期机制　　B. 长效机制　　C. 安全机制　　D. 供给机制

答案：B

出处：《智能电网技术》

1123. 基于激励的需求响应参与用户获得的激励一般有(　　)种方式。

A. 一　　B. 二　　C. 三　　D. 四

答案：B

出处：《智能电网技术》

1124. 基于激励的需求响应参与用户获得的激励一般有两种方式：一是独立于现有电价政策的(　　)，二是在现有电价基础上给予折扣优惠。

A. 现金补偿　　B. 电价补偿　　C. 直接补偿　　D. 间接补偿

答案：C

出处：《智能电网技术》

1125. 鼓励和促进用户参与电力系统的运行，实现电网与用户(　　)互动，是智能电网的重要特征。

A. 单向　　B. 双向　　C. 单独　　D. 同时

答案：B

出处：《智能电网技术》

1126. 在电力需求响应中，用户的需求也是一种可管理的资源，将有助于平衡供求关系，确保系统的(　　)。

A. 可靠性　　B. 安全性　　C. 持续性　　D. 稳定性

答案：A

出处：《智能电网技术》

1127. 用户将根据其电力需求和电力系统满足其需求的能力的平衡来调整其消费；而和用户建立(　　)是实现与用户互动的基础，通知用户当前电价、电网供需状况、计划检修信息等，以便用户据此制订用电方案和选择自动响应。

A. 双向实时通信　　B. 单向实时通信　　C. 对向同时通信　　D. 实时通信系统

答案：A

出处：《智能电网技术》

1128.(　　)技术是建立在集成的、高速双向通信网络的基础上，通过先进的传感和测量技术、先进的设备技术、先进的控制方法以及先进的决策支持系统技术的应用，实现电力用户与电网企业间的互动。

A. 自动需求响应　B. 能效电厂　C. 单向无序电能供给　D. 智能小区

答案：A

出处：《智能电网技术》

1129. 能效电厂（Efficiency Power Plant，EPP）把各种节能项目、合理用电项目打包，通过实施一揽子节能改造计划，形成规模化的(　　)，减少用户电力消耗，提高电网运行效率，从而达到与扩建供方能力相同的效应。

A. 电力生产　B. 节电能力　C. 用电市场　D. 生产计划

答案：B

出处：《智能电网技术》

1130. (　　)是同供方资源同等重要的电力资源，即一种“虚拟电厂”。

A. 节能项目　B. 虚拟电力　C. 能效电厂　D. 虚拟能耗

答案：C

出处：《智能电网技术》

1131. (　　)是指实现有序用电方案的辅助自动编制及优化，有序用电指标和指令的自动下达，有序用电措施的自动通知、执行、报警、反馈；建立分区、分片、分线、分用户的分级分层实时监控的有序用电执行体系；实现有序用电效果自动统计评价，确保有序用电措施迅速执行到位，保障电网安全稳定运行。

A. 智能有序用电　B. 智能用电　C. 有序用电　D. 节能用电计划

答案：A

出处：《智能电网技术》

1132. 双向互动服务是为电力用户提供智能化、多样化优质服务，提高供电服务能力，实现智能电网与电力用户电力流、信息流和业务流(　　)互动的重要基础。

A. 双向　B. 及时　C. 多向　D. 同步

答案：A

出处：《智能电网技术》

1133. 双向互动服务门户是与用户进行互动的主要渠道之一，是(　　)互动服务平台的主要实现方式。

A. 双向　B. 及时　C. 多向　D. 同步

答案：A

出处：《智能电网技术》

1134. (　　)门户架构设计遵循平台化、组化设计原则，面向数据（以数据为核心）、面向业务（以业务为基础）、面向用户（以人为本），实现统一的数据交换、统一的接口标准、统一的安全保障。

A. 双向互动服务　B. 用户服务　C. 市场管理　D. 双向服务

答案：A

出处：《智能电网技术》

1135. (　　)的主要作用是提升市场营销能力、提升用户服务能力、提升运营管理能力。

A. 双向互动服务门户　B. 公共事业服务

C. 智能用电设备　D. 终端服务平台

答案：A

出处：《智能电网技术》

1136.（　　）的关键技术涉及框架平台基础、技术框架、信息集成和信息、安全防护等关键技术。

A. 双向互动服务门户　　B. 公共事业服务

C. 智能用电设备　　D. 终端服务平台

答案：A

出处：《智能电网技术》

1137. 门户的（　　）框架包括门户的总体架构和专用架构，总体架构主要包括展现层、控制层、业务逻辑层和持久层。

A. 设备　　B. 运行　　C. 安全　　D. 技术

答案：D

出处：《智能电网技术》

1138. 门户的技术框架包括门户的总体架构和专用架构，（　　）主要包括展现层、控制层、业务逻辑层和持久层。

A. 总体架构　　B. 技术架构　　C. 专用架构　　D. 结构架构

答案：A

出处：《智能电网技术》

1139. 门户架构中的（　　）的作用：为用户提供可操作的界面；将页面数据组装成模型；提交给控制层进行业务控制；将控制层的模型对象在页面上展现；对用户提交的数据进行前台校验。

A. 控制层　　B. 展现层　　C. 业务逻辑层　　D. 持久层

答案：B

出处：《智能电网技术》

1140. 门户架构中的（　　）的作用：将模型数据和业务对象（B0）互相转换；调用业务逻辑层的业务逻辑进行业务处理；在后台校验数据的正确性；控制页面的流转。

A. 控制层　　B. 展现层　　C. 业务逻辑层　　D. 持久层

答案：A

出处：《智能电网技术》

1141. 门户架构中的（　　）的作用：根据业务功能封装成各种业务接口；调用持久层接口完成业务对象的持久化。

A. 控制层　　B. 展现层　　C. 业务逻辑层　　D. 持久层

答案：C

出处：《智能电网技术》

1142. 门户架构中的（　　）的作用：对关系型数据的新增、修改、删除和查询操作；屏蔽不同数据库之间的差异，保证系统实现与数据库类型的无关性。

A. 控制层　　B. 展现层　　C. 业务逻辑层　　D. 持久层

答案：D

出处：《智能电网技术》

1143. 特高压直流输电关键技术研究确定了特高压直流工程额定电压和主接线方式。

(　　)特高压直流工程采用双极、每极两个12脉动换流器，400kV＋400kV串联接线方式。

A. ±800kV　B. ±1000kV　C. ±660kV　D. ±330kV

答案：A

出处：《智能电网技术》

1144. 特高压直流输电关键技术研究确定了特高压直流工程额定电压和主接线方式。±800kV特高压直流工程采用双极、每极两个(　　)脉动换流器、400kV＋400kV串联接线方式。

A. 9　B. 10　C. 11　D. 12

答案：D

出处：《智能电网技术》

1145. 特高压直流输电关键技术自主编制形成了特高压直流设备全套技术规范，首次提出了(　　)英寸晶闸管技术参数并研制成功。

A. 3　B. 4　C. 5　D. 6

答案：D

出处：《智能电网技术》

1146. 特高压直流输电关键技术采用多(　　)共用接地极，提出临近交流线路杆塔入地电流影响解决措施，成功解决接地极选址难题，大大节约占地和工程投资。

A. 换流站　B. 变电站　C. 配电站　D. 发电厂

答案：A

出处：《智能电网技术》

1147. 特高压直流输电关键技术综合应用复合外绝缘等技术，成功解决(　　)户外直流设备外绝缘和干式平波电抗器的支撑可靠性问题。

A. 500kV　B. 660kV　C. 800kV　D. 1000kV

答案：C

出处：《智能电网技术》

1148. 特高压直流输电关键技术开展全域仿真计算、复合间隙和接地体放电试验，确定了(　　)换流站阀厅、直流场间隙设计距离，提出了换流设备和直流系统绝缘配合方案。

A. 500kV　B. 660kV　C. 800kV　D. 1000kV

答案：C

出处：《智能电网技术》

1149. 特高压直流输电关键技术研究并推广应用高强钢、F形塔、原状土基础、旋挖钻机机械成孔工艺、导线同步展放工艺、可拆卸式全钢瓦楞导线盘以及复合绝缘子防鸟害技术等新材料、新技术和新工艺，利用(　　)技术，组织开发三维可视管理信息平台，实施线路工程数字化施工管理。

A. 海拉瓦　B. 海尔模　C. 晶体管　D. 半导体

答案：A

出处：《智能电网技术》

1150. 研究解决了特高压直流工程的电磁环境问题。开展换流站及线路的三维电场计算及真型试验，优化导线选型和布置，围墙合理装设隔声屏，经仿真计算结果表明，特高压换流站满足国家环评批复要求，场界噪声控制指标均为昼间不大于(　　)，夜间不大于50dB

(A)。

A. 50dB (A)　　B. 60dB (A)　　C. 70dB (A)　　D. 80dB (A)

答案：B

出处：《智能电网技术》

1151. 研究解决了特高压直流工程的电磁环境问题。开展换流站及线路的三维电场计算及真型试验，优化导线选型和布置，围墙合理装设隔声屏，经仿真计算结果表明，特高压换流站满足国家环评批复要求，场界噪声控制指标均为昼间不大于 60dB (A)，夜间不大于(　　)。

A. 50dB (A)　　B. 60dB (A)　　C. 70dB (A)　　D. 80dB (A)

答案：A

出处：《智能电网技术》

1152. 特高压直流输电关键技术平面布置优化取得显著成果。换流站高低压阀厅面对面布置，两级低压阀厅背靠背布置，交流滤波器大组、小组均采用(　　)字形布置，全站布置方正、规整、紧凑。

A. 一　　B. 十　　C. 土　　D. 田

答案：D

出处：《智能电网技术》

1153. 用电信息采集系统的采集对象包括所有电力用户，即专线用户、各类大中小型专用变压器用户、各类 380/220V 供电的工商业户和居民用户，公用配电变压器线损考核计量点，要求覆盖率达到(　　)。

A. 70%　　B. 80%　　C. 90%　　D. 100%

答案：D

出处：《智能电网技术》

1154. 采集系统的应用部署模式与各个省电力公司的营销管理模式密切相关，分为(　　)两种。

A. 分布式和集中式　　B. 分布式和扩散式　　C. 集中式和扩散式　　D. 集中式和分散式

答案：A

出处：《智能电网技术》

1155. 采集系统的应用部署模式中的集中式部署采用(　　)模式。

A. “集中采集，分布应用”　　B. “分散采集，分布应用”

C. “分散采集，集中应用”　　D. “分布采集，集中应用”

答案：A

出处：《智能电网技术》

1156. 根据(　　)采集系统建设的要求，国家电网公司组织制定了用电信息采集终端功能规范，将采集终端分为专用变压器采集终端、集中抄表终端（包括集中器、采集器）、分布式能源接入终端、储能接入终端等。

A. 用户信息　　B. 设备信息　　C. 用电信息　　D. 反馈信息

答案：C

出处：《智能电网技术》

1157. 采集系统的应用部署模式中的分布式部署采用(　　)模式。

A. “分布采集，汇总应用”　　B. “分散采集，分布应用”

C. “分散采集，集中应用”　　D. “分布采集，集中应用”

答案：A

出处：《智能电网技术》

1158. 物联网可以在人迹罕至和环境恶劣的地方使用，利用部署在目标区域内的大量(　　)，协作地感知、采集各种监测对象（主要包括环境对象和物体对象）的信息，获得详尽而准确的信息，并对这些信息进行深层次的多元参数融合、协同处理，监测对象的状态。

A. 节点　　B. 设备　　C. 感应器　　D. 终端

答案：A

出处：《智能电网技术》

1159. (　　)可以提高对输电线路的感知能力和智能化水平，可监测气象环境、覆冰、导地线微风振动、导线温度与弧垂、输电线路风偏和杆塔倾斜等。

A. 智能家居技术　　B. 智能小区技术　　C. 信息采集技术　　D. 物联网技术

答案：D

出处：《智能电网技术》

1160. 利用物联网技术有助于实现智能用电双向交互服务、用电信息采集、智能家居、家庭能效管理、分布式电源接入以及电动汽车充放电，为实现用户与电网的双向互动、提高供电可靠性与用电效率以及节能减排提供(　　)保障。

A. 技术　　B. 科技　　C. 智能　　D. 科学

答案：A

出处：《智能电网技术》

1161. (　　)是把基于感应器的物联网和现有互联网整合起来，通过快速计算分析处理，对人员、设备和基础设施，特别是交通、能源、商业、安全以及医疗等公共行业进行实时管理和控制的城市发展类型。

A. 智能家居　　B. 智能小区　　C. 智能城市　　D. 智能电网

答案：C

出处：《智能电网技术》

1162. 智能电网是(　　)的重要基础设施，智能大厦、智能小区、智能交通和智能家居需要智能电网提供可靠、高效的供电保障；随着清洁能源、电动汽车的发展，大量分布式电源及储能元件接入城市电网，需要智能电网具有较强的新能源接纳能力。

A. 智能城市　　B. 智能家庭　　C. 智能市场　　D. 智能网络

答案：A

出处：《智能电网技术》

1163. 智能电网为(　　)提供安全、可靠、优质的能源保障。

A. 智能小区　　B. 智能家居　　C. 智能大厦　　D. 智能城市

答案：D

出处：《智能电网技术》

1164. 智能电网为(　　)低碳发展提供重要支撑。

A. 智能小区　　B. 智能家居　　C. 智能大厦　　D. 智能城市

答案：D

出处：《智能电网技术》

1165. 智能电网为(　　)提供经济、便捷的服务。

A. 智能小区　　B. 智能家居　　C. 智能大厦　　D. 智能城市

答案：D

出处：《智能电网技术》

1166. 智能电网联盟（Grid Wise Alliance）成立于(　　)年。

A. 2001　　B. 2002　　C. 2003　　D. 2004

答案：C

出处：《智能电网技术》

1167. 以无人机为平台，搭载可见光、红外、紫外等(　　)对线路本体、附属设施以及线路通道进行巡视和检测。

A. 任务传感器　　B. 传感器　　C. 摄像头　　D. 滤镜

答案：A

出处：《架空输电线路无人机巡检作业技术导则》(DL/T 1482—2015)

1168. 由操作人员通过遥控器直接控制(　　)执行模块，从而调整无人机的飞行模式。

A. 准态　　B. 姿态　　C. 状态　　D. 形态

答案：B

出处：《架空输电线路无人机巡检作业技术导则》(DL/T 1482—2015)

1169. 由飞行控制系统按照(　　)的航线自动控制无人机的飞行模式。

A. 预先设定　　B. 设定好　　C. 预先规划　　D. GPS 坐标

答案：C

出处：《架空输电线路无人机巡检作业技术导则》(DL/T 1482—2015)

1170. 综合保障分系统由地面(　　)和储运车辆组成。地面保障设备包括供电设备、燃油箱、抽油泵、备用电池、充电器、测频仪、专用工器具等。

A. 人员　　B. 设备　　C. 材料　　D. 保障设备

答案：D

出处：《架空输电线路无人机巡检作业技术导则》(DL/T 1482—2015)

1171. 小型固定翼无人机巡检系统操作简单、飞行灵活、(　　)，可迅速对线路走廊和线路本体进行初步的状态评估，适用于较短距离的通道巡检和应急巡检工作。

A. 易维护　　B. 易搬运　　C. 易存放　　D. 易保管

答案：A

出处：《架空输电线路无人机巡检作业技术导则》(DL/T 1482—2015)

1172. 大、中型固定翼无人机巡检系统飞行速度快、续航时间长，应能用于快速的线路走廊普查工作，可迅速对线路走廊和线路本体进行状态评估，适用于(　　)的通道巡检、应急巡检和灾后巡检。

A. 短距离　　B. 中长距离　　C. 长距离　　D. 超长距离

答案：C

出处：《架空输电线路无人机巡检作业技术导则》(DL/T 1482—2015)

1173. 无人机如长期不用，应定期启动，检查设备状态。如有(　　)，应及时调整、维修。

A. 异常现象　　B. 不能启动　　C. 机翼破损　　D. 污染

答案：A

出处：《架空输电线路无人机巡检作业技术导则》（DL/T 1482—2015）

1174. 作业人员应确保身体健康，精神状态良好，作业前(　　)h及作业过程中严禁饮用任何酒精类饮品。

A. 6　　B. 8　　C. 5　　D. 2

答案：B

出处：《架空输电线路无人机巡检作业技术导则》（DL/T 1482—2015）

1175. 无人机巡检起飞前，须向(　　)申请放飞许可。

A. 民航局　　B. 中国空军　　C. 空管部门　　D. 航站楼

答案：C

出处：《架空输电线路无人机巡检作业技术导则》（DL/T 1482—2015）

1176. 较陡山坡线路区段采取(　　)方式，无人机应处于山坡、线路外侧。

A. 单侧巡检　　B. 下方巡检　　C. 双侧巡检　　D. 上方巡检

答案：A

出处：《架空输电线路无人机巡检作业技术导则》（DL/T 1482—2015）

1177. 采用固定翼无人机进行通道巡检时，宜采用(　　)方式。

A. 单侧巡检　　B. 下方巡检　　C. 双侧巡检　　D. 上方巡检

答案：D

出处：《架空输电线路无人机巡检作业技术导则》（DL/T 1482—2015）

1178. 采取上方巡检方式时，巡检高度一般至少为线路地线上方(　　)。

A. 80m　　B. 90m　　C. 100m　　D. 120m

答案：C

出处：《架空输电线路无人机巡检作业技术导则》（DL/T 1482—2015）

1179. 无人机应以(　　)接近杆塔，必要时可在杆塔附近悬停，使传感器在稳定状态下采集数据，确保数据的有效性与完整性。

A. 匀速　　B. 低速　　C. 缓慢　　D. 快速

答案：B

出处：《架空输电线路无人机巡检作业技术导则》（DL/T 1482—2015）

1180. 无人机飞行方向应与该档导地线方向(　　)。

A. 垂直　　B. 平行　　C. 成45°角　　D. 成30°角

答案：B

出处：《架空输电线路无人机巡检作业技术导则》（DL/T 1482—2015）

1181. 精细巡检主要对象为(　　)。

A. 线路本体设备及附属设施　　B. 杆塔本体及绝缘子金具

C. 线路本体设备及通道　　D. 线路通道

答案：A

出处：《架空输电线路无人机巡检作业技术导则》（DL/T 1482—2015）

1182. 地方政府（例如当地公安部门）对于Ⅰ、Ⅱ类无人机质量界限低于本表规定的，以(　　)为准。

A. 较高要求　　B. 本表要求
C. 实际要求　　D. 地方政府的具体要求
答案：D
出处：《民用无人机驾驶员管理规定》
1183. 无人机系统驾驶员是由运营人指派，对无人机的运行负有必不可少职责，并在飞行期间(　　)操纵无人机的人。
A. 适时　　B. 实时　　C. 及时　　D. 随时
答案：A
出处：《民用无人机驾驶员管理规定》
1184. 无人机观测员是由运营人(　　)的人员，通过目视观测无人机，协助无人机驾驶员安全实施飞行，通常由运营人管理，无证照要求。
A. 指定的有经验　　B. 认定的有经验
C. 认定的训练有素　　D. 指定的训练有素
答案：D
出处：《民用无人机驾驶员管理规定》
1185. 以下对控制站说法错误的是(　　)。
A. 也称遥控站　　B. 也称地面站
C. 也称操控站　　D. 无人机系统的组成部分
答案：C
出处：《民用无人机驾驶员管理规定》
1186. 指令与控制数据链路，是指无人机和控制站之间为(　　)之目的的数据链接。
A. 飞行控制　　B. 飞行操纵　　C. 飞行管理　　D. 飞行遥控
答案：C
出处：《民用无人机驾驶员管理规定》
1187. 无人机感知与避让系统是指无人机机载安装的一种设备，用以确保无人机与其他航空器保持一定的安全飞行间隔，相当于载人航空器的(　　)系统。
A. 防追尾　　B. 防刮蹭　　C. 防撞　　D. 防碰
答案：C
出处：《民用无人机驾驶员管理规定》
1188. 无人机在驾驶员或观测员与无人机保持直接目视视觉接触的范围内运行，且该范围为目视视距内半径不大于(　　)m，人、机相对高度不大于(　　)m。
A. 500；120　　B. 500；100　　C. 1000；120　　D. 1000；100
答案：A
出处：《民用无人机驾驶员管理规定》
1189. 以下对于扩展视距运行，说法错误的是(　　)。
A. 无人机在目视视距以外运行　　B. 驾驶员借助视觉延展装置操作无人机
C. 不属于超视距运行的一种　　D. 观测员借助视觉延展装置操作无人机
答案：C
出处：《民用无人机驾驶员管理规定》
1190. 以下对无人机云系统的说法错误的是(　　)。

A. 简称无人机云
B. 轻小民用无人机运行动态数据库系统
C. 接入系统的无人机工作完成后应上传飞行数据
D. 对侵入电子围栏的无人机具有报警功能
答案：C
出处：《民用无人机驾驶员管理规定》

1191. 不属于无须证照管理，无人机系统驾驶员自行负责的情况为(　　)。
A. 在室内运行的无人机　　B. 试验的无人机
C. Ⅰ类无人机　　D. Ⅱ类无人机
答案：B
出处：《民用无人机驾驶员管理规定》

1192. 不属于无人机驾驶员由行业协会实施管理，并可以由局方飞行标准部门实施监督的情况为(　　)。
A. 在隔离空域内运行的Ⅰ、Ⅱ类无人机　　B. 在融合空域内运行的Ⅲ、Ⅳ类无人机
C. 在融合空域内运行的Ⅴ、Ⅵ类无人机　　D. 在融合空域内运行的Ⅶ类无人机
答案：A
出处：《民用无人机驾驶员管理规定》

1193. 必须持有该合格证的驾驶员不包括(　　)。
A. 在隔离空域内运行的Ⅰ、Ⅱ类无人机　　B. 在融合空域内运行的Ⅲ、Ⅳ类无人机
C. 在融合空域内运行的Ⅴ、Ⅵ类无人机　　D. 在融合空域内运行的Ⅶ类无人机
答案：A
出处：《民用无人机驾驶员管理规定》

1194. 训练合格证应定期更新，更新时培训内容不包括(　　)。
A. 新的法规要求　　B. 新的知识　　C. 新的设备　　D. 驾驶技术
答案：C
出处：《民用无人机驾驶员管理规定》

1195. 局方对无人机系统驾驶员的证照管理要求正确的是(　　)。
A. 在融合空域 2000m 以下运行的Ⅺ类无人机驾驶员，应至少持有运动或私用驾驶员执照，并带有相似的类别等级
B. 在融合空域 2500m 以上运行的Ⅺ类无人机驾驶员，应至少持有带有飞机或直升机等级的商用驾驶员执照
C. 在融合空域运行的Ⅻ类无人机驾驶员，应至少持有带有飞机或直升机等级的商用驾驶员执照和仪表等级
D. 在融合空域运行的Ⅻ类无人机驾驶员，应至少持有航线运输驾驶员执照
答案：C
出处：《民用无人机驾驶员管理规定》

1196. 驾驶员应对每个签注的无人机类型接受熟练检查，该检查每(　　)进行一次。检查由局方可接受的人员实施。
A. 12 个月　　B. 10 个月　　C. 6 个月　　D. 3 个月
答案：A

出处：《民用无人机驾驶员管理规定》

1197. 持有驾驶员执照的无人机驾驶员必须持有按中国民用航空规章《民用航空人员体检合格证管理规则》颁发的有效体检合格证，并且在行使(　　)执照权利时随身携带该合格证。

A. 副驾驶员　　B. 无人机驾驶员　　C. 驾驶员　　D. 飞行员

答案：C

出处：《民用无人机驾驶员管理规定》

1198. 申请人必须接受并记录培训机构(　　)提供的地面训练，完成所申请无人机系统等级相应的地面训练课程并通过理论考试。

A. 培训人员　　B. 工作人员　　C. 监考　　D. 考官

答案：B

出处：《民用无人机驾驶员管理规定》

1199. 依据(　　)，无人机系统机长申请人应接受并记录培训机构提供的针对所申请无人机系统等级的实际操纵飞行或模拟飞行训练。

A.《架空输电线路无人直升机巡检技术规程》

B.《民用无人机驾驶员管理规定》

C.《架空输电线路无人机巡检技术》

D.《一般运行和飞行规则》(CCAR-91-R2)

答案：B

出处：《民用无人机驾驶员管理规定》

1200. 应急飞行程序操作，包括发动机故障、链路丢失、应急回收、迫降等，不少于(　　)h。

A. 20　　B. 30　　C. 25　　D. 10

答案：A

出处：《民用无人机驾驶员管理规定》

1201.《民用无人机驾驶员管理规定》飞行技能考试中对口试要求正确的是(　　)。

A. 所使用的无人机系统特性　　B. 所使用的无人机系统非正常操作程序

C. 所使用的无人机系统应急操作过程　　D. 无人机系统特性

答案：A

出处：《民用无人机驾驶员管理规定》

1202. 依据《民用无人机驾驶员管理规定》，针对所申请无人机系统等级的实际操纵飞行或模拟飞行训练的飞行前检查不少于(　　)h。

A. 2　　B. 3　　C. 4　　D. 5

答案：C

出处：《民用无人机驾驶员管理规定》

1203.《民用无人机驾驶员管理规定》对(　　)的考试员应由局方认可的人员担任。

A. 实际操作考试　　B. 飞行技能考试　　C. 飞行等级考试　　D. 飞行理论考试

答案：B

出处：《民用无人机驾驶员管理规定》

1204.《一般运行和飞行规则》(CCAR-91-R2)中规定，在以取酬或出租为目的的商业飞行中担任航空器(　　)的人员，应当至少取得商用驾驶员执照和相应的航空器等级和运行许可。

A. 运营人　　B. 代管人　　C. 所有权人　　D. 驾驶员

答案：D

出处：《一般运行和飞行规则》(CCAR-91-R2)

1205.《一般运行和飞行规则》(CCAR-91-R2) 中规定，飞行机组的组成和人数不得少于(　　)或其他与适航证有关的文件所规定的标准。

A. 执照　　B. 航空等级　　C. 飞行手册　　D. 运营许可

答案：C

出处：《一般运行和飞行规则》(CCAR-91-R2)

1206.《一般运行和飞行规则》(CCAR-91-R2) 中规定，任何人不得运行未处于(　　)状态的民用航空器。

A. 待飞　　B. 适航　　C. 操控　　D. 航空

答案：B

出处：《一般运行和飞行规则》(CCAR-91-R2)

1207.《一般运行和飞行规则》(CCAR-91-R2) 中规定，人员血液中的酒精含量以质量为计量单位，达到或超过(　　)%，不得担任或试图担任民用航空器的机组成员。

A. 0.04　　B. 0.05　　C. 0.06　　D. 0.07

答案：A

出处：《一般运行和飞行规则》(CCAR-91-R2)

1208.《一般运行和飞行规则》(CCAR-91-R2) 中规定，飞机在运行中的性能使用限制必须符合(　　)或经批准的等效文件中规定的条款。

A. 运营许可　　B. 航空等级　　C. 执照　　D. 适航证

答案：D

出处：《一般运行和飞行规则》(CCAR-91-R2)

1209.《一般运行和飞行规则》(CCAR-91-R2) 中规定，未经批准，(　　)人不得驾驶航空器进行编队飞行。

A. 驾驶　　B. 运营　　C. 任何　　D. 代管

答案：C

出处：《一般运行和飞行规则》(CCAR-91-R2)

1210.《一般运行和飞行规则》(CCAR-91-R2) 中规定，除航空器起飞或着陆需要外，任何人在(　　)应当保持一个合适的高度，在这个高度上，当航空器动力装置失效应急着陆时，不会对地面人员或财产造成危害。

A. 任何地方　　B. 人口稠密区　　C. 集镇或居住区　　D. 公众集会区

答案：A

出处：《一般运行和飞行规则》(CCAR-91-R2)

1211.《一般运行和飞行规则》(CCAR-91-R2) 中规定，除(　　)外，任何人不得在实施空中交通管制的区域内违反空中交通管制的指令驾驶航空器。

A. 特殊情况　　B. 紧急情况　　C. 工作需要　　D. 采取安全措施

答案：B

出处：《一般运行和飞行规则》（CCAR-91-R2）

1212.《一般运行和飞行规则》（CCAR-91-R2）中规定，被空中交通管制部门给予紧急情况优先权的机长，在局方要求时，必须在（　　）h 内提交一份该次紧急情况运行的详细报告。

A. 12　　B. 24　　C. 48　　D. 72

答案：C

出处：《一般运行和飞行规则》（CCAR-91-R2）

1213.《一般运行和飞行规则》（CCAR-91-R2）中规定，经特别批准在限制区域内飞行或穿越该区域的航空器，必须遵守限制区内的飞行（　　）。

A. 规定　　B. 方法　　C. 手册　　D. 指令

答案：A

出处：《一般运行和飞行规则》（CCAR-91-R2）

1214.《一般运行和飞行规则》（CCAR-91-R2）中规定，航空器试验飞行应当在空中交通不繁忙的开阔水面或（　　）区域上空实施。

A. 人口密集　　B. 人口稀少　　C. 车辆密集　　D. 车辆稀少

答案：B

出处：《一般运行和飞行规则》（CCAR-91-R2）

1215.《一般运行和飞行规则》（CCAR-91-R2）中规定，航空器所有权人或者运营人在每次对航空器完成任何维修和改装工作后，都应当由具有相应资格的维修人员在其航空器技术记录本上签署（　　）使用。

A. 批准　　B. 批准恢复　　C. 恢复　　D. 准许恢复

答案：B

出处：《一般运行和飞行规则》（CCAR-91-R2）

1216.《一般运行和飞行规则》（CCAR-91-R2）中规定，所有航空器应当装有必要的（　　），以便使航空器在飞行中任何阶段能够：按照其飞行计划飞行；按照空中交通管制的要求飞行。

A. 电子显示设备　　B. 电子测试设备　　C. 电子导航设备　　D. 电子遥控设备

答案：C

出处：《一般运行和飞行规则》（CCAR-91-R2）

1217.《一般运行和飞行规则》（CCAR-91-R2）中规定，所有航空器应当装有必要的电子导航设备，以便使航空器在飞行中任何阶段能够：按照其飞行计划飞行；按照空中（　　）的要求飞行。

A. 交通管理　　B. 交通管控　　C. 交通管制　　D. 交通控制

答案：C

出处：《一般运行和飞行规则》（CCAR-91-R2）

1218.（　　）的航空器是指在当地搜寻和救援部门指定为搜寻和援救特别困难的陆地区域上空运行的所有航空器。

A. 特殊空域　　B. 特定空域　　C. 指定空域　　D. 特殊区域

答案：B

出处：《一般运行和飞行规则》（CCAR-91-R2）

1219.《一般运行和飞行规则》(CCAR-91-R2)中规定，当局方认为，为了使已经获得批准的训练大纲继续保持良好训练效果，应当对其做某些修订时，航空器代管人在接到局方的通知之后，应当对大纲进行相应的修订。航空器代管人在接到这种通知后(　　)d 之内，可向局方提出重新考虑的请求。

A. 10　　B. 20　　C. 30　　D. 40

答案：C

出处：《一般运行和飞行规则》(CCAR-91-R2)

1220.《一般运行和飞行规则》(CCAR-91-R2)中规定，外部载荷物不能被自由移动和投放，并且不能低于起落架而触地属于(　　)。

A. A 级旋翼机与载荷组合　　B. B 级旋翼机与载荷组合

C. C 级旋翼机与载荷组合　　D. D 级旋翼机与载荷组合

答案：A

出处：《一般运行和飞行规则》(CCAR-91-R2)

1221.《一般运行和飞行规则》(CCAR-91-R2)中对有动力驱动的超轻型飞行器的限制要求有：空机质量小于(　　)kg，不包括在遇险时使用的飘浮和安全器械。

A. 115　　B. 116　　C. 117　　D. 118

答案：B

出处：《一般运行和飞行规则》(CCAR-91-R2)

1222.《一般运行和飞行规则》(CCAR-91-R2)中对有动力驱动的超轻型飞行器的限制要求有：发动机停车后的失速速度不超过校正空速(　　)km/h。

A. 30　　B. 40　　C. 45　　D. 50

答案：C

出处：《一般运行和飞行规则》(CCAR-91-R2)

1223.《一般运行和飞行规则》(CCAR-91-R2)中对有动力驱动的超轻型飞行器的限制要求有：全马力平飞中，校正空速小于(　　)km/h。

A. 70　　B. 80　　C. 90　　D. 100

答案：D

出处：《一般运行和飞行规则》(CCAR-91-R2)

1224.《一般运行和飞行规则》(CCAR-91-R2)对涉及违反相关规定的处罚有：如果直接责任人是航空人员执照持有人，局方可给予其警告或(　　)以下的罚款；情节严重的，可给予其暂扣执照一至六个月或吊销执照的处罚。

A. 伍佰元　　B. 一千元　　C. 两千元　　D. 三千元

答案：B

出处：《一般运行和飞行规则》(CCAR-91-R2)

1225.《一般运行和飞行规则》(CCAR-91-R2)对涉及违反相关规定的处罚有：如果直接责任人是航空人员执照持有人，局方可给予其警告或一千元以下的罚款；情节严重的，可给予其暂扣执照(　　)或吊销执照的处罚。

A. 一至三个月　　B. 一至六个月　　C. 一至九个月　　D. 一年

答案：B

出处：《一般运行和飞行规则》(CCAR-91-R2)

1226.《一般运行和飞行规则》（CCAR-91-R2）对涉及违反相关规定的处罚有：如果直接责任人是航空器所有权人或运营人，局方可给予其警告或罚款的处罚，有违法所得的，给予违法所得的三倍但最高不超过（　　）的罚款，没有违法所得的，给予一万元以下的罚款。

A. 一万元　　B. 二万元　　C. 三万元　　D. 四万元

答案：C

出处：《一般运行和飞行规则》（CCAR-91-R2）

第 2 部分　多选题

1. 为加强电力生产现场管理，规范各类工作人员的行为，保证(　　)安全，依据国家有关法律、法规，结合电力生产的实际，制定电力安全工作规程。

A. 人身　　B. 电网　　C. 设备　　D. 设施

答案：ABC

出处：《国家电网公司电力安全工作规程 线路部分》(Q/GDW 1799.2—2013)

2. 各类作业人员应被告知其作业现场和工作岗位存在的(　　)。

A. 危险因素　　B. 反事故措施

C. 防范措施　　D. 事故紧急处理措施

答案：ACD

出处：《国家电网公司电力安全工作规程 线路部分》(Q/GDW 1799.2—2013)

3. 作业人员应具备必要的(　　)，且按工作性质，熟悉本规程的相关部分，并经考试合格。

A. 电气知识　　B. 理论知识　　C. 业务技能　　D. 实践经验

答案：AC

出处：《国家电网公司电力安全工作规程 线路部分》(Q/GDW 1799.2—2013)

4. 各类作业人员应接受相应的(　　)，经考试合格上岗。

A. 安全生产教育　　B. 安全警示教育　　C. 岗位技能培训　　D. 岗位职责培训

答案：AC

出处：《国家电网公司电力安全工作规程 线路部分》(Q/GDW 1799.2—2013)

5. 新参加电气工作的人员、(　　)，应经过安全知识教育后，方可到现场单独工作。

A. 实习人员

B. 临时参加劳动的人员（管理人员、非全日制用工等）

C. 外来人员

D. 配合工作人员

答案：AB

出处：《国家电网公司电力安全工作规程 线路部分》(Q/GDW 1799.2—2013)

6. 参与公司系统所承担电气工作的外单位或外来人员工作前，设备运维管理单位应告知(　　)。

A. 作业时间　　B. 现场电气设备接线情况

C. 危险点　　D. 安全注意事项

答案：BCD

出处：《国家电网公司电力安全工作规程 线路部分》(Q/GDW 1799.2—2013)

7. 各类作业人员在发现直接危及人身、电网和设备安全的紧急情况时，有权(　　)，并立即报告。

A. 停止作业

B. 在汇报领导后撤离作业场所

C. 立即离开作业现场

D. 在采取可能的紧急措施后撤离作业场所

答案：AD

出处：《国家电网公司电力安全工作规程 线路部分》（Q/GDW 1799.2—2013）

8. 各类作业人员有权拒绝（　　）。

A. 强令冒险作业　　B. 违章指挥　　C. 危险作业　　D. 有害工作

答案：AB

出处：《国家电网公司电力安全工作规程 线路部分》（Q/GDW 1799.2—2013）

9. 根据现场勘察结果，对危险性、复杂性和困难程度较大的作业项目，应编制（　　），经本单位批准后执行。

A. 组织措施　　B. 技术措施　　C. 现场措施　　D. 安全措施

答案：ABD

出处：《国家电网公司电力安全工作规程 线路部分》（Q/GDW 1799.2—2013）

10. 现场勘察应查看现场施工（检修）作业（　　）及其他危险点等。

A. 需要停电的范围　　B. 保留的带电部位

C. 作业现场的条件　　D. 作业现场的环境

答案：ABCD

出处：《国家电网公司电力安全工作规程 线路部分》（Q/GDW 1799.2—2013）

11. 填用第一种工作票的工作为（　　）。

A. 在停电的线路或同杆（塔）架设多回线路中的部分停电线路上的工作

B. 在停电的配电设备上的工作

C. 在运行线路杆塔上的工作

D. 高压电力电缆需要停电的工作

答案：ABD

出处：《国家电网公司电力安全工作规程 线路部分》（Q/GDW 1799.2—2013）

12. 工作票签发人或工作负责人对有（　　）的工作，应增设专责监护人和确定被监护人员。

A. 触电危险　　B. 多小组进行

C. 施工复杂容易发生事故　　D. 高坠危险

答案：AC

出处：《国家电网公司电力安全工作规程 线路部分》（Q/GDW 1799.2—2013）

13. 工作终结后，工作负责人应及时报告工作许可人，报告方法包括（　　）。

A. 当面报告　　B. 发送短信

C. 派人送达　　D. 用电话报告并经复诵无误

答案：AD

出处：《国家电网公司电力安全工作规程 线路部分》（Q/GDW 1799.2—2013）

14. 工作终结的报告应简明扼要，并包括下列内容：（　　）。

A. 工作负责人姓名

B. 某线路上某处（说明起止杆塔号、分支线名称等）工作已经完工

C. 设备名称

D. 线路上已无本班组作业人员和遗留物

答案：ABD

出处：《国家电网公司电力安全工作规程 线路部分》（Q/GDW 1799.2—2013）

15. 进行线路停电作业前，应断开危及线路停电作业，且不能采取相应安全措施的(　　)线路（包括用户线路）的断路器（开关）、隔离开关（刀闸）和熔断器。

A. 分支　　B. 交叉跨越　　C. 平行　　D. 同杆架设

答案：BCD

出处：《国家电网公司电力安全工作规程 线路部分》（Q/GDW 1799.2—2013）

16. 直流线路和 330kV 及以上的交流线路，可使用合格的绝缘棒或专用的绝缘绳验电。验电时，绝缘棒或绝缘绳的金属部分应逐渐接近导线，根据有无(　　)来判断线路是否确无电压。

A. 变形　　B. 放电声　　C. 电弧　　D. 火花

答案：BD

出处：《国家电网公司电力安全工作规程 线路部分》（Q/GDW 1799.2—2013）

17. 对无法进行直接验电的设备和雨雪天气时的户外设备，可以进行间接验电，即通过设备的(　　)及各种遥测、遥信等信号的变化来判断。

A. 机械指示位置　　B. 电气指示　　C. 带电显示装置　　D. 仪表

答案：ABCD

出处：《国家电网公司电力安全工作规程 线路部分》（Q/GDW 1799.2—2013）

18. 装、拆接地线导体端均应使用(　　)。

A. 绝缘棒　　B. 绳索　　C. 抛掷方法　　D. 专用的绝缘绳

答案：AD

出处：《国家电网公司电力安全工作规程 线路部分》（Q/GDW 1799.2—2013）

19. 对于土壤电阻率较高地区，如岩石、瓦砾、沙土等，采用临时接地体时，应采取增加接地体(　　)等措施改善接地电阻。

A. 根数　　B. 长度　　C. 截面面积　　D. 周围土壤湿度

答案：ABC

出处：《国家电网公司电力安全工作规程 线路部分》（Q/GDW 1799.2—2013）

20. 工作地段如有(　　)线路，为防止停电检修线路上感应电压伤人，在需要接触或接近导线工作时，应使用个人保安线。

A. 邻近　　B. 平行　　C. 交叉跨越　　D. 同杆塔架设

答案：ABCD

出处：《国家电网公司电力安全工作规程 线路部分》（Q/GDW 1799.2—2013）

21. 在(　　)施工时，工作场所周围应装设遮栏（围栏），并在相应部位装设标示牌。

A. 城区　　B. 人口密集区地段　　C. 交通道口　　D. 通行道路上

答案：ABCD

出处：《国家电网公司电力安全工作规程 线路部分》（Q/GDW 1799.2—2013）

22. 在(　　)巡线时应由两人进行。

A. 人口密集区　　B. 郊区　　C. 偏僻山区　　D. 夜间

答案：CD

出处：《国家电网公司电力安全工作规程 线路部分》(Q/GDW 1799.2—2013)

23. 地震、台风、洪水、泥石流等灾害发生后，如需要对线路、设备进行巡视时，应(　　)。

A. 制订必要的安全措施

B. 得到设备运维管理单位批准

C. 至少两人一组

D. 巡视人员应与派出部门之间保持通信联络

答案：ABCD

出处：《国家电网公司电力安全工作规程 线路部分》(Q/GDW 1799.2—2013)

24. (　　)等灾害发生时，禁止巡视灾害现场。

A. 地震　　B. 台风　　C. 洪水　　D. 泥石流

答案：ABCD

出处：《国家电网公司电力安全工作规程 线路部分》(Q/GDW 1799.2—2013)

25. 雨雪、大风天气或事故巡线，巡视人员应穿(　　)。

A. 导电鞋　　B. 雨靴　　C. 绝缘鞋　　D. 绝缘靴

答案：CD

出处：《国家电网公司电力安全工作规程 线路部分》(Q/GDW 1799.2—2013)

26. 汛期、暑天、雪天等恶劣天气和山区巡线应配备必要的(　　)；夜间巡线应携带足够的照明工具。

A. 防护用具　　B. 拍摄器材　　C. 自救器具　　D. 药品

答案：ACD

出处：《国家电网公司电力安全工作规程 线路部分》(Q/GDW 1799.2—2013)

27. 关于线路巡视，以下叙述正确的是(　　)。

A. 夜间巡线应沿线路外侧进行

B. 大风时，巡线应沿线路上风侧前进，以免万一触及断落的导线

C. 特殊巡视应注意选择路线，防止洪水、塌方、恶劣天气等对人的伤害

D. 巡线时禁止泅渡

答案：ABCD

出处：《国家电网公司电力安全工作规程 线路部分》(Q/GDW 1799.2—2013)

28. 测量人员应(　　)。

A. 熟悉仪表的性能　　B. 熟悉使用方法

C. 熟悉正确接线方式　　D. 掌握测量的安全措施

答案：ABCD

出处：《国家电网公司电力安全工作规程 线路部分》(Q/GDW 1799.2—2013)

29. 带电线路导线的垂直距离（导线弛度、交叉跨越距离），禁止使用(　　)等非绝缘工具进行测量。

A. 皮尺　　B. 普通绳索　　C. 线尺　　D. 测量仪

答案：ADC

出处：《国家电网公司电力安全工作规程 线路部分》(Q/GDW 1799.2—2013)

30. 在线路带电情况下，砍剪靠近线路的树木时，工作负责人应在工作开始前，向全体人员说明：电力线路有电，(　　)应与导线保持安全规程要求的安全距离。

A. 人员　　B. 绝缘工具　　C. 树木　　D. 绳索

答案：ACD

出处：《国家电网公司电力安全工作规程 线路部分》(Q/GDW 1799.2—2013)

31. 关于砍剪树木工作，下列叙述正确的有(　　)。

A. 砍剪树木时，应防止马蜂等昆虫或动物伤人

B. 上树时，不应攀抓脆弱和枯死的树枝，并使用安全带

C. 安全带不准系在待砍剪树枝的断口附近或以上

D. 不应攀登已经锯过或砍过的未断树木

答案：ABCD

出处：《国家电网公司电力安全工作规程 线路部分》(Q/GDW 1799.2—2013)

32. 停电检修的线路如在另一回线路的上面，而又必须在该线路不停电情况下进行放松或架设导、地线以及更换绝缘子等工作时，应采取防止导、地线(　　)的后备保护措施。

A. 脱落　　B. 损伤　　C. 断股　　D. 滑跑

答案：AD

出处：《国家电网公司电力安全工作规程 线路部分》(Q/GDW 1799.2—2013)

33. 在居民区及交通道路附近开挖的基坑，应(　　)。

A. 设坑盖或可靠遮栏　B. 加挂警告标志牌　C. 设专人看守　D. 夜间挂红灯

答案：ABD

出处：《国家电网公司电力安全工作规程 线路部分》(Q/GDW 1799.2—2013)

34. 遇有(　　)或导地线、拉线松动的杆塔，应先培土加固，打好临时拉线或支好架杆后，再行登杆。

A. 冰冻　　B. 冲刷　　C. 起土　　D. 上拔

答案：BCD

出处：《国家电网公司电力安全工作规程 线路部分》(Q/GDW 1799.2—2013)

35. 攀登杆塔作业前，应先检查(　　)是否牢固。新立杆塔在杆基未完全牢固或做好临时拉线前，禁止攀登。

A. 根部　　B. 基础　　C. 接地装置　　D. 拉线

答案：ABD

出处：《国家电网公司电力安全工作规程 线路部分》(Q/GDW 1799.2—2013)

36. 登杆塔前，应先检查登高工具、设施，如(　　)和脚钉、爬梯、防坠装置等是否完整牢靠。

A. 安全帽　　B. 升降板　　C. 安全带　　D. 梯子

答案：BCD

出处：《国家电网公司电力安全工作规程 线路部分》(Q/GDW 1799.2—2013)

37. 作业人员攀登杆塔、杆塔上转位及杆塔上作业时，手扶的构件应牢固，不准失去安全保护，并防止安全带(　　)。

A. 从杆顶脱出　　B. 摩擦　　C. 受力　　D. 被锋利物损坏

答案：AD

出处：《国家电网公司电力安全工作规程 线路部分》(Q/GDW 1799.2—2013)

38. 交叉跨越各种线路、铁路、公路、河流等放、撤线时，应先取得主管部门同意，做好安全措施，如(　　)等。

A. 搭好可靠的跨越架　　B. 封航

C. 封路　　D. 在路口设专人持信号旗看守

答案：ABCD

出处：《国家电网公司电力安全工作规程 线路部分》(Q/GDW 1799.2—2013)

39. 放线、紧线时，应检查接线管或接线头以及过(　　)等处有无卡住现象。

A. 滑轮　　B. 横担　　C. 树枝　　D. 房屋

答案：ABCD

出处：《国家电网公司电力安全工作规程 线路部分》(Q/GDW 1799.2—2013)

40. 放线、紧线前，应检查导线有无障碍物挂住，导线与牵引绳的连接应可靠，线盘架应(　　)

A. 稳定可靠　　B. 转动灵活　　C. 随意摆放　　D. 制动可靠

答案：ABD

出处：《国家电网公司电力安全工作规程 线路部分》(Q/GDW 1799.2—2013)

41. 紧线、撤线前，应检查(　　)。

A. 金具　　B. 拉线　　C. 桩锚　　D. 杆塔

答案：BCD

出处：《国家电网公司电力安全工作规程 线路部分》(Q/GDW 1799.2—2013)

42. (　　)过后应对跨越架进行检查，确认合格后方可使用。

A. 强风　　B. 暴雨　　C. 大雾　　D. 雷电

答案：AB

出处：《国家电网公司电力安全工作规程 线路部分》(Q/GDW 1799.2—2013)

43. 在邻近或跨越带电线路采取张力放线时，(　　)应接地。

A. 牵引机　　B. 张力机本体　　C. 牵引绳　　D. 导地线滑车

答案：ABCD

出处：《国家电网公司电力安全工作规程 线路部分》(Q/GDW 1799.2—2013)

44. 在(　　)、吊桥以及其他危险的边沿进行工作，临空一面应装设安全网或防护栏杆，否则，作业人员应使用安全带。

A. 陡坡　　B. 河道　　C. 悬崖　　D. 杆塔

答案：ACD

出处：《国家电网公司电力安全工作规程 线路部分》(Q/GDW 1799.2—2013)

45. (　　)的机具，应按 DL/T 875 的规定进行试验，经鉴定合格后方可使用。

A. 自制　　B. 改装

C. 主要部件更换或检修后　　D. 长期未使用

答案：ABC

出处：《国家电网公司电力安全工作规程 线路部分》(Q/GDW 1799.2—2013)

46. 纤维绳有霉烂、腐蚀、损伤者不准用于起重作业，纤维绳出现(　　)者禁止使用。

A. 松股　　B. 散股　　C. 受潮　　D. 严重磨损

答案：ABD

出处：《国家电网公司电力安全工作规程 线路部分》(Q/GDW 1799.2—2013)

47. 施工机具应定期进行(　　)。施工机具的转动和传动部分应保持其润滑。

A. 检查　　B. 维护　　C. 清洁　　D. 保养

答案：ABD

出处：《国家电网公司电力安全工作规程 线路部分》(Q/GDW 1799.2—2013)

48. 施工机具的保管、检查和试验规定，其中正确的是(　　)

A. 应有专用库房存放，库房要经常保持干燥、通风

B. 应定期进行检查、维护、保养，施工机具的转动和传动部分应保持其润滑

C. 对不合格或应报废的机具应及时清理，不准与合格的混放

D. 起重机具的检查、试验要求应满足附录 N 的规定

答案：ABCD

出处：《国家电网公司电力安全工作规程 线路部分》(Q/GDW 1799.2—2013)

49. 绝缘工具在储存、运输时不准与(　　)和化学药品接触，并要防止阳光直射或雨淋。

A. 酸　　B. 碱　　C. 金属　　D. 油类

答案：ABD

出处：《国家电网公司电力安全工作规程 线路部分》(Q/GDW 1799.2—2013)

50. 安全工器具使用前的外观检查应包括绝缘部分有无(　　)，固定连接部分有无松动、锈蚀、断裂等现象。

A. 裂纹　　B. 老化　　C. 绝缘层脱落　　D. 严重伤痕

答案：ABCD

出处：《国家电网公司电力安全工作规程 线路部分》(Q/GDW 1799.2—2013)

51. 携带型接地线使用前应检查是否完好，如发现(　　)等均不准使用。

A. 绞线松股　　B. 断股　　C. 护套严重破损　　D. 夹具断裂松动

答案：ABCD

出处：《国家电网公司电力安全工作规程 线路部分》(Q/GDW 1799.2—2013)

52. 安全帽使用前，应检查帽壳、(　　)等附件完好无损。使用时，应将下颏带系好，防止工作中前倾后仰或其他原因造成滑落。

A. 帽衬　　B. 帽箍　　C. 顶衬　　D. 下颏带

答案：ABCD

出处：《国家电网公司电力安全工作规程 线路部分》(Q/GDW 1799.2—2013)

53. 各类安全工器具应经过(　　)，并做好记录。

A. 国家规定的型式试验　　B. 出厂试验

C. 机械试验　　D. 使用中的周期性试验

答案：ABD

出处：《国家电网公司电力安全工作规程 线路部分》(Q/GDW 1799.2—2013)

54. 手持电动工器具如有(　　)、插头插座裂开或有损于安全的机械损伤等故障时，应

立即进行修理，在未修复前，不准继续使用。

A. 铭牌脱落　　B. 绝缘损坏　　C. 电源线护套破裂　　D. 保护线脱落

答案：BCD

出处：《国家电网公司电力安全工作规程 线路部分》（Q/GDW 1799.2—2013）

55. 使用工具前应进行检查，机具应按其出厂说明书和铭牌的规定使用，不准使用（　　）的机具。

A. 已变形　　B. 已破损　　C. 有故障　　D. 有脏污

答案：ABC

出处：《国家电网公司电力安全工作规程 线路部分》（Q/GDW 1799.2—2013）

56. 以下关于电气工具和用具的使用正确的做法是（　　）。

A. 使用前应检查电线是否完好，有无接地线

B. 不合格的电气工具和用具禁止使用

C. 使用时应按有关规定接好剩余电流动作保护器（漏电保护器）和接地线

D. 每 8 个月应由电气试验单位进行定期检查

答案：ABC

出处：《国家电网公司电力安全工作规程 线路部分》（Q/GDW 1799.2—2013）

57. 在潮湿或含有酸类的场地上以及在金属容器内使用电气工具，以下叙述正确的是（　　）

A. 使用 36V 及以下电动工具

B. 剩余电流动作保护器（漏电保护器）、电源连接器和控制箱等应放在容器外面

C. 应设专人不间断地监护

D. 电动工具的开关应设在监护人伸手可及的地方

答案：BCD

出处：《国家电网公司电力安全工作规程 线路部分》（Q/GDW 1799.2—2013）

58. 脱离电源后，触电伤员如意识丧失，应在开放气道后 10s 内用（　　）的方法判定伤员有无呼吸。

A. 叫　　B. 看　　C. 听　　D. 试

答案：BCD

出处：《国家电网公司电力安全工作规程 线路部分》（Q/GDW 1799.2—2013）

59. 心肺复苏术操作是否正确，主要靠平时严格训练，掌握正确的方法。而在急救中判断复苏是否有效，可以根据以下（　　）、出现自主呼吸几方面综合考虑。

A. 瞳孔　　B. 面色（口唇）　　C. 颈动脉搏动　　D. 神志

答案：ABCD

出处：《国家电网公司电力安全工作规程 线路部分》（Q/GDW 1799.2—2013）

60. 骨折急救时，肢体骨折可用（　　）等将断骨上、下方两个关节固定，也可利用伤员身体进行固定，避免骨折部位移动，以减少疼痛，防止伤势恶化。

A. 夹板　　B. 木棍　　C. 废纸板　　D. 竹竿

答案：ABD

出处：《国家电网公司电力安全工作规程 线路部分》（Q/GDW 1799.2—2013）

61. 为加强国家电网公司架空输电线路运维管理，提高运维工作的（　　），保障电网安

全运行，依据国家法律法规及公司有关规定，特制定《国家电网公司架空输电线路运维管理规定》。

A. 质量　B. 效率　C. 安全　D. 经济性

答案：AB

出处：《国家电网公司架空输电线路运维管理规定》[国网（运检/4）305—2014]

62. 输电运维班参与工程施工质量、设备材料的抽查和中间验收，对发现的问题与缺陷应(　　)。

A. 形成书面材料报上级主管部门　B. 形成书面材料报相关单位

C. 督促建设管理单位处理与整改　D. 跟踪核实

答案：ABD

出处：《国家电网公司架空输电线路运维管理规定》[国网（运检/4）305—2014]

63. 各级运检部门在工程验收组织机构的统一安排下开展工程验收工作。验收人员应逐项核实(　　)，现场运行规程，资料档案及施工记录等是否满足竣工投运条件，并签字确认。

A. 施工单位资质　B. 线路本体　C. 验收日期　D. 通道情况

答案：BD

出处：《国家电网公司架空输电线路运维管理规定》[国网（运检/4）305—2014]

64. 工程交接完成后，应按工程档案管理的要求，进行资料档案 [包括(　　)等] 的归档工作。

A. 缺陷统计　B. 纸质和电子版竣工图纸

C. 照片、底片　D. 资料

答案：BD

出处：《国家电网公司架空输电线路运维管理规定》[国网（运检/4）305—2014]

65. 输电运维班应按实物资产管理的要求，做好(　　)的检验、入库工作，建立实物资产台账。

A. 附件　B. 备品备件　C. 仪器仪表　D. 专用工器具

答案：BCD

出处：《国家电网公司架空输电线路运维管理规定》[国网（运检/4）305—2014]

66. 工程竣工投运后 1 年内出现的质量问题如何处理？(　　)

A. 各级运检部门应向设备运维管理单位提出，设备运维管理单位负责处理与整改

B. 线路运检单位负责处理与整改

C. 各级运检部门应向建设管理单位提出，必要时报上级运检部门协调解决

D. 线路运检单位负责督促建设管理单位处理与整改，输电运维班负责核实验收

答案：CD

出处：《国家电网公司架空输电线路运维管理规定》[国网（运检/4）305—2014]

67. 根据巡视不同的需要（或目的），线路巡视分为(　　)，并根据实际需要，组织开展直升机和无人机巡视工作。

A. 正常巡视　B. 故障巡视　C. 特殊巡视　D. 夜间巡视

答案：ABC

出处：《国家电网公司架空输电线路运维管理规定》[国网（运检/4）305—2014]

68. 线路正常巡视采用状态巡视方式，状态巡视是指根据线路设备和通道环境特点，结合(　　)确定线路区段的巡视周期并动态调整的巡视方式。

A. 状态巡视　　B. 隐患台账　　C. 状态评价　　D. 运行经验

答案：CD

出处：《国家电网公司架空输电线路运维管理规定》[国网（运检/4）305—2014]

69. 输电运维班应逐线收集的状态信息，主要包括哪些方面内容？(　　)

A. 线路台账及状态评价信息；线路故障、缺陷、检测、在线监测、检修、家族缺陷等信息

B. 线路通道及周边环境，主要包括跨越铁路、公路、河流、电力线、管道设施、建筑物等交跨信息，以及地质灾害、采动影响、树竹生长、施工作业等外部隐患信息

C. 雷害、污闪、鸟害、舞动、覆冰、风害、山火、外破等易发区段信息；对电网安全和可靠供电有重要影响的线路信息

D. 重要保电及电网特殊运行方式等特殊时段信息

答案：ABCD

出处：《国家电网公司架空输电线路运维管理规定》[国网（运检/4）305—2014]

70. 输电运维班应根据线路状态信息划分特殊区段，以下属于特殊区段的是：(　　)。

A. 微风振动区　　B. 轻污区　　C. 树竹速长区　　D. 无人区

答案：ACD

出处：《国家电网公司架空输电线路运维管理规定》[国网（运检/4）305—2014]

71. 输电运维班应及时掌握通道内(　　)及跨越铁路、公路、河流、电力线等详细分布状况，对重要线路或特殊区段应逐档绘制线路通道状态图，并根据通道状态变化动态修订。

A. 树竹生长　　B. 建筑物　　C. 地理环境　　D. 特殊气候特点

答案：ABCD

出处：《国家电网公司架空输电线路运维管理规定》[国网（运检/4）305—2014]

72. Ⅰ类线路巡视周期一般为1个月，主要包括：(　　)。

A. 特高压交直流线路

B. 状态评价结果为“注意”“异常”“严重”状态的线路区段

C. 外破易发区、偷盗多发区、采动影响区、水淹（冲刷）区、垂钓区、重要跨越、大跨越等特殊区段

D. 城市（城镇）及近郊区域的线路区段

答案：ABCD

出处：《国家电网公司架空输电线路运维管理规定》[国网（运检/4）305—2014]

73. Ⅱ类线路巡视周期一般为2个月，主要包括：(　　)。

A. 特高压交直流线路

B. 远郊、平原、山地丘陵等一般区域的线路区段

C. 状态评价为“正常”状态的线路区段

D. 城市（城镇）及近郊区域的线路区段

答案：BC

出处：《国家电网公司架空输电线路运维管理规定》[国网（运检/4）305—2014]

74. Ⅲ类线路巡视周期一般为3～6个月，主要包括：(　　)。

A. 高山大岭、沿海滩涂地区

B. 远郊、平原、山地丘陵地区

C. 状态评价为“正常”状态的线路区段

D. 无人区

答案：AD

出处：《国家电网公司架空输电线路运维管理规定》[国网（运检/4）305—2014]

75. 下列属于重要负荷供电线路的是(　　)。

A. 跨区线路　　B. 单电源线路

C. 重要联络线路　　D. 电铁牵引站供电线路

答案：ABCD

出处：《国家电网公司架空输电线路运维管理规定》[国网（运检/4）305—2014]

76. 下列说法错误的是(　　)。

A. 新、改建线路或区段在投运后 3 个月内，应每月进行 1 次全面巡视

B. 新、改建线路或区段在投运后 6 个月内，应每月进行 1 次全面巡视

C. 新、改建线路或区段在投运后 6 个月内，应每季进行 1 次全面巡视

D. 新、改建线路或区段在投运后 3 个月内，应每半月行 1 次全面巡视

答案：BCD

出处：《国家电网公司架空输电线路运维管理规定》[国网（运检/4）305—2014]

77. 输电运维班对多雷区、微风振动区、重污区、重冰区、易舞区、大跨越等区段应适当开展带电登杆（塔）检查，重点抽查(　　)的运行情况。

A. 导线、地线（含 OPGW）　　B. 金具、绝缘子

C. 防雷设施　　D. 在线监测装置等设备

答案：ABCD

出处：《国家电网公司架空输电线路运维管理规定》[国网（运检/4）305—2014]

78. 输电运维班在巡视中发现线路新增隐患及特殊区段范围发生变化时，应于每月 25 日汇总上报线路运检单位。线路运检单位应根据(　　)等，对巡视计划及巡视周期进行调整，并在本单位运检部备案。

A. 设备状况　　B. 季节　　C. 电网运行要求　　D. 天气影响

答案：ABCD

出处：《国家电网公司架空输电线路运维管理规定》[国网（运检/4）305—2014]

79. 输电运维班巡视中发现的(　　)应及时录入运检管理系统，最长不超过 3 日。

A. 缺陷　　B. 隐患

C. 防护区外部施工　　D. 防护区外部树木

答案：AB

出处：《国家电网公司架空输电线路运维管理规定》[国网（运检/4）305—2014]

80. 线路发生故障后，不论开关重合是否成功，线路运检单位均应根据(　　)等信息初步判断故障类型，组织故障巡视。

A. 气象环境、故障录波　　B. 行波测距、雷电定位系统

C. 在线监测　　D. 现场巡视情况

答案：ABCD

出处：《国家电网公司架空输电线路运维管理规定》[国网（运检/4）305—2014]

81. 线路运检单位应在（　　）和对电网安全稳定运行有特殊要求时组织开展特殊巡视。巡视的范围视情况可为全线、特定区段或个别组件。

A. 气候剧烈变化　　B. 自然灾害　　C. 外力影响　　D. 异常运行

答案：ABCD

出处：《国家电网公司架空输电线路运维管理规定》[国网（运检/4）305—2014]

82. 线路运检单位应在气候剧烈变化、自然灾害、外力影响、异常运行和对电网安全稳定运行有特殊要求时组织开展特殊巡视。巡视的范围视情况可为（　　）。

A. 某点　　B. 全线　　C. 特定区段　　D. 个别组件

答案：BCD

出处：《国家电网公司架空输电线路运维管理规定》[国网（运检/4）305—2014]

83. 线路运检单位应积极采用直升机、无人机等巡检技术开展线路巡视工作，对跨区线路或重要线路应有计划地安排（　　）巡检。

A. 周期性　　B. 常态化　　C. 无人机　　D. 直升机

答案：CD

出处：《国家电网公司架空输电线路运维管理规定》[国网（运检/4）305—2014]

84. 在线路巡视周期内，已开展（　　）巡视的线路或区段，人工巡视周期可适当调整，巡视内容以通道环境和塔头以下部件为主。

A. 直升机　　B. 无人机　　C. 动态　　D. 检修

答案：AB

出处：《国家电网公司架空输电线路运维管理规定》[国网（运检/4）305—2014]

85. 线路运检单位应根据线路（　　）实际信息，制订合理的检测计划，并开展检测分析，编报分析报告。

A. 运维时间　　B. 状态评价　　C. 运维状态　　D. 线路环境等

答案：ACD

出处：《国家电网公司架空输电线路运维管理规定》[国网（运检/4）305—2014]

86. 每年雷雨季节前应对强雷区杆塔做哪些检测管理？（　　）

A. 每年雷雨季节前应对强雷区杆塔进行1次接地装置检查和接地电阻检测，对地下水位较高、强酸强碱等腐蚀严重区域应按30%比例开挖检查

B. 对采空区和大跨越铁塔每年应开展1次倾斜检测，特殊情况应缩短测试周期

C. 加强夏季高温时段和满载、重载时段导地线弧垂测量和红外测温工作。当环境温度达到30℃或输送功率超过额定功率90%时，对线路重点区段和重要跨越地段应及时开展红外测温和弧垂测量，依据检测结果、环境温度和负荷情况跟踪检测

D. 根据线路运行状态，适时开展夜间巡视，及时发现线路电晕放电隐患。对电晕放电较严重的部位，宜进行紫外成像分析，采取相应处理措施

答案：ABD

出处：《国家电网公司架空输电线路运维管理规定》[国网（运检/4）305—2014]

87. 每年雷雨季节前应对强雷区杆塔进行1次接地装置检查和接地电阻检测，对（　　）等腐蚀严重区域应按30%比例开挖检查。

A. 运行年线长　　B. 地下水位较高　　C. 化工厂附近杆塔　　D. 强酸强碱

答案：BD

出处：《国家电网公司架空输电线路运维管理规定》[国网（运检/4）305—2014]

88. 对(　　)每年应开展 1 次倾斜检测，特殊情况应缩短测试周期。

A. 重要线路　B. 跨河道线路　C. 采空区　D. 大跨越铁塔

答案：CD

出处：《国家电网公司架空输电线路运维管理规定》[国网（运检/4）305—2014]

89. 各级评价中心应收集(　　)等线路运行环境和状态的实时监测数据，开展数据统计与分析，编制月度专题报告并报上级运检部，适时发布预警信息。

A. 气象、覆冰　B. 风偏、舞动

C. 微风振动、杆塔倾斜、导线温度　D. 视频

答案：ABCD

出处：《国家电网公司架空输电线路运维管理规定》[国网（运检/4）305—2014]

90. 输电运维班应根据线路状况及时开展维护工作，主要包括：(　　)。

A. 更换接地装置和塔材、铁塔防腐　B. 基础及防洪、防撞设施修复

C. 附属设施安装、修补　D. 树竹砍伐，水泥杆裂纹修复

答案：ABCD

出处：《国家电网公司架空输电线路运维管理规定》[国网（运检/4）305—2014]

91. 线路缺陷分为(　　)三类。

A. 附属设施缺陷　B. 本体缺陷　C. 通道环境隐患　D. 外部隐患

答案：ABD

出处：《国家电网公司架空输电线路运维管理规定》[国网（运检/4）305—2014]

92. 本体缺陷指组成线路本体的全部(　　)缺陷，包括基础、杆塔、导线、地线(OPGW)、绝缘子、金具、接地装置、拉线等发生的缺陷。

A. 构件　B. 装置　C. 附件　D. 零部件

答案：ACD

出处：《国家电网公司架空输电线路运维管理规定》[国网（运检/4）305—2014]

93. 附属设施缺陷指附加在线路本体上的(　　)（如在线监测、防雷、防鸟装置等）发生的缺陷。

A. 线路标识　B. 安全标志牌

C. 各种技术监测　D. 具有特殊用途的设备

答案：ABCD

出处：《国家电网公司架空输电线路运维管理规定》[国网（运检/4）305—2014]

94. 线路的各类缺陷按其严重程度分为(　　)缺陷。

A. 紧急　B. 危急　C. 严重　D. 一般

答案：BCD

出处：《国家电网公司架空输电线路运维管理规定》[国网（运检/4）305—2014]

95. 一般缺陷指缺陷情况对线路的安全运行威胁较小，在一定期间内不影响线路安全运行的缺陷，此类缺陷一般应在一个检修周期内予以消除，需要停电时列入(　　)停电检修计划。

A. 年度　B. 半年　C. 季度　D. 月度

答案：AD

出处：《国家电网公司架空输电线路运维管理规定》[国网（运检/4）305—2014]

96. 缺陷应纳入运检管理系统进行全过程闭环管理，主要包括（　　）、处理、验收和上报等。

A. 缺陷上报　　B. 缺陷登录　　C. 统计　　D. 分析

答案：BCD

出处：《国家电网公司架空输电线路运维管理规定》[国网（运检/4）305—2014]

97. 输电运维班通过现场巡视、检（监）测等手段收集缺陷，（　　）缺陷后，在运检管理系统为缺陷建档，纳入缺陷管理流程。

A. 上报　　B. 确认　　C. 定性　　D. 消除

答案：BC

出处：《国家电网公司架空输电线路运维管理规定》[国网（运检/4）305—2014]

98. 线路运检单位应核对缺陷性质，并组织安排缺陷的消除工作，危急缺陷应报上级运检部；上级运检部应（　　）缺陷的消除工作，缺陷在未消除之前应制订有效的设备风险管控措施；输电运维班对缺陷处理情况进行验收检查。特高压交直流线路危急缺陷应立即上报国网运检部。

A. 协调　　B. 确认　　C. 监督　　D. 指导

答案：ACD

出处：《国家电网公司架空输电线路运维管理规定》[国网（运检/4）305—2014]

99. 线路运检单位应结合线路（　　）积极开展线路隐患排查治理工作，建立隐患台账，及时消除设备和通道隐患。

A. 运行经验　　B. 本体缺陷情况　　C. 季节特点　　D. 通道情况

答案：ACD

出处：《国家电网公司架空输电线路运维管理规定》[国网（运检/4）305—2014]

100. 各级运检部门应认真做好月度、季度、年度（　　）工作。

A. 缺陷总结　　B. 运行分析

C. 典型故障的专题分析　　D. 缺陷的专题分析

答案：BCD

出处：《国家电网公司架空输电线路运维管理规定》[国网（运检/4）305—2014]

101. 省公司运检部每季度应组织 1 次运行分析会，（　　）每月组织 1 次运行分析会，输电运维班每月开展 1 次运行分析。线路运行水平主要参考指标见附件。

A. 省检修（分）公司　　B. 地（市）公司

C. 地（市）公司运检部　　D. 县公司运检部

答案：ABD

出处：《国家电网公司架空输电线路运维管理规定》[国网（运检/4）305—2014]

102. 各级运检部门应及时组织开展故障分析工作，各级评价中心做好技术支撑。（　　）应在故障点确认后 2 日内组织完成故障分析，形成故障分析报告并报送省公司运检部。

A. 地市检修（分）公司　　B. 省检修（分）公司

C. 地（市）公司运检部　　D. 县公司运检部

答案：BC

出处：《国家电网公司架空输电线路运维管理规定》［国网（运检/4）305—2014］

103. 对线路设备的整体状况开展评价工作由省公司运检部组织，设备状态评价中心负责，（　　）根据《架空输电线路状态评价导则》，对线路设备的整体状况开展评价工作。

A. 地市检修（分）公司　　B. 省检修（分）公司

C. 地（市）公司　　D. 县公司运检部

答案：BCD

出处：《国家电网公司架空输电线路运维管理规定》［国网（运检/4）305—2014］

104. 状态评价工作应纳入日常生产管理，定期进行评价。对评价为（　　）状态的线路应制订相应的检修策略并结合技改大修进行处理。

A. 注意　　B. 异常　　C. 严重　　D. 危急

答案：BC

出处：《国家电网公司架空输电线路运维管理规定》［国网（运检/4）305—2014］

105.（　　）应组织退役线路的技术鉴定，并及时督促线路运检单位办理线路报废手续。

A. 国网运检部　　B. 省检修（分）公司

C. 地市检修（分）公司　　D. 省公司运检部

答案：AD

出处：《国家电网公司架空输电线路运维管理规定》［国网（运检/4）305—2014］

106. 属于防治雷害专项管理工作的是（　　）。

A. 各级运检部门应加强线路防雷运行管理，组织开展雷电监测系统数据分析和雷击故障统计分析工作，掌握雷电活动时空分布规律和雷击故障特点，每3年统一修订雷区分布图。公司线路雷击跳闸参考指标见附件

B. 各级运检部门按照线路在电网中的重要程度、线路走廊雷电活动强度、地形地貌及线路结构的不同，组织开展雷害风险评估，采取综合防雷措施（包括降低杆塔接地电阻、改善接地网的敷设方式、适当加强绝缘、增设耦合地线、安装并联间隙、使用线路避雷器等手段），进行差异化防雷治理

C. 各级运检部门应开展防雷治理改造后评估工作。每年雷雨季节后应对防雷治理改造项目的实际效果进行评估，分析防雷改造效果，评价改造方案的有效性，指导后续线路防雷工作

D. 输电运维班应加强地线、接地装置及防雷设施的运行维护工作。定期开展接地电阻测量、接地网抽样开挖、接地引下线与杆塔连接情况及防雷设施完整性的检查

答案：ABCD

出处：《国家电网公司架空输电线路运维管理规定》［国网（运检/4）305—2014］

107. 各级运检部门应利用公司覆冰预测预警系统开展线路覆冰（　　）自动化预报和冰情监测，及时掌握线路覆冰情况，发布预警信息。各线路运检单位应按照冰情预报、预警信息做好抗冰、融冰准备工作。

A. 气候　　B. 形势　　C. 长度　　D. 厚度

答案：ABD

出处：《国家电网公司架空输电线路运维管理规定》［国网（运检/4）305—2014］

108. 线路覆冰后，对线路覆冰、舞动重点区段的导地线线夹出口处、绝缘子锁紧销及

相关金具进行检查和消缺，及时(　　)导地线弧垂。

A. 测量　B. 调整　C. 测量并调整　D. 校核

答案：BD

出处：《国家电网公司架空输电线路运维管理规定》[国网（运检/4）305—2014]

109. 输电运维班应在线路风偏故障后检查(　　)等受损情况并及时处理。更换不同型式的悬垂绝缘子串后，应重新校核杆塔间隙是否满足要求。

A. 导线　B. 防鸟刺　C. 金具　D. 铁塔

答案：ACD

出处：《国家电网公司架空输电线路运维管理规定》[国网（运检/4）305—2014]

110. 输电运维班应在线路保护区的区界、(　　)跨越重要公路和航道的区段，设立明显警示标识并安装防护装置，必要时安装视频监视系统。

A. 山火易发区　B. 盗窃易发区　C. 人员密集区　D. 施工作业区

答案：ABCD

出处：《国家电网公司架空输电线路运维管理规定》[国网（运检/4）305—2014]

111. 输电运维班应定期开展防山火宣传，在山火易发时段及清明节前后等特殊时期，应加强(　　)内的杂草、树木、易燃易爆物品等清理，并对重点防火地段派人值守，必要时可加装视频监控等设施。

A. 山区　B. 防护区　C. 线路巡视　D. 线路走廊

答案：CD

出处：《国家电网公司架空输电线路运维管理规定》[国网（运检/4）305—2014]

112. 线路发生外力破坏事件时，应向上级运检部门说清楚(　　)，并尽快落实防范措施。

A. 事件经过　B. 发生原因　C. 补救措施　D. 责任处理

答案：ABD

出处：《国家电网公司架空输电线路运维管理规定》[国网（运检/4）305—2014]

113. 下列属于防治鸟害专项管理的工作是(　　)。

A. 各级运检部门应组织开展鸟害故障分析工作，掌握鸟类活动规律和鸟害故障特点，划分鸟害易发区域，制订鸟害防范措施

B. 输电运维班应在鸟害多发区线路采取安装防鸟装置等措施，并加强检查和维护，及时更换失效防鸟装置

C. 输电运维班应及时拆除线路绝缘子挂点正上方的鸟巢，并及时清扫鸟粪污染的绝缘子

D. 输电运维班进行的周期巡视

答案：ABC

出处：《国家电网公司架空输电线路运维管理规定》[国网（运检/4）305—2014]

114. 线路运检单位应根据(　　)编制大跨越段现场运行规程，确定相应的维护检修周期。

A. 环境、设备特点　B. 运行经验　C. 档距跨越长度　D. 线路电压等级

答案：AB

出处：《国家电网公司架空输电线路运维管理规定》[国网（运检/4）305—2014]

115. 大跨越段线路可设专门维护班组管理。在(　　)活动频繁的季节，宜设专人监视，做好记录，有条件的可安装自动监测设备。

A. 洪汛　　B. 覆冰　　C. 大风　　D. 雷电

答案：ABCD

出处：《国家电网公司架空输电线路运维管理规定》[国网（运检/4）305—2014]

116. 气象监测设备运行维护主要包括(　　)以及生产生活设施维护和检修。

A. 设备巡视检修　　B. 检测检定　　C. 故障处理　　D. 故障上报

答案：ABC

出处：《国家电网公司架空输电线路运维管理规定》[国网（运检/4）305—2014]

117. 运维单位应制定现场运行规程，应明确气象监测(　　)、数据通信卡管理等内容和要求。

A. 日常维护　　B. 检测检定　　C. 定期检测校准　　D. 设备例行检修

答案：ACD

出处：《国家电网公司架空输电线路运维管理规定》[国网（运检/4）305—2014]

118. 运维单位气象监测设备台账和运行履历包括合同（含技术协议书）、(　　)、安装调试记录、定期校准报告、缺陷记录、设备变更记录、更新改造情况、报废说明等资料。

A. 验收报告　　B. 设备清单　　C. 使用说明书　　D. 试验报告

答案：ABCD

出处：《国家电网公司架空输电线路运维管理规定》[国网（运检/4）305—2014]

119. 线路台账包括基本信息、杆塔基本信息、拉线信息、(　　)、地线信息、设备图纸资料、线路交叉跨越管理信息、防污监测点台账。

A. 绝缘子信息　　B. 金具信息　　C. 杆塔附属设施　　D. 导线信息

答案：ABCD

出处：《国家电网公司架空输电线路运维管理规定》[国网（运检/4）305—2014]

120. 下列属于线路运检单位应存有的法律、法规、规程、规范及制度的是(　　)。

A. 《中华人民共和国电力法》　　B. 《电力设施保护条例》

B. 《电力设施保护条例实施细则》　　D. 《生产安全事故报告和调查处理条例》

答案：ABCD

出处：《国家电网公司架空输电线路运维管理规定》[国网（运检/4）305—2014]

121. 下列属于线路运检单位应保存的图表是(　　)。

A. 反事故措施计划表　　B. 舞动区分布图

C. 事故跳闸统计表　　D. 人员培训计划

答案：ABCD

出处：《国家电网公司架空输电线路运维管理规定》[国网（运检/4）305—2014]

122. 运检管理系统信息录入管理要求有哪些？(　　)

A. 输电运维班应在施工单位移交竣工资料后 3 天内完成设备变更（异动）的台账基础信息维护

B. 各级运检部门应组织开展运检管理系统信息运行维护工作，线路基础数据信息由输电运维班进行维护，并对信息及时性、完整性和准确性负责

C. 输电运维班应在设备投运前，依照施工图完成新投运线路设备台账基础信息的录入

工作。投运当天及时修改线路状态，7天内确保设备台账基础信息完善到位

D. 输电运维班应在施工单位移交竣工资料后7天内完成设备变更（异动）的台账基础信息维护

答案：BCD

出处：《国家电网公司架空输电线路运维管理规定》[国网（运检/4）305—2014]

123. 本体设备按设计建造组成线路实体的所有构件及材料，包括杆塔（含拉线装置、爬梯）、(　　)导地线（含OPGW）等。

A. 基础　　B. 绝缘子　　C. 金具　　D. 接地装置

答案：ABCD

出处：《国家电网公司架空输电线路运维管理规定》[国网（运检/4）305—2014]

124. 微地形区为大地形区域中的一个局部狭小的范围。微地形主要分为(　　)、峡谷风道型微地形。

A. 哑口型微地形　　B. 高山分水岭微地形

C. 水汽增大型微地形　　D. 地形抬升型微地形

答案：ABCD

出处：《国家电网公司架空输电线路运维管理规定》[国网（运检/4）305—2014]

125. 设备缺陷指设备在运用中发生异常，虽能继续使用，但影响(　　)。设备缺陷按其严重程度分为危急、严重、一般三类。

A. 安全　　B. 经济运行　　C. 设备使用寿命　　D. 设备操作

答案：AB

出处：《国家电网公司架空输电线路运维管理规定》[国网（运检/4）305—2014]

126. 为掌握线路的运行状况，及时发现线路本体、附属设施以及保护区出现的缺陷或隐患，并为线路检修、维护及状态评价（评估）等提供依据，近距离对线路进行观测、检查、记录的工作。根据不同的需要（或目的），线路巡视可分为(　　)。

A. 正常巡视　　B. 故障巡视　　C. 特殊巡视　　D. 山区巡视

答案：ABC

出处：《国家电网公司架空输电线路运维管理规定》[国网（运检/4）305—2014]

127. 故障巡视是运维单位为查明线路(　　)等所组织的线路巡视。

A. 故障点　　B. 故障原因　　C. 故障时间　　D. 故障情况

答案：ABD

出处：《国家电网公司架空输电线路运维管理规定》[国网（运检/4）305—2014]

128. 风害区的主要特征是依据风区分布图，对应风速标准超过线路基本设计风速的区域，以及历史发生过强风天气造成（　　）等故障的区域。

A. 线路风偏放电　　B. 杆塔倾斜　　C. 倒塔　　D. 防振锤掉落

答案：ABC

出处：《国家电网公司架空输电线路运维管理规定》[国网（运检/4）305—2014]

129. 下列属于国家电网公司标准化建设输电线路地基与基础检查考核内容的是(　　)。

A. 基面平整，无沉降、塌方等

B. 塔基周围土壤不应有明显突起、下沉、缺土、洪水冲刷或显著变化

C. 基础表面无水泥脱落、疏松、钢筋外露以及基础腐蚀等

D. 基础立柱顶面应高出水面

答案：ABC

出处：《国家电网公司架空输电线路运维管理规定》[国网（运检/4）305—2014]

130. 标准化线路导地线接续形式及接头数量符合运行规程要求，（　　）现象，地线无锈蚀，引流线应顺畅、平滑、无损伤。

A. 无散股　　B. 无锈蚀　　C. 损伤及悬挂漂浮物　D. 无断股

答案：ACD

出处：《国家电网公司架空输电线路运维管理规定》[国网（运检/4）305—2014]

131. 标准化线路复合绝缘子伞裙、护套不应出现（　　）、粉化现象，端头密封不应开裂、老化。

A. 破损　　B. 龟裂　　C. 表面严重结垢　　D. 脆化

答案：ABD

出处：《国家电网公司架空输电线路运维管理规定》[国网（运检/4）305—2014]

132. 标准化线路瓷质绝缘子（　　）、表面严重结垢，瓷釉不应有烧坏现象。

A. 伞裙不应破损　　B. 瓷质不应有裂纹　　C. 破损　　D. 脆化

答案：AB

出处：《国家电网公司架空输电线路运维管理规定》[国网（运检/4）305—2014]

133. 标准化线路接地装置的基本要求有哪些？（　　）

A. 接地引下线与杆塔连接应可靠，接触良好，并应便于断开测量接地电阻

B. 接地引下线及接地体不得断裂、锈蚀、缺失、接地体外露、连接部位松动或有雷电烧痕等情况

C. 接地引下线直径不得小于 20mm

D. 接地引下线直径不得小于 150mm

答案：AB

出处：《国家电网公司架空输电线路运维管理规定》[国网（运检/4）305—2014]

134. 标准化线路附属设施的基本要求有（　　）。

A. 线路标识符合《国家电网公司安全设施标准 第 2 部分：电力线路》（Q/GDW 434.2—2010），无缺失、损坏、字迹或图文不清、严重锈蚀等，不得出现挂错标识牌及内容差错等现象

B. 色标不应褪色、破损、缺失或同杆多回路无色标标示；所有杆塔均应标明线路名称、代号和杆塔号

C. 所有耐张型杆塔、分支杆塔和换位杆塔及前后各一基杆塔上，均应有明显的相位标志；高杆塔应按航空部门的规定装设航空障碍标志

D. 结合线路运行特点，安装防雷、防鸟、防舞、防撞等防护设施，相关设施应安装牢固、可靠，外观无松动、变形、损坏、缺失等现象，在线监测装置运行正常

答案：ABCD

出处：《国家电网公司架空输电线路运维管理规定》[国网（运检/4）305—2014]

135. 标准化线路附属设施的基本要求有哪些？（　　）

A. 线路标识符合《国家电网公司安全设施标准 第 2 部分：电力线路》（Q/GDW434.2—2010），无缺失、损坏、字迹或图文不清、严重锈蚀等，不得出现挂错标识牌及内容差

错等现象

B. 色标不应褪色、破损、缺失或同杆多回路无色标标示；所有杆塔均应标明线路名称、代号和杆塔号

C. 杆塔塔脚不应被土埋，不得堆积杂物

D. 杆塔塔脚处不应有积水，无锈蚀现象

答案：ABCD

出处：《国家电网公司架空输电线路运维管理规定》[国网（运检/4）305—2014]

136. 标准化线路保护区及线路通道的基本要求有(　　)。

A. 在电力设施保护区内无违章建筑、违法施工现象，不得存放易燃、易爆和化学物品

B. 线路通过林区或成片林，且未采取高跨设计时，每侧通道宽度不得小于导线在最大风偏时与树木之间的安全距离和林区主要树种自然生长最终高度之和

C. 高塔跨树段线路导线在最大弧垂时与树木之间的安全距离应满足设计及运行规程相关安全距离要求

D. 可能威胁线路安全运行、超过主要树种自然生长最终高度的个别树木应砍伐

答案：ABCD

出处：《国家电网公司架空输电线路运维管理规定》[国网（运检/4）305—2014]

137. 下列是国家电网公司标准化建设输电线路地基与基础检查考核内容的是(　　)。

A. 基面平整，无沉降、塌方等

B. 铁塔基础周围无堆积物

C. 铁塔基础周围及线路保护区内不应有取土和水土流失情况

D. 铁塔基础周围土壤不应有明显突起、下沉、缺土、洪水冲刷或显著变化

答案：ABCD

出处：《国家电网公司架空输电线路运维管理规定》[国网（运检/4）305—2014]

138. 下列是国家电网公司标准化建设输电线路地基与基础检查考核内容的是(　　)。

A. 基面平整，无沉降、塌方等

B. 铁塔基础周围无堆积物、基础表面无水泥脱落、疏松、钢筋外露以及基础腐蚀等

C. 铁塔基础周围及线路保护区内不应有取土和水土流失情况

D. 基础表面无水泥脱落、疏松、钢筋外露以及基础腐蚀等

答案：ABCD

出处：《国家电网公司架空输电线路运维管理规定》[国网（运检/4）305—2014]

139. 下列属于国家电网公司标准化输电线路建设基础立柱检查考核内容的是(　　)。

A. 基础立柱顶面应高出水面

B. 基础立柱表面应平整，光滑，棱角无损坏

C. 基础立柱无破损、疏松、裂纹、露筋、下沉等现象

D. 保护帽完好，表面平整、美观，无水泥脱落、疏松，无破损，无裂纹

答案：ABCD

出处：《国家电网公司架空输电线路运维管理规定》[国网（运检/4）305—2014]

140. 下列属于国家电网公司标准化输电线路建设护坡与排水沟检查考核内容的是(　　)。

A. 护坡无坍塌，无水平和纵向裂缝

B. 护坡应对杆塔基础充分保护

C. 护坡排水孔不得堵塞，应排水畅通

D. 排水沟不应堵塞、填埋或有淤积，排水应保持畅通。排水沟无坍塌，无破损

答案：ABCD

出处：《国家电网公司架空输电线路运维管理规定》［国网（运检/4）305—2014］

141. 下列属于国家电网公司标准化输电线路建设杆塔一般规定检查考核内容的是（　　）。

A. 杆塔结构完好，金属构件无大面积锈蚀情况

B. 杆塔倾斜度（包括挠度）、主材相邻结点间弯曲度、横担歪斜度、螺栓紧固程度符合运行标准规定

C. 杆塔攀爬设施应完整、齐全、牢固、可靠，护栏无缺失

D. 防松、防盗措施齐全，安装符合要求，无缺失

答案：ABCD

出处：《国家电网公司架空输电线路运维管理规定》［国网（运检/4）305—2014］

142. 下列属于国家电网公司标准化输电线路建设杆塔“其他”检查考核内容的是（　　）。

A. 钢管杆无明显凹坑、变形

B. 拉线松紧度合适、受力一致，拉线交叉处无磨碰，拉线与拉棒应呈一直线

C. 拉线镀锌钢绞线不应断股，镀锌层不应锈蚀、脱落

D. UT 线夹和楔形线夹的安装符合相关工艺要求

答案：ABCD

出处：《国家电网公司架空输电线路运维管理规定》［国网（运检/4）305—2014］

143. 国家电网公司标准化输电线路建设导地线接续管或补修管与悬垂线夹中心的距离不应小于（　　）；接续管或补修管与间隔棒中心的距离不宜小于（　　）。

A. 5m　　B. 0.6m　　C. 6m　　D. 0.5m

答案：AD

出处：《国家电网公司架空输电线路运维管理规定》［国网（运检/4）305—2014］

144. 下列属于国家电网公司标准化输电线路建设引流线检查考核内容的是（　　）。

A. 引流线应顺畅、平滑，不应出现散股、断股和损伤现象

B. 引流线的弧垂与塔身的电气距离应满足安全距离要求

C. 风偏空气间隙不满足电气距离要求时，应采取加跳线绝缘子串或重锤、引流线钢管支架等措施

D. 引流线应盘绕整齐

答案：ABC

出处：《国家电网公司架空输电线路运维管理规定》［国网（运检/4）305—2014］

145. 利用无人直升机搭载可见光、红外线等检测设备，完成架空输电线路巡检任务的作业系统，一般包括（　　）等。

A. 无人直升机　　B. 任务设备　　C. 地面控制模块　　D. 综合保障模块

答案：ABCD

出处：《架空输电线路无人直升机巡检系统》（DL/T 1578—2016）

146. 以旋翼为推动方式，具有垂直起降和空中悬停特点的无人飞行器一般有(　　)等形式，多旋翼无人直升机通常有四旋翼、六旋翼和八旋翼等结构。

A. 旋翼带尾桨　　B. 多旋翼反向　　C. 共轴反桨　　D. 多旋翼

答案：ACD

出处：《架空输电线路无人直升机巡检系统》(DL/T 1578—2016)

147. 搭载在无人直升机上，用于检测、采集和记录架空输电线路信息的设备或装置，可以是(　　)。

A. 光电型式　　B. 转塔式光电吊舱型式

C. 云台搭载光电传感器型式　　D. 普通传感器

答案：BC

出处：《架空输电线路无人直升机巡检系统》(DL/T 1578—2016)

148. 由(　　)组成，通过遥控方式对无人直升机和任务设备进行控制的设备及工具的集合。

A. 地面站　　B. 通信天线　　C. 控制软件　　D. 控制人员

答案：ABC

出处：《架空输电线路无人直升机巡检系统》(DL/T 1578—2016)

149. 保障无人直升机巡检系统正常工作的设备及工具的集合，一般包括(　　)。

A. 供电设备　　B. 专用工具　　C. 备品备件　　D. 储运车辆

答案：ABCD

出处：《架空输电线路无人直升机巡检系统》(DL/T 1578—2016)

150. 导航定位系统不参与控制，由飞控系统控制无人直升机飞行姿态，操作人员控制(　　)的飞行模式。

A. 速度　　B. 水平　　C. 航向　　D. 高度

答案：ACD

出处：《架空输电线路无人直升机巡检系统》(DL/T 1578—2016)

151. 无论机头指向何方，无人直升机均能按照地面控制模块上(　　)的操控方向飞行。

A. 设定　　B. 按键　　C. 遥控手柄　　D. 预定

答案：BC

出处：《架空输电线路无人直升机巡检系统》(DL/T 1578—2016)

152. 无人直升机航行灯是指安装在无人直升机上，用以表示其(　　)的信号灯。

A. 位置　　B. 运动方向　　C. 高度　　D. GPS

答案：AB

出处：《架空输电线路无人直升机巡检系统》(DL/T 1578—2016)

153. 连接线布局合理，固定牢靠；连接件、紧固件有防松措施；涂镀层无(　　)；金属件无锈蚀和机械损伤。

A. 裂纹　　B. 龟裂　　C. 气泡　　D. 脱落

答案：BCD

出处：《架空输电线路无人直升机巡检系统》(DL/T 1578—2016)

154. 显示器表面不应有明显(　　)现象，开机后显示器不应出现坏点或条纹。

A. 凹痕　　B. 裂痕　　C. 变形　　D. 碰伤

答案：ABCD

出处：《架空输电线路无人直升机巡检系统》（DL/T 1578—2016）

155. 无人直升机巡检系统环境适应性等级按适用的（　　）进行划分。

A. 水平海拔高度　　B. 空气平均温度　　C. 最高海拔高度　　D. 环境温度范围

答案：CD

出处：《架空输电线路无人直升机巡检系统》（DL/T 1578—2016）

156. 按适用环境温度，无人直升机系统分为（　　）。

A. 普通型　　B. 高温型　　C. 低温型　　D. 特殊型

答案：ABCD

出处：《架空输电线路无人直升机巡检系统》（DL/T 1578—2016）

157. 自检项目至少包括（　　）功能。以上任一项不能满足要求，均能在地面站或遥控手柄上以明显的声（或光）信号或其他方式进行报警提示，且飞控系统锁死。

A. 动力电池电压　　B. 导航定位　　C. 遥测遥控　　D. 数据传输

答案：ABC

出处：《架空输电线路无人直升机巡检系统》（DL/T 1578—2016）

158. 无人直升机具备任务规划功能，可对（　　）等进行设置，可设置航点数量不少于50 个。在飞行过程中可实时修改航点。

A. 水平信息　　B. 起降方式　　C. 飞行速度　　D. 航点信息

答案：BCD

出处：《架空输电线路无人直升机巡检系统》（DL/T 1578—2016）

159. 无人直升机具有（　　）三种飞行模式。三种飞行模式可互相切换，切换过程中飞行状态应保持平稳。

A. 手动　　B. 增稳　　C. 自动　　D. 全自主

答案：ABD

出处：《架空输电线路无人直升机巡检系统》（DL/T 1578—2016）

160. 无人直升机具备链路中断返航功能。在链路中断后，无人直升机应悬停等待通信信号恢复，且等待时间可预先设置。在等待时间内若通信信号恢复，无人直升机可继续执行任务，否则按预设航线返航。（　　）等参数可预先设置，可设置的航点个数不少于 10 个。

A. 返航航点　　B. 速度　　C. 高度　　D. 路线

答案：AB

出处：《架空输电线路无人直升机巡检系统》（DL/T 1578—2016）

161. 无人直升机电池不应变形，表面无（　　）等。电源正负极标识清晰，接头有防松措施，宜使用防误插接头。

A. 针眼　　B. 磕碰　　C. 裂纹　　D. 松动

答案：ABC

出处：《架空输电线路无人直升机巡检系统》（DL/T 1578—2016）

162. 在指定起降区域将试验样品通电，查看（　　）等设置功能；查看可设置的航点数量。

A. 飞行高度　　B. 起降方式　　C. 航点信息　　D. 飞行速度

答案：BCD

出处：《架空输电线路无人直升机巡检系统》（DL/T 1578—2016）

163. 试验布置：在户外露天场地进行。场地上布置 3 个测量点，分别记录其（　　）（i=1，2，3），坐标精度不低于 10cm。各测量点之间的空间距离不小于 20m。

A. 海拔 E_i　　B. 经度 E_i　　C. 纬度 B_i　　D. 高度 H_i

答案：BCD

出处：《架空输电线路无人直升机巡检系统》（DL/T 1578—2016）

164. 在无人机拍照功能试验中，在所有测量点完成悬停和拍照后，适时由全自主飞行模式切换为（　　）或（　　）飞行模式，控制任务设备转动和拍照，然后控制无人直升机返航降落。

A. 手动　　B. 增稳　　C. GPS　　D. 半自动

答案：AB

出处：《架空输电线路无人直升机巡检系统》（DL/T 1578—2016）

165. 无人机拍照功能试验，无人直升机均能在所有测量点按预先设置进行（　　）；手动或增稳飞行模式下，均可控制任务设备（　　）。

A. 悬停和拍照　　B. 转动和悬停　　C. 转动和拍照　　D. 飞行和悬停

答案：AC

出处：《架空输电线路无人直升机巡检系统》（DL/T 1578—2016）

166. 在无人机转动性能试验中，应测量并记录任务设备视场中心（　　）。

A. 初始位置　　B. 起始位置　　C. 终止位置　　D. 转动时间

答案：BCD

出处：《架空输电线路无人直升机巡检系统》（DL/T 1578—2016）

167. 依据《架空输电线路无人直升机巡检系统》（DL/T 1578—2016）中的规定，射频电磁场辐射抗扰度试验中需要的试验设备有（　　）。

A. 电波暗室　　B. 射频信号发生器

C. 对数周期天线　　D. 三轴运动测量台

答案：ABCD

出处：《架空输电线路无人直升机巡检系统》（DL/T 1578—2016）

168. 依据《架空输电线路无人直升机巡检系统》（DL/T 1578—2016）中的规定，地面站软件性能试验在飞行过程中，试验样品能显示（　　）和（　　）等测控参数。

A. 飞行速度　　B. 电池电压　　C. 电池电量　　D. 飞行高度

答案：AB

出处：《架空输电线路无人直升机巡检系统》（DL/T 1578—2016）

169. 依据《架空输电线路无人直升机巡检系统》（DL/T 1578—2016）中的规定，动力电池性能试验中，结果应符合（　　）。

A. 电池不应变形

B. 电源正负极标识清晰

C. 接头有防松措施，宜使用防误插接头的规定

D. 表面无针眼、磕碰、裂纹等

答案：ABCD

出处：《架空输电线路无人直升机巡检系统》（DL/T 1578—2016）

170. 依据《架空输电线路无人直升机巡检系统》（DL/T 1578—2016）中的规定，抗电磁干扰性能试验中，试验样品功能丧失或性能降低包括（　　）

A. 测控信号传输中断或丢失，无人直升机对操控信号无响应或飞行控制性能降低

B. 影像传输中断或出现迟滞、马赛克、雪花、条纹、重影等现象

C. 任务设备对操控信号无响应或转动、拍摄等控制性能降低

D. 其他功能的丧失或性能的降低

答案：ABCD

出处：《架空输电线路无人直升机巡检系统》（DL/T 1578—2016）

171. 依据《架空输电线路无人直升机巡检系统》（DL/T 1578—2016）中的规定，电池低气压试验中，实验结果要求电池不出现（　　）

A. 变形、鼓包　　B. 漏液、破裂　　C. 起火、爆炸　　D. 破损、松动

答案：ABC

出处：《架空输电线路无人直升机巡检系统》（DL/T 1578—2016）

172. 依据《架空输电线路无人直升机巡检系统》（DL/T 1578—2016）行业标准，运输振动性能试验中，实验结果要求（　　）。

A. 试验样品无变形和裂纹等现象

B. 插接件、紧固件等无开裂、松脱等现象

C. 显示屏无变形、开裂、花屏等现象

D. 无人直升机操控响应正常，任务设备转动、拍摄等功能正常

答案：ABCD

出处：《架空输电线路无人直升机巡检系统》（DL/T 1578—2016）

173. 依据《架空输电线路无人直升机巡检系统》（DL/T 1578—2016）行业标准，以下哪些情况下应进行型式试验？（　　）

A. 新产品投产或老产品转厂生产的试制定型

B. 产品结构、材料、设计、工艺以及元器件等有较大改动时

C. 产品停产1年及以上，恢复生产时

D. 上一次型式试验已超过2年时

答案：ABC

出处：《架空输电线路无人直升机巡检系统》（DL/T 1578—2016）

174. 依据《架空输电线路无人直升机巡检系统》（DL/T 1578—2016）行业标准，无人直升机巡检系统包装上应有哪些设备标志？（　　）

A. 产品名称、型号　　B. 生产厂名、商标　　C. 出厂编号　　D. 出厂年月

答案：ABCD

出处：《架空输电线路无人直升机巡检系统》（DL/T 1578—2016）

175. 依据《架空输电线路无人直升机巡检系统》（DL/T 1578—2016）行业标准，以下哪些包装标志应出现在无人直升机巡检系统包装上？（　　）

A. 产品名称、型号　　B. 生产厂名、商标　　C. 设备数量　　D. 产品标准号

答案：ACD

出处：《架空输电线路无人直升机巡检系统》（DL/T 1578—2016）

176. 依据《架空输电线路无人直升机巡检系统》（DL/T 1578—2016）行业标准，设备

包装环境及包装箱内应(　　)。

A. 结实耐用　　B. 清洁、干燥　　C. 无有害气体　　D. 无异物

答案：BCD

出处：《架空输电线路无人直升机巡检系统》(DL/T 1578—2016)

177. 依据《架空输电线路无人直升机巡检系统》(DL/T 1578—2016) 行业标准，无人直升机巡检系统出厂文件资料有(　　)。

A. 技术规格书　　B. 操作手册　　C. 维护保养手册　　D. 出厂检验报告

答案：ABCD

出处：《架空输电线路无人直升机巡检系统》(DL/T 1578—2016)

178. 依据《架空输电线路无人直升机巡检系统》(DL/T 1578—2016) 行业标准，无人直升机巡检系统应储存在(　　)的场所。

A. 避免阳光直晒　　B. 干燥、通风

C. 湿度适中　　D. 无腐蚀、无有害物质

答案：ABD

出处：《架空输电线路无人直升机巡检系统》(DL/T 1578—2016)

179. 在防雨性能试验中，试验样品主要为(　　)。

A. 地面站　　B. 飞控　　C. GPS　　D. 遥控手柄

答案：AD

出处：《架空输电线路无人直升机巡检系统》(DL/T 1578—2016)

180. 在无人机转动性能试验中，需要用到的试验设备有(　　)。

A. 距离测量器　　B. 水平角度测量器　　C. 垂直角度测量器　　D. 秒表

答案：BCD

出处：《架空输电线路无人直升机巡检系统》(DL/T 1578—2016)

181. 稳像精准试验中，需要用到的试验设备有(　　)。

A. 距离测量器　　B. 靶板　　C. 稳像精度试验台　　D. 秒表

答案：BC

出处：《架空输电线路无人直升机巡检系统》(DL/T 1578—2016)

182. 依据《架空输电线路无人直升机巡检系统》(DL/T 1578—2016) 中的规定，脉冲磁场抗扰度试验中需要用到的试验设备有(　　)。

A. 试验台　　B. 性能监测仪　　C. 脉冲磁场发生器　　D. 感应线圈

答案：ACD

出处：《架空输电线路无人直升机巡检系统》(DL/T 1578—2016)

183. 依据《架空输电线路无人直升机巡检系统》(DL/T 1578—2016) 中的规定，静电放电抗扰度试验中需要用到的试验设备有(　　)。

A. 试验台　　B. 静电放电枪

C. 性能监测仪　　D. 耦合板（包括水平耦合板和垂直耦合板）

答案：ABD

出处：《架空输电线路无人直升机巡检系统》(DL/T 1578—2016)

184. 依据《架空输电线路无人直升机巡检系统》(DL/T 1578—2016) 中的规定，工频磁场抗扰试验中需要用到的试验设备有(　　)。

A. 脉冲磁场发生器　B. 试验台　C. 工频磁场发生器　D. 感应线圈

答案：BCD

出处：《架空输电线路无人直升机巡检系统》(DL/T 1578—2016)

185. 《架空输电线路无人机巡检作业安全工作规程》规定了架空输电线路无人机巡检作业安全工作的总则、保证安全的组织措施、保证安全的技术措施、(　　)。

A. 安全注意事项　B. 作业人员配置

C. 巡检作业异常处理　D. 设备及资料管理

答案：ACD

出处：《架空输电线路无人机巡检作业安全工作规程》

186. 《架空输电线路无人机巡检作业安全工作规程》适用于使用(　　)巡检系统对公司架空输电线路开展无人机巡检作业的工作人员。

A. 大型无人直升机　B. 中小型无人直升机

C. 固定翼无人机　D. 多旋翼无人机

答案：BC

出处：《架空输电线路无人机巡检作业安全工作规程》

187. 无人机巡检系统是指一种用于对架空输电线路进行巡检作业的装备，由(　　)组成。

A. 无人机分系统　B. 任务载荷分系统

C. 综合保障分系统　D. 维护保养分系统

答案：ABC

出处：《架空输电线路无人机巡检作业安全工作规程》

188. 无人机分系统包括(　　)等形式。

A. 旋翼带尾桨　B. 共轴反桨　C. 多旋翼　D. 固定翼

答案：ABCD

出处：《架空输电线路无人机巡检作业安全工作规程》

189. 一般将(　　)形式的无人机分系统称为中型无人直升机巡检系统。

A. 旋翼带尾桨　B. 共轴反桨　C. 多旋翼　D. 固定翼

答案：AB

出处：《架空输电线路无人机巡检作业安全工作规程》

190. 无人机巡检作业根据所用无人机巡检系统的不同，分为(　　)。

A. 大型无人直升机巡检作业　B. 中型无人直升机巡检作业

C. 小型无人直升机巡检作业　D. 固定翼无人机巡检作业

答案：BCD

出处：《架空输电线路无人机巡检作业安全工作规程》

191. 无人机巡检作业是指利用无人机巡检系统对架空输电线路(　　)的运行状态、通道走廊环境等进行检查和检测的工作。

A. 本体　B. 附属设施　C. 通道　D. 保护区

答案：AB

出处：《架空输电线路无人机巡检作业安全工作规程》

192. 程控手是指利用地面控制站以(　　)模式控制无人机巡检系统飞行的人员。

A. 手动　　B. 增稳　　C. 全自主　　D. 编程

答案：BC

出处：《架空输电线路无人机巡检作业安全工作规程》

193. 操控手是指利用遥控器以(　　)模式控制无人机巡检系统飞行的人员。

A. 手动　　B. 增稳　　C. 全自主　　D. 编程

答案：AB

出处：《架空输电线路无人机巡检作业安全工作规程》

194. 任务手是操控任务载荷分系统对输电线路(　　)等进行拍照、摄像的人员。

A. 本体　　B. 附属设施　　C. 通道走廊环境　　D. 施工作业

答案：ABC

出处：《架空输电线路无人机巡检作业安全工作规程》

195. 巡检航线是指巡检作业时无人机巡检系统的飞行路线。路线周边不应存在影响无人机巡检系统安全起飞、飞行和降落的(　　)等。

A. 地形地貌　　B. 天气　　C. 建筑　　D. 其他障碍物

答案：ACD

出处：《架空输电线路无人机巡检作业安全工作规程》

196. 巡检作业点是指(　　)巡检作业时，无人直升机巡检系统停留进行拍照、摄像等作业的位置。

A. 大型无人直升机　　B. 中型无人直升机　　C. 小型无人直升机　　D. 固定翼无人机

答案：BC

出处：《架空输电线路无人机巡检作业安全工作规程》

197. 空中管制区是指为维护和保障(　　)，按照国家有关法规划设，对航空器在空间内活动应遵守的规则、方式和时间等进行了规定和限制的区域。

A. 空中交通秩序　　B. 空中交通安全　　C. 国家安全　　D. 机组人员安全

答案：ABC

出处：《架空输电线路无人机巡检作业安全工作规程》

198. 空中管制区是指为维护空中交通秩序、保障空中交通安全和国家安全，按照国家有关法规划设，对航空器在空间内活动应遵守的(　　)等进行了规定和限制的区域。

A. 规则　　B. 数量　　C. 方式　　D. 时间

答案：ACD

出处：《架空输电线路无人机巡检作业安全工作规程》

199. 民用航空的空中管制区包括(　　)等，此外还包括但不限于以下区域：空中禁区、空中限制区、空中危险区。

A. 塔台管制区　　B. 进近管制区　　C. 区域管制区　　D. 军事管制区

答案：ABC

出处：《架空输电线路无人机巡检作业安全工作规程》

200. 民用航空的空中管制区包括塔台管制区、进近管制区和区域管制区等，此外还包括但不限于以下区域：(　　)。

A. 空中禁区　　B. 空中限制区　　C. 空中避让区　　D. 空中危险区

答案：ABD

出处：《架空输电线路无人机巡检作业安全工作规程》

201. 空中危险区是指由管制部门划设，供(　　)使用的，在规定时限内，禁止无关航空器飞入的空间。

A. 试飞　　B. 对空射击　　C. 发射　　D. 作战

答案：BC

出处：《架空输电线路无人机巡检作业安全工作规程》

202. 为加强架空输电线路无人机巡检作业现场管理，规范各类作业人员的行为，保证(　　)安全，应遵循国家有关法律、法规，并结合电力生产的实际，开展架空输电线路无人机巡检作业。

A. 无人机巡检系统　　B. 人身　　C. 电网　　D. 设备

答案：BCD

出处：《架空输电线路无人机巡检作业安全工作规程》

203. 使用中型无人直升机巡检系统进行的架空输电线路巡检作业，作业人员包括工作负责人（一名）和工作班成员。工作班成员至少包括(　　)。

A. 程控手　　B. 操控手　　C. 任务手　　D. 机务

答案：ABC

出处：《架空输电线路无人机巡检作业安全工作规程》

204. 使用小型无人直升机巡检系统进行的架空输电线路巡检作业，必要时，也可增设一名专职工作负责人，此时工作班成员至少包括(　　)。

A. 程控手　　B. 操控手　　C. 任务手　　D. 机务

答案：AB

出处：《架空输电线路无人机巡检作业安全工作规程》

205. 使用固定翼无人机巡检系统进行的架空输电线路巡检作业，作业人员包括工作负责人（一名）和工作班成员。工作班成员至少包括(　　)。

A. 程控手　　B. 操控手　　C. 任务手　　D. 机务

答案：AB

出处：《架空输电线路无人机巡检作业安全工作规程》

206. 作业人员具备必要的(　　)等巡检飞行知识和相关业务技能。

A. 电气　　B. 机械　　C. 气象　　D. 航线规划

答案：ABCD

出处：《架空输电线路无人机巡检作业安全工作规程》

207. 因故间断无人机巡检作业连续三个月以上者，应重新学习《架空输电线路无人机巡检作业安全工作规程》，(　　)还应进行实操复训，经考试合格后，方能恢复工作。

A. 程控手　　B. 操控手　　C. 任务手　　D. 机务

答案：AB

出处：《架空输电线路无人机巡检作业安全工作规程》

208. (　　)等，应经过安全知识教育和培训后，方可参加指定工作，且不得单独工作。

A. 新参加无人机巡检工作的人员　　B. 实习人员

C. 临时参加作业的人员　　D. 厂家技术人员

答案：ABC

出处：《架空输电线路无人机巡检作业安全工作规程》

209. 各单位可根据现场情况制定《架空输电线路无人机巡检作业安全工作规程》（　　），并履行相关审批手续后方可执行。

A. 补充条款　　B. 实施细则　　C. 组织措施　　D. 技术措施

答案：AB

出处：《架空输电线路无人机巡检作业安全工作规程》

210.（　　）应提前掌握巡检线路走向和走势、交叉跨越情况、杆塔坐标、周边地形地貌、空中管制区分布、交通运输条件及其他危险点等信息，并确认无误。

A. 工作负责人　　B. 程控手　　C. 操控手　　D. 任务手

答案：ABC

出处：《架空输电线路无人机巡检作业安全工作规程》

211. 现场勘察由（　　）组织。

A. 工作票签发人　　B. 工作许可人　　C. 工作负责人　　D. 线路责任班组

答案：AC

出处：《架空输电线路无人机巡检作业安全工作规程》

212. 对（　　）的无人机巡检作业以及现场勘察认为危险性、复杂性和困难程度较大的无人机巡检作业，应专门编制组织措施、技术措施、安全措施，并履行相关审批手续后方可执行。

A. 复杂地形　　B. 复杂气象条件下　　C. 夜间开展　　D. 市郊城镇

答案：ABC

出处：《架空输电线路无人机巡检作业安全工作规程》

213. 工作票签发人应由熟悉（　　），并具有相关工作经验的生产领导人、技术人员或经本单位分管生产领导批准的人员担任。

A. 人员技术水平

B. 线路情况

C. 无人机巡检系统

D. 架空输电线路无人机巡检作业安全工作规程

答案：ABCD

出处：《架空输电线路无人机巡检作业安全工作规程》

214. 工作票签发人应由熟悉人员技术水平、熟悉线路情况、熟悉无人机巡检系统、熟悉《架空输电线路无人机巡检作业安全工作规程》，并具有相关工作经验的（　　）担任。

A. 生产领导人　　B. 项目负责人

C. 技术人员　　D. 经本单位分管生产领导批准的人员

答案：ACD

出处：《架空输电线路无人机巡检作业安全工作规程》

215. 工作许可人应由熟悉（　　）、熟悉《架空输电线路无人机巡检作业安全工作规程》，具有航线申请、空管报批相关工作经验，并经省（地、市）检修公司分管生产领导书面批准的人员担任。

A. 空域使用相关管理规定和政策　　B. 地形地貌和环境条件

C. 线路情况　　D. 无人机巡检系统

答案：ABCD

出处：《架空输电线路无人机巡检作业安全工作规程》

216. 工作许可人应由熟悉空域使用相关管理规定和政策、熟悉地形地貌和环境条件、熟悉线路情况、熟悉无人机巡检系统、熟悉《架空输电线路无人机巡检作业安全工作规程》，具有(　　)相关工作经验，并经省（地、市）检修公司分管生产领导书面批准的人员担任。

A. 航线规划　B. 航线申请　C. 空管报批　D. 空域许可

答案：BC

出处：《架空输电线路无人机巡检作业安全工作规程》

217. 工作负责人（监护人）应由熟悉(　　)，具有相关工作经验，并经省（地、市）检修公司分管生产领导书面批准的人员担任。

A. 人员技术水平

B. 线路情况

C. 无人机巡检系统

D. 架空输电线路无人机巡检作业安全工作规程

答案：BCD

出处：《架空输电线路无人机巡检作业安全工作规程》

218. 工作许可人及工作负责人应分别逐一记录、核对(　　)，并确认无误。

A. 作业人员　B. 工作时间　C. 作业范围　D. 许可空域

答案：BCD

出处：《架空输电线路无人机巡检作业安全工作规程》

219. 办理工作许可手续方法可采用：(　　)。

A. 当面办理　B. 电话办理　C. 派人办理　D. 约时办理

答案：ABC

出处：《架空输电线路无人机巡检作业安全工作规程》

220. 工作负责人应确认作业范围(　　)以及无人机巡检系统状态等满足安全作业要求。任意一项不满足安全作业要求或未得到确认，工作负责人都不得下令放飞。

A. 地形地貌　B. 气象条件　C. 许可空域　D. 现场环境

答案：ABCD

出处：《架空输电线路无人机巡检作业安全工作规程》

221. 在工作过程中，如遇雷、雨、大风以及其他任何情况威胁到(　　)的安全，但可在工作票（单）有效期内恢复正常，工作负责人可根据情况间断工作，否则应终结本次工作。

A. 作业人员　B. 无人机巡检系统　C. 线路本体　D. 通道保护区

答案：AB

出处：《架空输电线路无人机巡检作业安全工作规程》

222. 在工作过程中，如无人机巡检系统(　　)，工作负责人应终结本次工作。

A. 发生异常情况　B. 状态不满足安全作业要求

C. 在工作票（单）有效期内无法修复　D. 并无法确保安全可靠

答案：BCD

出处：《架空输电线路无人机巡检作业安全工作规程》

223. 已办理许可手续但尚未终结的工作，当空域许可情况发生变化不满足要求，但可在工作票（单）有效期内恢复正常，工作负责人可根据情况间断工作，否则应终结本次工作。若无人机巡检系统已经放飞，工作负责人应立即采取措施，控制无人机巡检系统（　）。

A. 悬停　B. 升高　C. 返航　D. 就近降落

答案：CD

出处：《架空输电线路无人机巡检作业安全工作规程》

224. 应充分考虑无人机巡检系统在飞行过程中出现（　）等故障的可能性，合理设置安全策略。

A. 偏离航线　B. 导航卫星颗数无法定位

C. 通信链路中断　D. 动力失效

答案：ABCD

出处：《架空输电线路无人机巡检作业安全工作规程》

225. 应充分考虑巡检过程中（　）等情况发生变化的可能性，合理制订安全策略。

A. 交通条件　B. 气象条件　C. 空域许可　D. 人员状态

答案：BC

出处：《架空输电线路无人机巡检作业安全工作规程》

226. 航前检查应确认当地气象条件是否满足所用无人机巡检系统（　）的技术指标要求。

A. 起飞　B. 飞行　C. 悬停　D. 降落

答案：ABD

出处：《架空输电线路无人机巡检作业安全工作规程》

227. 航前检查应确认当地气象条件是否满足所用无人机巡检系统起飞、飞行和降落的技术指标要求；掌握航线所经地区气象条件，判断是否对无人机巡检系统的安全飞行构成威胁。若不满足要求或存在较大安全风险，工作负责人可根据情况（　）。

A. 继续工作　B. 间断工作　C. 临时中断工作　D. 终结本次工作

答案：BCD

出处：《架空输电线路无人机巡检作业安全工作规程》

228. 每次放飞前，应对无人机巡检系统的（　）和任务系统等进行检查。当发现任一系统出现不适航状态，应认真排查原因、修复，在确保安全可靠后方可放飞。

A. 动力系统　B. 导航定位系统　C. 飞控系统　D. 通信链路

答案：ABCD

出处：《架空输电线路无人机巡检作业安全工作规程》

229. 若自检结果中有（　）信息，应认真排查原因、修复，在确保安全可靠后方可放飞。

A. 提示　B. 告警　C. 故障　D. 不适航

答案：BC

出处：《架空输电线路无人机巡检作业安全工作规程》

230. 各型无人机巡检系统的飞行（　）等应满足该机型技术指标要求，且满足巡检质量要求。

A. 速度　　B. 高度　　C. 位置　　D. 姿态

答案：AB

出处：《架空输电线路无人机巡检作业安全工作规程》

231. 无人机巡检系统放飞后，宜在起飞点附近进行(　　)飞行，作业人员确认系统工作正常后方可继续执行巡检任务。

A. 悬停　　B. 加速　　C. 盘旋　　D. 降落

答案：AC

出处：《架空输电线路无人机巡检作业安全工作规程》

232. 程控手应始终注意观察无人机巡检系统(　　)等遥测参数，判断系统工作是否正常。如有异常，应及时判断原因，采取应对措施。

A. 发动机或电机转速　B. 电池电压　　C. 航向　　D. 飞行姿态

答案：ABCD

出处：《架空输电线路无人机巡检作业安全工作规程》

233. 采用自主飞行模式时，在目视可及范围内，操控手应密切观察(　　)，突发情况下，操控手可通过遥控手柄立即接管控制无人机巡检系统的飞行，并向程控手汇报。

A. 无人机巡检系统飞行姿态　　B. 周围环境变化

C. 待检测设备　　D. 地面人员

答案：AB

出处：《架空输电线路无人机巡检作业安全工作规程》

234. 无人机巡检系统飞行时，程控手应密切观察无人机巡检系统飞行航迹是否符合预设航线。当飞行航迹偏离预设航线时，应立即采取措施控制无人机巡检系统按预设航线飞行，并再次确认无人机巡检系统飞行状态正常可控。否则，应立即采取措施控制无人机巡检系统(　　)，待查明原因，排除故障并确认安全可靠后，方可重新放飞执行巡检作业。

A. 悬停　　B. 升高　　C. 返航　　D. 就近降落

答案：CD

出处：《架空输电线路无人机巡检作业安全工作规程》

235. 现场应携带所用无人机巡检系统(　　)。

A. 出厂合格证　　B. 飞行履历表

C. 操作手册　　D. 简单故障排查和维修手册

答案：BCD

出处：《架空输电线路无人机巡检作业安全工作规程》

236. 使用中型无人直升机巡检系统的巡检作业，程控手应在巡检作业前一个工作日完成航线规划工作，编辑生成(　　)，并交工作负责人检查无误。

A. 起降区域　　B. 飞行航线

C. 各巡检作业点作业方案　　D. 安全策略

答案：BCD

出处：《架空输电线路无人机巡检作业安全工作规程》

237. 使用小型无人直升机巡检系统的巡检作业，若需要对无人直升机巡检系统的(　　)等进行调整，程控手应及时告知操控手具体要求，由操控手根据现场情况和无人直升机的状态决定是否实施。

A. 速度　　B. 高度　　C. 位置　　D. 姿态

答案：CD

出处：《架空输电线路无人机巡检作业安全工作规程》

238. 无人机巡检系统飞行时，若通信链路长时间中断，且在预计时间内仍未返航，应根据掌握的无人机巡检系统(　　)等信息及时寻找。

A. 预设航线降落位置　　B. 通信链路中断时无人机的位置

C. 最后地理坐标位置　　D. 机载追踪器发送的报文

答案：CD

出处：《架空输电线路无人机巡检作业安全工作规程》

239. 巡检作业区域出现(　　)时，应立即评估巡检作业安全性，在确保安全后方可继续执行巡检作业，否则应采取避让措施。

A. 无关人员　　B. 行驶车辆　　C. 其他飞行器　　D. 飘浮物

答案：CD

出处：《架空输电线路无人机巡检作业安全工作规程》

240. 无人机巡检系统飞行过程中，若班组成员身体出现不适或受其他干扰影响作业，应迅速采取措施保证无人机巡检系统安全，情况紧急时，可立即控制无人机巡检系统(　　)。

A. 悬停　　B. 避让　　C. 返航　　D. 就近降落

答案：CD

出处：《架空输电线路无人机巡检作业安全工作规程》

241. 维护保养人员应按维护保养手册要求按时开展(　　)等工作。

A. 日常维护　　B. 零件维修更换　　C. 大修保养　　D. 试验

答案：ABCD

出处：《架空输电线路无人机巡检作业安全工作规程》

242. 当无人机巡检系统主要组成部件，如电机、飞控系统、通信链路、任务设备以及操作系统等进行了(　　)后，运维单位应组织试验检测，确保无人机巡检系统满足相关标准要求。

A. 检查　　B. 更换　　C. 升级　　D. 维护

答案：BC

出处：《架空输电线路无人机巡检作业安全工作规程》

243. 无人机巡检系统所用电池应按要求进行(　　)等维护保养工作，确保电池性能良好。

A. 外观检查　　B. 充（放）电　　C. 性能检测　　D. 电芯更换

答案：BC

出处：《架空输电线路无人机巡检作业安全工作规程》

244. 固定翼无人机巡检系统程控手应具有10次及以上的(　　)巡检工作经验。

A. 固定翼　　B. 中大型无人直升机　　C. 小型无人直升机　　D. 多旋翼

答案：AB

出处：《架空输电线路无人机巡检作业安全工作规程》

245.《架空输电线路无人直升机巡检技术规程》中规定，无人直升机挂载的任务设备包括(　　)。

A. 可见光照相机　　B. 摄像机　　C. 红外热成像仪　　D. 录像机

答案：ABC

出处：《架空输电线路无人直升机巡检技术规程》

246.《架空输电线路无人直升机巡检技术规程》中规定，无人直升机巡检系统一般由无人直升机［包括(　　)等］分系统、任务设备分系统和综合保障分系统组成。

A. 自旋翼　　B. 单旋翼　　C. 多旋翼　　D. 共轴双旋翼

答案：BCD

出处：《架空输电线路无人直升机巡检技术规程》

247.《架空输电线路无人直升机巡检技术规程》中规定，通信链路包括(　　)传输链路。

A. 图像　　B. 遥控遥测信号　　C. GPS　　D. 卫星

答案：AB

出处：《架空输电线路无人直升机巡检技术规程》

248.《架空输电线路无人直升机巡检技术规程》中规定，航线规划指根据(　　)等信息，规划巡检飞行航线，满足工作任务要求。

A. 空域情况　　B. 线路通道　　C. 无人直升机性能　　D. 天气情况

答案：ABC

出处：《架空输电线路无人直升机巡检技术规程》

249.《架空输电线路无人直升机巡检技术规程》中规定，程控手是利用地面控制站以(　　)模式控制无人机巡检系统的作业人员。

A. 手动　　B. 增稳　　C. 全自主　　D. GPS

答案：BC

出处：《架空输电线路无人直升机巡检技术规程》

250.《架空输电线路无人直升机巡检技术规程》中规定，无人直升机巡检类别分为(　　)。

A. 正常巡检　　B. 故障巡检　　C. 夜间巡视　　D. 特殊巡检

答案：ABD

出处：《架空输电线路无人直升机巡检技术规程》

251.《架空输电线路无人直升机巡检技术规程》中规定，应使用高清照相机（摄像机）检查(　　)等异常情况和缺陷隐患。

A. 导地线、绝缘子　　B. 金具、杆塔　　C. 基础、附属设施　　D. 线路通道

答案：ABCD

出处：《架空输电线路无人直升机巡检技术规程》

252.《架空输电线路无人直升机巡检技术规程》中规定，作业人员应了解(　　)等相关知识，掌握无人直升机理论及技能，并考试合格。

A. 航空　　B. 气象　　C. 地理　　D. 物理

答案：ABC

出处：《架空输电线路无人直升机巡检技术规程》

253.《架空输电线路无人直升机巡检技术规程》中规定，作业人员应(　　)。

A. 身体健康　B. 精神状态良好
C. 无妨碍作业的生理和心理障碍　D. 并考试合格
答案：ABC
出处：《架空输电线路无人直升机巡检技术规程》

254.《架空输电线路无人直升机巡检技术规程》中规定，中型机操控手负责无人直升机人工(　　)。
A. 起降操控　B. 设备准备　C. 检查　D. 撤收
答案：ABCD
出处：《架空输电线路无人直升机巡检技术规程》

255.《架空输电线路无人直升机巡检技术规程》中规定，中型机程控手负责程控无人直升机飞行、遥测信息监测、(　　)。
A. 设备准备　B. 检查　C. 航线规划　D. 撤收
答案：ABCD
出处：《架空输电线路无人直升机巡检技术规程》

256.《架空输电线路无人直升机巡检技术规程》中规定，中型机任务手负责任务设备操作、(　　)、检查、撤收。
A. 现场环境观察　B. 图传信息监测　C. 设备准备　D. 航线规划
答案：ABC
出处：《架空输电线路无人直升机巡检技术规程》

257.《架空输电线路无人直升机巡检技术规程》中规定，工作负责人负责组织巡检工作开展及现场飞行安全，可兼任(　　)。
A. 操控手　B. 程控手　C. 监护人　D. 工作票签发人
答案：AB
出处：《架空输电线路无人直升机巡检技术规程》

258.《架空输电线路无人直升机巡检技术规程》中规定，无人直升机巡检系统和备品备件应满足无人直升机巡检(　　)，定期保养并经检测合格，确保其状态正常。
A. 相关功能　B. 机翼完好　C. 技术要求　D. 机身完好
答案：AC
出处：《架空输电线路无人直升机巡检技术规程》

259.《架空输电线路无人直升机巡检技术规程》中规定，勘察内容包括地形地貌、线路走向、(　　)、起降环境、交通条件及其他危险点等。
A. 气象条件　B. 空域条件　C. 杆塔坐标　D. 交跨情况
答案：ABCD
出处：《架空输电线路无人直升机巡检技术规程》

260.《架空输电线路无人直升机巡检技术规程》中规定，对现场勘察认为危险性、复杂性较大的无人直升机巡检作业，应专门编制(　　)，并履行相关审批手续。
A. 组织措施　B. 技术措施　C. 安全措施　D. 飞行措施
答案：ABC
出处：《架空输电线路无人直升机巡检技术规程》

261.《架空输电线路无人直升机巡检技术规程》中规定，航线规划应避开(　　)，远离人口稠密区、重要建筑和设施、通信阻隔区、无线电干扰区、大风或切变风多发区，尽量避免跨越高速公路和铁路飞行。

A. 军事禁区　　B. 军事管理区　　C. 空中危险区　　D. 空中限制区

答案：ABCD

出处：《架空输电线路无人直升机巡检技术规程》

262.《架空输电线路无人直升机巡检技术规程》中规定，无人直升机巡检结束，人员撤离前，应(　　)确认现场无遗漏。

A. 清理现场　　B. 核对设备　　C. 无人机自检　　D. 核对工器具清单

答案：ABD

出处：《架空输电线路无人直升机巡检技术规程》

263.《架空输电线路无人直升机巡检技术规程》中规定，无人直升机巡检系统对维护保养的要求(　　)确保状态良好。

A. 定期保养　　B. 维修和试验　　C. 返厂维修　　D. 更换零件

答案：AB

出处：《架空输电线路无人直升机巡检技术规程》

264.《架空输电线路无人直升机巡检技术规程》中规定，无人直升机巡检系统主要部件(　　)更换或升级后，应进行检测，确保满足技术要求。

A. 电机　　B. 飞控系统

C. 任务设备以及操作系统　　D. 通信链路

答案：ABCD

出处：《架空输电线路无人直升机巡检技术规程》

265. 无人机系统由(　　)部分组成。

A. 无人机平台　　B. 控制站　　C. 通信系统　　D. 保障设备

答案：ABCD

出处：《架空输电线路无人机巡检技术》

266. 控制站的主要功能有主要负责(　　)和管理、紧急情况处理、起飞降落等重要飞行任务的执行。

A. 数据采集　　B. 控制计算　　C. 航线编制　　D. 任务的执行

答案：ABCD

出处：《架空输电线路无人机巡检技术》

267. 无人机按质量分类有(　　)和微型无人机。

A. 大型无人机　　B. 小型无人机　　C. 重大型无人机　　D. 轻型无人机

答案：ABD

出处：《架空输电线路无人机巡检技术》

268. 无人机按飞行平台分类有固定翼无人机、(　　)。

A. 旋翼无人机　　B. 无人机飞艇　　C. 伞翼无人机　　D. 扑翼无人机

答案：ABCD

出处：《架空输电线路无人机巡检技术》

269. 无人机按活动半径分类有高空长航时无人机、中空长航时无人机、(　)

A. 中程无人机　B. 近程无人机　C. 小型无人机　D. 超近程无人机

答案：ABCD

出处：《架空输电线路无人机巡检技术》

270. 无人机按飞行高度分类有超高空无人机、(　　)和超低空无人机。

A. 高空无人机　B. 超近空无人机　C. 中空无人机　D. 低空无人机

答案：ACD

出处：《架空输电线路无人机巡检技术》

271. 军用无人机在海军方面的应用，如尾随敌方军舰、(　　)避免海上攻击、放置和检测声呐浮标及其他反潜作战。

A. 获取电子情报　B. 通过发射特定假信号诱骗导弹

C. 无线电通信中继　D. 防护港口

答案：ABCD

出处：《架空输电线路无人机巡检技术》

272. 军用无人机在陆军方面的应用，如侦察、监视敌方活动(　　)及摧毁。

A. 核生化（NBC）污染监控　B. 电子情报

C. 目标指示及检测　D. 地雷定位

答案：ABCD

出处：《架空输电线路无人机巡检技术》

273. 军用无人机在空军方面的应用，如远程高空监视、(　　)机场损伤评估、未爆炸大拆除等。

A. 干扰和攻击雷达系统　B. 电子情报

C. 机场安全　D. 无线电通信中继

答案：ABC

出处：《架空输电线路无人机巡检技术》

274. 无人机在民用领域的用途，如大地测量、气象观测、城市环境监测、地球资源勘探、森林防火、航空摄影、搜寻与营救、(　　)及土地状况监测等。

A. 海岸巡逻　B. 海界标检测　C. 污染　D. 海岸巡航

答案：ABC

出处：《架空输电线路无人机巡检技术》

275. 架空输电线路的巡检分为(　　)。

A. 人工与无人机协同巡检　B. 人工巡检

C. 有人直升机巡检　D. 无人机巡检

答案：BCD

出处：《架空输电线路无人机巡检技术》

276. 大部分固定翼无人机结构包含(　　)等。

A. 机身　B. 机翼

C. 尾翼　D. 起落架和发动机

答案：ABCD

出处：《架空输电线路无人机巡检技术》

277. 直升机的缺点是(　　)。

A. 速度低　B. 耗油量较低　C. 耗油量较大　D. 航程较短

答案：ACD

出处：《架空输电线路无人机巡检技术》

278. 与直升机相比，旋翼机的优点有(　　)。

A. 结构非常简单　B. 操作稳定　C. 造价低廉　D. 安全性较好

答案：ACD

出处：《架空输电线路无人机巡检技术》

279. 航空器动力装置系统和附件包括(　　)。

A. 活塞式发动机　B. 电动动力系统　C. 涡轮喷气发动机　D. 其他动力装置

答案：ABCD

出处：《架空输电线路无人机巡检技术》

280. 电动动力系统主要由（　　）组成。

A. 控制系统　B. 动力电机　C. 动力电源　D. 调速系统

答案：BCD

出处：《架空输电线路无人机巡检技术》

281. 无人机机翼的基本翼型有平凸型、(　　)、特种型。

A. 凹凸型　B. 对称型　C. 双凸型　D. S形

答案：ABCD

出处：《架空输电线路无人机巡检技术》

282. 无人机机翼翼型的主要参数包括(　　)内容。

A. 翼型厚度　B. 中弧线　C. 翼弦　D. 翼型弯度

答案：ABCD

出处：《架空输电线路无人机巡检技术》

283. 无人机机翼的平面形状主要包括(　　)和迎角等参数。

A. 翼展　B. 根梢比　C. 展弦比　D. 后掠角

答案：ABCD

出处：《架空输电线路无人机巡检技术》

284. 飞机在哪三种情况下会超过迎角？(　　)

A. 低速飞行　B. 高速飞行　C. 转弯飞行　D. 高、低速飞行

答案：ABC

出处：《架空输电线路无人机巡检技术》

285. 飞机离开地面效应的情况包括以下四点：(　　)产生的静态源压力减少。

A. 通过增加迎角来维持相同的升力系数

B. 诱导阻力增加，所需要的推力也要增加

C. 稳定性降低，机头在瞬间会向上翘

D. 产生的静态源压力增加

答案：ABC

出处：《架空输电线路无人机巡检技术》

286. 常见的多旋翼无人机有(　　)。

A. 四旋翼无人机　B. 六旋翼无人机　C. 八旋翼无人机　D. 十旋翼无人机

答案：ABC

出处：《架空输电线路无人机巡检技术》

287. 四旋翼无人机主要的运动形式有：（　　）；前后运动；侧向运动。

A. 垂直运动　　B. 俯仰运动　　C. 滚转运动　　D. 偏航运动

答案：ABCD

出处：《架空输电线路无人机巡检技术》

288. 无人直升机的类型有（　　）。

A. 单旋翼无人直升机　　B. 共轴式无人直升机

C. 纵列式无人直升机　　D. 横列式无人直升机

答案：ABCD

出处：《架空输电线路无人机巡检技术》

289. 单旋翼无人直升机的形式有（　　）等形式。

A. 带尾桨　　B. 无尾桨　　C. 桨尖喷气　　D. 螺旋桨

答案：ABC

出处：《架空输电线路无人机巡检技术》

290. 无人直升机的结构主要由机体、（　　）和操纵控制部分组成。

A. 动力装置　　B. 传动结构　　C. 伺服结构　　D. 旋翼

答案：ABCD

出处：《架空输电线路无人机巡检技术》

291. 应用于电力系统中的无人机按照机体结构主要分为（　　）和（　　）。

A. 无人直升机　　B. 固定翼无人机　　C. 旋翼无人机　　D. 伞翼无人机

答案：AB

出处：《架空输电线路无人机巡检技术》

292. 应用于电力系统中的无人机按照空机质量主要分为（　　）三个级别。

A. 大型　　B. 中型　　C. 小型　　D. 微型

答案：ABC

出处：《架空输电线路无人机巡检技术》

293. 小型无人直升机适用于（　　）、多方位精细化巡检和（　　）。

A. 短距离（2～3个基塔）　　B. 中等距离

C. 周期巡检　　D. 故障巡检

答案：AD

出处：《架空输电线路无人机巡检技术》

294. 小型固定翼无人机适用于（　　）、（　　）和灾害普查。

A. 小范围通道巡检　　B. 大范围通道巡检

C. 应急巡检　　D. 周期巡检

答案：AC

出处：《架空输电线路无人机巡检技术》

295. 中型固定翼无人机适用于（　　）、（　　）和灾害普查。

A. 中等范围通道巡检　　B. 大范围通道巡检

C. 应急巡检　　D. 周期巡检

答案：BC

出处：《架空输电线路无人机巡检技术》

296. 无人直升机巡检系统包括(　　)、任务载荷和(　　)。

A. 无人直升机系统　B. 综合保障系统　C. 飞行控制系统　D. 机载通信系统

答案：AB

出处：《架空输电线路无人机巡检技术》

297. 无人直升机巡检系统的地面保障设备应包括(　　)。

A. 供电设备　B. 燃料　C. 调试用具　D. 工器具

答案：ABCD

出处：《架空输电线路无人机巡检技术》

298. 大、中型无人直升机巡检系统的地面站系统包括(　　)及地面测控车辆。

A. 飞行控制软件　B. 检测系统软件　C. 硬件设备　D. 地面通信系统

答案：ABCD

出处：《架空输电线路无人机巡检技术》

299. 无人直升机巡检系统技术指标有环境适应性、(　　)、通信、任务载荷、地面展开时间、撤收时间、平均无故障间隔时间、整机寿命和编辑飞行航点。

A. 飞行性能　B. 质量指标　C. 航迹控制精度　D. 起降方式

答案：ABC

出处：《架空输电线路无人机巡检技术》

300. 固定翼无人机巡检系统包括(　　)和综合保障系统。

A. 固定翼无人机系统　B. 机载通信系统

C. 任务载荷　D. 发射回收系统

答案：ACD

出处：《架空输电线路无人机巡检技术》

301. 固定翼无人机巡检系统的无人机平台由(　　)构成。

A. 无人机本体　B. 飞行控制系统　C. 数据检测系统　D. 机载通信系统

答案：AB

出处：《架空输电线路无人机巡检技术》

302. 固定翼无人机巡检系统技术指标有环境适应性、起降技术指标、飞行性能技术指标、任务载重、航迹控制精度、(　　)、操作性、整机使用寿命。

A. 通信　B. 任务载荷　C. 可靠性　D. 实时性

答案：ABC

出处：《架空输电线路无人机巡检技术》

303. 无人机飞行控制系统主要由机载传感器、飞控系统和(　　)组成，功能是根据无人机的实时飞行状态，将地面站发出的飞行任务解算成为控制指令，并驱动执行机构以控制无人机。

A. 检测控制模块　B. 机载控制模块　C. 地面站控制模块　D. 任务控制模块

答案：BC

出处：《架空输电线路无人机巡检技术》

304. 无人机飞行控制系统是一个较为复杂的闭环负反馈控制系统，它可以控制无人机实现(　　)飞行，控制机动飞行时飞行姿态较稳定，以保证无人机的安全降落。

A. 定速度　　B. 定高度　　C. 定航向　　D. 定姿态

答案：BCD

出处：《架空输电线路无人机巡检技术》

305. 无人机飞行控制系统具有(　　)和自动三种控制模式。

A. 手动　　B. 速度　　C. 半自动　　D. 定位

答案：AB

出处：《架空输电线路无人机巡检技术》

306. 速度模式是采用机载飞行任务模块来控制飞机，然后根据指令执行(　　)、悬停等飞行任务，其中后退、悬停应用于无人直升机，其他飞行任务也适用于固定翼无人机，此模式具有良好的操控性。

A. 前飞　　B. 后退　　C. 侧飞　　D. 盘旋

答案：ABCD

出处：《架空输电线路无人机巡检技术》

307. 自动模式是根据杆塔 GPS 位置，事先设置好的航路点和悬停点，自动起飞、(　　)。此模式安全可靠，适合实际巡线需求。

A. 飞行　　B. 盘旋　　C. 悬停　　D. 降落

答案：ACD

出处：《架空输电线路无人机巡检技术》

308. 目前应用于架空输电线路巡检的无人机巡检系统具备手动、速度和自动三种模式，并且具备(　　)、三维程控飞行等功能。

A. 自主起降　　B. 航线规划　　C. 一键返航　　D. 失控返航

答案：ABCD

出处：《架空输电线路无人机巡检技术》

309. 目前在无人机上可采用的导航技术主要包括惯性导航、卫星导航、多普勒导航、(　　)、航迹推算、地形匹配辅助导航以及组合导航。

A. 视觉导航　　B. 地形辅助导航　　C. 地磁导航　　D. 天文导航

答案：ABCD

出处：《架空输电线路无人机巡检技术》

310. 惯性导航不依赖外界任何信息，隐蔽性好，不受外界干扰，不受地形影响，能够全天候提供(　　)和姿态角数据，但不能给出时间信息。

A. 位置　　B. 速度　　C. 航向　　D. 状态

答案：ABC

出处：《架空输电线路无人机巡检技术》

311. 卫星导航系统由(　　)和用户定位设备三部分组成。

A. 导航卫星　　B. 通信系统　　C. 地面台站　　D. 监测站

答案：AC

出处：《架空输电线路无人机巡检技术》

312. 卫星导航系统能够为全球提供全天候、全天时的(　　)信息，精度不随时间变化。

A. 气候　　B. 位置　　C. 速度　　D. 时间

答案：BCD

出处：《架空输电线路无人机巡检技术》

313. GPS 导航的优点是(　　)导航与定位能力，实时性较出色，但是不能提供载体的姿态信息。

A. 全球性　　B. 全天候　　C. 全方位　　D. 连续精密

答案：ABD

出处：《架空输电线路无人机巡检技术》

314. 视觉导航可任意获取丰富的环境信息，并且具有(　　)以及信息完整性等优势。

A. 独立性　　B. 准确性　　C. 可靠性　　D. 全面性

答案：ABC

出处：《架空输电线路无人机巡检技术》

315. 地磁导航具有无源性、无辐射、隐蔽性强，不受敌方干扰、(　　)的优良特性，且导航不存在误差积累。

A. 全天时　　B. 全天候　　C. 全地域　　D. 能耗低

答案：ABCD

出处：《架空输电线路无人机巡检技术》

316. 多普勒导航的优点是自主性好，(　　)，测速精度高，能用于各种气候条件和地形条件。

A. 实时性好　　B. 反应快　　C. 隐蔽性强　　D. 抗干扰性强

答案：BD

出处：《架空输电线路无人机巡检技术》

317. 目前应用于电力巡检的无人机系统，通常使用(　　)与地磁导航相结合的组合导航方式。

A. 多普勒导航　　B. 惯性导航　　C. GPS 卫星导航　　D. 天文导航

答案：BC

出处：《架空输电线路无人机巡检技术》

318. 无人机通信系统需要能在(　　)内等非通视和有阻挡的环境使用时仍然具有卓越的绕障和穿透能力。

A. 城区　　B. 城郊　　C. 隧道　　D. 建筑物

答案：ABD

出处：《架空输电线路无人机巡检技术》

319. 数据传输系统通过天线接收地面遥控发射机发射的调频信号，经过(　　)后，以串行形式发送给飞行控制系统，实现远距离的遥控。

A. 放大　　B. 鉴频　　C. 解调　　D. 译码

答案：ABCD

出处：《架空输电线路无人机巡检技术》

320. 图像传输系统的主要功能是实时传输可见光视屏、红外视频，供无人机任务操控人员实时操控云台转动到合适的角度拍摄(　　)高清晰度的照片，同时辅助内控人员、外控人员实时观察无人机飞行状况。

A. 输电线路　　B. 杆塔　　C. 金具　　D. 线路走廊

答案：ABD

出处：《架空输电线路无人机巡检技术》

321. 采用COFDM技术的设备在城区、城郊、建筑物内等非通视和有阻挡的环境中，仍然具有卓越的(　　)能力，对高压线及高压设备产生的电磁干扰有很强的抗干扰能力，能够满足无人机电力巡线的需要。

A. 绕障　　B. 绕射　　C. 穿透　　D. 穿刺

答案：BC

出处：《架空输电线路无人机巡检技术》

322. 无人机避障系统的分析避障模块的关键技术包括(　　)和仿真模拟测试。

A. 决策算法　　B. 规避算法　　C. 起降方式　　D. 信号实时快速传输

答案：ABD

出处：《架空输电线路无人机巡检技术》

323. 无人机巡检机载监测系统是用机载摄像机、机载照相机、红外热像仪、激光雷达检测输电网上的导线、(　　)等设备，并且发现设备破损、部件丢失、设备热缺陷等故障，从而为架空输电线路安全运行提供重要的安全保障。

A. 杆塔　　B. 绝缘子　　C. 线夹　　D. 销钉

答案：ABCD

出处：《架空输电线路无人机巡检技术》

324. 红外热像仪是检测系统中一个非常关键的检测设备，通过无线图像传输系统传输的实时红外视频，帮助任务操控人员检测输电线路上的接头、(　　)、压接套管、绝缘子引线等有无热故障和缺陷。

A. 绝缘子　　B. 夹板　　C. 引流线　　D. 高压线

答案：ABCD

出处：《架空输电线路无人机巡检技术》

325. 激光雷达技术综合了(　　)、数字摄影测量以及图像处理技术等多种技术，能快速准确地获取裸地表以及地表上各种物体的三维坐标和物理特征，是国际上先进的一种测绘技术。

A. 扫描技术　　B. 激光测距技术

C. 惯性导航IMU技术　　D. 全球定位GPS技术

答案：ABCD

出处：《架空输电线路无人机巡检技术》

326. 数据整合与控制设备根据程序预先设定的拍摄方式或接收到的地面控制命令对(　　)等设备进行控制。

A. 红外仪　　B. 紫外仪　　C. 可见光相机　　D. 云台

答案：ABCD

出处：《架空输电线路无人机巡检技术》

327. 基于机载视频的典型设备识别定位技术主要研究基于特征的绝缘子串、(　　)关键部位等识别定位技术。

A. 防振锤　　B. 间隔棒　　C. 均压环　　D. 杆塔

答案：ABCD

出处：《架空输电线路无人机巡检技术》

328. 决定架空输电线路杆塔外形的因素主要有（　　）、地质情况及使用条件等。

A. 杆塔高度　　B. 电压等级　　C. 线路回数　　D. 地形

答案：BCD

出处：《架空输电线路无人机巡检技术》

329. 根据玻璃、瓷质和合成绝缘子的各自特性，其常见故障有（　　）、闪络放电和异物等。

A. 自爆　　B. 掉串　　C. 裂纹破损　　D. 火花

答案：ABC

出处：《架空输电线路无人机巡检技术》

330. 作业宜在良好天气下进行，如遇（　　）、大雨、冰雹、大风等恶劣天气或出现强磁电干扰信号等不利于巡检作业的情况，无人机不得放飞。

A. 雪　　B. 雾　　C. 霾　　D. 霜

答案：ABC

出处：《架空输电线路无人机巡检技术》

331. 申报飞行空域原则上与其他空域水平间隔不小于 20km，垂直间隔不小于 2km。一般需提前 7 日提交申请并提交下列文件：（　　）；特殊情况处置预案。

A. 国籍标志和登记标志　　B. 驾驶员相应的资质证书

C. 飞行器性能数据和三视图　　D. 可靠的通信保障方案

答案：ABCD

出处：《架空输电线路无人机巡检技术》

332. 飞行巡检工作流程包括（　　）、巡检报告生成四个步骤。

A. 任务分配　　B. 任务规划　　C. 任务准备　　D. 任务执行

答案：BCD

出处：《架空输电线路无人机巡检技术》

333. 起飞前控制站的检查包括：控制站电源、天线等的连接检查；（　　）；预规划航线及航点检查。

A. 控制站电源检查　　B. 控制站软件检查

C. 控制站插件　　D. 卫星定位系统检查

答案：ABD

出处：《架空输电线路无人机巡检技术》

334. 起飞前通信链路的检查包括：链路拉距及场强检查；（　　）。

A. 飞行摇杆舵面及节风门反馈检查　　B. 通信信号检查

C. 外部控制盒舵面及节风门反馈检查　　D. 卫星定位系统检查

答案：AC

出处：《架空输电线路无人机巡检技术》

335. 特殊巡检的主要内容有鸟害巡检、树竹巡检、（　　）。

A. 防火烧山巡检　　B. 外破巡检　　C. 红外巡检　　D. 灾后巡检

答案：ABCD

出处：《架空输电线路无人机巡检技术》

336. 熟悉飞行场地时，需了解飞行场区地形特征及需用空域(　　)、场区保障的内容。

A. 场地海拔高度　　B. 砂尘环境　　C. 飞行场区电磁环境　D. 信号干扰

答案：ABC

出处：《架空输电线路无人机巡检技术》

337. 了解气象情况时，需了解大气温度、压强和密度、(　　)、周围光线。

A. 风速和风向　　B. 能见度　　C. 云底高度　　D. 降雨率

答案：ABCD

出处：《架空输电线路无人机巡检技术》

338. 根据现场地形条件选定无人直升机起飞点及降落点，起降点四周应空旷无树木、山石等障碍物，航线范围内无超高物体（建筑物、高山等），起降点大小要求如下：(　　)。

A. 大型无人直升机 5m×5m 左右大小平整的地面

B. 微型无人直升机 1m×1m 左右大小平整的地面

C. 中型无人直升机 3m×3m 左右大小平整的地面

D. 小型无人直升机 1×1m 左右大小平整的地面

答案：ACD

出处：《架空输电线路无人机巡检技术》

339. 在完成了航线规划及安全保证措施后，还应进行(　　)报批手续。

A. 巡检作业前 3 个作日，工作负责人应向线路途经区域的空管部门履行航线报批手续

B. 巡检作业前 3 个工作日，工作负责人应向调度、安监部门履行报备手续

C. 巡检作业前 1 个工作日，工作负责人应提前了解作业现场当天的气象情况，决定是否能够进行飞行巡检作业，并再次向当地空管部门申请放飞许可

D. 巡检作业前 2 个作日，工作负责人应向线路途经区域的空管部门履行航线报批手续

答案：ABC

出处：《架空输电线路无人机巡检技术》

340. 巡检作业时，无人直升机应远离爆破、(　　)、火焰、无线电干扰等活动区域。

A. 射击　　B. 打靶　　C. 飞行物　　D. 烟雾

答案：ABCD

出处：《架空输电线路无人机巡检技术》

341. (　　)，并检查确保设备的正常供电工作。

A. 架设天线　　B. 架设遥控　　C. 遥测信号　　D. 遥测天线

答案：BD

出处：《架空输电线路无人机巡检技术》

342. 检查(　　)等无异常后按顺序打开测控设备，启动地面站。

A. 发电机　　B. 车上电源系统　　C. 充电器　　D. UPS

答案：ABD

出处：《架空输电线路无人机巡检技术》

343. 无人机在(　　)等天气情况，不得进行飞行作业。

A. 下暴雨　　B. 下雾　　C. 下雪　　D. 闪电打雷

答案：ACD

出处：《架空输电线路无人机巡检技术》

344. 应确认(　　)等具备充足的电源供应。

A. 红外线测温仪　　B. 可见光设备　　C. 红外线热像仪　　D. 紫外仪

答案：BCD

出处：《架空输电线路无人机巡检技术》

345. 无人机起飞后地面站操作人员应密切关注无人机各项参数，如(　　)，同时密切关注监控画面，发现异常应立即汇报并进行相关处理。

A. 转速　　B. 高度　　C. 油量　　D. 电量

答案：ABC

出处：《架空输电线路无人机巡检技术》

346. 作业人员应及时将巡检(　　)递交运检单位，分析判定以确立后续措施。

A. 记录单　　B. 巡航照片　　C. 录像　　D. 报告

答案：ABC

出处：《架空输电线路无人机巡检技术》

347. 巡检人员应详细收集线路(　　)等技术参数，结合现场勘察所采集的资料，针对巡检内容合理制订飞行计划，确定巡检区域、起降位置及方式。

A. 坐标　　B. 杆塔高度　　C. 塔形　　D. 通道长度

答案：ABCD

出处：《架空输电线路无人机巡检技术》

348. 无人机应在杆塔、导线正上方以(　　)的方式开展巡检作业。

A. 穿行　　B. 悬停　　C. 盘旋　　D. 直飞

答案：CD

出处：《架空输电线路无人机巡检技术》

349. 无人机起、降点应与输电线路和其他设施、设备保持足够的安全距离，应进场条件较好，(　　)。

A. 场地平坦坚固　　B. 视野开阔　　C. 天气良好　　D. 风向有利

答案：ABD

出处：《架空输电线路无人机巡检技术》

350. 无人机作业区域应远离爆破、射击、烟雾、火焰、机场、(　　)、军事管辖区和其他可能影响无人机飞行的区域，严禁无人机从变电站（所）、电厂上空穿越。

A. 其他飞行物　　B. 无线电干扰　　C. 高大建筑　　D. 人群密集

答案：ABCD

出处：《架空输电线路无人机巡检技术》

351. 巡检前，无人机应预先设置紧急情况下(　　)等安全策略。

A. 盘旋　　B. 返航　　C. 失速保护　　D. 紧急开伞

答案：ABCD

出处：《架空输电线路无人机巡检技术》

352. 小型旋翼无人机通用检测项目中飞行功能类检测项目包括自检功能、(　　)通信性能，飞行安全策略功能。

A. 起降方式　　B. 飞行基本功能　　C. 巡检能力　　D. 测控距离

答案：ABCD

出处：《架空输电线路无人机巡检技术》

353. 无人机地面站也称（　　）。

A. 控制站　　B. 遥控站

C. 基站　　D. 任务规划与控制站

答案：ABD

出处：《架空输电线路无人机巡检技术》

354. 无人机地面站系统主要包括（　　）等功能。

A. 指挥调度　　B. 任务规划　　C. 操作控制　　D. 显示记录

答案：ABCD

出处：《架空输电线路无人机巡检技术》

355. 指挥调度主要包括（　　）功能。

A. 上级指令接收　　B. 系统之间联络　　C. 系统内部调度　　D. 系统指令接收

答案：ABC

出处：《架空输电线路无人机巡检技术》

356. 任务规划主要包括（　　）功能。

A. 飞行航线规划与重规划　　B. 飞行载荷工作与重规划

C. 任务载荷工作规划与重规划　　D. 任务航线规划与重规划

答案：AC

出处：《架空输电线路无人机巡检技术》

357. 操作控制主要包括（　　）功能。

A. 起降操纵　　B. 飞行控制操作　　C. 任务载荷操作　　D. 数据链控制

答案：ABCD

出处：《架空输电线路无人机巡检技术》

358. 显示记录主要包括（　　）等。

A. 飞行状态参数显示与记录　　B. 航迹显示与记录

C. 任务载荷信息显示与记录　　D. 操控人员信息记录

答案：ABC

出处：《架空输电线路无人机巡检技术》

359. 云台特性是指云台的图像采集和视频传输的特性，包括（　　）等。

A. 图像采集的时间间隔　　B. 采集图像的分辨率

C. 传输视频的分辨率　　D. 图像传输的时间

答案：ABC

出处：《架空输电线路无人机巡检技术》

360. 无人机实践操作按照巡检作业流程可以分为（　　）。

A. 装备机正常程序飞行培训　　B. 装备机地面站的培训

C. 装备机云台的操控培训　　D. 模拟巡检作业

答案：ABCD

出处：《架空输电线路无人机巡检技术》

361. 无人机的装备机正常飞行培训包括（　　）。

A. 手动起降　B. 地面站设定航点　C. 自主航点飞行　D. 云台控制训练

答案：ABCD

出处：《架空输电线路无人机巡检技术》

362. 无人机的装备机地面站的培训包括(　　)。

A. 飞行状态参数查看　B. 飞行参数设置

C. 飞行航点规划　D. 通过地面站控制飞机飞行

答案：ABCD

出处：《架空输电线路无人机巡检技术》

363. 装备机地面站包括(　　)。

A. 云台显控单元设置　B. 云台显控图像参数设置

C. 云台采集图像参数设置　D. 云台采集单元设置

答案：AC

出处：《架空输电线路无人机巡检技术》

364. 应急飞行培训主要是针对装备机发生故障时的非正常飞行程序操作的培训，其中包括(　　)等情况。

A. 遇见障碍物　B. 电量不足报警　C. 发动机故障　D. 链路丢失

答案：ACD

出处：《架空输电线路无人机巡检技术》

365. 在模拟发动机故障时，通过遥控器把无人机的油门降到最低，通过遥控器控制无人机的舵面使旋翼机缓慢下降或者使固定翼无人机进行滑行迫降，避免(　　)。

A. 无人机直接失速降落　B. 无人机自动返航

C. 减小无人机的损失　D. 避免人员伤亡

答案：ACD

出处：《架空输电线路无人机巡检技术》

366. 链路丢失包括(　　)。

A. 上行链路丢失　B. 下行链路丢失

C. 上行链路和下行链路都丢失　D. 部分丢失

答案：ABC

出处：《架空输电线路无人机巡检技术》

367. 无人机巡检系统维修保养的意义是(　　)。

A. 保证无人机系统的正常运行　B. 减少不必要的机器故障

C. 减少不必要的损失　D. 提高无人机巡检作业工作效率

答案：ABCD

出处：《架空输电线路无人机巡检技术》

368. 无人机设备运行过程中计划外停机的原因有(　　)。

A. 故障时间　B. 保养时间　C. 检查时间　D. 维修时间

答案：AC

出处：《架空输电线路无人机巡检技术》

369. 传统意义的维修保养是指对机器的(　　)等。

A. 检查、试验　B. 修理、配装　C. 分级　D. 排故

答案：ABCD

出处：《架空输电线路无人机巡检技术》

370. 无人机巡检系统维修保养定义为无人机系统的(　　)，正规的和正确的维护能够确保无人机在运行寿命周期内满足相应的适航标准。

A. 保管　　B. 检查　　C. 大修和维修　　D. 部件的替换

答案：ABCD

出处：《架空输电线路无人机巡检技术》

371. 无人机检测是指不分解航空器部件，通过（　　）来确定航空器部件的可用性。

A. 离位的试验　　B. 检查保养　　C. 功能使用　　D. 功能测试

答案：AD

出处：《架空输电线路无人机巡检技术》

372. 根据无人机系统大小以及数量需求，在控制站上要携带(　　)等消耗品。

A. 润滑油　　B. 清洁材料　　C. 电池　　D. 燃油

答案：ABCD

出处：《架空输电线路无人机巡检技术》

373. 无人机重要修理是指如果不正确地实施，将可能导致对(　　)有明显影响的修理，或者是不能按照已经被接受的方法或者通过基本的作业就能够完成的工作。

A. 质量、平衡　　B. 结构强度、性能

C. 动力特性、飞行特性　　D. 其他适航性因素

答案：ABCD

出处：《架空输电线路无人机巡检技术》

374. 无人机系统翻修是指通过对航空器或者航空器部件进行(　　)来恢复航空器或者航空器部件的使用寿命或者适航性状态。

A. 分解、清洗　　B. 检查、必要的修理

C. 换件　　D. 重新组装和测试

答案：ABCD

出处：《架空输电线路无人机巡检技术》

375. 下列属于无人机易损部件的是(　　)。

A. 固定翼飞机可拆卸的翼尖　　B. 固定翼飞机的螺旋桨

C. 固定翼和旋翼飞机起落架上的部件　　D. 旋翼机的桨叶

答案：ABCD

出处：《架空输电线路无人机巡检技术》

376. 下列属于无人机系统部件的有(　　)。

A. 航空器发动机　　B. 螺旋桨　　C. 机载设备　　D. 遥控器

答案：ABCD

出处：《架空输电线路无人机巡检技术》

377. 无人机系统的时寿件指在(　　)的持续适航文件中有强制更换要求的部件。

A. 航空器　　B. 发动机　　C. 螺旋桨　　D. 遥控器

答案：ABC

出处：《架空输电线路无人机巡检技术》

378. 下列属于无人机系统辅助设备的有(　　)。

A. 机载设备　　B. 发电设备

C. 专有的燃油供应设备　　D. 维修设备

答案：BCD

出处：《架空输电线路无人机巡检技术》

379. 按照无人机组成部分可将维修保养分为(　　)等的维修保养。

A. 无人机　　B. 控制站

C. 通信链路　　D. 其他设备（如遥控器）

答案：ABCD

出处：《架空输电线路无人机巡检技术》

380. 无人机系统按照维修保养等级可分为(　　)。

A. 日常维护　　B. 一级技术保养维护

C. 二级技术保养维护　　D. 三级技术保养维护

答案：ABC

出处：《架空输电线路无人机巡检技术》

381. 日常保养维护以（　　）为主。

A. 检查　　B. 紧固　　C. 润滑　　D. 调整

答案：BC

出处：《架空输电线路无人机巡检技术》

382. 一级技术保养一般以(　　)为主，其目的是保证无人机在以后较长时间内，能保持良好的运行性能。

A. 检查　　B. 紧固　　C. 润滑　　D. 调整

答案：AD

出处：《架空输电线路无人机巡检技术》

383. 一架无人机注册的所有者或者运营人应对下列哪些事项负责？(　　)

A. 保持无人机有最新的特许适航文件和国籍登记文件

B. 确保无人机处于适航状态，包括遵守所有适用的适航指令

C. 确保维修被正确地记录

D. 与最新的实际无人机运行维护的规章保持同步

答案：ABCD

出处：《架空输电线路无人机巡检技术》

384. 民航局要求所有的民用无人机按照特定的时间间隔来确定检查周期。间隔时间与无人机所属的运行类型有关。所有检查包括（　　）等应该遵守制造商的最新维护手册。

A. 检查间隔　　B. 部件替换　　C. 线路更换　　D. 使用时间

答案：ABC

出处：《架空输电线路无人机巡检技术》

385. 维护手册用于指导整个无人机系统各模块的检查和部件的定期更换。维护手册将提供特定部件技术状态(　　)等方法，根据周期更换寿命到期的部件。

A. 检查　　B. 清洁　　C. 润滑　　D. 调校

答案：ABCD

出处：《架空输电线路无人机巡检技术》

386. 为什么要进行飞行前检查？

A. 进行飞行前检查，无人机驾驶员可以确定无人机是否适航

B. 进行飞行前检查，无人机驾驶员可以确定无人机是否处于安全运行状态

C. 飞行前检查可以保证飞行的安全性

D. 飞行前检查可以减少不必要的机械损伤

答案：ABCD

出处：《架空输电线路无人机巡检技术》

387. 下列哪些是无人机飞行前应检查的内容？（　　）

A. 检查无人机球头、连杆　　B. 检查无人机旋翼、尾桨松紧度

C. 检查螺栓螺母是否有松动　　D. 检查电池电量

答案：ABCD

出处：《架空输电线路无人机巡检技术》

388. 定期保养主要由用户根据日常使用情况对相关零部件进行（　　）。

A. 检查　　B. 清洗　　C. 更换　　D. 系统升级

答案：ABC

出处：《架空输电线路无人机巡检技术》

389. 下列哪些是无人机维护保养包括的内容？（　　）

A. 紧固件检查，已经松动的需重点处理

B. 对无人机旋翼、尾桨安装松紧度进行检查加固

C. 检查电池电量

D. 发现磨损严重的易损件应通知维修人员及时更换

答案：ABCD

出处：《架空输电线路无人机巡检技术》

390. 常规保养主要由用户根据日常使用情况对相关零部件进行(　　)。

A. 检查　　B. 清洗　　C. 更换　　D. 系统升级

答案：ABC

出处：《架空输电线路无人机巡检技术》

391. 一级技术保养按照“日常维护”项目进行，并增添下列工作(　　)。

A. 飞机运行传动部分、皮带松紧检查保养，对传动部件进行润滑处理

B. 对电气系统各线路及零部件进行校准，外部绝缘

C. 螺旋桨桨毂垂直度校准

D. 检查云台、吊舱、机载设备运行是否正常

答案：ABCD

出处：《架空输电线路无人机巡检技术》

392. 下列哪些是二级技术保养包括的内容？（　　）

A. 旋翼头检查及更换　　B. 传动系统大保养

C. 电气系统各线路老化更换，转接头更换　　D. 飞控系统功能测试

答案：ABCD

出处：《架空输电线路无人机巡检技术》

393. 若有下列情况之一，请更换新电池：(　　)。

A. 经历了 30 个充电周期的电池

B. 电池运作时间，缩短到少于原始运作时间的 80%

C. 电池充电时间在大幅度延长

D. 旧电池出现膨胀、有形损伤的状况

答案：BCD

出处：《架空输电线路无人机巡检技术》

394. 传统的无人机系统预防性维修工作通常采用的是(　　)均固定的定期维修类型。

A. 维修日期　　B. 维修内容　　C. 维修时间　　D. 维修人员

答案：ABC

出处：《架空输电线路无人机巡检技术》

395. 系统维修履历用于记录无人机系统使用的历史信息。记录的信息主要包括(　　)，此外，履历也用于提醒已经计划的维修。

A. 操作人员　　B. 操作时间

C. 每次任务的性质　　D. 每次任务的结果

答案：ABCD

出处：《架空输电线路无人机巡检技术》

396. 下列哪些是传统人工对输电线路巡检的缺点？(　　)

A. 传统的地面人工巡视工作量大　　B. 部分地区无法开展地面人工巡视

C. 线路红外检测难度大　　D. 巡视作业人身伤害风险高

答案：ABCD

出处：《架空输电线路无人机巡检技术》

397. 小型旋翼无人机的巡检优点有(　　)。

A. 体积小，质量轻　　B. 作业灵活

C. 起降方便　　D. 运输条件要求低

答案：ABCD

出处：《架空输电线路无人机巡检技术》

398. 直升机的巡检范围主要为(　　)重要线路。

A. 特高压　　B. 跨区直流　　C. 220kV 及以上　　D. 500kV 及以上

答案：ABD

出处：《架空输电线路无人机巡检技术》

399. 下列哪些是运用直升机、无人机和人工协同巡检新模式作业取得的成效？(　　)

A. 极大提高巡检质量和效率

B. 显著提升重要保电期和重要输电通道应急处置能力

C. 建立了较为完备的无人机管理制度和技术标准体系

D. 建立、完善了无人机培训体系

答案：ABCD

出处：《架空输电线路无人机巡检技术》

400. 协同巡检试点工作已初步建立完成了(　　)巡检新模式。

A. 直升机　　B. 无人机　　C. 人机协同　　D. 人工协同

答案：ABD

出处：《架空输电线路无人机巡检技术》

401. 无人机不仅能够发现人工巡检发现的缺陷，还能够发现人工难以发现的缺陷，如（　）等，发现缺陷量是人工巡检发现量的2～3倍。

A. 金具锈蚀　B. 开口销与螺栓帽缺失

C. 金具安装错误　D. 雷击闪络故障

答案：ABCD

出处：《架空输电线路无人机巡检技术》

402. 无人机可发挥（　）的优势，可迅速查找线路故障点，迅速获得塔位周边地理、气象等信息，为故障分析提供第一手资料。

A. 快速　B. 近距离　C. 高角度　D. 长时间

答案：ABC

出处：《架空输电线路无人机巡检技术》

403. 为了加强对民用无人驾驶航空器飞行活动的管理，规范其空中交通管理工作，依据《中华人民共和国民用航空法》、（　）和《民用航空空中交通管理规则》，制定《民用无人驾驶航空器系统空中交通管理办法》。

A.《中华人民共和国飞行基本规则》　B.《中华人民共和国飞行基本条例》

C.《通用航空飞行管制规则》　D.《通用航空飞行管制条例》

答案：AD

出处：《民用无人驾驶航空器系统空中交通管理办法》

404. 地区管理局负责本辖区内民用无人驾驶航空器系统空中交通服务的（　）工作。

A. 协调　B. 监督　C. 服务　D. 管理

答案：BD

出处：《民用无人驾驶航空器系统空中交通管理办法》

405. 民用无人驾驶航空器在隔离空域内飞行，由（　）负责实施，并对其安全负责。

A. 管理单位　B. 驾驶员　C. 组织单位　D. 个人

答案：CD

出处：《民用无人驾驶航空器系统空中交通管理办法》

406. 在民用航空使用空域范围内开展民用无人驾驶航空器系统飞行活动，应通过地区管理局评审，以下条件中正确的为（　）

A. 在昼间飞行

B. 机场净空保护区以外

C. 民用无人驾驶航空器最大起飞质量小于或等于8kg

D. 飞行速度不大于100km/h

答案：AB

出处：《民用无人驾驶航空器系统空中交通管理办法》

407. 民用无人驾驶航空器在空域内运行应当符合国家和民航有关规定，经评估满足空域运行安全的要求。以下评估内容正确的为（　）。

A. 空管保障措施

B. 民用无人驾驶航空器系统的感知与避让能力

C. 民用无人驾驶航空器系统的通信、导航和监视设备的能力

D. 民用无人驾驶航空器系统故障时的紧急程序

答案：ABCD

出处：《民用无人驾驶航空器系统空中交通管理办法》

408. 民用无人驾驶航空器系统飞行活动需要评审时，需(　　)。

A. 对空域内的运行安全进行评估

B. 形成评估报告

C. 由驾驶员会同空管单位提出使用空域

D. 地区管理局对评估报告进行审查或评审，出具结论意见

答案：ABD

出处：《民用无人驾驶航空器系统空中交通管理办法》

409. 地区管理局应当组织相关部门对评估报告进行审查，对于复杂问题可以组织专家进行评审和现场演示，并将审查或评审结论反馈给(　　)。

A. 运营人　B. 驾驶员　C. 观测员　D. 有关空管单位

答案：AD

出处：《民用无人驾驶航空器系统空中交通管理办法》

410. 针对民用无人驾驶航空器违规飞行影响日常运行的情况，空管单位处置措施正确的为(　　)。

A. 与机场、军航管制单位等建立通报协调关系

B. 制订信息通报、评估处置方案

C. 制订运行取消的方案

D. 保证安全，降低影响

答案：ABD

出处：《民用无人驾驶航空器系统空中交通管理办法》

411. 遥控驾驶航空器系统是指由(　　)以及批准的型号设计规定的任何其他部件构成的系统。

A. 遥控驾驶航空器　B. 相关的遥控站　C. 指挥链路　D. 控制链路

答案：ABCD

出处：《民用无人驾驶航空器系统空中交通管理办法》

412. 以下电子围栏的定义正确的是(　　)

A. 防止民用无人驾驶航空器飞出特定区域

B. 在相应电子地理范围中画出其区域边界

C. 配合飞行控制系统

D. 保障区域安全的软件系统

答案：BC

出处：《民用无人驾驶航空器系统空中交通管理办法》

413. 以下为超无线电视距的是(　　)

A. 卫星系统

B. 遥控站通过地面网络在相应时间范围与至少一个地面站完成通信传输的系统

C. 遥控站通过地面网络不能在相应时间范围与至少一个地面站完成通信传输的系统

D. 发射机和接收机不在无线电视距之内的情况

答案：ACD

出处：《民用无人驾驶航空器系统空中交通管理办法》

414. 以下为人口稠密区的是(　　)

A. 城镇　　B. 村庄

C. 繁忙道路　　D. 大型露天集会场所

答案：ABCD

出处：《民用无人驾驶航空器系统空中交通管理办法》

415. 近年来，民用无人机的生产和应用在国内外蓬勃发展，特别是(　　)无人机数量快速增加，占到民用无人机的绝大多数。

A. 低空　　B. 慢速　　C. 微轻小型　　D. 大型

答案：ABC

出处：《轻小型无人机运行规定（试行)》

416. 轻小型无人机是可在视距内或视距外操作的、空机质量小于或等于(　　)kg、起飞全重不大于（　　)kg 的无人机，校正空速不超过 100km/h。

A. 116　　B. 150　　C. 216　　D. 250

答案：AB

出处：《轻小型无人机运行规定（试行)》

417.《轻小型无人机运行规定（试行)》不适用于无线电操作的航空模型，但当航空模型使用了（　　）应按照本咨询通告管理。

A. 自动驾驶仪　　B. 指令　　C. 控制数据链路　　D. 自主飞行设备

答案：ABCD

出处：《轻小型无人机运行规定（试行)》

418.《轻小型无人机运行规定（试行)》不适用于(　　)等隔离空间运行无人机，但当该场所有聚集人群时，操作者应采取措施确保人员安全。

A. 室内　　B. 室外　　C. 拦网内　　D. 拦网外

答案：AC

出处：《轻小型无人机运行规定（试行)》

419. 无人机系统也称远程驾驶航空器系统，是指由（　　）以及批准的型号设计规定的任何其他部件组成的系统。

A. 无人机　　B. 相关控制站　　C. 所需的指令　　D. 控制数据链路

答案：ABCD

出处：《轻小型无人机运行规定（试行)》

420. 无人机驾驶员或无人机观测员与无人机保持直接目视视觉接触的操作方式，航空器处于驾驶员或观测员目视视距内半径（　　)m，相对高度低于（　　)m 的区域内。

A. 600　　B. 500　　C. 130　　D. 120

答案：BD

出处：《轻小型无人机运行规定（试行)》

421. 人口稠密区是指(　　)等区域。

A. 城镇　　B. 村庄

C. 繁忙道路　　D. 大型露天集会场所

答案：ABCD

出处：《轻小型无人机运行规定（试行）》

422. 重点地区是指(　　)等关乎国家安全的区域及周边，或地方政府临时划设的区域。

A. 军事重地　　B. 核电站　　C. 变电站　　D. 行政中心

答案：ABD

出处：《轻小型无人机运行规定（试行）》

423. 机场净空也称机场净空保护区域，是指为保护航空器(　　)安全，根据民用机场净空障碍物限制图的要求划定的空间范围。

A. 起飞　　B. 飞行　　C. 降落　　D. 升空

答案：ABC

出处：《轻小型无人机运行规定（试行）》

424. 无人机云系统指轻小型民用无人机运行动态数据库系统，用于向无人机用户提供航行服务、气象服务等，对民用无人机运行数据包括(　　)等进行实时监测。

A. 运营信息　　B. 位置　　C. 高度　　D. 速度

答案：ABCD

出处：《轻小型无人机运行规定（试行）》

425. 电子围栏是指为阻挡即将侵入特定区域的航空器，在相应电子地理范围中画出特定区域，并配合(　　)的软硬件系统。

A. 飞行控制系统　　B. 保障区域安全　　C. 飞行定位系统　　D. 保障飞行安全

答案：AB

出处：《轻小型无人机运行规定（试行）》

426. 民用无人机机长对民用无人机的运行直接负责，并具有最终决定权。在飞行中遇有紧急情况时，下列说法正确的是(　　)。

A. 机长必须采取适合当时情况的应急措施

B. 在飞行中遇到需要立即处置的紧急情况时，机长可以在保证地面人员安全所需要的范围内偏离本咨询通告的任何规定

C. 如果在危及地面人员安全的紧急情况下必须采取违反当地规章或程序的措施，机长必须毫不迟疑地通知有关地方当局

D. 机长必须负责以可用的、最迅速的方法将导致人员严重受伤或死亡、地面财产重大损失的任何航空器事故通知最近的民航及相关部门

答案：ABCD

出处：《轻小型无人机运行规定（试行）》

427. 民用无人机驾驶员应当根据其所驾驶的民用无人机的等级分类，符合咨询通告《民用无人驾驶航空器系统驾驶员管理暂行规定》（AC-61-FS-2013-20）中关于(　　)、考试、检查和航空经历等方面的要求，并依据本咨询通告运行。

A. 执照　　B. 合格证　　C. 等级　　D. 训练

答案：ABCD

出处：《轻小型无人机运行规定（试行）》

428. 民用无人机使用说明书应当使用(　　)能够正确理解的语言文字。

A. 机长　　B. 驾驶员　　C. 观测员　　D. 记录员

答案：ABC

出处：《轻小型无人机运行规定（试行）》

429. 在开始飞行之前，机长应当(　　)。

A. 了解任务执行区域限制的气象条件

B. 确定运行场地满足无人机使用说明书所规定的条件

C. 检查无人机各组件情况、燃油或电池储备、通信链路信号等，确保其满足运行要求。对于无人机云系统的用户，应确认系统是否接入无人机云

D. 制订出现紧急情况的处置预案，预案中应包括紧急备降地点等内容

答案：ABCD

出处：《轻小型无人机运行规定（试行）》

430. 电网是电力网的简称，通常是指联系发电与用电，由(　　)设备及相应的二次系统等组成的统一整体。

A. 输电　　B. 变电　　C. 配电　　D. 保护

答案：ABC

出处：《智能电网技术》

431. 当前我国电网面临的挑战主要包括(　　)

A. 环境和能源　　B. 安全可靠与经济高效

C. 电网开放与优质服务　　D. 技术创新与高效管理

答案：ABCD

出处：《智能电网技术》

432. 智能电网的智能化主要体现在(　　)等方面。

A. 可观测　　B. 可控制　　C. 实时分析和决策　　D. 自适应和自愈

答案：ABCD

出处：《智能电网技术》

433. 发展智能电网的核心驱动力是解决(　　)

A. 能源安全　　B. 环保问题　　C. 气候变化　　D. 降低成本

答案：ABC

出处：《智能电网技术》

434. 中国建设坚强智能电网的理念是立足自主创新，建设以特高压电网为骨干网架，各级电网协调发展，具有信息化、自动化、互动化特征的坚强智能电网的发展目标。按照“统一规划、统一标准、统一建设”的原则和(　　)的工作方针，稳步、有序地推进智能电网各项建设工作。

A. 统筹规划　　B. 统一标准　　C. 试点先行　　D. 整体推进

答案：ABCD

出处：《智能电网技术》

435. 国家电网公司坚强智能电网建设应按照(　　)的原则实施。

A. 统一规划　　B. 分步实施　　C. 试点先行　　D. 整体推进

答案：ABCD

出处：《智能电网技术》

436. RFID收发器可分为(　　)类型。

A. 有源　　B. 无源　　C. 自动　　D. 半自动

答案：AB

出处:《智能电网技术》

437. 广域测量系统由(　　)组成。

A. PMU　　B. 主站（控制中心）　　C. 通信系统　　D. 主控

答案：ABC

出处:《智能电网技术》

438. 主站(　　)各子站的同步相量数据，根据各子站的相量数据得到各子站相对于参考站的功角差。

A. 接收　　B. 存储　　C. 转发　　D. 处理

答案：ABCD

出处:《智能电网技术》

439. 电力电子技术是使用电力电子器件对电能进行(　　)的技术，是电力技术、电子技术和控制技术的融合。

A. 变换　　B. 控制　　C. 监测　　D. 测量

答案：AB

出处:《智能电网技术》

440. 电力电子技术是使用电力电子器件对电能进行变换和控制的技术，是(　　)的融合。

A. 模拟电子技术　　B. 电力技术　　C. 电子技术　　D. 控制技术

答案：BCD

出处:《智能电网技术》

441. 柔性交流输电系统（Flexible Alternating Current Transmission System，FACTS）主电路设计对电力电子器件选型有哪些要求？(　　)

A. 容量大　　B. 开关频率较低

C. 损耗较低　　D. 可方便地串联使用

答案：ABCD

出处:《智能电网技术》

442. 目前大功率电力电子装置常用的冷却方式有(　　)。

A. 空气冷却方式　　B. 热管式散热方式　　C. 液态冷却方式　　D. 风冷却方式

答案：ABC

出处:《智能电网技术》

443. 液态冷却采用(　　)为冷却液介质。

A. 油　　B. 纯水　　C. 混合液　　D. 混合空气

答案：AB

出处:《智能电网技术》

444. 液态冷却方式有(　　)。

A. 油冷式散热器　　B. 水冷式散热器

C. 循环式水冷却系统　　D. 空气式散热器

答案：ABC

出处：《智能电网技术》

445. 多重化技术是大幅度提高FACTS装置总容量的有效方法，采用(　　)个三相桥逆变器或三单相桥逆变器组合的方法，可成倍提高装置的总容量。

A. 2　　B. 4　　C. 6　　D. 8

答案：ABD

出处：《智能电网技术》

446. 高温超导电缆的两个主要优点是(　　)。

A. 电流密度高　　B. 电流密度低　　C. 损耗低　　D. 损耗高

答案：AC

出处：《智能电网技术》

447. 太阳能热发电系统大致可以分为(　　)系统3种基本类型。

A. 槽式　　B. 塔式　　C. 蝶式　　D. 门式

答案：ABC

出处：《智能电网技术》

448. 塔式太阳能发电系统的关键技术有(　　)。

A. 反射镜及其自动跟踪　　B. 接收器

C. 蓄热装置　　D. 保护装置

答案：ABC

出处：《智能电网技术》

449. 太阳能热发电能够进行热能存储，有利于系统调度，存储(　　)，在没有阳光时能够产生电力。

A. 成本高　　B. 成本低　　C. 时间长　　D. 时间短

答案：BC

出处：《智能电网技术》

450. 电能存储方式主要分为(　　)。

A. 机械储能　　B. 电磁储能　　C. 电化学储能　　D. 相变储能

答案：ABCD

出处：《智能电网技术》

451. 由于抽水蓄能电站在电网中的调峰填谷、紧急事故备用、调频、调相等作用以及(　　)上的优越性，在电网中越来越不可缺少。

A. 静态效益　　B. 动态效益　　C. 经济收益　　D. 经济技术

答案：ABD

出处：《智能电网技术》

452. 飞轮储能的基本原理是利用电动机带动飞轮高速旋转，将(　　)转化成(　　)储存起来。

A. 电能　　B. 化学能　　C. 机械能　　D. 动能

答案：AC

出处：《智能电网技术》

453. 双电层电容器（Electric Double Layer Capacitor，EDLC）是一种介于(　　)之间

的新型储能装置。

A. 普通电容器　B. 超级电容器　C. 二次电池　D. 普通电池

答案：AC

出处：《智能电网技术》

454. 普通蓄电池的(　　)由铅和铅的氧化物构成，(　　)是硫酸的水溶液。

A. 极板　B. 电极　C. 电解液　D. 电解质

答案：AC

出处：《智能电网技术》

455. 全钒液流电池循环寿命长，电解液活性物质易保持(　　)。

A. 一致性　B. 经济性　C. 可控性　D. 均匀性

答案：AD

出处：《智能电网技术》

456. 锂离子电池的主要优点是(　　)、循环特性好，可快速放电且效率高。

A. 比能量大　B. 比功率高　C. 自放电小　D. 无记忆效应

答案：ABCD

出处：《智能电网技术》

457. 高温盐储能属于相变储能技术的一种，相应的储能材料包括(　　)。

A. 液-固无机盐高温相变储能材料　B. 固-液无机盐高温相变储能材料

C. 固-固无机盐高温相变储能材料　D. 无机盐高温相变复合储能材料

答案：BCD

出处：《智能电网技术》

458. 电力系统随机生产模拟是一种通过优化发电机组的生产情况，考虑机组的(　　)的随机性，分析计算最优运行方式下各类电厂的发电量、系统的生产成本及系统的可靠性指标的算法。

A. 可控故障　B. 运行负荷　C. 随机故障　D. 电力负荷

答案：CD

出处：《智能电网技术》

459. 调度运行人员可根据预测的风力发电和太阳能发电功率波动情况，合理安排应对措施，提高电网的(　　)。

A. 安全性　B. 可控性　C. 稳定性　D. 可靠性

答案：AD

出处：《智能电网技术》

460. 将风力发电和太阳能发电(　　)预测相结合，调度运行人员可以调整和优化常规电源的发电计划，合理安排系统备用，改善电网调峰能力，增加风电并网容量。

A. 功率　B. 时间　C. 负荷　D. 风险

答案：AC

出处：《智能电网技术》

461. 大规模风电并网运行特性包括(　　)等。

A. 有功频率控制　B. 无功电压控制　C. 低电压穿越　D. 高电压穿越

答案：ABC

出处：《智能电网技术》

462. 电力系统无功补偿可以分为(　　)，也可以分为有源补偿和无源补偿。

A. 有功补偿　　B. 串联补偿　　C. 并联补偿　　D. 无功补偿

答案：BC

出处：《智能电网技术》

463. 常用的无功补偿设备有(　　)。

A. 串联电容器组　　B. 并联电容器和并联电抗器

C. 静止无功补偿器和静止无功发生器　　D. 同步调相机

答案：ABCD

出处：《智能电网技术》

464. 电压继电器中存在动作死区，不能快速准确地控制电压，容易出现(　　)。

A. 过补偿　　B. 欠补偿　　C. 无功补偿　　D. 有功补偿

答案：AB

出处：《智能电网技术》

465. 在我国，特高压直流指的是(　　)kV 和(　　)kV 直流系统。

A. ±660　　B. ±800　　C. ±1000　　D. ±1100

答案：BC

出处：《智能电网技术》

466. 在智能电网中大规模应用FACTS（柔性交流输电系统）装置，需要解决全局性的技术问题包括：多个FACTS装置间的协调控制问题，FACTS装置与已有(　　)的配合问题，FACTS装置纳入智能电网调度系统的问题等。

A. 常规控制　　B. 安全技术　　C. 继电保护　　D. 电网协调

答案：AC

出处：《智能电网技术》

467. 可控并联电抗器并联于电力系统，且其电抗值可以在线调节，在一定程度上解决电压在小负荷方式下(　　)或大负荷方式下(　　)的情况，紧急情况下可以实现强补以抑制工频过电压，配合中性点电抗器还可以抑制潜供电流、降低恢复电压。

A. 过高　　B. 升高　　C. 过低　　D. 降低

答案：AC

出处：《智能电网技术》

468. 统一潮流控制器（UPFC）是由并联补偿的静止同步补偿器和串联补偿的静止同步串联补偿器相结合而成的新型潮流控制装置，是目前通用性最好的柔性交流输电系统装置，仅通过控制规律的改变，就能分别或同时实现(　　)等功能。

A. 并联补偿　　B. 串联补偿　　C. 移相　　D. 无功补偿

答案：ABC

出处：《智能电网技术》

469. 根据接线方式的不同，MTDC 主要分为(　　)。

A. 串联式多端直流输电系统　　B. 并联式多端直流输电系统

C. 混合式多端直流输电系统　　D. 多端柔性直流输电系统

答案：ABC

出处：《智能电网技术》

470. 断路器和高压组合电器的智能化主要包括(　　)和保护。

A. 测量　　B. 控制　　C. 计量　　D. 状态监测

答案：ABCD

出处：《智能电网技术》

471. 断路器和组合高压电器的状态监测主要包括(　　)。

A. 局部放电监测　　B. 操动机构特性监测

C. 储能电机工作状态　　D. 安全保护特性监测

答案：ABC

出处：《智能电网技术》

472. 除了变电站内的信息模型，变电站之间需要的信息模型主要有(　　)。

A. 站间通信接口　　B. 站内保护方案　　C. 远方保护方案　　D. 差动测量

答案：ACD

出处：《智能电网技术》

473. 智能变电站的分析决策控制主要具有(　　)。

A. 自治能力　　B. 实时建模能力

C. 协调能力　　D. 操作自动化能力

答案：ABCD

出处：《智能电网技术》

474. 自适应保护技术的特点有(　　)。

A. 监测全覆盖化　　B. 保护性能最优化

C. 自适应计算实时化　　D. 使用简便化

答案：BCD

出处：《智能电网技术》

475. 为了对调度核心业务的一体化提供全面技术支持，智能电网调度技术支持系统在设计和研发上体现的特点有(　　)。

A. 系统平台标准化　　B. 系统功能集成化

C. 系统诊断全面化　　D. 系统应用智能化

答案：ABD

出处：《智能电网技术》

476. 基础平台针对(　　)的要求，采用完备的安全技术，建立全面的安全管理体系。

A. 机密性　　B. 完整性　　C. 可用性　　D. 可证实性

答案：ABCD

出处：《智能电网技术》

477. 节能发电调度技术是在满足安全约束条件下，集(　　)为一体的多目标优化调度。

A. 安全　　B. 节能　　C. 环保　　D. 经济

答案：BCD

出处：《智能电网技术》

478. 高级配电运行自动化包括(　　)等内容，是本地自动化、现场设备远程监控与成熟应用分析软件的有效结合。

A. 高级配电运行监视与控制　　B. 高级配电自动控制
C. 自动故障隔离与配电网自愈　　D. 自动故障诊断控制
答案：AC
出处：《智能电网技术》
479. 高级配电管理自动化是利用现代(　　)，将配电网的实时运行状态、电网结构、设备、用户以及地理图形等信息进行集成，实现配电网管理的自动化、信息化。
A. 计算机技术　　B. 自动控制技术　　C. 数据通信技术　　D. 信息管理技术
答案：ABCD
出处：《智能电网技术》
480. 配电设备管理主要包括(　　)。
A. 图形资源管理　　B. 设备资源管理　　C. 设备状态监测　　D. 智能分析
答案：ABCD
出处：《智能电网技术》
481. 高级配电管理自动化的主要内容包括(　　)。
A. 设备管理　　B. 计划管理　　C. 停电管理　　D. 安全管理
答案：AC
出处：《智能电网技术》
482. 故障停电管理主要包括(　　)。
A. 故障诊断和定位　　B. 故障抢修和恢复送电
C. 故障信息的统计分析　　D. 故障原因与分析
答案：ABC
出处：《智能电网技术》
483. 配电网停电管理系统的主要功能有(　　)。
A. 故障分析及抢修指挥　　B. 计划检修
C. 数据统计　　D. 数据挖掘
答案：ABCD
出处：《智能电网技术》
484. 企业集成总线由哪三个主要部分组成？(　　)
A. 集成管理器　　B. 查询引擎　　C. 安全监控　　D. 发布管理器
答案：ABD
出处：《智能电网技术》
485. 有源电力滤波器（APF）连接方式可分为(　　)。
A. 并联型　　B. 串联型　　C. 串并联混合型　　D. 稳压型
答案：ABC
出处：《智能电网技术》
486. 智能用电服务体系由(　　)组成。
A. 现代通信技术　　B. 信息技术
C. 营销技术　　D. 构建智能用电服务体系
答案：ABCD
出处：《智能电网技术》

487. 智能用电面临的新挑战是(　　)。

A. 用户侧分布式电源广泛应用　　B. 电动汽车及储能装置迅猛发展

C. 终端能源综合利用效率亟待提高　　D. 用户供电服务需求日趋多样

答案：ABCD

出处：《智能电网技术》

488. 分布式电源的(　　)会引起配电网电压波动和闪变，加大电压调整的难度，导致一些负荷节点的电压质量超标。

A. 间歇性　　B. 规律性　　C. 随机性　　D. 固定性

答案：AC

出处：《智能电网技术》

489. 分布式电源的应用将改变传统用户侧电能计量的方式，需要增加具备(　　)等功能的智能电能表，掌握更为全面和准确的电能信息，满足不同时段不同结算电价的计量计费新要求。

A. 直流计量　　B. 交流计量　　C. 单向计量　　D. 双向计量

答案：AD

出处：《智能电网技术》

490. (　　)的提高，需要通信信道提供更高的带宽和更快的响应时间，鉴于此，现行通信信道的建设水平有待进一步提高。

A. 双向计费　　B. 信息采集　　C. 监控要求　　D. 安全要求

答案：ABC

出处：《智能电网技术》

491. 单相智能电能表包括(　　)。

A. 2 级单相本地费控电能表（载波）　　B. 2 级单相本地费控智能电能表

C. 2 级单相远程费控电能表（载波）　　D. 2 级单相远程费控智能电能表

答案：ABCD

出处：《智能电网技术》

492. 远程通信网络的主要业务包括(　　)。

A. 视频通信业务　　B. 双向互动业务

C. 分布式电源监控　　D. 电动汽车充放电监控

答案：ABCD

出处：《智能电网技术》

493. 光纤专网通信方式的特点有(　　)可靠性、实时性、安全性高。

A. 宽带高　　B. 容量大　　C. 覆盖范围广　　D. 速度快

答案：ABC

出处：《智能电网技术》

494. 用电信息采集系统在逻辑上分为(　　)。

A. 主站层　　B. 通信信道层　　C. 采集设备层　　D. 站控层

答案：ABC

出处：《智能电网技术》

495. 用电信息采集系统主站层包括(　　)。

A. 营销采集业务应用　　B. 前置采集平台
C. 数据管理　　D. 安全控制
答案：ABC
出处：《智能电网技术》

496. 用电信息采集系统从物理上可根据部署位置分为(　　)。
A. 主站　　B. 信息通道　　C. 现场终端　　D. 安全控制设备
答案：ABC
出处：《智能电网技术》

497. 用电信息采集关键技术包括(　　)本地及远程通信技术。
A. 智能电能表　　B. 采集终端　　C. 主站软件　　D. 安全加密
答案：ABCD
出处：《智能电网技术》

498. 智能电能表由(　　)组成。
A. 计量与数据处理　　B. 存储单元　　C. 通信单元　　D. 接口单元
答案：ABCD
出处：《智能电网技术》

499. 集中抄表终端通常包含(　　)两部分，用于低压非居民用户、居民用户用电信息采集，并对用电异常信息进行管理和监控。
A. 采集器　　B. 计算器　　C. 处理器　　D. 集中器
答案：AD
出处：《智能电网技术》

500. 采集主站系统软件技术主要包括三层/多层架构等系统设计，(　　)。
A. 大数据处理技术　　B. 应用集成与接口适配技术
C. 双向互动技术　　D. 安全处理技术
答案：ABC
出处：《智能电网技术》

501. 随着智能电网研究的深入和发展，用电信息采集主站软件的关键技术包括高效采集监控及(　　)。
A. 标准化数据管理　　B. 数据可视化展示
C. 多维度信息挖掘　　D. 双向互动应用
答案：ABCD
出处：《智能电网技术》

502. 智能家居又称智能住宅，是通过光纤复合电缆入户等先进技术，将与家居生活有关的各种子系统有机地结合到一起，既可以在家庭内部实现(　　)，又可以通过家庭智能网关与家庭外部网络进行信息交换。
A. 资源共享　　B. 信息交流　　C. 通信　　D. 实时通话
答案：AC
出处：《智能电网技术》

503. 智能家居的主要目标是为人们提供一个集(　　)为一体的高效、舒适、安全、便利、环保的居住环境。

A. 系统　B. 交流　C. 服务　D. 管理

答案：ABD

出处：《智能电网技术》

504. 智能社区的支撑技术有(　　)。

A. 小区物业安防服务

B. 公用事业信息服务（市政、医疗）

C. 商业信息服务（信息定制、信息互动、消息订阅服务等）

D. 生活便利服务

答案：ABC

出处：《智能电网技术》

505. 智能家居用电服务系统主要由(　　)组成。

A. 系统主站　B. 家庭智能交互终端

C. 智能用电设备　D. 安全保障设备

答案：ABC

出处：《智能电网技术》

506. 智能小区包含用电信息采集、双向互动服务、小区配电自动化、用户侧分布式电源及储能、电动汽车充电、智能家居等多项新技术成果应用，综合了(　　)等多学科技术领域，是一种多领域、多系统协调的集成应用。

A. 计算机技术　B. 综合布线技术　C. 通信技术　D. 控制技术

答案：ABCD

出处：《智能电网技术》

507. 电动汽车充放电技术主要有(　　)。

A. 单向无序电能供给模式　B. 单向有序电能供给模式

C. 双向有序电能转换模式　D. 双向无序电能转换模式

答案：ABC

出处：《智能电网技术》

508. DSM 包括(　　)。

A. 提高能效　B. 负荷管理和能源替代

C. 余能回收　D. 新能源发电

答案：ABCD

出处：《智能电网技术》

509. 用户将根据其电力需求和电力系统满足其需求能力的平衡来调整其消费；而和用户建立双向实时通信是实现与用户互动的基础，通知用户(　　)等，以便用户据此制订用电方案和选择自动响应。

A. 当前电价　B. 电网供需状况　C. 计划检修信息　D. 生产计划

答案：ABC

出处：《智能电网技术》

510. 自动需求响应技术是建立在集成的、高速双向通信网络的基础上，通过(　　)，实现电力用户与电网企业间的互动。

A. 先进的传感和测量技术　B. 先进的设备技术

C. 先进的控制方法　　　　　　　　　　　D. 先进的决策支持系统的应用

答案：ABCD

出处：《智能电网技术》

511. 实现有序用电方案的辅助自动编制及优化，有序用电指标和指令的自动下达，有序用电措施的（　　）；建立分区、分片、分线、分用户的分级分层实时监控的有序用电执行体系；实现有序用电效果自动统计评价，确保有序用电措施迅速执行到位，保障电网安全稳定运行。

A. 自动通知　　　B. 执行　　　C. 报警　　　D. 反馈

答案：ABCD

出处：《智能电网技术》

512. 实现有序用电方案的辅助自动编制及优化，有序用电指标和指令的自动下达，有序用电措施的自动通知、执行、报警、反馈；建立（　　）的分级分层实时监控的有序用电执行体系；实现有序用电效果自动统计评价，确保有序用电措施迅速执行到位，保障电网安全稳定运行。

A. 分区　　　B. 分片　　　C. 分线　　　D. 分用户

答案：ABCD

出处：《智能电网技术》

513. 双向互动服务是为电力用户提供（　　）优质服务，提高供电服务能力，实现智能电网与电力用户电力流、信息流和业务流双向互动的重要基础。

A. 智能化　　　B. 优质化　　　C. 多样化　　　D. 同步化

答案：AC

出处：《智能电网技术》

514. 双向互动服务是为电力用户提供智能化、多样化优质服务，提高供电服务能力，实现智能电网与电力用户（　　）双向互动的重要基础。

A. 服务流　　　B. 电力流　　　C. 信息流　　　D. 业务流

答案：BCD

出处：《智能电网技术》

515. 双向互动服务的主要作用有（　　）。

A. 提升市场营销能力　　　　　　　　　B. 提升用户服务能力

C. 提升运营管理能力　　　　　　　　　D. 提升用户合作态度

答案：ABC

出处：《智能电网技术》

516. 双向互动服务门户架构设计遵循平台化、组化设计原则，（　　），实现统一的数据交换、统一的接口标准、统一的安全保障。

A. 面向设备（以设备为中心）　　　　　B. 面向数据（以数据为核心）

C. 面向业务（以业务为基础）　　　　　D. 面向用户（以人为本）

答案：BCD

出处：《智能电网技术》

517. 双向互动服务门户架构设计遵循平台化、组化设计原则，面向数据（以数据为核心）、面向业务（以业务为基础）、面向用户（以人为本），实现（　　）。

A. 统一的数据交换　　B. 统一的设备状态
C. 统一的接口标准　　D. 统一的安全保护
答案：ACD
出处：《智能电网技术》

518. 双向互动服务门户关键技术涉及(　　)等关键技术。
A. 框架平台基础　　B. 技术框架　　C. 信息集成和信息　　D. 安全防护
答案：ABCD
出处：《智能电网技术》

519. 门户的技术框架包括门户的(　　)
A. 总体架构　　B. 部分架构　　C. 专用架构　　D. 技术架构
答案：AC
出处：《智能电网技术》

520. 门户的技术框架包括门户的总体架构和专用架构，总体架构主要包括(　　)
A. 展现层　　B. 控制层　　C. 业务逻辑层　　D. 持久层
答案：ABCD
出处：《智能电网技术》

521. 门户架构中的控制层的作用是(　　)。
A. 控制页面的流转
B. 在后台校验数据的正确性
C. 调用业务逻辑层的业务逻辑进行业务处理
D. 将模型数据和业务对象（BO）互相转换
答案：ABCD
出处：《智能电网技术》

522. 特高压直流输电关键技术研究提出了直流电压序列推荐方案。选择(　　)构成直流输电电压等级序列，提出了各电压等级直流工程的经济输电距离、推荐接线方式和输送容量优化方案。
A. ±500kV　　B. ±660kV　　C. ±800kV　　D. ±1000kV
答案：ABCD
出处：《智能电网技术》

523. 特高压直流输电关键技术研究并推广应用高强钢、F形塔、原状土基础、旋挖钻机机械成孔工艺、导线同步展放工艺、可拆卸式全钢瓦楞导线盘以及复合绝缘子防鸟害技术等(　　)，利用海拉瓦技术，组织开发三维可视管理信息平台，实施线路工程数字化施工管理。
A. 新材料　　B. 新工艺　　C. 新技术　　D. 新科学
答案：ABC
出处：《智能电网技术》

524. 特高压直流输电关键技术平面布置优化取得显著成果。换流站高低压阀厅面对面布置，两级低压阀厅背靠背布置，交流滤波器大组、小组均采用田字形布置，全站布置(　　)。
A. 方正　　B. 规整　　C. 宽松　　D. 紧凑

答案：ABD

出处：《智能电网技术》

525. 采集系统的应用部署模式与各个省电力公司的营销管理模式密切相关，分为(　　)两种。

A. 分散式　　B. 分布式　　C. 集中式　　D. 扩散式

答案：BC

出处：《智能电网技术》

526. 根据用电信息采集系统建设的要求，国家电网公司组织制定了用电信息采集终端功能规范，将采集终端分为(　　)。

A. 专用变压器采集终端　　B. 集中抄表终端（包括集中器、采集器）

C. 分布式能源接入终端　　D. 储能接入终端

答案：ABCD

出处：《智能电网技术》

527. 用电信息采集系统的预期目标是(　　)。

A. 一体化平台　　B. 智能用电服务　　C. 用电异常监测　　D. 用电信息共享

答案：ABCD

出处：《智能电网技术》

528. 物联网可以在人迹罕至和环境恶劣的地方使用，利用部署在目标区域内的大量节点，协作地感知、采集各种监测对象（主要包括环境对象和物体对象）的信息，获得详尽而准确的信息，并对这些信息进行深层次的多元参数(　　)处理，监测对象的状态。

A. 融合　　B. 协同　　C. 互相　　D. 综合

答案：AB

出处：《智能电网技术》

529. 物联网技术可以提高对输电线路的(　　)，可监测气象环境、覆冰、导地线微风振动、导线温度与弧垂、输电线路风偏和杆塔倾斜等。

A. 准确度　　B. 智能用电服务　　C. 感知水平　　D. 智能化水平

答案：CD

出处：《智能电网技术》

530. 利用物联网技术有助于实现智能用电双向交互服务、用电信息采集、智能家居、家庭能效管理、分布式电源接入以及电动汽车充放电，为(　　)提供技术保障。

A. 实现用户与电网的双向互动　　B. 提高供电可靠性

C. 用电效率　　D. 节能减排

答案：ABCD

出处：《智能电网技术》

531. 智能城市是把基于感应器的物联网和现有互联网整合起来，通过快速计算分析处理，对(　　)，特别是交通、能源、商业、安全以及医疗等公共行业进行实时管理和控制的城市发展类型。

A. 用户　　B. 人员　　C. 设备　　D. 基础设施

答案：BCD

出处：《智能电网技术》

532. 智能电网是智能城市的重要基础设施，(　　)需要智能电网提供可靠、高效的供电保障；随着清洁能源、电动汽车的发展，大量分布式电源及储能元件接入城市电网，需要智能电网具有较强的新能源接纳能力。

A. 智能小区　　B. 智能家居　　C. 智能大厦　　D. 智能交通

答案：ABCD

出处：《智能电网技术》

533. 智能电网联盟（Grid Wise Alliance）成立于 2003 年，是由(　　)及学术机构发起成立的组织，旨在从全民和政府两个层面推动、教育、促进和宣传智能电网新技术的普及和应用。

A. 电力企业　　B. IT 企业　　C. 新技术供应商　　D. 设备制造商

答案：ABCD

出处：《智能电网技术》

534. 以无人机为平台，搭载(　　)等任务传感器对线路本体、附属设施以及线路通道进行巡视和检测。

A. 可见光　　B. 紫外　　C. 红外　　D. 紫光

答案：ABC

出处：《架空输电线路无人机巡检作业技术导则》(DL/T 1482—2015)

535. 按照机型分类，无人机可分为(　　)。

A. 固定翼无人机　　B. 多旋翼无人机

C. 旋翼无人机　　D. 共轴反桨无人机

答案：AC

出处：《架空输电线路无人机巡检作业技术导则》(DL/T 1482—2015)

536. 无人机巡检系统应包括(　　)和综合保障分系统。

A. 保障系统　　B. 任务载荷分系统

C. 无人机分系统　　D. 飞行系统

答案：BC

出处：《架空输电线路无人机巡检作业技术导则》(DL/T 1482—2015)

537. 无人机分系统由无人机平台、(　　)组成。

A. 通信系统　　B. 自动巡航系统　　C. 定位系统　　D. 地面站系统

答案：AD

出处：《架空输电线路无人机巡检作业技术导则》(DL/T 1482—2015)

538. 旋翼无人机巡检系统的任务设备应至少包括可见光检测设备，固定翼无人机巡检系统可不配置(　　)设备。

A. 可见光　　B. 红外检测　　C. 紫外检测　　D. 超声检测

答案：BC

出处：《架空输电线路无人机巡检作业技术导则》(DL/T 1482—2015)

539. 综合保障分系统由地面保障设备和储运车辆组成。地面保障设备包括供电设备、(　　)测频仪、专用工器具等。大、中型无人机巡检系统需配备专用储运车辆，小型无人机巡检系统可根据需要配备储运车辆。

A. 燃油箱　　B. 抽油泵　　C. 备用电池　　D. 充电器

答案：ABCD

出处：《架空输电线路无人机巡检作业技术导则》（DL/T 1482—2015）

540. 作业人员均应具有3年及以上高压输电线路运行维护工作经验，熟悉（　　）等必要知识，掌握DL/T 741有关专业知识，并熟悉GB/T 26859的相关规定。

A. 航空　　B. 气象　　C. 地理　　D. 专业

答案：ABC

出处：《架空输电线路无人机巡检作业技术导则》（DL/T 1482—2015）

541. 作业宜在良好天气下进行。（　　）等恶劣天气或出现强电磁干扰等不利于巡检作业的情况时，无人机不应起飞。

A. 山洪　　B. 雾、雪　　C. 大雨、大风、冰雹　D. 雷电

答案：BC

出处：《架空输电线路无人机巡检作业技术导则》（DL/T 1482—2015）

542. 应严格按照无人机正常周期进行零件维修更换和大修保养，定期对无人机进行（　　），确保设备状态正常。

A. 检查、保洁　　B. 润滑、紧固　　C. 检查、保养　　D. 润滑、保养

答案：AB

出处：《架空输电线路无人机巡检作业技术导则》（DL/T 1482—2015）

543. 应根据巡检任务和所用机型合理配置人员，（　　），大型机需操作人员5～8名。

A. 小型机需要操作人员1～2名　　B. 中型机需操作人员2～3名

C. 小型机需要操作人员2～3名　　D. 中型机需操作人员3～4名

答案：CD

出处：《架空输电线路无人机巡检作业技术导则》（DL/T 1482—2015）

544. 无人机巡检方式有（　　）。

A. 单侧巡检　　B. 下方巡检　　C. 双侧巡检　　D. 上方巡检

答案：ACD

出处：《架空输电线路无人机巡检作业技术导则》（DL/T 1482—2015）

545. 无人机巡检模式有（　　）。

A. 精细巡检　　B. 通道巡检　　C. 故障巡检　　D. 特殊巡检

答案：ABCD

出处：《架空输电线路无人机巡检作业技术导则》（DL/T 1482—2015）

546. 精细巡检要求利用（　　）等装置对线路设备、设施进行详细的档中巡检和杆塔巡检。

A. 测距仪　　B. 可见光相机/摄像机 C. 红外热像仪　　D. 紫外成像仪

答案：BCD

出处：《架空输电线路无人机巡检作业技术导则》（DL/T 1482—2015）

547. 通道巡检主要巡检对象包括（　　）等。

A. 通道下方树木　　B. 违章建筑　　C. 违章施工　　D. 通道环境

答案：ABCD

出处：《架空输电线路无人机巡检作业技术导则》（DL/T 1482—2015）

548. 无人机巡检对象包括（　　）。

A. 杆塔金具　　B. 线路本体
C. 附属设施　　D. 通道及电力保护区
答案：BCD
出处：《架空输电线路无人机巡检作业技术导则》(DL/T 1482—2015)

549. 无人机系统也称远程驾驶航空器系统，是指由(　　)以及批准的型号设计规定的任何其他部件组成的系统。
A. 无人机　　B. 相关的控制站　　C. 所需的指令　　D. 控制数据链路
答案：ABCD
出处：《民用无人机驾驶员管理规定》

550. 无人机系统的机长，是指在系统运行时间内负责整个无人机系统(　　)的驾驶员。
A. 运行　　B. 安全　　C. 遥控　　D. 操纵
答案：AB
出处：《民用无人机驾驶员管理规定》

551. 感知与避让，是指(　　)交通冲突或其他危险并采取适当行动的能力。
A. 看见　　B. 察觉　　C. 发现　　D. 感觉
答案：ABC
出处：《民用无人机驾驶员管理规定》

552. 在融合空域中运行的(　　)类无人机应安装感知与避让系统。
A. Ⅸ　　B. Ⅹ　　C. Ⅺ　　D. Ⅻ
答案：CD
出处：《民用无人机驾驶员管理规定》

553. 以下为人口稠密区的是(　　)。
A. 城镇　　B. 村庄
C. 繁忙道路　　D. 大型露天集会场所
答案：ABCD
出处：《民用无人机驾驶员管理规定》

554. 以下包含在空机质量里的为(　　)。
A. 燃料　　B. 燃料容器　　C. 载荷　　D. 电池
答案：BD
出处：《民用无人机驾驶员管理规定》

555. 无人机云系统对民用无人机进行实时监测的运行数据包括(　　)。
A. 运营信息　　B. 位置　　C. 高度　　D. 速度
答案：ABCD
出处：《民用无人机驾驶员管理规定》

556. 在融合空域运行的(　　)类无人机，其驾驶员由局方实施管理。
A. Ⅸ　　B. Ⅹ　　C. Ⅺ　　D. Ⅻ
答案：CD
出处：《民用无人机驾驶员管理规定》

557. 以下属于实施无人机系统驾驶员管理的行业协会须具备的条件为(　　)。
A. 正式注册五年以上的全国性行业协会，并具有行业相关性

B. 建立了可发展完善的理论知识评估方法，可以测评人员的理论水平

C. 建立了可发展完善的安全操作技能评估方法，可以评估人员的操控、指挥和管理技能

D. 建立了驾驶员考试体系和标准化考试流程，可实现驾驶员训练、考试全流程电子化实时监测

答案：ABCD

出处：《民用无人机驾驶员管理规定》

558. 行业协会每六个月向局方提交报告，内容包括（　　）、训练合格证统计信息等。

A. 训练情况　　B. 技术进步情况

C. 遇到的困难和问题　　D. 事故和事故征候

答案：ABCD

出处：《民用无人机驾驶员管理规定》

559. 对于完成训练并考试合格的人员，在其驾驶员执照上应签注的信息有（　　）。

A. 无人机型号　　B. 无人机类型　　C. 无人机质量　　D. 职位

答案：ABD

出处：《民用无人机驾驶员管理规定》

560. 《一般运行和飞行规则》中规定，航空器的驾驶员应符合 CCAR-61 部中规定的关于其（　　）、航空经历等方面的相应要求，并符合该规则和相应运行规章的要求。

A. 执照和等级　　B. 训练　　C. 考试　　D. 检查

答案：ABCD

出处：《一般运行和飞行规则》

561. 《一般运行和飞行规则》中规定，机长必须负责确保：如果飞行机组任何成员因（　　）或药物的影响而无法履行其职责时，不得开始飞行。

A. 受伤　　B. 患病　　C. 疲劳　　D. 酒精

答案：ABCD

出处：《一般运行和飞行规则》

562. 《一般运行和飞行规则》中规定，处于下列身体状况的人员不得担任或试图担任民用航空器的机组成员（　　）。

A. 饮用含酒精饮料之后 8h 以内

B. 处于酒精作用之下

C. 使用了影响人体官能的药品，可能对安全产生危害

D. 其血液中的酒精含量，以质量为计量单位，达到或超过 0.04%

答案：ABCD

出处：《一般运行和飞行规则》

563. 《一般运行和飞行规则》中规定，（　　）是指根据需要，经批准划设的空域。飞行中航空器驾驶员应当使用机载设备和地面导航设备，准确掌握航空器的位置，防止误入。

A. 空中危险区　　B. 限制区　　C. 禁区　　D. 公众集会区

答案：ABC

出处：《一般运行和飞行规则》

564. 《一般运行和飞行规则》中规定，除经局方批准外，任何人不得在下列情况下驾驶

航空器进行特技飞行(　　)

A. 在任何城市、集镇或居住地人口稠密区的上空

B. 在露天的人员集会地点上空

C. 在任何航路中心线两侧 10km 范围之内

D. 距地面 450m 以下以及飞行能见度低于 5km 时

答案：ABCD

出处：《一般运行和飞行规则》

565.《一般运行和飞行规则》中规定，特技飞行是指驾驶员有意做出的正常飞行所不需要的机动动作，这些动作中包含(　　)。

A. 航空器姿态的变化　　B. 航空器姿态的急剧变化

C. 非正常的姿态　　D. 非正常的加速度

答案：BCD

出处：《一般运行和飞行规则》

566.《一般运行和飞行规则》中规定，航空器试验飞行应当在空中交通不繁忙的(　　)区域上空实施。

A. 水面　　B. 开阔水面　　C. 无人　　D. 人口稀少

答案：BD

出处：《一般运行和飞行规则》

567.《一般运行和飞行规则》中规定，航空器技术记录应当包括的内容和格式要求有(　　)。

A. 航空器的型号和国籍登记号

B. 以当地时间或者国际标准时间记录的航空器每次飞行时间和发动机运转时间

C. 机组发现的缺陷和工作不正常情况及所采取的修复措施

D. 航空器使用超限记录和采取的特殊检查措施

答案：ABCD

出处：《一般运行和飞行规则》

568.《一般运行和飞行规则》中规定，所有航空器应当装有必要的电子导航设备，以便使航空器在飞行中的任何阶段能够(　　)。

A. 按照其飞行计划飞行　　B. 按照其飞行指令飞行

C. 按照空中交通管制的要求飞行　　D. 按照空中交通限制的要求飞行

答案：AC

出处：《一般运行和飞行规则》

569.《一般运行和飞行规则》中规定，航空器代管人为运行中所使用的每位驾驶员单独建立的记录，应包括(　　)。

A. 驾驶员的姓名

B. 驾驶员持有的执照（类别和编号）和等级

C. 驾驶员当前的职责和被委派执行该职责的日期

D. 驾驶员持有的体检合格证的有效期限和级别

答案：ABCD

出处：《一般运行和飞行规则》

570. 对于A级旋翼机与载荷组合，飞行操作检查应当至少包括的飞行动作有(　　)。
A. 起飞和着陆
B. 悬停时具有足够的方向操纵性
C. 从悬停状态下增速
D. 在多个空速上平飞，直至申请批准的最大空速
答案：ABCD
出处：《一般运行和飞行规则》
571.《一般运行和飞行规则》中对有动力驱动的超轻型飞行器的限制要求是(　　)。
A. 空机质量小于116kg（254磅），不包括在遇险时使用的飘浮和安全器械
B. 燃油容量不超过20L（5美制加仑）
C. 全马力平飞中，校正空速小于100km/h（55nmile/h）
D. 发动机停车后的失速速度不超过校正空速45km/h（24nmile/h）
答案：ABCD
出处：《一般运行和飞行规则》

第3部分 判断题

1. 事故应急抢修工作指电气设备发生故障被迫紧急停止运行，需短时间内恢复抢修和排除故障的工作。（ ）

答案：正确

出处：《国家电网公司电力安全工作规程 线路部分》（Q/GDW 1799.2—2013）

2. 新参加电气工作的人员、实习人员和临时参加劳动的人员（管理人员、非全日制用工等），应经过安全知识教育后，方可到现场单独工作。（ ）

答案：错误

出处：《国家电网公司电力安全工作规程 线路部分》（Q/GDW 1799.2—2013）

3. 非连续进行的事故修复工作，只能使用用工作票。（ ）

答案：错误

出处：《国家电网公司电力安全工作规程 线路部分》（Q/GDW 1799.2—2013）

4. 工作票应用黑色或蓝色的钢（水）笔或圆珠笔填写与签发，一式两份，内容应正确，填写应清楚，不得任意涂改。（ ）

答案：正确

出处：《国家电网公司电力安全工作规程 线路部分》（Q/GDW 1799.2—2013）

5. 一张工作票中，工作许可人经批准可兼任工作负责人。（ ）

答案：错误

出处：《国家电网公司电力安全工作规程 线路部分》（Q/GDW 1799.2—2013）

6. 一个工作负责人不能同时持有多张工作票。（ ）

答案：错误

出处：《国家电网公司电力安全工作规程 线路部分》（Q/GDW 1799.2—2013）

7. 一张工作票中，工作票签发人和工作许可人不得兼任工作负责人。（ ）

答案：正确

出处：《国家电网公司电力安全工作规程 线路部分》（Q/GDW 1799.2—2013）

8. 工作票只能由工作负责人填写。（ ）

答案：错误

出处：《国家电网公司电力安全工作规程 线路部分》（Q/GDW 1799.2—2013）

9. 发承包工程采取“双签发”时，工作票签发人的职责全部由设备运维单位承担。（ ）

答案：错误

出处：《国家电网公司电力安全工作规程 线路部分》（Q/GDW 1799.2—2013）

10. 第一、第二种工作票的延期可以办理多次。（ ）

答案：错误

出处：《国家电网公司电力安全工作规程 线路部分》（Q/GDW 1799.2—2013）

11. 带电作业工作票不准延期。（　　）

答案：正确

出处：《国家电网公司电力安全工作规程 线路部分》（Q/GDW 1799.2—2013）

12. 用户变、配电站的工作许可人应是具有一定经验的高压电气工作人员。（　　）

答案：错误

出处：《国家电网公司电力安全工作规程 线路部分》（Q/GDW 1799.2—2013）

13. 工作监护人应组织执行工作票所列安全措施。（　　）

答案：错误

出处：《国家电网公司电力安全工作规程 线路部分》（Q/GDW 1799.2—2013）

14. 工作许可人确认由其负责的安全措施正确完成。（　　）

答案：正确

出处：《国家电网公司电力安全工作规程 线路部分》（Q/GDW 1799.2—2013）

15. 电话下达许可开工的命令时，工作许可人及工作负责人应记录清楚、明确，并复诵核对无误。（　　）

答案：正确

出处：《国家电网公司电力安全工作规程 线路部分》（Q/GDW 1799.2—2013）

16. 专责监护人不准兼作其他工作。（　　）

答案：正确

出处：《国家电网公司电力安全工作规程 线路部分》（Q/GDW 1799.2—2013）

17. 白天工作间断可直接恢复工作。（　　）

答案：错误

出处：《国家电网公司电力安全工作规程 线路部分》（Q/GDW 1799.2—2013）

18. 如果经调度允许的连续停电、夜间不送电的线路，工作地点的接地线可以不拆除，只要接地线安装位置未变动，次日恢复工作不需派人检查。（　　）

答案：错误

出处：《国家电网公司电力安全工作规程 线路部分》（Q/GDW 1799.2—2013）

19. 工作终结后，若有其他单位配合停电线路，还应及时通知指定的配合停电设备运维管理单位联系人。（　　）

答案：正确

出处：《国家电网公司电力安全工作规程 线路部分》（Q/GDW 1799.2—2013）

20. 进行线路停电作业前，应断开可能反送电的低压电源的断路器（开关）、隔离开关（刀闸）和熔断器。（　　）

答案：正确

出处：《国家电网公司电力安全工作规程 线路部分》（Q/GDW 1799.2—2013）

21. 间接验电信号变化检查中若发现其他任何信号有异常，均应停止操作，查明原因。若进行遥控操作，可采用上述的间接方法或其他可靠的方法进行间接验电。（　　）

答案：正确

出处：《国家电网公司电力安全工作规程 线路部分》（Q/GDW 1799.2—2013）

22. 对同杆塔架设的多层电力线路进行验电时，作业人员可以穿越已验电单 10（20）

kV线路及未采取绝缘措施的低压线路对上层线路进行验电。(　　)

答案：错误

出处：《国家电网公司电力安全工作规程 线路部分》(Q/GDW 1799.2—2013)

23. 线路经验明确无电压后，应立即装设接地线（直流线路两极接地线分别直接接地）。(　　)

答案：错误

出处：《国家电网公司电力安全工作规程 线路部分》(Q/GDW 1799.2—2013)

24. 成套接地线应由有透明护套的多股软铜线组成，其截面面积不得小于25mm²，同时应满足装设地点短路电流的要求。禁止使用其他导线接地或短路。(　　)

答案：错误

出处：《国家电网公司电力安全工作规程 线路部分》(Q/GDW 1799.2—2013)

25. 接地线应使用专用的线夹固定在导体上，可以用缠绕的方法进行接地或短路。(　　)

答案：错误

出处：《国家电网公司电力安全工作规程 线路部分》(Q/GDW 1799.2—2013)

26. 装设接地线时，应先接导线端，后接接地端，接地线应接触良好、连接应可靠。拆接地线的顺序与此相反。(　　)

答案：错误

出处：《国家电网公司电力安全工作规程 线路部分》(Q/GDW 1799.2—2013)

27. 杆塔与接地线连接部分应清除油漆，接触良好。(　　)

答案：正确

出处：《国家电网公司电力安全工作规程 线路部分》(Q/GDW 1799.2—2013)

28. 电缆及电容器接地前应逐相充分放电，星形接线电容器的中性点应接地，串联电容器及与整组电容器脱离的电容器应逐个多次放电，装在绝缘支架上的电容器外壳也应放电。(　　)

答案：正确

出处：《国家电网公司电力安全工作规程 线路部分》(Q/GDW 1799.2—2013)

29. 装设个人保安线时，应先接导线端，后接接地端，且接触良好，连接可靠。拆个人保安线的顺序与此相反。(　　)

答案：错误

出处：《国家电网公司电力安全工作规程 线路部分》(Q/GDW 1799.2—2013)

30. 在杆塔或横担接地通道良好的条件下，个人保安线接地端允许接在杆塔或横担上。(　　)

答案：正确

出处：《国家电网公司电力安全工作规程 线路部分》(Q/GDW 1799.2—2013)

31. 高压配电设备做耐压试验时，工作人员在征得工作负责人同意后可移动或拆除围栏和标示牌。(　　)

答案：错误

出处：《国家电网公司电力安全工作规程 线路部分》(Q/GDW 1799.2—2013)

32. 巡线工作应由有电力线路工作经验的人员担任。单独巡线人员应经考试合格并经工

区批准。（　　）

答案：正确

出处：《国家电网公司电力安全工作规程 线路部分》（Q/GDW 1799.2—2013）

33. 汛期、暑天、雪天等恶劣天气巡线，必须由两人进行。（　）

答案：错误

出处：《国家电网公司电力安全工作规程 线路部分》（Q/GDW 1799.2—2013）

34. 正常巡视应穿绝缘鞋。（　　）

答案：正确

出处：《国家电网公司电力安全工作规程 线路部分》（Q/GDW 1799.2—2013）

35. 事故巡线应始终认为线路带电，即使明知该线路已停电，亦应认为线路随时有恢复送电的可能。（　　）

答案：正确

出处：《国家电网公司电力安全工作规程 线路部分》（Q/GDW 1799.2—2013）

36. 巡视检查配电设备时，经领导批准可以越过遮栏或围墙。（　　）

答案：错误

出处：《国家电网公司电力安全工作规程 线路部分》（Q/GDW 1799.2—2013）

37. 事故紧急处理和拉合断路器（开关）的单一操作必须使用操作票。（　）

答案：错误

出处：《国家电网公司电力安全工作规程 线路部分》（Q/GDW 1799.2—2013）

38. 雷电时，在做好安全措施的情况下，允许进行倒闸操作和更换熔丝工作。（　）

答案：错误

出处：《国家电网公司电力安全工作规程 线路部分》（Q/GDW 1799.2—2013）

39. 在发生人身触电事故时，可以不经过许可，即行断开有关设备的电源，但事后应立即报告调度控制中心（或设备运维管理单位）和上级部门。（　）

答案：正确

出处：《国家电网公司电力安全工作规程 线路部分》（Q/GDW 1799.2—2013）

40. 作废的操作票，应注明“作废”字样，未执行的应注明“未执行”字样，已操作的应注明“已操作”字样。（　）

答案：错误

出处：《国家电网公司电力安全工作规程 线路部分》（Q/GDW 1799.2—2013）

41. 直接接触设备的电气测量工作，至少应由两人进行，一人操作，一人监护。夜间进行测量工作，应有足够的照明。（　　）

答案：正确

出处：《国家电网公司电力安全工作规程 线路部分》（Q/GDW 1799.2—2013）

42. 杆塔、配电变压器和避雷器的接地电阻测量工作，必须在线路和设备带电的情况下进行。（　）

答案：错误

出处：《国家电网公司电力安全工作规程 线路部分》（Q/GDW 1799.2—2013）

43. 砍剪树木时，为防止树木（树枝）倒落在导线上，应设法用绳索将其拉向与导线相反的方向。（　）

答案：正确

出处：《国家电网公司电力安全工作规程 线路部分》(Q/GDW 1799.2—2013)

44. 在±500kV带电线路杆塔上工作，作业人员及其所携带的工具、材料等与带电导线最小安全距离为9m。(　　)

答案：错误

出处：《国家电网公司电力安全工作规程 线路部分》(Q/GDW 1799.2—2013)

45. 在带电杆塔上进行测量、防腐、巡视检查、紧杆塔螺栓、清除杆塔上异物等工作，应使用绝缘无极绳索，风力应不大于6级，并应有专人监护。(　　)

答案：错误

出处：《国家电网公司电力安全工作规程 线路部分》(Q/GDW 1799.2—2013)

46. 运行中的高压直流输电系统的直流接地极线路和接地极应视为带电线路。(　　)

答案：正确

出处：《国家电网公司电力安全工作规程 线路部分》(Q/GDW 1799.2—2013)

47. 在同杆塔架设的多回线路上放线或撤线、紧线时，应采取措施防止导线或架空地线由于摆(跳)动或其他原因而与带电导线接近至危险距离以内。(　　)

答案：正确

出处：《国家电网公司电力安全工作规程 线路部分》(Q/GDW 1799.2—2013)

48. 在同杆塔架设多回线路中部分线路停电工作，绞车等牵引工具应接地，放落和架设过程中的导线可不接地。(　　)

答案：错误

出处：《国家电网公司电力安全工作规程 线路部分》(Q/GDW 1799.2—2013)

49. 在330kV及以上电压等级的带电线路杆塔上及变电站构架上作业，应采取防静电感应措施。(　　)

答案：正确

出处：《国家电网公司电力安全工作规程 线路部分》(Q/GDW 1799.2—2013)

50. 杆塔施工中不宜用临时拉线过夜；需要过夜时，应对临时拉线采取加固措施。(　　)

答案：正确

出处：《国家电网公司电力安全工作规程 线路部分》(Q/GDW 1799.2—2013)

51. 检修杆塔不准随意拆除受力构件，如需拆除，应事先做好补强措施。(　　)

答案：正确

出处：《国家电网公司电力安全工作规程 线路部分》(Q/GDW 1799.2—2013)

52. 放线、紧线与撤线工作前均应检查放线、紧线与撤线工具及设备是否良好。(　　)

答案：正确

出处：《国家电网公司电力安全工作规程 线路部分》(Q/GDW 1799.2—2013)

53. 禁止用手直接拉、推导线。(　　)

答案：正确

出处：《国家电网公司电力安全工作规程 线路部分》(Q/GDW 1799.2—2013)

54. 拆除杆上导线前，应先检查杆身，做好防止倒杆措施，在挖坑前应先绑好拉绳。(　　)

答案：错误

出处：《国家电网公司电力安全工作规程 线路部分》（Q/GDW 1799.2—2013）

55. 可以采用突然剪断导、地线的做法松线。（ ）

答案：错误

出处：《国家电网公司电力安全工作规程 线路部分》（Q/GDW 1799.2—2013）

56. 搭设跨越架可不设监护。（ ）

答案：错误

出处：《国家电网公司电力安全工作规程 线路部分》（Q/GDW 1799.2—2013）

57. 放线、撤线工作中使用的跨越架，应使用坚固、无伤、相对较直的木杆、竹竿、金属管等，且应具有能够承受跨越物重力的能力，否则可双杆合并或单杆加密使用。（ ）

答案：正确

出处：《国家电网公司电力安全工作规程 线路部分》（Q/GDW 1799.2—2013）

58. 各类交通道口的跨越架的拉线和路面上部封顶部分，应悬挂醒目的警告标志牌。（ ）

答案：正确

出处：《国家电网公司电力安全工作规程 线路部分》（Q/GDW 1799.2—2013）

59. 跨越架应经验收合格，每次使用前检查合格后方可使用。（ ）

答案：正确

出处：《国家电网公司电力安全工作规程 线路部分》（Q/GDW 1799.2—2013）

60. 借用已有线路做软跨放线时，使用的绳索应符合承重安全系数要求。（ ）

答案：正确

出处：《国家电网公司电力安全工作规程 线路部分》（Q/GDW 1799.2—2013）

61. 在邻近或跨越带电线路采取张力放线时，操作人员站在干燥的绝缘垫上，可以与未站在绝缘垫上的人员接触。（ ）

答案：错误

出处：《国家电网公司电力安全工作规程 线路部分》（Q/GDW 1799.2—2013）

62. 雷雨天可以进行放线作业。（ ）

答案：错误

出处：《国家电网公司电力安全工作规程 线路部分》（Q/GDW 1799.2—2013）

63. 放线作业前应检查导线与牵引绳连接是否可靠牢固。（ ）

答案：正确

出处：《国家电网公司电力安全工作规程 线路部分》（Q/GDW 1799.2—2013）

64. 在交通道口使用软跨时，施工地段来车一侧应设立交通警示标志牌，控制绳索人员应注意交通安全。（ ）

答案：错误

出处：《国家电网公司电力安全工作规程 线路部分》（Q/GDW 1799.2—2013）

65. 带电作业应在良好天气下进行，如遇雷电（听见雷声、看见闪电）、雪、雹、雨、雾等，不宜进行带电作业。（ ）

答案：错误

出处：《国家电网公司电力安全工作规程 线路部分》（Q/GDW 1799.2—2013）

66. 带电作业工作票签发人和工作负责人、专责监护人应由具有丰富的工作经验、能胜任带电作业工作的人员担任。（　　）

答案：错误

出处：《国家电网公司电力安全工作规程 线路部分》（Q/GDW 1799.2—2013）

67. 带电作业应设专责监护人。监护人不准直接操作。复杂或高杆塔作业必要时应增设（塔上）监护人。（　　）

答案：正确

出处：《国家电网公司电力安全工作规程 线路部分》（Q/GDW 1799.2—2013）

68. 带电作业禁止约时停用或恢复重合闸及直流线路再启动功能。（　　）

答案：正确

出处：《国家电网公司电力安全工作规程 线路部分》（Q/GDW 1799.2—2013）

69. 带电作业结束后应及时向工作票签发人汇报。（　　）

答案：错误

出处：《国家电网公司电力安全工作规程 线路部分》（Q/GDW 1799.2—2013）

70. 带电作业需要停用重合闸或直流线路再启动功能的作业和带电断、接引线应由值班调控人员履行许可手续。（　　）

答案：正确

出处：《国家电网公司电力安全工作规程 线路部分》（Q/GDW 1799.2—2013）

71. 在带电作业过程中如设备突然停电，作业人员应视设备已经停电。（　　）

答案：错误

出处：《国家电网公司电力安全工作规程 线路部分》（Q/GDW 1799.2—2013）

72. 在带电作业过程中如设备突然停电，工作负责人应尽快与调控人员联系，值班调控人员未与工作许可人取得联系前不准强送电。（　　）

答案：错误

出处：《国家电网公司电力安全工作规程 线路部分》（Q/GDW 1799.2—2013）

73. 非特殊需要，不应在跨越处下方或邻近有电力线路或其他弱电线路的档内进行带电架、拆线的工作。（　　）

答案：正确

出处：《国家电网公司电力安全工作规程 线路部分》（Q/GDW 1799.2—2013）

74. 如需在跨越处下方或邻近有电力线路或其他弱电线路的档内进行带电架、拆线的工作，则应制订可靠的操作工艺方案后方可进行。（　　）

答案：错误

出处：《国家电网公司电力安全工作规程 线路部分》（Q/GDW 1799.2—2013）

75. 禁止通过屏蔽服断、接接地电流、空载线路和耦合电容器的电容电流。（　　）

答案：正确

出处：《国家电网公司电力安全工作规程 线路部分》（Q/GDW 1799.2—2013）

76. 750kV、1000kV 等电位作业应使用电位转移棒进行电位转移。（　　）

答案：正确

出处：《国家电网公司电力安全工作规程 线路部分》（Q/GDW 1799.2—2013）

77. 在导、地线上悬挂梯子、飞车进行等电位作业前，应检查本档两端杆塔处导、地线

的紧固情况。（　　）

答案：正确

出处：《国家电网公司电力安全工作规程 线路部分》（Q/GDW 1799.2—2013）

78. 沿导、地线上悬挂的软、硬梯或飞车进入强电场的作业，在瓷横担线路上禁止挂梯作业，在转动横担的线路上挂梯前应将横担固定。（　　）

答案：正确

出处：《国家电网公司电力安全工作规程 线路部分》（Q/GDW 1799.2—2013）

79. 等电位作业人员在作业中禁止用酒精、汽油等易燃品擦拭带电体及绝缘部分，防止起火。（　　）

答案：正确

出处：《国家电网公司电力安全工作规程 线路部分》（Q/GDW 1799.2—2013）

80. 35kV 及以下电压等级的电力线路和电气设备上不准进行等电位带电作业。（　　）

答案：错误

出处：《国家电网公司电力安全工作规程 线路部分》（Q/GDW 1799.2—2013）

81. 带电断、接空载线路时，作业人员应戴墨镜，并应采取消弧措施。（　　）

答案：错误

出处：《国家电网公司电力安全工作规程 线路部分》（Q/GDW 1799.2—2013）

82. 在查明线路确无接地、绝缘良好、相位确定无误后，便可进行带电断、接引线。（　　）

答案：错误

出处：《国家电网公司电力安全工作规程 线路部分》（Q/GDW 1799.2—2013）

83. 带电接引线时未接通相的导线及带电断引线时已断开相的导线将因感应而带电。为防止电击，应采取措施后才能触及。（　　）

答案：正确

出处：《国家电网公司电力安全工作规程 线路部分》（Q/GDW 1799.2—2013）

84. 带电断、接引线时，禁止同时接触未接通的或已断开的导线两个断头，以防人体串入电路。（　　）

答案：正确

出处：《国家电网公司电力安全工作规程 线路部分》（Q/GDW 1799.2—2013）

85. 禁止用断、接空载线路的方法使两电源解列或并列。（　　）

答案：正确

出处：《国家电网公司电力安全工作规程 线路部分》（Q/GDW 1799.2—2013）

86. 带电清扫作业人员应站在下风侧位置作业，应戴口罩、护目镜。（　　）

答案：错误

出处：《国家电网公司电力安全工作规程 线路部分》（Q/GDW 1799.2—2013）

87. 作业时，作业人员的双手应始终握持绝缘杆保护环以上部位，并保持带电清扫有关绝缘部件的清洁和干燥。（　　）

答案：错误

出处：《国家电网公司电力安全工作规程 线路部分》（Q/GDW 1799.2—2013）

88. 高架绝缘斗臂车应经检验合格。斗臂车操作人员应熟悉带电作业的有关规定，并经

专门培训后上岗。(　　)

答案：错误

出处：《国家电网公司电力安全工作规程 线路部分》(Q/GDW 1799.2—2013)

89. 直流线路不采用带电检测绝缘子的检测方法。(　　)

答案：正确

出处：《国家电网公司电力安全工作规程 线路部分》(Q/GDW 1799.2—2013)

90. 带电作业工具房门窗应密闭严实，地面、墙面及顶面应采用不起尘、阻燃材料制作。(　　)

答案：正确

出处：《国家电网公司电力安全工作规程 线路部分》(Q/GDW 1799.2—2013)

91. 带电作业工具应存放于通风良好、清洁干燥的专用工具房内。(　　)

答案：正确

出处：《国家电网公司电力安全工作规程 线路部分》(Q/GDW 1799.2—2013)

92. 带电作业工具房通风结束后，应立即检查室内的相对湿度，并加以调控。(　　)

答案：正确

出处：《国家电网公司电力安全工作规程 线路部分》(Q/GDW 1799.2—2013)

93. 施工机具和安全工器具入库、出库、使用后应进行检查。(　　)

答案：错误

出处：《国家电网公司电力安全工作规程 线路部分》(Q/GDW 1799.2—2013)

94. 施工机具应按出厂说明书和铭牌的规定使用，紧急情况下允许短时间超负荷使用。(　　)

答案：错误

出处：《国家电网公司电力安全工作规程 线路部分》(Q/GDW 1799.2—2013)

95. 在土质疏松的地方，抱杆脚应用浮土垫牢。(　　)

答案：错误

出处：《国家电网公司电力安全工作规程 线路部分》(Q/GDW 1799.2—2013)

96. 地锚埋设后应进行详细检查，试吊时应指定专人看守。(　　)

答案：正确

出处：《国家电网公司电力安全工作规程 线路部分》(Q/GDW 1799.2—2013)

97. 卡线器的规格、材质应与线材的规格、材质相匹配。(　　)

答案：正确

出处：《国家电网公司电力安全工作规程 线路部分》(Q/GDW 1799.2—2013)

98. 放线架应支撑在坚实的地面上，松软地面应采取加固措施。放线轴与导线伸展方向平行。(　　)

答案：错误

出处：《国家电网公司电力安全工作规程 线路部分》(Q/GDW 1799.2—2013)

99. 合成纤维吊装带发现外部护套破损显露出内芯时，应降低标准使用。(　　)

答案：错误

出处：《国家电网公司电力安全工作规程 线路部分》(Q/GDW 1799.2—2013)

100. 切断绳索时，应先将预定切断的两边用软钢丝扎结，以免切断后绳索松散，断头

应编结处理。（　　）

答案：正确

出处：《国家电网公司电力安全工作规程 线路部分》（Q/GDW 1799.2—2013）

101. 卸扣的销子不准扣在活动性较大的索具内。（　　）

答案：正确

出处：《国家电网公司电力安全工作规程 线路部分》（Q/GDW 1799.2—2013）

102. 滑车及滑车组使用前应进行检查，发现有裂纹、轮沿破损等情况者，不影响转动的情况下慎重使用。（　　）

答案：错误

出处：《国家电网公司电力安全工作规程 线路部分》（Q/GDW 1799.2—2013）

103. 如使用的滑车可能着地，则应改变滑车的方向，防止垃圾窜入滑车。（　　）

答案：错误

出处：《国家电网公司电力安全工作规程 线路部分》（Q/GDW 1799.2—2013）

104. 对不合格或应报废的机具应及时清理，不准与合格的混放。（　　）

答案：正确

出处：《国家电网公司电力安全工作规程 线路部分》（Q/GDW 1799.2—2013）

105. 安全工器具室内应配置适用的柜、架，可存放不影响安全工器具性能的其他物品。（　　）

答案：错误

出处：《国家电网公司电力安全工作规程 线路部分》（Q/GDW 1799.2—2013）

106. 携带型接地线宜集中存放，接地线的号码应与工具清册一致。（　　）

答案：错误

出处：《国家电网公司电力安全工作规程 线路部分》（Q/GDW 1799.2—2013）

107. 绝缘隔板和绝缘罩使用前应擦净灰尘，如果表面有轻度擦伤，应涂金属漆处理。（　　）

答案：错误

出处：《国家电网公司电力安全工作规程 线路部分》（Q/GDW 1799.2—2013）

108. 橡胶绝缘用具应放在避光的柜内，使用频繁的可不撒上滑石粉。（　　）

答案：错误

出处：《国家电网公司电力安全工作规程 线路部分》（Q/GDW 1799.2—2013）

109. 携带型短路接地线的两端夹具应保证接地线与导体和接地装置都能接触良好、拆装方便，有足够的机械强度，并在大短路电流通过时不致松脱。（　　）

答案：正确

出处：《国家电网公司电力安全工作规程 线路部分》（Q/GDW 1799.2—2013）

110. 现场带电安放绝缘隔板及绝缘罩时，应戴手套、使用绝缘操作杆，必要时可用绝缘绳索将其固定。（　　）

答案：错误

出处：《国家电网公司电力安全工作规程 线路部分》（Q/GDW 1799.2—2013）

111. 安全帽使用时，应将帽箍调紧，防止工作中前倾、后仰或其他原因造成滑落。（　　）

答案：错误

出处：《国家电网公司电力安全工作规程 线路部分》(Q/GDW 1799.2—2013)

112. 特殊天气使用脚扣和登高板应采取防滑措施。(　　)

答案：正确

出处：《国家电网公司电力安全工作规程 线路部分》(Q/GDW 1799.2—2013)

113. 脚扣和登高板：金属部分变形和绳（带）损伤者可在低处使用。(　　)

答案：错误

出处：《国家电网公司电力安全工作规程 线路部分》(Q/GDW 1799.2—2013)

114. 安全工器具的电气试验和机械试验可由各使用单位根据试验标准和周期进行，也可委托试验。(　　)

答案：错误

出处：《国家电网公司电力安全工作规程 线路部分》(Q/GDW 1799.2—2013)

115. 所有升降口、大小孔洞、楼梯和平台装设的栏杆如需在检修期间拆除，应装设临时遮拦，并在检修结束时将栏杆立即装回。(　　)

答案：正确

出处：《国家电网公司电力安全工作规程 线路部分》(Q/GDW 1799.2—2013)

116. 机器的转动部分应装有防护罩或其他防护设备（如栅栏），露出的轴端应设有护盖，以防绞卷衣服。(　　)

答案：正确

出处：《国家电网公司电力安全工作规程 线路部分》(Q/GDW 1799.2—2013)

117. 禁止在机器转动时，从联轴器（靠背轮）和齿轮上取下防护罩或其他防护设备。(　　)

答案：正确

出处：《国家电网公司电力安全工作规程 线路部分》(Q/GDW 1799.2—2013)

118. 上爬梯应逐档检查爬梯是否牢固，上下爬梯应抓牢，两手可以抓一个梯阶。(　　)

答案：错误

出处：《国家电网公司电力安全工作规程 线路部分》(Q/GDW 1799.2—2013)

119. 杆塔等的固定爬梯，应牢固可靠。高百米以上的爬梯，中间应设有休息的平台，并应定期进行检查和维护。(　　)

答案：正确

出处：《国家电网公司电力安全工作规程 线路部分》(Q/GDW 1799.2—2013)

120. 垂直爬梯宜设置人员上下作业的防坠安全自锁装置或速差自控器，并制订相应的使用管理规定。(　　)

答案：正确

出处：《国家电网公司电力安全工作规程 线路部分》(Q/GDW 1799.2—2013)

121. 检修动力电源箱的支路开关都应加装剩余电流动作保护器（漏电保护器）并应定期检查和试验。(　　)

答案：正确

出处：《国家电网公司电力安全工作规程 线路部分》(Q/GDW 1799.2—2013)

122. 大锤及手锤的柄应用整根硬木制成，也可用大木料劈开制作，但不能用其他材料替代，应装得十分牢固，并将头部用楔栓固定。（　）

答案：错误

出处：《国家电网公司电力安全工作规程 线路部分》（Q/GDW 1799.2—2013）

123. 在狭窄区域，使用大锤时应注意周围环境，避免反击力伤人。（　）

答案：正确

出处：《国家电网公司电力安全工作规程 线路部分》（Q/GDW 1799.2—2013）

124. 连接电动机械及电动工具的电气回路应设开关或插座，并装设剩余电流动作保护器（漏电保护器），金属外壳应接地；电动工具应做到“一机一闸”。（　）

答案：错误

出处：《国家电网公司电力安全工作规程 线路部分》（Q/GDW 1799.2—2013）

125. 对正常使用的电动工具，也应对绝缘电阻进行定期测量、检查。（　）

答案：正确

出处：《国家电网公司电力安全工作规程 线路部分》（Q/GDW 1799.2—2013）

126. 在一般作业场所（包括金属构架上），应使用Ⅱ类电动工具（带绝缘外壳的工具）。（　）

答案：正确

出处：《国家电网公司电力安全工作规程 线路部分》（Q/GDW 1799.2—2013）

127. 生产现场和经常有人工作的场所应配备急救箱，存放急救用品，并应指定专人负责保管。（　）

答案：错误

出处：《国家电网公司电力安全工作规程 线路部分》（Q/GDW 1799.2—2013）

128. 触电者脱离电源后，救护者在救护过程中特别是在杆上或高处抢救伤者时，要注意自身和被救者不要触及附近带电体，防止再次触及带电设备。（　）

答案：错误

出处：《国家电网公司电力安全工作规程 线路部分》（Q/GDW 1799.2—2013）

129. 低压触电时，因触电者的身体是带电的，其鞋的绝缘也可能遭到破坏，救护人不得接触触电者的皮肤，也不能抓他的鞋。（　）

答案：正确

出处：《国家电网公司电力安全工作规程 线路部分》（Q/GDW 1799.2—2013）

130. 触电者神志不清，判断意识无，有心跳，但呼吸停止或极微弱时，应立即用仰头抬颏法，使气道开放，并对触电者施行心脏按压。（　）

答案：错误

出处：《国家电网公司电力安全工作规程 线路部分》（Q/GDW 1799.2—2013）

131. 伤员脱离电源后，当发现触电者呼吸微弱或停止时，应立即通畅触电者的气道以促进触电者呼吸或便于抢救。（　）

答案：正确

出处：《国家电网公司电力安全工作规程 线路部分》（Q/GDW 1799.2—2013）

132. 伤员脱离电源后，对伤者有无脉搏的判断应同时触摸两侧颈动脉。（　）

答案：错误

出处：《国家电网公司电力安全工作规程 线路部分》(Q/GDW 1799.2—2013)

133. 胸外心脏按压时，胸外心脏按压与人工呼吸的比例关系通常是成人为30∶2，婴儿、儿童为15∶2。(　　)

答案：正确

出处：《国家电网公司电力安全工作规程 线路部分》(Q/GDW 1799.2—2013)

134. 现场心肺复苏应坚持不断地进行，如需将伤员由现场移往室内，中断操作时间不得超过7s；通道狭窄、上下楼层、送上救护车等的操作中断不得超过30s。(　　)

答案：正确

出处：《国家电网公司电力安全工作规程 线路部分》(Q/GDW 1799.2—2013)

135. 创伤急救时，外部出血时应立即采取止血措施，防止失血过多而休克。(　　)

答案：正确

出处：《国家电网公司电力安全工作规程 线路部分》(Q/GDW 1799.2—2013)

136. 创伤急救过程中，平地搬运时伤员头部在前，上楼、下楼、下坡时头部在下，搬运中应严密观察伤员，防止伤情突变。(　　)

答案：错误

出处：《国家电网公司电力安全工作规程 线路部分》(Q/GDW 1799.2—2013)

137. 创伤急救止血时，可用电线、铁丝、细绳等做止血带使用。(　　)

答案：错误

出处：《国家电网公司电力安全工作规程 线路部分》(Q/GDW 1799.2—2013)

138. 骨折急救时，开放性骨折伴有大出血者，先固定、再止血，并用干净布片覆盖伤口，然后速送医院救治。(　　)

答案：错误

出处：《国家电网公司电力安全工作规程 线路部分》(Q/GDW 1799.2—2013)

139. 创伤急救时，如果伤员颅脑外伤，应使伤员采取平卧位，保持气道通畅，若有呕吐，应扶好头部和身体，使头部和身体同时侧转，防止呕吐物造成窒息。(　　)

答案：正确

出处：《国家电网公司电力安全工作规程 线路部分》(Q/GDW 1799.2—2013)

140. 冻伤急救时，应将伤员身上潮湿的衣服剪去后用干燥柔软的衣服覆盖，并立即烤火或搓雪。(　　)

答案：错误

出处：《国家电网公司电力安全工作规程 线路部分》(Q/GDW 1799.2—2013)

141. 毒蛇咬伤后，不要惊慌、奔跑、饮酒，以免加速蛇毒在人体内扩散。(　　)

答案：正确

出处：《国家电网公司电力安全工作规程 线路部分》(Q/GDW 1799.2—2013)

142. 怀疑可能存在有害气体时，应立即将人员撤离现场，转移到通风良好处休息。抢救人员进入险区应戴防毒面具。(　　)

答案：正确

出处：《国家电网公司电力安全工作规程 线路部分》(Q/GDW 1799.2—2013)

143. 线路运维管理是指对公司系统10kV及以上电压等级交直流线路开展的运维管理相关工作。(　　)

答案：错误

出处：《国家电网公司架空输电线路运维管理规定》[国网（运检/4）305—2014]

144. 乡镇供电所负责协调配合开展所辖区域35kV及以下线路的通道维护、清障和防外破工作。（　　）

答案：错误

出处：《国家电网公司架空输电线路运维管理规定》[国网（运检/4）305—2014]

145. 线路运检单位应提前介入工程施工，跟踪工程进度和质量，督促问题整改，重大问题报本单位运检部协调解决。（　　）

答案：正确

出处：《国家电网公司架空输电线路运维管理规定》[国网（运检/4）305—2014]

146. 工程竣工投运后2年内出现的质量问题，各级运检部门应向建设管理单位提出，必要时报上级运检部协调解决。线路运检单位负责督促建设管理单位处理与整改，输电运维班负责核实验收。（　　）

答案：错误

出处：《国家电网公司架空输电线路运维管理规定》[国网（运检/4）305—2014]

147. 各级运检部门应明确所辖线路的运维管理界限，不得出现空白点。不同运维单位共同维护的线路，其分界点原则上按行政区域划分，由上级运检部门审核批准。（　　）

答案：正确

出处：《国家电网公司架空输电线路运维管理规定》[国网（运检/4）305—2014]

148. 现场运行规程主要体现线路相同运维要求。（　　）

答案：错误

出处：《国家电网公司架空输电线路运维管理规定》[国网（运检/4）305—2014]

149. 线路运检单位应建立健全线路巡视岗位责任制，按线路区段明确责任人。（　　）

答案：正确

出处：《国家电网公司架空输电线路运维管理规定》[国网（运检/4）305—2014]

150. 根据巡视不同的需要（或目的），线路巡视分为正常巡视、故障巡视和特殊巡视，并根据实际需要，组织开展直升机和无人机巡视工作。（　　）

答案：正确

出处：《国家电网公司架空输电线路运维管理规定》[国网（运检/4）305—2014]

151. 线路正常巡视采用状态巡视方式，状态巡视是指根据线路设备和通道环境特点，结合状态评价和运行经验确定线路区段的巡视周期并动态调整的巡视方式。（　　）

答案：正确

出处：《国家电网公司架空输电线路运维管理规定》[国网（运检/4）305—2014]

152. 线路正常巡视采用状态巡视方式，状态巡视是指根据线路设备和天气特点，结合状态评价和运行经验确定线路区段的巡视周期并动态调整的巡视方式。（　　）

答案：错误

出处：《国家电网公司架空输电线路运维管理规定》[国网（运检/4）305—2014]

153. 线路状态信息应真实地反映线路运行状况及通道环境状况，并及时补充完善。（　　）

答案：错误

出处：《国家电网公司架空输电线路运维管理规定》［国网（运检/4）305—2014］

154. 输电运维班应及时掌握通道内树竹生长、建筑物、地理环境、特殊气候特点及跨越铁路、公路、河流、电力线等详细分布状况，对重要线路或特殊区段应逐档绘制线路通道状态图，并根据通道状态变化动态修订。（　　）

答案：正确

出处：《国家电网公司架空输电线路运维管理规定》［国网（运检/4）305—2014］

155. 线路状态巡视周期一般划分为 3 类。Ⅰ类线路巡视周期一般为 1 个月；Ⅱ类线路巡视周期一般为 2 个月；Ⅲ类线路巡视周期一般为 3～5 个月。（　　）

答案：错误

出处：《国家电网公司架空输电线路运维管理规定》［国网（运检/4）305—2014］

156. Ⅰ类线路巡视周期一般为 1 个月，主要包括：①特高压交直流线路。②状态评价结果为"注意""异常""严重"状态的线路区段。③外破易发区、偷盗多发区、采动影响区、水淹（冲刷）区、垂钓区、重要跨越、大跨越等特殊区段。④城市（城镇）及近郊区域的线路区段。（　　）

答案：正确

出处：《国家电网公司架空输电线路运维管理规定》［国网（运检/4）305—2014］

157. Ⅱ类线路巡视周期一般为 2 个月，主要包括：①远郊、平原、山地丘陵等一般区域的线路区段。②状态评价为"注意"状态的线路区段。（　　）

答案：错误

出处：《国家电网公司架空输电线路运维管理规定》［国网（运检/4）305—2014］

158. 退运线路应纳入正常运维范围，巡视周期一般为 3～6 个月。发现丢失塔材等缺陷应及时进行处理，确保线路完好、稳固。（　　）

答案：错误

出处：《国家电网公司架空输电线路运维管理规定》［国网（运检/4）305—2014］

159. 跨区线路、重要电源送出线路、单电源线路、重要联络线路、电铁牵引站供电线路、重要负荷供电线路巡视周期不应超过 1 个月。（　　）

答案：正确

出处：《国家电网公司架空输电线路运维管理规定》［国网（运检/4）305—2014］

160. 新、改建线路或区段在投运后 6 个月内，应每月进行 1 次全面巡视。（　　）

答案：错误

出处：《国家电网公司架空输电线路运维管理规定》［国网（运检/4）305—2014］

161. 线路运检单位组织输电运维班于每年 11 月 30 日前逐线、逐段编报次年度巡视计划，经本单位运检部审核并经主管领导批准后下发执行。500（330）kV 及以上交直流线路的年度巡视计划应报省公司运检部备案。（　　）

答案：正确

出处：《国家电网公司架空输电线路运维管理规定》［国网（运检/4）305—2014］

162. 每月 15 日前，线路运检单位编制下发状态巡视月度实施计划。输电运维班应根据月度实施计划编制周计划并执行。（　　）

答案：错误

出处：《国家电网公司架空输电线路运维管理规定》［国网（运检/4）305—2014］

163. 输电运维班在巡视中发现线路新增隐患及特殊区段范围发生变化时，应于每月 28 日汇总上报线路运检单位。线路运检单位应根据设备状况、季节和天气影响以及电网运行要求等，对巡视计划及巡视周期进行调整，并在本单位运检部备案。（ ）

答案：错误

出处：《国家电网公司架空输电线路运维管理规定》［国网（运检/4）305—2014］

164. 输电运维班巡视中发现的缺陷、隐患应及时录入运检管理系统，最长不超过 2 日。（ ）

答案：错误

出处：《国家电网公司架空输电线路运维管理规定》［国网（运检/4）305—2014］

165. 线路发生故障后，不论开关重合是否成功，线路运检单位均应根据行波测距、在线监测情况等信息初步判断故障类型，组织故障巡视。（ ）

答案：错误

出处：《国家电网公司架空输电线路运维管理规定》［国网（运检/4）305—2014］

166. 线路运检单位应在气候剧烈变化、自然灾害、外力影响、异常运行和对电网安全稳定运行有特殊要求时组织开展特殊巡视。巡视的范围视情况可为全线、特定区段或个别组件。（ ）

答案：正确

出处：《国家电网公司架空输电线路运维管理规定》［国网（运检/4）305—2014］

167. 线路运检单位应积极采用直升机、无人机等巡检技术开展线路巡视工作，对跨区线路或重要线路应有计划地安排直升机、无人机巡检。（ ）

答案：正确

出处：《国家电网公司架空输电线路运维管理规定》［国网（运检/4）305—2014］

168. 在线路巡视周期内，已开展直升机或无人机巡视的线路或区段，人工巡视周期可适当调整，巡视内容以塔头以下部件为主。（ ）

答案：错误

出处：《国家电网公司架空输电线路运维管理规定》［国网（运检/4）305—2014］

169. 线路运检单位应根据线路运维状态、运维时间、线路环境等实际信息，制订合理的检修计划，并开展检修工作。（ ）

答案：错误

出处：《国家电网公司架空输电线路运维管理规定》［国网（运检/4）305—2014］

170. 输电运维班应严格按照检测计划开展检测工作，做好检测记录和异常分析处理。（ ）

答案：正确

出处：《国家电网公司架空输电线路运维管理规定》［国网（运检/4）305—2014］

171. 在特殊区段检测管理中，每年雷雨季节前应对强雷区杆塔进行 2 次接地装置检查和接地电阻检测，对地下水位较高、强酸强碱等腐蚀严重区域应按 30% 比例开挖检查。（ ）

答案：错误

出处：《国家电网公司架空输电线路运维管理规定》［国网（运检/4）305—2014］

172. 在特殊区段检测管理中，对采空区和大跨越铁塔每年应开展 1 次状态检测，特殊

情况应增加检测次数。(　　)

答案：错误

出处：《国家电网公司架空输电线路运维管理规定》[国网（运检/4）305—2014]

173. 在特殊区段检测管理中，根据线路运行状态，适时开展夜间巡视，及时发现线路电晕放电隐患。只要有电晕放电的部位，宜进行紫外成像分析，并采取相应处理措施。(　　)

答案：错误

出处：《国家电网公司架空输电线路运维管理规定》[国网（运检/4）305—2014]

174. 输电运维班应按照公司运维装备配置标准配备相应的检测设备。(　　)

答案：正确

出处：《国家电网公司架空输电线路运维管理规定》[国网（运检/4）305—2014]

175. 线路运检单位应加强线路在线监测装置的运维工作，及时更换失效的在线监测装置。(　　)

答案：正确

出处：《国家电网公司架空输电线路运维管理规定》[国网（运检/4）305—2014]

176. 运维部应根据线路状况及时开展维护工作，主要包括：更换接地装置和塔材，铁塔防腐，基础及防洪、防撞设施修复，附属设施安装、修补，树竹砍伐，水泥杆裂纹修复等。(　　)

答案：错误

出处：《国家电网公司架空输电线路运维管理规定》[国网（运检/4）305—2014]

177. 线路缺陷分为本体缺陷、附属设施缺陷、外部施工和通道环境隐患四类。(　　)

答案：错误

出处：《国家电网公司架空输电线路运维管理规定》[国网（运检/4）305—2014]

178. 线路缺陷指组成线路本体的全部构件、附件及零部件缺陷，包括基础、杆塔、导线、地线（OPGW）、绝缘子、金具、接地装置、拉线等发生的缺陷。(　　)

答案：错误

出处：《国家电网公司架空输电线路运维管理规定》[国网（运检/4）305—2014]

179. 附件缺陷指附加在线路本体上的线路标识、安全标志牌、各种技术监测或具有特殊用途的设备（如在线监测、防雷、防鸟装置等）发生的缺陷。(　　)

答案：错误

出处：《国家电网公司架空输电线路运维管理规定》[国网（运检/4）305—2014]

180. 外部隐患指外部环境变化对线路的安全运行已构成某种潜在性威胁的情况，如在线路保护区内违章建房、种植树竹、堆物、取土及各种施工作业等。(　　)

答案：正确

出处：《国家电网公司架空输电线路运维管理规定》[国网（运检/4）305—2014]

181. 线路的各类缺陷按其严重程度分为紧急、严重、一般缺陷。(　　)

答案：错误

出处：《国家电网公司架空输电线路运维管理规定》[国网（运检/4）305—2014]

182. 危急缺陷指缺陷情况已危及到线路安全运行，随时可能导致线路发生事故，既危险又紧急的缺陷。危急缺陷消除时间不应超过24h，或临时采取确保线路安全的技术措施进

行处理，随后消除。（　　）

答案：正确

出处：《国家电网公司架空输电线路运维管理规定》[国网（运检/4）305—2014]

183. 严重缺陷指缺陷情况对线路安全运行已构成严重威胁，短期内线路尚可维持安全运行，情况虽危险，但紧急程度较危急缺陷次之的一类缺陷。此类缺陷的处理一般不超过1周，最多不超过2周，消除前须加强监视。（　　）

答案：错误

出处：《国家电网公司架空输电线路运维管理规定》[国网（运检/4）305—2014]

184. 一般缺陷指缺陷情况对线路的安全运行威胁较小，在一定期间内不影响线路安全运行的缺陷，此类缺陷一般应在一个检修周期内予以消除，需要停电时列入年度、月度停电检修计划。（　　）

答案：正确

出处：《国家电网公司架空输电线路运维管理规定》[国网（运检/4）305—2014]

185. 缺陷应纳入运检管理系统进行全过程闭环管理，主要包括缺陷登录、统计、分析、处理、验收和上报等。（　　）

答案：正确

出处：《国家电网公司架空输电线路运维管理规定》[国网（运检/4）305—2014]

186. 输电运维班通过现场巡视、检（监）测等手段收集缺陷，确认、定性缺陷后，在风险管控系统为缺陷建档，纳入缺陷管理流程。（　　）

答案：错误

出处：《国家电网公司架空输电线路运维管理规定》[国网（运检/4）305—2014]

187. 线路运检单位应核对缺陷性质，并组织安排缺陷的消除工作，危急缺陷应报上级运检部；上级运检部应协调、监督、指导缺陷的消除工作，缺陷在未消除之前应制订有效的设备风险管控措施；输电运维班对缺陷处理情况进行验收检查。特高压交直流线路危急缺陷应立即上报国网运检部。（　　）

答案：正确

出处：《国家电网公司架空输电线路运维管理规定》[国网（运检/4）305—2014]

188. 线路运检单位应结合线路隐患情况，积极开展线路隐患排查治理工作，建立隐患台账，及时消除设备和通道隐患。（　　）

答案：错误

出处：《国家电网公司架空输电线路运维管理规定》[国网（运检/4）305—2014]

189. 省公司运检部每季度应组织1次运行分析会，省检修（分）公司、地（市）公司、县公司运检部每月组织1次运行分析会，输电运维班每月开展1次运行分析。线路运行水平主要参考指标见附件。（　　）

答案：正确

出处：《国家电网公司架空输电线路运维管理规定》[国网（运检/4）305—2014]

190. 各级运检部门应及时组织开展故障分析工作，各级评价中心做好技术支撑。省检修（分）公司、地（市）公司运检部应在故障点确认后2日内组织完成故障分析，形成故障分析报告并报送省检修（分）公司。（　　）

答案：错误

出处：《国家电网公司架空输电线路运维管理规定》［国网（运检/4）305—2014］

191. 跨区线路故障分析报告应于故障点确认后2日内按要求完成，并报国网运检部。（　　）

答案：错误

出处：《国家电网公司架空输电线路运维管理规定》［国网（运检/4）305—2014］

192. 对线路设备的整体状况开展评价工作，省检修（分）公司组织，设备状态评价中心负责，省检修（分）公司、地（市）公司、县公司运检部根据《架空输电线路状态评价导则》，对线路设备的整体状况开展评价工作。（　　）

答案：错误

出处：《国家电网公司架空输电线路运维管理规定》［国网（运检/4）305—2014］

193. 状态评价工作应纳入日常生产管理，定期进行评价。对评价为异常、严重状态的线路应制订相应技改大修方案进行处理。（　　）

答案：错误

出处：《国家电网公司架空输电线路运维管理规定》［国网（运检/4）305—2014］

194. 状态评价结果应形成报告并按时报上级运检部。（　　）

答案：正确

出处：《国家电网公司架空输电线路运维管理规定》［国网（运检/4）305—2014］

195. 国网运检部、省公司运检部应组织退役线路的技术鉴定，并及时督促线路运检单位办理线路退运手续。（　　）

答案：错误

出处：《国家电网公司架空输电线路运维管理规定》［国网（运检/4）305—2014］

196. 防治线路污闪工作目标：不发生大面积电网污闪停电事件和220kV及以上线路污闪跳闸。（　　）

答案：错误

出处：《国家电网公司架空输电线路运维管理规定》［国网（运检/4）305—2014］

197. 输电运维班应加强零值、低值瓷绝缘子的检测，及时更换自爆玻璃绝缘子及零、低值瓷绝缘子。（　　）

答案：正确

出处：《国家电网公司架空输电线路运维管理规定》［国网（运检/4）305—2014］

198. 各级运检部门应加强沿线气象环境资料的调研收集，建设观冰站（点）、自动气象站，安装气象在线监测装置，并按照气象监测工作要求，组织开展气象观测工作，掌握特殊地形、特殊气候区域的资料，每5年统一修订舞动区分布图、冰区分布图。（　　）

答案：错误

出处：《国家电网公司架空输电线路运维管理规定》［国网（运检/4）305—2014］

199. 各级运检部门应利用公司覆冰预测预警系统开展线路覆冰气候、形势、厚度自动化预报和冰情监测，及时掌握线路覆冰情况，发布预警信息。各线路运检单位应按照冰情预报、预警信息做好抗冰、融冰准备工作。（　　）

答案：正确

出处：《国家电网公司架空输电线路运维管理规定》［国网（运检/4）305—2014］

200. 气象监测站应有防火、防盗等安全措施。（　　）

答案：正确

出处：《国家电网公司架空输电线路运维管理规定》［国网（运检/4）305—2014］

201. 输电线路保护区是导线边线向外侧水平延伸一定距离，并平行于地面所形成的两平行面内的区域。（　　）

答案：错误

出处：《国家电网公司架空输电线路运维管理规定》［国网（运检/4）305—2014］

202. 架空输电线路防舞防冰装置巡视检查内容有缺失、损坏等。（　　）

答案：正确

出处：《国家电网公司架空输电线路运维管理规定》［国网（运检/4）305—2014］

203. 利用无人直升机机载可见光、红外等检测设备，完成架空输电线路巡检任务的作业系统，一般包括无人直升机、任务设备、地面控制模块及综合保障模块等。（　　）

答案：正确

出处：《架空输电线路无人直升机巡检系统》（DL/T 1578—2016）

204. 以旋翼为推动方式，具有垂直起降和空中悬停特点的无人飞行器，一般有旋翼带尾桨、共轴反桨和多旋翼等形式，多旋翼无人直升机通常有四旋翼、六旋翼和七旋翼等结构。（　　）

答案：错误

出处：《架空输电线路无人直升机巡检系统》（DL/T 1578—2016）

205. 搭载在无人直升机上，用于检测、采集和记录架空输电线路信息的设备或装置，可为转塔式光电吊舱型式，也可为云台搭载光电传感器型式。（　　）

答案：正确

出处：《架空输电线路无人直升机巡检系统》（DL/T 1578—2016）

206. 由地面站、通信天线以及控制软件等组成，通过控制方式对无人直升机和任务设备进行控制的设备及工具的集合。（　　）

答案：错误

出处：《架空输电线路无人直升机巡检系统》（DL/T 1578—2016）

207. 保障无人直升机巡检系统正常工作的设备及工具的集合，一般包括供电设备、专用工具、备品备件和储运车辆等。（　　）

答案：正确

出处：《架空输电线路无人直升机巡检系统》（DL/T 1578—2016）

208. 增稳飞行模式是导航定位系统不参与控制，由飞控系统控制无人直升机飞行姿态，操作人员控制速度、航向、高度等的飞行模式。（　　）

答案：正确

出处：《架空输电线路无人直升机巡检系统》（DL/T 1578—2016）

209. 手动飞行模式是不依赖导航定位系统，无人直升机飞行姿态受飞控系统闭环控制，由操作人员控制的飞行模式。（　　）

答案：错误

出处：《架空输电线路无人直升机巡检系统》（DL/T 1578—2016）

210. 机头必须指向前方，无人直升机才能按照地面控制模块上的按键或遥控手柄的操控方向飞行。（　　）

答案：错误

出处：《架空输电线路无人直升机巡检系统》(DL/T 1578—2016)

211. 一键返航：在操作人员通过地面控制模块或遥控手柄上的特定功能键启动该功能后，无人直升机立即按预先设定的策略中止当前任务并返航。(　　)

答案：正确

出处：《架空输电线路无人直升机巡检系统》(DL/T 1578—2016)

212. 手动拍照：由操作人员通过地面控制模块或遥控手柄上的特定功能键进行拍照。(　　)

答案：正确

出处：《架空输电线路无人直升机巡检系统》(DL/T 1578—2016)

213. 不定点自动拍：不需操作人员干扰，无人直升机按照设定程序（包括位置坐标、时间间隔等）进行拍照。(　　)

答案：错误

出处：《架空输电线路无人直升机巡检系统》(DL/T 1578—2016)

214. 为无人直升机飞行提供动力的电池（简称“电池”），可为单体电池（电芯），也可为电池组（含电池系统）。(　　)

答案：正确

出处：《架空输电线路无人直升机巡检系统》(DL/T 1578—2016)

215. 航行灯：安装在无人直升机上，用以表示其位置和运动方向的信号灯。(　　)

答案：正确

出处：《架空输电线路无人直升机巡检系统》(DL/T 1578—2016)

216. 无人直升机巡检系统环境适应性等级按适用的环境温度范围和最低海拔高度进行划分。(　　)

答案：错误

出处：《架空输电线路无人直升机巡检系统》(DL/T 1578—2016)

217. 按适用环境温度，无人直升机系统分为普通型、高温型、低温型、极低温型和特殊型。(　　)

答案：正确

出处：《架空输电线路无人直升机巡检系统》(DL/T 1578—2016)

218. 按适用海拔高度，无人直升机巡检系统分为Ⅰ、Ⅱ、Ⅲ、Ⅳ型和Ⅴ型。各型无人直升机适用的最高海拔高度分别为：Ⅰ，800m；Ⅱ，2000m；Ⅲ，3000m；Ⅳ，4000m；Ⅴ，6000m。(　　)

答案：错误

出处：《架空输电线路无人直升机巡检系统》(DL/T 1578—2016)

219. 自检项目至少包括动力电池电压、遥测遥控和导航定位功能。以上任一项不能满足要求，均能在地面站或遥控手柄上以明显的声（或光）信号或其他方式进行报警提示，且飞控系统锁死。最好具有根据报警提示直接确定故障部位或原因的功能。(　　)

答案：正确

出处：《架空输电线路无人直升机巡检系统》(DL/T 1578—2016)

220. 电池不应变形，表面无针眼、磕碰、裂纹等。电源正负极标识清晰，接头有防松

措施，不得使用防误插接头。（　　）

答案：错误

出处：《架空输电线路无人直升机巡检系统》（DL/T 1578—2016）

221. 在位置追踪功能试验中，在户外露天场地进行。（　　）

答案：正确

出处：《架空输电线路无人直升机巡检系统》（DL/T 1578—2016）

222. 在无人机拍照功能试验中，在户外露天场地进行，面积应满足无人直升机巡检系统飞行悬停要求。（　　）

答案：错误

出处：《架空输电线路无人直升机巡检系统》（DL/T 1578—2016）

223. 在无人机拍照功能试验中，设置时，应采取在每个测量点悬停 1min、间隔 4～6s 连续拍照的方式。（　　）

答案：错误

出处：《架空输电线路无人直升机巡检系统》（DL/T 1578—2016）

224. 无人机拍照功能试验，对任一形式的任务设备，全自主飞行模式下，无人直升机均能在所有测量点按预先设置进行悬停和拍照。（　　）

答案：正确

出处：《架空输电线路无人直升机巡检系统》（DL/T 1578—2016）

225. 无人机拍照功能试验，对任一形式的任务设备，手动或增稳飞行模式下，无人直升机均能在所有测量点按预先设置进行悬停和拍照。（　　）

答案：错误

出处：《架空输电线路无人直升机巡检系统》（DL/T 1578—2016）

226. 稳像精准试验中，靶板通常为带标尺的白色平面，其上设置直径不大于 2mm 的黑色圆点作为参照物。（　　）

答案：错误

出处：《架空输电线路无人直升机巡检系统》（DL/T 1578—2016）

227. 在可见光成像性能试验中，使可见光成像任务设备视轴距地面高度 1.5m，且与背景墙平面垂直，镜头所在平面距靶场中心 10m。（　　）

答案：错误

出处：《架空输电线路无人直升机巡检系统》（DL/T 1578—2016）

228. 在红外成像性能试验中，试验应在室内无风、环境温度为 0～40℃条件下进行。（　　）

答案：正确

出处：《架空输电线路无人直升机巡检系统》（DL/T 1578—2016）

229. 依据《架空输电线路无人直升机巡检系统》（DL/T 1578—2016）中的规定，射频电磁场辐射抗扰度试验中扫描频率范围为 0MHz～2GHz，扫描步长为 1%、驻留时间为 1s。（　　）

答案：正确

出处：《架空输电线路无人直升机巡检系统》（DL/T 1578—2016）

230. 依据《架空输电线路无人直升机巡检系统》（DL/T 1578—2016）中的规定，静电

放电抗扰度试验中在垂直耦合板上选取均匀分布的12个放电点。（　　）

答案：错误

出处：《架空输电线路无人直升机巡检系统》（DL/T 1578—2016）

231. 依据《架空输电线路无人直升机巡检系统》（DL/T 1578—2016）中的规定，工频磁场抗扰试验中要求试验结果等级不低于A级。（　　）

答案：正确

出处：《架空输电线路无人直升机巡检系统》（DL/T 1578—2016）

232. 依据《架空输电线路无人直升机巡检系统》（DL/T 1578—2016）中的规定，地面站软件性能试验中在场地上规划飞行航线，航线与周边障碍物距离应满足飞行安全要求。（　　）

答案：正确

出处：《架空输电线路无人直升机巡检系统》（DL/T 1578—2016）

233. 依据《架空输电线路无人直升机巡检系统》（DL/T 1578—2016）中的规定，动力电池接头有防松措施，宜使用防误插接头的规定。（　　）

答案：正确

出处：《架空输电线路无人直升机巡检系统》（DL/T 1578—2016）

234. 依据《架空输电线路无人直升机巡检系统》（DL/T 1578—2016）中的规定，抗电磁干扰性能试验结果根据试验样品的功能丧失或性能降低程度分为A、B、C、D、E五个等级。（　　）

答案：错误

出处：《架空输电线路无人直升机巡检系统》（DL/T 1578—2016）

235. 依据《架空输电线路无人直升机巡检系统》（DL/T 1578—2016）中的规定，23℃快速放电容量试验中的试验结果要求根据放电电流和放电时间计算放电容量，放电容量不低于电池规格书规定的额定值，且不高于额定值的105%。（　　）

答案：错误

出处：《架空输电线路无人直升机巡检系统》（DL/T 1578—2016）

236. 依据《架空输电线路无人直升机巡检系统》（DL/T 1578—2016）中的规定，－20℃快速放电容量试验中的试验结果要求根据放电电流和放电时间计算放电容量，放电容量不低于电池规格书规定的额定值，且不高于额定值的70%。（　　）

答案：正确

出处：《架空输电线路无人直升机巡检系统》（DL/T 1578—2016）

237. 依据《架空输电线路无人直升机巡检系统》（DL/T 1578—2016）中的规定，55℃快速放电容量试验中的试验结果要求根据放电电流和放电时间计算放电容量，放电容量不低于电池规格书规定的额定值，且不高于额定值的90%。（　　）

答案：错误

出处：《架空输电线路无人直升机巡检系统》（DL/T 1578—2016）

238. 依据《架空输电线路无人直升机巡检系统》（DL/T 1578—2016）中的规定，电池低气压试验中的试验结果要求电池不出现变形、鼓包、漏液、破裂、起火、爆炸等现象。（　　）

答案：正确

出处：《架空输电线路无人直升机巡检系统》（DL/T 1578—2016）

239. 依据《架空输电线路无人直升机巡检系统》（DL/T 1578—2016）中的规定，电池耐振动性试验中将电池固定在振动试验台上，采用正弦波进行振动试验。（ ）

答案：正确

出处：《架空输电线路无人直升机巡检系统》（DL/T 1578—2016）

240. 依据《架空输电线路无人直升机巡检系统》（DL/T 1578—2016）中的规定，电池耐振动性试验中对于圆柱形电池，在其轴向和径向两个方向分别进行振动；对于矩形电池，在其宽、高两个方向分别进行振动。（ ）

答案：错误

出处：《架空输电线路无人直升机巡检系统》（DL/T 1578—2016）

241. 依据《架空输电线路无人直升机巡检系统》（DL/T 1578—2016）行业标准，动力电池外部短路试验中，当电池温度下降到比峰值低15%或短路时间达到24h，满足以上两种情况之一时，试验终止。（ ）

答案：错误

出处：《架空输电线路无人直升机巡检系统》（DL/T 1578—2016）

242. 依据《架空输电线路无人直升机巡检系统》（DL/T 1578—2016）行业标准，动力电池挤压试验中对于圆柱形电池，若直径不小于轴向长度，需对其侧面和底面分别进行挤压，否则仅进行侧面挤压，对于矩形电池，仅对其最小面进行挤压。（ ）

答案：错误

出处：《架空输电线路无人直升机巡检系统》（DL/T 1578—2016）

243. 依据《架空输电线路无人直升机巡检系统》（DL/T 1578—2016）行业标准，动力电池加速度冲击试验中，将电池固定在冲击试验台上，进行正弦脉冲冲击试验。（ ）

答案：错误

出处：《架空输电线路无人直升机巡检系统》（DL/T 1578—2016）

244. 依据《架空输电线路无人直升机巡检系统》（DL/T 1578—2016）行业标准，动力电池跌落试验中对于圆柱形电池，上下两个底面各跌落一次，侧面跌落两次；对于矩形电池，六个面各跌落一次。（ ）

答案：正确

出处：《架空输电线路无人直升机巡检系统》（DL/T 1578—2016）

245. 依据《架空输电线路无人直升机巡检系统》（DL/T 1578—2016）行业标准，运输振动性能试验中对于运输是要求固定的，按运输时的要求进行模拟固定。（ ）

答案：正确

出处：《架空输电线路无人直升机巡检系统》（DL/T 1578—2016）

246. 依据《架空输电线路无人直升机巡检系统》（DL/T 1578—2016）行业标准，运输跌落性能试验中每次跌落后，查看试验样品包装状态是否正常。若不正常，则做好记录后，继续试验。（ ）

答案：错误

出处：《架空输电线路无人直升机巡检系统》（DL/T 1578—2016）

247. 依据《架空输电线路无人直升机巡检系统》（DL/T 1578—2016）行业标准，产品停产半年及以上，恢复生产时应进行型式试验。（ ）

答案：错误

出处：《架空输电线路无人直升机巡检系统》(DL/T 1578—2016)

248. 依据《架空输电线路无人直升机巡检系统》(DL/T 1578—2016)行业标准，生产厂家可根据用户要求，双方协商后可增加试验项目。(　　)

答案：正确

出处：《架空输电线路无人直升机巡检系统》(DL/T 1578—2016)

249. 依据《架空输电线路无人直升机巡检系统》(DL/T 1578—2016)行业标准，无人直升机巡检系统包装应牢固、美观和经济，结构合理、紧凑、防护可靠，设备在储运状态下，能承受运输和储存中所遇到的加速度、冲击、振动和淋雨等。(　　)

答案：正确

出处：《架空输电线路无人直升机巡检系统》(DL/T 1578—2016)

250. 依据《架空输电线路无人直升机巡检系统》(DL/T 1578—2016)行业标准，无人直升机巡检系统设备应储存在干燥、密封、避免阳光直晒和无腐蚀、无有害物质的场所。(　　)

答案：错误

出处：《架空输电线路无人直升机巡检系统》(DL/T 1578—2016)

251.《架空输电线路无人机巡检作业安全工作规程》(Q/GDW 11399—2015)适用于使用无人直升机和固定翼无人机巡检系统对公司架空输电线路开展无人机巡检作业的工作人员。(　　)

答案：错误

出处：《架空输电线路无人机巡检作业安全工作规程》(Q/GDW 11399—2015)

252. 一般将无人机分系统为旋翼带尾桨的称为中型无人直升机巡检系统；将共轴反桨型式的称为大型无人直升机巡检系统。(　　)

答案：错误

出处：《架空输电线路无人机巡检作业安全工作规程》(Q/GDW 11399—2015)

253. 无人机巡检作业是指利用无人机巡检系统对架空输电线路本体和附属设施的运行状态、通道走廊环境等进行检查和检测的工作。(　　)

答案：正确

出处：《架空输电线路无人机巡检作业安全工作规程》(Q/GDW 11399—2015)

254. 根据所用无人机巡检系统的不同，无人机巡检作业分为大型无人直升机巡检作业、中型无人直升机巡检作业、小型无人直升机巡检作业和固定翼无人机巡检作业。(　　)

答案：错误

出处：《架空输电线路无人机巡检作业安全工作规程》(Q/GDW 11399—2015)

255. 程控手是指利用地面控制站以增稳或全自主模式控制无人机巡检系统飞行的人员。(　　)

答案：正确

出处：《架空输电线路无人机巡检作业安全工作规程》(Q/GDW 11399—2015)

256. 操控手是指利用遥控器以增稳或全自主模式控制无人机巡检系统飞行的人员。(　　)

答案：错误

出处：《架空输电线路无人机巡检作业安全工作规程》（Q/GDW 11399—2015）

257. 机务是指操控任务载荷分系统对输电线路本体、附属设施和通道走廊环境等进行拍照、摄像的人员。（　）

答案：错误

出处：《架空输电线路无人机巡检作业安全工作规程》（Q/GDW 11399—2015）

258. 巡检作业时无人机巡检系统的飞行路线周边不应存在影响无人机巡检系统安全起飞、飞行和降落的地形地貌、建筑以及其他障碍物等。（　）

答案：正确

出处：《架空输电线路无人机巡检作业安全工作规程》（Q/GDW 11399—2015）

259. 巡检作业点是指固定翼无人机巡检作业时，固定翼无人机巡检系统停留进行拍照、摄像等作业的位置。（　）

答案：错误

出处：《架空输电线路无人机巡检作业安全工作规程》（Q/GDW 11399—2015）

260. 空中管制区是指为维护空中交通秩序、保障空中交通安全和国家安全，按照国家有关法规划设，对航空器在空间内活动应遵守的规则、方式和时间等进行了规定和限制的区域。（　）

答案：正确

出处：《架空输电线路无人机巡检作业安全工作规程》（Q/GDW 11399—2015）

261. 民用航空的空中管制区包括塔台管制区、进近管制区和区域管制区等，此外还包括但不限于以下区域：空中禁区、空中限制区、空中危险区。（　）

答案：正确

出处：《架空输电线路无人机巡检作业安全工作规程》（Q/GDW 11399—2015）

262. 空中禁区是指由管制部门划设的，未按照国家有关规则经特别批准，任何航空器不得飞入的空间。（　）

答案：错误

出处：《架空输电线路无人机巡检作业安全工作规程》（Q/GDW 11399—2015）

263. 空中限制区是指由管制部门划设的，在规定时限内，未经管制部门许可的航空器禁止飞入的空间。（　）

答案：正确

出处：《架空输电线路无人机巡检作业安全工作规程》（Q/GDW 11399—2015）

264. 空中危险区是指由管制部门划设，供对空射击或者发射使用的，在规定时限内，禁止无关航空器飞入的空间。（　）

答案：正确

出处：《架空输电线路无人机巡检作业安全工作规程》（Q/GDW 11399—2015）

265. 目视可及是指人员通过直接目视可看见无人机巡检系统的范围。（　）

答案：正确

出处：《架空输电线路无人机巡检作业安全工作规程》（Q/GDW 11399—2015）

266. 使用中型无人直升机巡检系统进行的架空输电线路巡检作业，作业人员包括工作负责人（一名）和工作班成员，分别担任程控手和操控手，工作负责人可兼任程控手或操控手。（　）

答案：错误

出处：《架空输电线路无人机巡检作业安全工作规程》（Q/GDW 11399—2015）

267. 使用小型无人直升机巡检系统进行的架空输电线路巡检作业，作业人员包括工作负责人（一名）和工作班成员，分别担任程控手和操控手，工作负责人可兼任程控手或操控手，但不得同时兼任。必要时，也可增设一名专职工作负责人，此时工作班成员至少包括程控手和操控手。（　）

答案：正确

出处：《架空输电线路无人机巡检作业安全工作规程》（Q/GDW 11399—2015）

268. 任何人发现有违反本标准的情况，应立即制止，经纠正后才能恢复作业。各作业人员有权拒绝违章指挥和强令冒险作业，在发现直接危及人身安全的紧急情况时，有权停止作业或者在采取可能的紧急措施后撤离作业场所，并立即报告。（　）

答案：正确

出处：《架空输电线路无人机巡检作业安全工作规程》（Q/GDW 11399—2015）

269. 无人机巡检作业应严格按国家相关政策法规、当地民航军管等要求规范化使用空域。（　）

答案：正确

出处：《架空输电线路无人机巡检作业安全工作规程》（Q/GDW 11399—2015）

270. 现场勘察宜提前确定并核实起飞和降落点环境。（　）

答案：正确

出处：《架空输电线路无人机巡检作业安全工作规程》（Q/GDW 11399—2015）

271. 实际飞行巡检范围可以超过批复的空域。（　）

答案：错误

出处：《架空输电线路无人机巡检作业安全工作规程》（Q/GDW 11399—2015）

272. 对架空输电线路进行无人机巡检作业，都应填用架空输电线路无人机巡检作业工作票（参见附录C）。（　）

答案：错误

出处：《架空输电线路无人机巡检作业安全工作规程》（Q/GDW 11399—2015）

273. 对架空输电线路进行无人机巡检作业，工作票和工作单由工作负责人或工作票签发人填写。（　）

答案：错误

出处：《架空输电线路无人机巡检作业安全工作规程》（Q/GDW 11399—2015）

274. 一张工作票（单）只能使用一种型号的无人机巡检系统。使用不同型号的无人机巡检系统进行作业，应分别填写工作票（单）。（　）

答案：正确

出处：《架空输电线路无人机巡检作业安全工作规程》（Q/GDW 11399—2015）

275. 对多个巡检飞行架次，但作业类型相同的连续工作，可共用一张工作票（单）。（　）

答案：正确

出处：《架空输电线路无人机巡检作业安全工作规程》（Q/GDW 11399—2015）

276. 工作负责人（监护人）负责检查航线规划、安全策略设置和作业方案等是否正确

完备，必要时予以补充。（　　）

答案：正确

出处：《架空输电线路无人机巡检作业安全工作规程》（Q/GDW 11399—2015）

277. 工作负责人只在当天工作结束后向工作许可人汇报当天工作情况。（　　）

答案：错误

出处：《架空输电线路无人机巡检作业安全工作规程》（Q/GDW 11399—2015）

278. 已办理许可手续但尚未终结的工作，当空域许可情况发生变化时，应终结工作，重新办理许可手续。（　　）

答案：错误

出处：《架空输电线路无人机巡检作业安全工作规程》（Q/GDW 11399—2015）

279. 工作负责人应对工作班成员的操作进行认真监督，确保无人机巡检系统状态正常、航线和安全策略等设置正确。（　　）

答案：正确

出处：《架空输电线路无人机巡检作业安全工作规程》（Q/GDW 11399—2015）

280. 白天工作间断时，应将发动机处于停运状态、电机下电，并采取其他必要的安全措施，必要时派人看守。恢复工作时，应对无人机巡检系统进行检查，确认其状态正常。若工作间断前已经完成系统自检，可不进行自检。（　　）

答案：错误

出处：《架空输电线路无人机巡检作业安全工作规程》（Q/GDW 11399—2015）

281. 无人机巡检作业工作票不允许延期。（　　）

答案：错误

出处：《架空输电线路无人机巡检作业安全工作规程》（Q/GDW 11399—2015）

282. 航线规划应严格按照批复后的空域进行航线规划。（　　）

答案：正确

出处：《架空输电线路无人机巡检作业安全工作规程》（Q/GDW 11399—2015）

283. 除必要外，航线不得跨越高速铁路，尽量避免跨越高速公路。（　　）

答案：正确

出处：《架空输电线路无人机巡检作业安全工作规程》（Q/GDW 11399—2015）

284. 选定的无人机巡检系统起飞和降落区尽量避开周边军事禁区、军事管理区、森林防火区和人员活动密集区等。（　　）

答案：正确

出处：《架空输电线路无人机巡检作业安全工作规程》（Q/GDW 11399—2015）

285. 不得在无人机巡检系统飞行过程中更改巡检航线。（　　）

答案：正确

出处：《架空输电线路无人机巡检作业安全工作规程》（Q/GDW 11399—2015）

286. 各相关作业人员之间应保持信息畅通。（　　）

答案：正确

出处：《架空输电线路无人机巡检作业安全工作规程》（Q/GDW 11399—2015）

287. 当天巡检作业结束后，应清理现场，核对设备和工器具清单，确认现场无遗漏。（　　）

答案：正确

出处：《架空输电线路无人机巡检作业安全工作规程》（Q/GDW 11399—2015）

288. 当天巡检作业结束后，对于电动力无人机巡检系统，应将电池取出。（　　）

答案：正确

出处：《架空输电线路无人机巡检作业安全工作规程》（Q/GDW 11399—2015）

289. 工作时，工作班成员保持手机信号畅通，随时使用手机联系。（　　）

答案：错误

出处：《架空输电线路无人机巡检作业安全工作规程》（Q/GDW 11399—2015）

290. 使用中型无人直升机巡检系统的巡检作业，起飞和降落点宜相同。（　　）

答案：正确

出处：《架空输电线路无人机巡检作业安全工作规程》（Q/GDW 11399—2015）

291. 使用中型无人直升机巡检系统的巡检作业，巡检航线应位于被巡线路的侧方，且宜在对线路的一侧设备全部巡检完后再巡另一侧。（　　）

答案：正确

出处：《架空输电线路无人机巡检作业安全工作规程》（Q/GDW 11399—2015）

292. 使用中型无人直升机巡检系统的巡检作业，沿巡检航线飞行宜采用自主飞行模式，但在目视可及范围内宜采用增稳飞行模式。（　　）

答案：错误

出处：《架空输电线路无人机巡检作业安全工作规程》（Q/GDW 11399—2015）

293. 使用中型无人直升机巡检系统的巡检作业，不得在重要建筑和设施的上空穿越飞行。（　　）

答案：正确

出处：《架空输电线路无人机巡检作业安全工作规程》（Q/GDW 11399—2015）

294. 使用中型无人直升机巡检系统的巡检作业，沿巡检航线飞行过程中，在确保安全时，可根据巡检作业需要临时悬停或解除预设的程控悬停。（　　）

答案：正确

出处：《架空输电线路无人机巡检作业安全工作规程》（Q/GDW 11399—2015）

295. 使用小型无人直升机巡检系统的巡检作业，可采用自主或增稳飞行模式控制无人直升机巡检系统飞至巡检作业点，然后以增稳飞行模式进行拍照、摄像等作业。（　　）

答案：正确

出处：《架空输电线路无人机巡检作业安全工作规程》（Q/GDW 11399—2015）

296. 使用小型无人直升机巡检系统的巡检作业，无人直升机巡检系统到达巡检作业点后，宜由任务手进行拍照、摄像等作业。（　　）

答案：错误

出处：《架空输电线路无人机巡检作业安全工作规程》（Q/GDW 11399—2015）

297. 使用小型无人直升机巡检系统的巡检作业，无人直升机巡检系统不应长时间在设备上方悬停，不应在重要建筑及设施、公路和铁路等的上方悬停。（　　）

答案：正确

出处：《架空输电线路无人机巡检作业安全工作规程》（Q/GDW 11399—2015）

298. 使用固定翼无人机巡检系统的巡检作业，起飞和降落宜在同一场地。（　　）

答案：正确

出处：《架空输电线路无人机巡检作业安全工作规程》(Q/GDW 11399—2015)

299. 应采取有效措施防止无人机巡检系统故障或事故后引发火灾等次生灾害。(　　)

答案：正确

出处：《架空输电线路无人机巡检作业安全工作规程》(Q/GDW 11399—2015)

300. 无人机巡检系统应有专用库房进行存放和维护保养。(　　)

答案：正确

出处：《架空输电线路无人机巡检作业安全工作规程》(Q/GDW 11399—2015)

301.《架空输电线路无人直升机巡检技术规程》(Q/GDW 11367—2014) 中规定，中型无人直升机巡检系统指空机质量达到大于或等于 7kg 且不大于 116kg 的无人直升机巡检系统。(　　)

答案：错误

出处：《架空输电线路无人直升机巡检技术规程》(Q/GDW 11367—2014)

302.《架空输电线路无人直升机巡检技术规程》(Q/GDW 11367—2014) 中规定，航线规划指根据空域情况、线路通道环境和无人直升机性能等信息，规划巡检飞行航线，满足工作任务要求。(　　)

答案：正确

出处：《架空输电线路无人直升机巡检技术规程》(Q/GDW 11367—2014)

303.《架空输电线路无人直升机巡检技术规程》(Q/GDW 11367—2014) 中规定，程控手是利用遥控器以增稳或全自主模式控制无人机巡检系统的作业人员。(　　)

答案：错误

出处：《架空输电线路无人直升机巡检技术规程》(Q/GDW 11367—2014)

304.《架空输电线路无人直升机巡检技术规程》(Q/GDW 11367—2014) 中规定，操作手是利用遥控器以手动或增稳模式控制无人机巡检系统的作业人员。(　　)

答案：正确

出处：《架空输电线路无人直升机巡检技术规程》(Q/GDW 11367—2014)

305.《架空输电线路无人直升机巡检技术规程》(Q/GDW 11367—2014) 中规定，任务手是利用机载任务设备对巡检目标进行检查巡视的作业人员。(　　)

答案：错误

出处：《架空输电线路无人直升机巡检技术规程》(Q/GDW 11367—2014)

306.《架空输电线路无人直升机巡检技术规程》(Q/GDW 11367—2014) 中规定，使用高清照相机（摄像机）检查导地线、绝缘子、金具、杆塔、基础、附属设施、线路通道等异常情况和缺陷隐患。(　　)

答案：正确

出处：《架空输电线路无人直升机巡检技术规程》(Q/GDW 11367—2014)

307.《架空输电线路无人直升机巡检技术规程》(Q/GDW 11367—2014) 中规定，作业人员应具备必要的工作经验，学会紧急救护法。(　　)

答案：错误

出处：《架空输电线路无人直升机巡检技术规程》(Q/GDW 11367—2014)

308.《架空输电线路无人直升机巡检技术规程》(Q/GDW 11367—2014) 中规定，作业

人员应身体健康、精神状态良好，无妨碍作业的生理和心理障碍。作业前8h及作业过程中严禁饮用任何酒精类饮品。（　　）

答案：正确

出处：《架空输电线路无人直升机巡检技术规程》（Q/GDW 11367—2014）

309.《架空输电线路无人直升机巡检技术规程》（Q/GDW 11367—2014）中规定，中型机工作负责人全面组织巡检工作开展，负责现场人员管控。（　　）

答案：错误

出处：《架空输电线路无人直升机巡检技术规程》（Q/GDW 11367—2014）

310.《架空输电线路无人直升机巡检技术规程》（Q/GDW 11367—2014）中规定，中型机任务手负责任务设备操作、现场环境观察、图传信息监测、设备准备、检查、撤收。（　　）

答案：正确

出处：《架空输电线路无人直升机巡检技术规程》（Q/GDW 11367—2014）

311.《架空输电线路无人直升机巡检技术规程》（Q/GDW 11367—2014）中规定，小型机工作负责人负责组织巡检工作开展及现场飞行安全，不可兼任操控手或程控手。（　　）

答案：错误

出处：《架空输电线路无人直升机巡检技术规程》（Q/GDW 11367—2014）

312.《架空输电线路无人直升机巡检技术规程》（Q/GDW 11367—2014）中规定，无人直升机巡检系统和备品备件应满足无人直升机巡检相关功能和技术要求，定期保养并经检测合格，确保其状态正常。（　　）

答案：正确

出处：《架空输电线路无人直升机巡检技术规程》（Q/GDW 11367—2014）

313.《架空输电线路无人直升机巡检技术规程》（Q/GDW 11367—2014）中规定，中型无人直升机应储备不少于1架次正常巡检所需油料，小型无人直升机应配备不少于6组电池。（　　）

答案：错误

出处：《架空输电线路无人直升机巡检技术规程》（Q/GDW 11367—2014）

314.《架空输电线路无人直升机巡检技术规程》（Q/GDW 11367—2014）中规定，起飞和降落时，作业人员应与无人直升机始终保持足够安全距离，避开起降航线。无人直升机桨叶转动时，严禁任何人接近。（　　）

答案：正确

出处：《架空输电线路无人直升机巡检技术规程》（Q/GDW 11367—2014）

315.《架空输电线路无人直升机巡检技术规程》（Q/GDW 11367—2014）中规定，作业人员应穿戴防护用品，正确使用安全工器具。（　　）

答案：错误

出处：《架空输电线路无人直升机巡检技术规程》（Q/GDW 11367—2014）

316.《架空输电线路无人直升机巡检技术规程》（Q/GDW 11367—2014）中规定，在雨、雪、风沙天气条件时，应采取必要的遮蔽措施后方可进行操作；雷电天气不得进行加油和放油操作。（　　）

答案：正确

出处：《架空输电线路无人直升机巡检技术规程》（Q/GDW 11367—2014）

317.《架空输电线路无人直升机巡检技术规程》（Q/GDW 11367—2014）中规定，在检查杆塔本体及金具时，应悬停检查，中型无人直升机单次悬停不宜超过5min，与线路设备净空距离不小于30m，水平距离不小于20m。（　）

答案：错误

出处：《架空输电线路无人直升机巡检技术规程》（Q/GDW 11367—2014）

318.《架空输电线路无人直升机巡检技术规程》（Q/GDW 11367—2014）中规定，对现场勘查认为危险性、复杂性较大的无人直升机巡检作业，应专门编制组织措施、技术措施、安全措施，并履行相关审批手续。（　）

答案：正确

出处：《架空输电线路无人直升机巡检技术规程》（Q/GDW 11367—2014）

319.《架空输电线路无人直升机巡检技术规程》（Q/GDW 11367—2014）中规定，抵达现场，应报告空管部门，履行工作许可手续可开展作业。（　）

答案：错误

出处：《架空输电线路无人直升机巡检技术规程》（Q/GDW 11367—2014）

320.《架空输电线路无人直升机巡检技术规程》（Q/GDW 11367—2014）中规定，中型无人直升机启动后应在地面充分预热发动机。（　）

答案：正确

出处：《架空输电线路无人直升机巡检技术规程》（Q/GDW 11367—2014）

321.《架空输电线路无人直升机巡检技术规程》（Q/GDW 11367—2014）中规定，中型无人直升机巡检飞行速度不宜大于10m/s。（　）

答案：错误

出处：《架空输电线路无人直升机巡检技术规程》（Q/GDW 11367—2014）

322.《架空输电线路无人直升机巡检技术规程》（Q/GDW 11367—2014）中规定，小型无人直升机巡检飞行速度不宜大于10m/s。（　）

答案：正确

出处：《架空输电线路无人直升机巡检技术规程》（Q/GDW 11367—2014）

323.《架空输电线路无人直升机巡检技术规程》（Q/GDW 11367—2014）中规定，单旋翼带尾桨的中型无人直升机悬停时应顺风悬停。（　）

答案：错误

出处：《架空输电线路无人直升机巡检技术规程》（Q/GDW 11367—2014）

324.《架空输电线路无人直升机巡检技术规程》（Q/GDW 11367—2014）中规定，在目视范围内，操控手应密切观察无人直升机飞行姿态及周围环境变化，异常情况下，操控手可手动接管控制无人直升机。（　）

答案：正确

出处：《架空输电线路无人直升机巡检技术规程》（Q/GDW 11367—2014）

325.《架空输电线路无人直升机巡检技术规程》（Q/GDW 11367—2014）中规定，在巡检过程中，若发现异常情况，应对可疑部位进行重点检查核实，并简要记录。（　）

答案：错误

出处：《架空输电线路无人直升机巡检技术规程》（Q/GDW 11367—2014）

326.《架空输电线路无人直升机巡检技术规程》（Q/GDW 11367—2014）中规定，作业过程中，任务手如发现飞行航线、悬停点与预设航线偏差较大，应及时告知程控手（操控手）调整飞行计划。（　　）

答案：错误

出处：《架空输电线路无人直升机巡检技术规程》（Q/GDW 11367—2014）

327.《架空输电线路无人直升机巡检技术规程》（Q/GDW 11367—2014）中规定，小型无人直升机可采用自主或增稳飞行模式控制无人直升机到巡检作业点，以增稳飞行模式进行作业。（　　）

答案：正确

出处：《架空输电线路无人直升机巡检技术规程》（Q/GDW 11367—2014）

328.《架空输电线路无人直升机巡检技术规程》（Q/GDW 11367—2014）中规定，降落后，应进行外观及零部件检查，并做好无人直升机巡检系统使用记录。（　　）

答案：正确

出处：《架空输电线路无人直升机巡检技术规程》（Q/GDW 11367—2014）

329.《架空输电线路无人直升机巡检技术规程》（Q/GDW 11367—2014）中规定，撤收前，油动无人直升机应将油箱内剩余油料加满并妥善储存。（　　）

答案：错误

出处：《架空输电线路无人直升机巡检技术规程》（Q/GDW 11367—2014）

330.《架空输电线路无人直升机巡检技术规程》（Q/GDW 11367—2014）中规定，无人直升机巡检系统应按要求定期保养、维修和试验，确保状态良好。（　　）

答案：正确

出处：《架空输电线路无人直升机巡检技术规程》（Q/GDW 11367—2014）

331.《架空输电线路无人直升机巡检技术规程》（Q/GDW 11367—2014）中规定，中型无人直升机应定期启动，检查发动机工况，如有异常应及时调试和维修。（　　）

答案：正确

出处：《架空输电线路无人直升机巡检技术规程》（Q/GDW 11367—2014）

332.《架空输电线路无人直升机巡检技术规程》（Q/GDW 11367—2014）中规定，无人直升机巡检系统所需电池应定期检查保养。（　　）

答案：错误

出处：《架空输电线路无人直升机巡检技术规程》（Q/GDW 11367—2014）

333.《架空输电线路无人直升机巡检技术规程》（Q/GDW 11367—2014）中规定，无人直升机因意外或失控撞向杆塔、导地线等造成线路设备损坏时，应立即启动应急预案，开展故障巡查，并将现场情况及时报告相关部门。（　　）

答案：正确

出处：《架空输电线路无人直升机巡检技术规程》（Q/GDW 11367—2014）

334.《架空输电线路无人直升机巡检技术规程》（Q/GDW 11367—2014）中规定，无人直升机发生坠机事故引发次生灾害时，应立即启动应急预案，立即回到单位汇报，对现场情况进行拍照取证，及时进行民事协调，做好舆情监控，并将现场情况及时报告相关部门。（　　）

答案：错误

出处：《架空输电线路无人直升机巡检技术规程》（Q/GDW 11367—2014）

335.《架空输电线路无人直升机巡检技术规程》（Q/GDW 11367—2014）中规定，无人直升机发生事故后，应及时分析事故原因，编写事故分析报告。（　　）

答案：正确

出处：《架空输电线路无人直升机巡检技术规程》（Q/GDW 11367—2014）

336. 无人机平台应能完成特定的任务，如输电线路巡检、线路监测、农林植保等。（　　）

答案：错误

出处：《架空输电线路无人机巡检技术》

337. 通信系统连接控制站与无人机平台，完成从控制站到无人机平台间的控制信息、任务载荷信息、无人机状态信息及其他数据信息的传输。（　　）

答案：正确

出处：《架空输电线路无人机巡检技术》

338. 超高空无人机飞行高度一般在15000m以下，可以完成远程（横跨地球）侦查监视任务。（　　）

答案：错误

出处：《架空输电线路无人机巡检技术》

339. 地空无人机飞行高度一般在100～1000m，超低空无人机飞行高度一般在150m以下。（　　）

答案：错误

出处：《架空输电线路无人机巡检技术》

340. 小型无人机活动半径一般在30km左右，超近程无人机活动半径在15km以内。（　　）

答案：正确

出处：《架空输电线路无人机巡检技术》

341. 无人机系统的应用，海军方面：如尾随敌方军舰、获取电子情报、通过发射特定假信号诱骗导弹、无线电通信中继、防护港口，避免海上攻击、放置和检测声呐浮标及其他反潜作战。（　　）

答案：正确

出处：《架空输电线路无人机巡检技术》

342. 自主研制的无人机有U8无人直升机、XH-4无人直升机、KC1600智能鸟无人机（　　）

答案：正确

出处：《架空输电线路无人机巡检技术》

343. 无人机低空施药技术是利用轻小型无人机为载体的技术。（　　）

答案：正确

出处：《架空输电线路无人机巡检技术》

344. 耐张杆塔，用于线路分段控制，一般不超过10°。（　　）

答案：错误

出处：《架空输电线路无人机巡检技术》

345. 将无人机应用到电力巡检中，解决了传统人工巡检方式受巡检地形限制、人员安全无法保障、巡检结果判定不受人为因素影响等方面的问题。（　　）

答案：错误

出处：《架空输电线路无人机巡检技术》

346. 在流体动力学中，失速是指翼型气动攻角增加到一定程度时，翼型所产生的升力突然增大的一种状态。（　　）

答案：错误

出处：《架空输电线路无人机巡检技术》

347. 在飞行的着陆阶段，如果飞机以恒定迎角被带进到地面效应，飞机升力系数会增加，所需要的推力会增加。（　　）

答案：错误

出处：《架空输电线路无人机巡检技术》

348. 无人直升机分为单旋翼无人直升机、共轴式无人直升机、纵列式无人直升机和横列式无人直升机。（　　）

答案：正确

出处：《架空输电线路无人机巡检技术》

349. 小型无人直升机适用于短距离（2～3 个基塔）、多方位精细化巡检和故障巡检。（　　）

答案：正确

出处：《架空输电线路无人机巡检技术》

350. 中型无人直升机适用于较长距离、多任务精细化巡检。（　　）

答案：错误

出处：《架空输电线路无人机巡检技术》

351. 小型固定翼无人机适用于小范围通道巡检、应急巡检和灾害普查。（　　）

答案：正确

出处：《架空输电线路无人机巡检技术》

352. 中型固定翼无人机适用于中等范围通道巡检、应急巡检和灾害普查。（　　）

答案：错误

出处：《架空输电线路无人机巡检技术》

353. 大、中型无人直升机巡检系统配备专用储运车辆，小型无人直升机巡检系统可根据具体需要配备储运车辆。（　　）

答案：正确

出处：《架空输电线路无人机巡检技术》

354. 大型固定翼无人机巡检系统有机载吊舱，中、小型固定翼无人机巡检系统没有专设机载吊舱。（　　）

答案：正确

出处：《架空输电线路无人机巡检技术》

355. 飞行控制系统是一个较为复杂的闭环负反馈控制系统，它可以控制无人机实现定高度、定航向、定速度飞行，控制机动飞行时飞行姿态较稳定，以保证无人机的安全降落。（　　）

答案：错误

出处：《架空输电线路无人机巡检技术》

356. 速度模式是指采用机载飞行任务模块来控制飞机，然后根据指令执行前飞、后退、侧飞、盘旋、悬停等飞行任务，其中盘旋、悬停应用于无人直升机，其他飞行任务也适用于固定翼无人机，此模式具有良好的操控性。（ ）

答案：错误

出处：《架空输电线路无人机巡检技术》

357. 目前应用于架空输电线路巡检的无人机巡检系统具备手动、速度和自动三种飞行模式，并且具备自主起降、航线规划、一键返航、失控返航、三维程控飞行等功能。（ ）

答案：正确

出处：《架空输电线路无人机巡检技术》

358. 卫星导航系统能够为全球提供全天候、全天时的位置、速度和时间信息，精度不随时间变化。（ ）

答案：正确

出处：《架空输电线路无人机巡检技术》

359. GPS导航的优点是具有全球性、全天候、连续精密导航与定位能力，实时性较出色，同时能够提供载体的姿态信息。（ ）

答案：错误

出处：《架空输电线路无人机巡检技术》

360. 多普勒导航的优点是自主性好，反应快，抗干扰性强，测速精度高，能用于各种气候条件和地形条件。（ ）

答案：正确

出处：《架空输电线路无人机巡检技术》

361. 航迹推算导航系统具有自主性、保密性强，只需利用自身惯性元件的观测量即可推导出位置、速度等导航参数，抗无线电干扰能力强，全天候，机动灵活。（ ）

答案：正确

出处：《架空输电线路无人机巡检技术》

362. 目前应用于电力巡检的无人机系统，通常使用惯性导航、GPS卫星导航与地磁导航相结合的组合导航方式。（ ）

答案：正确

出处：《架空输电线路无人机巡检技术》

363. 采用无人机进行电力巡线时，由于无人机GPS导航存在误差，巡检飞行时可能遇到阵风过大，以及无人机的飞行高度不够等因素会导致无人机在执行任务过程中可能会出现偏离预定航向大的情况，存在无人机与输电线路或其他障碍物发生碰撞的危险。（ ）

答案：正确

出处：《架空输电线路无人机巡检技术》

364. 机载照相机是检测系统中一个关键的检测设备，负责为检测系统提供杆塔金具、输电线路和线路走廊高度清晰的现场照片，以便后期分析故障和缺陷。（ ）

答案：错误

出处：《架空输电线路无人机巡检技术》

365. 红外热像仪是检测系统中一个非常关键的检测设备，通过无线图像传输系统传输的实时红外视频，可以帮助任务操控人员检测输电线路上的接头、绝缘子、引流线、高压线、压接套管、绝缘子引线等有无热故障和缺陷。（　　）

答案：错误

出处：《架空输电线路无人机巡检技术》

366. 基于图像的无人机图像采集设备姿态伺服技术是主要研究无人机的机载云台姿态伺服的技术，完成搭载高清相机对设备的信息采集。（　　）

答案：正确

出处：《架空输电线路无人机巡检技术》

367. 基于机载视频的典型设备识别定位技术主要研究基于特征的绝缘子串、防振锤、间隔棒、均压环、杆塔关键部位等识别定位技术。（　　）

答案：正确

出处：《架空输电线路无人机巡检技术》

368. 玻璃绝缘子片自爆导致的裂纹损伤是玻璃绝缘子的特有故障缺陷，将该缺陷统称为玻璃绝缘子的损伤，也是玻璃绝缘子最需要识别诊断的缺陷。（　　）

答案：错误

出处：《架空输电线路无人机巡检技术》

369. 基于红外图像进行设备测温技术是一种快速、有效地确定电气设备故障的方法，电力设备温度异常往往是电力设备存在缺陷的重要标志。当电力设备存在缺陷或故障时，缺陷或故障部位的温度就会发生异常变化，从而引起设备的局部发热，如果未能及时发现并制止这些隐患的发展，最终会导致设备故障或事故发生，严重的会扩大成电网事故。（　　）

答案：正确

出处：《架空输电线路无人机巡检技术》

370. 作业所用无人机巡检系统应通过本单位入网检测，各设备、系统应运行良好。（　　）

答案：正确

出处：《架空输电线路无人机巡检技术》

371. 巡检人员应确保身体健康，精神状态良好，作业前 7h 及作业过程中严禁饮用任何酒精类饮品。（　　）

答案：错误

出处：《架空输电线路无人机巡检技术》

372. 飞行计划申报应于北京时间前一日 20 时前向所使用空域的管制单位提交飞行计划申请。（　　）

答案：错误

出处：《架空输电线路无人机巡检技术》

373. 定塔定线任务即对固定线路的固定杆塔进行周期性巡检。（　　）

答案：正确

出处：《架空输电线路无人机巡检技术》

374. 无人机直升机故障巡检首先检测测距杆段内的设备情况，如未发现故障点，应再次扩大巡检作业范围。（　　）

答案：错误

出处：《架空输电线路无人机巡检技术》

375. 过负荷或设备发热时，应对重载线路的连接点采用红外热成像仪进行巡检，防止因温度过高导致的危险。（　　）

答案：正确

出处：《架空输电线路无人机巡检技术》

376. 在检查杆塔本体及连接金具时，应进行悬停检查。大、中型无人机距杆塔水平距离在 50～60m 范围内，位置与地线横担水平或稍高于地线横担，悬停时间一般在 2～6min 为宜。（　　）

答案：错误

出处：《架空输电线路无人机巡检技术》

377. 某些地段不满足单侧飞行条件时，应调整为双侧飞行。（　　）

答案：错误

出处：《架空输电线路无人机巡检技术》

378. 不同时期执行相同的巡检任务，可调用历史航线。（　　）

答案：正确

出处：《架空输电线路无人机巡检技术》

379. 巡检作业前 3 个作日，工作负责人应向线路途经区域的空管部门履行航线报批手续。（　）

答案：正确

出处：《架空输电线路无人机巡检技术》

380. 巡检作业前 2 个工作日，工作负责人应向调度、安监部门履行报备手续。（　　）

答案：错误

出处：《架空输电线路无人机巡检技术》

381. 作业人员应进行无人机直升机培训学习，参加该机型无人机理论及技能考试并合格。（　　）

答案：正确

出处：《架空输电线路无人机巡检技术》

382. 巡检数据要进行最后的备份、归档操作，而且档案至少保留 1 年，以备后期的检查监督。（　　）

答案：错误

出处：《架空输电线路无人机巡检技术》

383. 无人机航线距离线路包络线的垂直距离应不小于 100m。巡航速度应在 60～120km/h 范围内，不得急速升降。（　　）

答案：正确

出处：《架空输电线路无人机巡检技术》

384. 在无人机桨叶还未完全停止下来前，严禁任何人靠近无人机。（　　）

答案：错误

出处：《架空输电线路无人机巡检技术》

385. 指挥与任务规划是无人机地面站的主要功能。（　　）

答案：正确

出处：《架空输电线路无人机巡检技术》

386. 无人机地面站也称控制站、指挥站或任务规划与控制站。（　　）

答案：错误

出处：《架空输电线路无人机巡检技术》

387. 无人机特性培训主要是通过实践的方式，加深学员对所使用无人机的认识。（　　）

答案：错误

出处：《架空输电线路无人机巡检技术》

388. 无人机实际应用培训主要分为两个阶段。第一阶段是基础知识培训，主要包括杆塔的类型、图形的诊断和分析等。第二阶段则是实践操作，由教员指出其中的不足，多次重复强化训练。（　　）

答案：正确

出处：《架空输电线路无人机巡检技术》

389. 无人机基础知识培训主要通过授课的方式以教员讲解为主，师生互动为辅，让学员了解巡检作业的一些基础知识，为以后的巡检作业打下坚实的基础。（　　）

答案：正确

出处：《架空输电线路无人机巡检技术》

390. 无人机在进行巡检作业前首先要对巡检对象有深刻的了解，必须清楚巡检对象是谁，要达到怎样的巡检效果，其次必须能对采集的图像进行诊断和分析，找出故障并形成分析报告。（　　）

答案：正确

出处：《架空输电线路无人机巡检技术》

391. 无人机的实践操作是完全模拟无人机巡检作业流程，在教员的指导下，通过多次强化练习，巡检人员能够熟练地完成无人机巡检作业。（　　）

答案：正确

出处：《架空输电线路无人机巡检技术》

392. 无人机实际操作的目的是让学员能够在以后的巡检作业中更好地完成任务，提高无人机巡检作业水平。（　　）

答案：正确

出处：《架空输电线路无人机巡检技术》

393. 装备机地面站包括云台显控单元设置、云台采集图像参数设置。（　　）

答案：正确

出处：《架空输电线路无人机巡检技术》

394. 模拟巡检作业以无人机为单位，每个无人机按照教员的要求轮流进行模拟巡检作业。（　　）

答案：错误

出处：《架空输电线路无人机巡检技术》

395. 应急飞行培训主要是针对装备机发生故障时的正常飞行程序操作的培训，其中包括遇见障碍物、发动机故障、链路丢失等情况。（　　）

答案：错误

出处：《架空输电线路无人机巡检技术》

396. 应急飞行培训的目的是通过培训增强学员的应急飞行能力，在实际巡检作业任务过程中，遇到装备机出现故障的情况，学员可以通过应急飞行程序操作来操作装备机以减少损失，避免出现人员伤亡。（　　）

答案：正确

出处：《架空输电线路无人机巡检技术》

397. 当装备机遇见障碍物时，驾驶员不必重新规划航线，只要切换到手动模式控制飞机越过障碍物继续执行巡检作业任务即可。（　　）

答案：错误

出处：《架空输电线路无人机巡检技术》

398. 在模拟发动机故障时，通过遥控器把无人机的油门降到最低，通过遥控器控制无人机的舵面使旋翼机缓慢上升或者使固定翼无人机进行滑行迫降，避免无人机直接失速降落，减小无人机的损失和避免人员伤亡。（　　）

答案：错误

出处：《架空输电线路无人机巡检技术》

399. 链路丢失是指无人机地面站同无人机之间的通信丢失上行链路和下行链路中的一种，无人机地面站无法对无人机的飞行进行控制和监视。（　　）

答案：错误

出处：《架空输电线路无人机巡检技术》

400. 当无人机系统出现链路丢失情况时，如果在目视范围内，飞控程序就会执行自动返航功能，无人机以设定好的高度和速度返回“HOME”点上方，这时无人机操控人员在看到无人机以后应及时把无人机的飞行模式切换到手动模式，然后通过遥控器把无人机安全降落到指定位置。（　　）

答案：错误

出处：《架空输电线路无人机巡检技术》

401. 模拟无人机链路丢失情况，主要练习无人机操控人员手动模式的飞行能力以及应变能力，保证无人机的安全。（　　）

答案：正确

出处：《架空输电线路无人机巡检技术》

402. 为保证无人机系统的正常运行，减少不必要的机器故障与损失，提高无人机巡检作业工作效率，无人机系统的维修保养是必不可少的。（　　）

答案：正确

出处：《架空输电线路无人机巡检技术》

403. 无人机系统的保管和维护质量的好坏，直接关系到系统能否长期保持良好的工作精度和性能。（　　）

答案：正确

出处：《架空输电线路无人机巡检技术》

404. 应当有序地对无人机系统进行维修保养，减少系统的故障率，减少停机维修的时间，提高整个系统的使用寿命、工作性能和安全性能。（　　）

答案：正确

出处：《架空输电线路无人机巡检技术》

405. 无人机设备运行过程中计划内停机主要有两个原因：一是机载设备出现故障造成的停机，称为故障时间；二是对设备进行预防性维修时造成的停机，称为检查时间。(　　)

答案：错误

出处：《架空输电线路无人机巡检技术》

406. 维修周期过短虽然可以减少检查时间，但会出现维修不足，机载设备带故障运行，导致增大出现安全性事故或影响飞行任务的可能性，致使设备发生的故障次数超过可接受的程度，增大了故障时间，造成更大的经济损失。(　　)

答案：错误

出处：《架空输电线路无人机巡检技术》

407. 维修周期过长虽然可以减少故障时间，但是必然造成预防维修工作频繁，使得检查时间大幅度增加，出现维修过剩，导致频繁通断电，影响元器件的使用寿命，增加维修成本，另一方面也会由于自身技术原因、盲目检查、维修不当导致设备可靠性下降。(　　)

答案：错误

出处：《架空输电线路无人机巡检技术》

408. 实践经验表明，维修保养周期的合理确定，直接影响到机载设备维修工作的适用性和有效性，只有在故障时间和检查时间二者之间寻找平衡点，确定出最佳维修周期，最终才能实现机载设备管理维修过程优化和维修费用经济的目标，因此适时有序地进行维修保养是必不可少的。(　　)

答案：正确

出处：《架空输电线路无人机巡检技术》

409. 传统意义的维修保养是指对机器的检查、试验、修理、配装、分级、排故等。(　　)

答案：正确

出处：《架空输电线路无人机巡检技术》

410. 无人机巡检系统维修保养定义为无人机系统的保管、检查、大修和维修，以及部件的替换，正规的和正确的维护能够确保无人机在运行寿命周期内满足相应的适航标准。(　)

答案：正确

出处：《架空输电线路无人机巡检技术》

411. 检测是指不分解航空器部件，通过离位的试验和功能测试来确定航空器部件的可用性。(　　)

答案：正确

出处：《架空输电线路无人机巡检技术》

412. 无人机修理是指对无人机系统的任何损伤或者缺陷进行处理，使其达到在规定的限制范围内继续使用的工作统称。(　　)

答案：正确

出处：《架空输电线路无人机巡检技术》

413. 翻修是指通过对航空器或者航空器部件进行分解、清洗、检查、必要的修理或者

换件、重新组装和测试来恢复航空器或者航空器部件的使用寿命或者适航性状态。（ ）

答案：正确

出处：《架空输电线路无人机巡检技术》

414. 寿命件在无人机使用基地的补充由后勤保障部门完成，如果无人机系统是移动的，在远离基地或其他保障支持范围的情况下，根据预定的工作时间，操作人员必须确保携带所需部件的种类和数量。（ ）

答案：正确

出处：《架空输电线路无人机巡检技术》

415. 易损部件包括那些容易遭到损坏的部件，如在良好的天气条件下降落可能损坏的部件。（ ）

答案：错误

出处：《架空输电线路无人机巡检技术》

416. 时寿件指在航空器、发动机或者螺旋桨（简称航空产品）的持续适航文件中有强制更换要求的部件。（ ）

答案：正确

出处：《架空输电线路无人机巡检技术》

417. 辅助设备一般被视为无人机系统的一部分，尤其是与控制站车辆集成的设备。如发电设备，还有专有的燃油供应和维修设备。（ ）

答案：正确

出处：《架空输电线路无人机巡检技术》

418. 维护按照维修保养等级可分为日常维护、一级技术保养维护、二级技术保养维护、三级技术保养维护。（ ）

答案：错误

出处：《架空输电线路无人机巡检技术》

419. 日常保养维护以紧固、润滑为主。每个起落至少进行一次维护，由操作人员进行。（ ）

答案：正确

出处：《架空输电线路无人机巡检技术》

420. 一级技术保养一般以检查、调整为主，对飞行一定时间的无人机进行一次较深入的技术状况检查和调整，其目的是保持无人机在以后较长时间内维持良好的运行性能。（ ）

答案：正确

出处：《架空输电线路无人机巡检技术》

421. 二级技术保养：在经过一次一级保养后，为了巩固和保持各个总成、组合件的正常使用性能而采取的保养措施。（ ）

答案：错误

出处：《架空输电线路无人机巡检技术》

422. 无人机航空器维修保养的运营商承担相应法律责任，违反相关规定的由无人航空器管理机构，令其停止经营；有违法所得的，没收违法所得；未取得航空器维修经营许可从事航空器维修经营活动的，令其停止经营。（ ）

答案：正确

出处：《架空输电线路无人机巡检技术》

423. 民航局把具有适航条件的无人机的维护主要责任给予其所有者和运营者。所以，必须对无人机执行可靠性检查，保持无人机的适航性。(　　)

答案：正确

出处：《架空输电线路无人机巡检技术》

424. 维护手册用于指导整个无人机系统各模块的检查和部件的定期更换。如维护手册未明确说明，则需要咨询后方可执行，以免造成正常使用的损坏。(　　)

答案：错误

出处：《架空输电线路无人机巡检技术》

425. 民用无人机系统要求至少一月检查一次。检查应该由认证的持有检查授权的人员来执行，或者由制造商或由其认证和正确评估的维修站执行，否则无人机将不能运行。(　　)

答案：错误

出处：《架空输电线路无人机巡检技术》

426. 飞行前检查是一次彻底的和系统的检查，通过此检查，无人机驾驶员可以确定无人机是否适航及是否处于安全运行状态。(　　)

答案：正确

出处：《架空输电线路无人机巡检技术》

427. 飞行前检查不但可以保证飞行的安全性，而且可以减少不必要的机械损伤，因此实质上飞行前检查也是保养的一部分。(　　)

答案：正确

出处：《架空输电线路无人机巡检技术》

428. 定期保养主要由用户根据日常使用情况对相关零部件进行检查、清洗和更换。(　　)

答案：正确

出处：《架空输电线路无人机巡检技术》

429. 电池应避免放在高温的环境，如长时间保存，建议将电池充到40%后放置（锂聚合物电池约3.85V)，电压太小或太大会造成电池永久损伤。满电存放有危险且电池会有损害，无电存放电池会被破坏。电量过低时，可能因自放电而过放。(　　)

答案：正确

出处：《架空输电线路无人机巡检技术》

430. 预防性维护是简单的、次要的维护操作或小的标准零件与设备的替换，不涉及复杂的维护操作。认证的驾驶员可以对他们拥有的或者运行的任何飞机执行预防护性维护。(　　)

答案：正确

出处：《架空输电线路无人机巡检技术》

431. 定期维修方式在保障机载设备的正常可靠运行中起到预防作用，一定程度上使设备在故障发生前得到维修，且便于设备维修计划的制订、安排与管理。(　　)

答案：正确

出处：《架空输电线路无人机巡检技术》

432. 为适应国家电网公司特高压建设快速发展，满足输电线路运维长度和难度不断增加的需求，国家电网公司探索了一种输电线路直升机、无人机和人工协同巡检的全新运维模式来提高线路的巡检质量、效率和效益。（　）

答案：正确

出处：《架空输电线路无人机巡检技术》

433. 无人机可发挥快速、近距离和高角度的优势，可迅速查找线路故障点，迅速获得塔位周边地理、气象等信息，为故障分析提供第一手资料。（　）

答案：正确

出处：《架空输电线路无人机巡检技术》

434. 《民用无人驾驶航空器系统空中交通管理办法》适用于依法在航路航线、进近（终端）和机场管制地带等民用航空使用空域范围外或者对以上空域内运行存在影响的民用无人驾驶航空器系统活动的空中交通管理工作。（　）

答案：错误

出处：《民用无人驾驶航空器系统空中交通管理办法》

435. 民用无人驾驶航空器仅允许在隔离空域内飞行。（　）

答案：正确

出处：《民用无人驾驶航空器系统空中交通管理办法》

436. 使用的民用无人驾驶航空器系统既可以为遥控驾驶航空器系统，也可以为自主无人驾驶航空器系统。（　）

答案：错误

出处：《民用无人驾驶航空器系统空中交通管理办法》

437. 飞行密集区、人口稠密区、重点地区、繁忙机场周边空域，应划设民用无人驾驶航空器飞行空域。（　）

答案：错误

出处：《民用无人驾驶航空器系统空中交通管理办法》

438. 当驾驶员发现民用无人驾驶航空器脱离隔离空域时，应向相关管制单位通报。（　）

答案：错误

出处：《民用无人驾驶航空器系统空中交通管理办法》

439. 目视视距内是指驾驶员或观测员与无人驾驶航空器保持直接目视视觉接触的运行方式。直接目视视觉接触的范围为：真高 120m 以下；距离不超过驾驶员或观测员视线范围或最大 500m 半径的范围，两者中取较小值。（　）

答案：正确

出处：《民用无人驾驶航空器系统空中交通管理办法》

440. 对于未接入无人机云系统的用户，其无人机机身需有明确的标识，注明该无人机的型号、编号、所有者、联系方式等信息，以便出现坠机情况时能迅速查找到无人机所有者或操作者信息。（　）

答案：正确

出处：《轻小型无人机运行规定（试行）》

441. 未接入无人机云的民用无人机运行前需要提前向管制部门提出申请，并提供有效监视手段。（　　）

答案：正确

出处：《轻小型无人机运行规定（试行）》

442. 根据《轻小型无人机运行规定（试行）》，无人机运营人应当对无人机投保地面第三人责任险。（　　）

答案：错误

出处：《轻小型无人机运行规定（试行）》

443. 提供商每12个月向局方提交报告，内容包括无人机云系统接入航空器架数，运营人数量，技术进步情况，遇到的困难和问题，事故和事故征候等。（　　）

答案：错误

出处：《轻小型无人机运行规定（试行）》

444. 轻小型无人机从事直接影响农业、园艺或森林保护的喷洒任务，包括撒播活的昆虫。（　　）

答案：错误

出处：《轻小型无人机运行规定（试行）》

445. 作业负责人对农林喷洒作业飞行负责。其他作业人员应该在作业负责人带领下实施作业任务。（　　）

答案：正确

出处：《轻小型无人机运行规定（试行）》

446. 实施喷洒作业时，应当采取适当措施，避免喷洒的物体对地面的人员和财产造成危害。（　　）

答案：正确

出处：《轻小型无人机运行规定（试行）》

447. 轻小型无人机禁止云中飞行。在云下运行时，与云的垂直距离不得小于100m。（　　）

答案：错误

出处：《轻小型无人机运行规定（试行）》

448. 目前，我国电网发展中，能源供应主要依赖电力能源。（　　）

答案：错误

出处：《智能电网技术》

449. 智能电网是将先进的传感量测技术、信息通信技术、分析决策技术和自动控制技术与能源电力技术以及电网基础设施高度集成而形成的新型现代化电网。（　　）

答案：正确

出处：《智能电网技术》

450. 解决能源安全与环保问题，应对气候变化，是发展智能电网的核心驱动力。（　　）

答案：正确

出处：《智能电网技术》

451. “坚强”与“智能”是现代电网的两个基本发展要求。“坚强”是关键，“智能”是基础，强调坚强网架与电网智能化的有机统一，是以整体性、系统性的方法来客观描述现代电网发展的基本特征。（　　）

答案：错误

出处：《智能电网技术》

452. 坚强智能电网的技术体系包括电网基础体系、技术支撑体系、智能应用体系和标准规范体系。（　　）

答案：正确

出处：《智能电网技术》

453. 智能电网基础技术主要包括传感与量测技术、电力电子技术、超导技术、电网仿真技术、可视化技术、控制决策技术以及信息通信技术等。（　　）

答案：正确

出处：《智能电网技术》

454. 传感器是能感受规定的被测量并按照一定的规律转换成可用信号的器件或装置。传感器通常由直接响应于被测量的敏感元件和产生可用信号的转换元件以及相应的电子线路组成。（　　）

答案：正确

出处：《智能电网技术》

455. 传感器的动态特性是指在被测量的物理量随时间变化的情况下，其输出跟随输入量的变化特性，用动态指标来表示。在传感器的动态响应特性中应重点关注其零状态响应特性或强迫响应特性。（　　）

答案：正确

出处：《智能电网技术》

456. 智能传感器技术是涉及传感、微机械、微电子、网络、通信、信号处理、电路与系统，以及小波变换、神经网络、遗传算法、模糊理论等多种学科的综合技术。（　　）

答案：正确

出处：《智能电网技术》

457. 同步相量测量是基于卫星同步时钟信号，同步测量电网电压、电流等相量，并通过高速通信网络把测量的相量传送到主站，为大电网的实时监测、分析和控制提供基础信息。（　　）

答案：错误

出处：《智能电网技术》

458. 广域测量系统由 PMU、主站（控制中心）及通信系统组成。（　　）

答案：正确

出处：《智能电网技术》

459. 电力电子技术是使用电力电子器件对电能进行变换和控制的技术，是电力技术、电子技术和控制技术的融合。（　　）

答案：正确

出处：《智能电网技术》

460. 热管是一种新型高效的传热元件，具有优异的传热性能，传热效率低，沿轴向的等温特性好。（　　）

答案：错误

出处：《智能电网技术》

461. 多重化技术是大幅度提高 FACTS 装置总容量的有效方法，采用 2、4 个或者 8 个三相桥逆变器或三单相桥逆变器组合使用的方法，可成倍提高装置的总容量。(　　)

答案：正确

出处：《智能电网技术》

462. 风电机组可分为叶片、轮毂、机舱、塔筒（塔架）和基础。(　　)

答案：正确

出处：《智能电网技术》

463. 新能源发电主要是指利用风能、太阳能、生物质能、海洋能和地热能等各种新型可再生能源进行发电。(　　)

答案：正确

出处：《智能电网技术》

464. 太阳能热发电系统大致可以分为槽式、塔式和碟式系统 3 种基本类型。(　　)

答案：正确

出处：《智能电网技术》

465. 抽水蓄能技术是目前应用较为广泛的一种蓄能技术。其基本原理是在电力负荷低谷期将水从下池水库抽到上池水库，通过水这一能量载体将电能转化为势能存储起来；在电网负荷高峰期，释放上池水库中的水进行发电。(　　)

答案：正确

出处：《智能电网技术》

466. 压缩空气储能的原理是利用电网负荷低谷时的剩余电力压缩空气，并将其储存在典型压力为 8.5MPa 的高压密封设施内，在用电高峰释放出来驱动燃气轮机发电。(　　)

答案：错误

出处：《智能电网技术》

467. 钠硫电池（flow redox battery，FRB）也称氧化-还原液流电池，是一种正、负极活性物质均为液态流体氧化-还原电对的电池。(　　)

答案：错误

出处：《智能电网技术》

468. 锂离子电池的主要优点是比能量大，比功率高，自放电小，无记忆效应，循环特性好，可快速放电且效率高。(　　)

答案：正确

出处：《智能电网技术》

469. 高温盐储能属于相变储能技术的一种，相应的储能材料包括固-液无机盐高温相变储能材料、固-固无机盐高温相变储能材料和无机盐高温相变复合储能材料等。(　　)

答案：正确

出处：《智能电网技术》

470. 大规模风电并网运行特性包括有功频率控制、无功电压控制、低电压穿越等。(　　)

答案：正确

出处：《智能电网技术》

471. 低电压穿越（low voltage ride through，LVRT）是指在风电场并网点电压跌落的时候，风电场能够保持并网，甚至向电网提供一定的无功功率，支持电网恢复，直到电网恢复正常，从而“穿越”此低电压时间。（ ）

答案：错误

出处：《智能电网技术》

472. 特高压交流输电是指500kV及以上电压等级的交流输电工程及相关技术。（ ）

答案：错误

出处：《智能电网技术》

473. 在我国，特高压直流指的是±800kV和±1000kV直流系统。（ ）

答案：正确

出处：《智能电网技术》

474. 晶闸管控制串联电容器在电网中可以起到控制电网潮流分布、提高系统稳定性极限、阻尼系统振荡、缓解次同步谐振、预防电压崩溃等作用。（ ）

答案：正确

出处：《智能电网技术》

475. 由于独特的技术优势，VSC-HVDC可在孤岛供电、风电场等新能源并网、电能质量控制、城市负荷中心供电、弱电网互联、钻井平台变频调速等方面获得广泛应用。（ ）

答案：正确

出处：《智能电网技术》

476. 变电站是电力网络的节点，它连接线路，输送电能，担负着变换电压等级、汇集电流、分配电能、控制电能流向、调整电压等功能。（ ）

答案：正确

出处：《智能电网技术》

477. 智能变电站系统结构从逻辑上可以划分成3层，分别是站控层、间隔层和过程层。（ ）

答案：正确

出处：《智能电网技术》

478. 智能变压器的构成包括：变压器本体、内置或外置于变压器本体的传感器和控制器，实现对变压器进行测量、控制、计量、监测和保护的智能组件。（ ）

答案：正确

出处：《智能电网技术》

479. 光学电子式互感器的关键技术包括光学传感材料的稳定性、传感头的组装技术、微弱信号调制解调、温度对精度的影响、振动对精度的影响、长期运行的稳定性等。（ ）

答案：正确

出处：《智能电网技术》

480. IED模型的层次结构依次是IED服务器、逻辑设备、逻辑节点、数据。（ ）

答案：正确

出处：《智能电网技术》

481. 分布式能源包括活塞发动机、燃料电池、微型燃气轮机、光伏系统、热电联产、储能等。（ ）

答案：正确

出处：《智能电网技术》

482. SOA管理服务指实现面向服务体系架构的服务，主要包括服务注册、服务查询、服务监控和代理等服务。所有管理服务均要求能实现多重化部署，实现自动切换和负荷均衡。（ ）

答案：错误

出处：《智能电网技术》

483. 辅助监测应用主要包括水情监测、雷电监测、火电机组综合监测、新能源综合监测及气象监测等功能。（ ）

答案：正确

出处：《智能电网技术》

484. 智能家居又称智能住宅，是通过光纤复合电缆入户等先进技术，将与家居生活有关的各种子系统有机地结合到一起，既可以在家庭内部实现资源共享和通信，又可以通过家庭智能网关与家庭外部网络进行信息交换。（ ）

答案：正确

出处：《智能电网技术》

485. 智能小区包含用电信息采集、双向互动服务、小区配电自动化、用户侧分布式电源及储能、电动汽车充电、智能家居等多项新技术成果应用，综合了计算机技术、综合布线技术、通信技术、控制技术、测量技术等多学科技术领域，是一种多领域、多系统协调的集成应用。（ ）

答案：正确

出处：《智能电网技术》

486. 电动汽车充放电技术主要有单向无序电能供给模式，单向有序电能供给模式和双向有序电能转换模式。（ ）

答案：正确

出处：《智能电网技术》

487. 双向有序电能转换模式（vehicles plug-in with logic/control regulated charge/discharge，V2G）指电动汽车与电网的能量管理系统通信，并受其控制，实现电动汽车与电网间的能量转换（充、放电）。（ ）

答案：正确

出处：《智能电网技术》

488. DSM包括提高能效、负荷管理和能源替代、余能回收及新能源发电。（ ）

答案：正确

出处：《智能电网技术》

489. 能效电厂（efficiency power plant，EPP）把各种节能项目、合理用电项目打包，通过实施一揽子节能改造计划，形成规模化的节电能力，减少用户电力消耗，提高电网运行效率，从而达到与扩建供方能力相同的效应。能效电厂是同供方资源同等重要的电力资源，即一种"虚拟电厂"。（ ）

答案：正确

出处：《智能电网技术》

490. 双向互动服务门户是与用户进行互动的唯一渠道，是双向互动服务平台的主要实

现方式。(　　)

答案：错误

出处：《智能电网技术》

491. 双向互动服务门户架构设计遵循平台化、组化设计原则，面向数据（以数据为核心)、面向业务（以业务为基础)、面向用户（以人为本)，实现统一的数据交换、统一的接口标准、统一的安全保障。(　　)

答案：正确

出处：《智能电网技术》

492. 采集系统的应用部署模式与各个省电力公司的营销管理模式密切相关，只能采用集中式。(　　)

答案：错误

出处：《智能电网技术》

493. 用电信息采集系统的采集对象包括所有电力用户，即专线用户、各类大中小型专用变压器用户、各类380/220V供电的工商业户和居民用户，公用配电变压器线损考核计量点，要求覆盖率达到90%。(　　)

答案：错误

出处：《智能电网技术》

494. 采集系统的应用部署模式与各个省电力公司的营销管理模式密切相关，分为集中式和分布式两种。(　　)

答案：正确

出处：《智能电网技术》

495. 根据用电信息采集系统建设的要求，国家电网公司组织制定了用电信息采集终端功能规范，将采集终端分为专用变压器采集终端、集中抄表终端（包括集中器、采集器)、分布式能源接入终端、储能接入终端等。(　　)

答案：正确

出处：《智能电网技术》

496. 物联网技术可以提高对输电线路的感知能力和智能化水平，可监测气象环境、覆冰、导地线微风振动、导线温度与弧垂、输电线路风偏和杆塔倾斜等。(　　)

答案：正确

出处：《智能电网技术》

497. 智能城市是把基于感应器的物联网和现有互联网整合起来，通过快速计算分析处理，对人员、设备和基础设施，特别是交通、能源、商业、安全以及医疗等公共行业进行实时管理和控制的城市发展类型。(　　)

答案：正确

出处：《智能电网技术》

498. 智能电网是智能小区的重要基础设施，智能大厦、智能小区、智能交通和智能家居需要智能电网提供可靠、高效的供电保障；随着清洁能源、电动汽车的发展，大量分布式电源及储能元件接入城市电网，需要智能电网具有较强的新能源接纳能力。(　　)

答案：错误

出处：《智能电网技术》

499. 智能城市是把基于感应器的物联网和现有互联网整合起来，通过快速计算分析处理，对人员、设备和基础设施，特别是交通、能源、商业、安全以及医疗等公共行业进行实时管理和控制的城市发展类型。(　　)

答案：正确

出处：《智能电网技术》

500. 智能电网联盟（Grid Wise Alliance）成立于2005年，是由电力企业、IT企业、新技术供应商、设备制造商及学术机构发起成立的组织，旨在从全民和政府两个层面推动、教育、促进和宣传智能电网新技术的普及和应用。(　　)

答案：错误

出处：《智能电网技术》

501. 以无人机为平台，搭载可见光、红外、紫外等任务传感器对线路本体、附属设施以及线路通道进行巡视和检测。(　　)

答案：正确

出处：《架空输电线路无人机巡检作业技术导则》(DL/T 1482—2015)

502. 由操作人员通过控制按键直接控制姿态执行模块，从而调整无人机飞行的飞行模式。(　　)

答案：错误

出处：《架空输电线路无人机巡检作业技术导则》(DL/T 1482—2015)

503. 由飞行控制系统按照预先规划的航线自动控制无人机飞行的飞行模式。(　　)

答案：正确

出处：《架空输电线路无人机巡检作业技术导则》(DL/T 1482—2015)

504. 无人机巡检系统应包括无人机分系统、任务载荷分系统和综合保障分系统。(　　)

答案：错误

出处：《架空输电线路无人机巡检作业技术导则》(DL/T 1482—2015)

505. 综合保障分系统由地面保障设备和储运车辆组成。地面保障设备包括供电设备、燃油箱、抽油泵、备用电池、充电器、测频仪、专用工器具等。大、中型无人机巡检系统需配备专用储运车辆，小型无人机巡检系统可根据需要配备储运车辆。(　　)

答案：正确

出处：《架空输电线路无人机巡检作业技术导则》(DL/T 1482—2015)

506. 小型固定翼无人机巡检系统操作简单、飞行灵活，易维护，可迅速对线路走廊和线路本体进行初步的状态评估，适用于较短距离的通道巡检和应急巡检工作。(　　)

答案：正确

出处：《架空输电线路无人机巡检作业技术导则》(DL/T 1482—2015)

507. 大、中型固定翼无人机巡检系统飞行速度快、续航时间长，应能用于较长的线路走廊普查工作，可迅速对线路走廊和线路本体进行状态评估，适用于长距离的通道巡检、应急巡检和灾后巡检。(　　)

答案：错误

出处：《架空输电线路无人机巡检作业技术导则》(DL/T 1482—2015)

508. 无人机如长期不用，应定期启动，检查设备状态。如有异常现象，应及时调整、

维修。（　　）

答案：正确

出处：《架空输电线路无人机巡检作业技术导则》（DL/T 1482—2015）

509. 作业人员应确保身体健康，精神状态良好，作业前 2h 及作业过程中严禁饮用任何酒精类饮品。（　　）

答案：错误

出处：《架空输电线路无人机巡检作业技术导则》（DL/T 1482—2015）

510. 无人机巡检起飞前，须向民航局申请放飞许可。（　　）

答案：错误

出处：《架空输电线路无人机巡检作业技术导则》（DL/T 1482—2015）

511. 较陡山坡线路区段采取双侧巡检方式，无人机应处于山坡、线路外侧。（　　）

答案：错误

出处：《架空输电线路无人机巡检作业技术导则》（DL/T 1482—2015）

512. 采用固定翼无人机进行通道巡检时，宜采用单侧巡检方式。（　　）

答案：错误

出处：《架空输电线路无人机巡检作业技术导则》（DL/T 1482—2015）

513. 无人机应以匀速接近杆塔，必要时可在杆塔附近悬停，使传感器在稳定状态下采集数据，确保数据的有效性与完整性。（　　）

答案：错误

出处：《架空输电线路无人机巡检作业技术导则》（DL/T 1482—2015）

514. 中、大型无人机与巡检侧边导线的水平距离分别不小于 30m、50m。（　　）

答案：正确

出处：《架空输电线路无人机巡检作业技术导则》（DL/T 1482—2015）

515. 精细巡检适用于在首次开展无人机巡检的线路、存在缺陷或异常的线路，以及需要开展精细化巡检的线路。（　　）

答案：正确

出处：《架空输电线路无人机巡检作业技术导则》（DL/T 1482—2015）

516. 视搭载的传感器不同，通道巡检分为快速巡检和扫描巡检。（　　）

答案：正确

出处：《架空输电线路无人机巡检作业技术导则》（DL/T 1482—2015）

517. 无人机是由控制站管理（包括远程操纵或自主飞行）的航空器，也称远程驾驶航空器。（　　）

答案：正确

出处：《民用无人机驾驶员管理规定》

518. 超视距是无人机在探测距离以外运行。（　　）

答案：错误

出处：《民用无人机驾驶员管理规定》

519. 融合空域，是指有其他无人驾驶航空器同时运行的空域。（　　）

答案：错误

出处：《民用无人机驾驶员管理规定》

520. 隔离空域，是指专门分配给有人机运行的空域，通过限制其他航空器的进入以规避碰撞风险。（ ）

答案：错误

出处：《民用无人机驾驶员管理规定》

521. 驾驶员应对每个签注的无人机类型接受熟练检查，该检查每12个月进行一次。检查由局方可接受的人员实施。（ ）

答案：正确

出处：《民用无人机驾驶员管理规定》

522. 无人机系统驾驶员申请人应接受并记录培训机构提供的针对所申请无人机系统等级的实际操纵飞行或模拟飞行训练。（ ）

答案：正确

出处：《民用无人机驾驶员管理规定》

523.《一般运行和飞行规则》中规定，在以取酬或出租为目的的商业飞行中担任航空器驾驶员的人员，可不必取得商用驾驶员执照和相应的航空器等级和运行许可。（ ）

答案：错误

出处：《一般运行和飞行规则》

524.《一般运行和飞行规则》中规定，运营人不得运行未处于适航状态的民用航空器。（ ）

答案：错误

出处：《一般运行和飞行规则》

525.《一般运行和飞行规则》中规定，未经批准，任何人不得驾驶航空器进行编队飞行。（ ）

答案：正确

出处：《一般运行和飞行规则》

526.《一般运行和飞行规则》中规定，经特别批准在限制区域内飞行或穿越该区域的航空器，必须遵守限制区内的飞行规定。（ ）

答案：正确

出处：《一般运行和飞行规则》

527. 特技飞行是指驾驶员无意做出的正常飞行所不需要的机动动作，这些动作中包含有航空器姿态的急剧变化，非正常的姿态或非正常的加速度。（ ）

答案：错误

出处：《一般运行和飞行规则》

528. 航空器试验飞行应当在空中交通不繁忙的开阔水面或人口稀少区域上空实施。（ ）

答案：正确

出处：《一般运行和飞行规则》

529. 航空器所有权人或者运营人在每次对航空器完成任何维修和改装工作后，都应当由具有相应资格的维修人员在其航空器技术记录本上签署批准恢复使用。（ ）

答案：正确

出处：《一般运行和飞行规则》

530. 特定空域的航空器是指在当地搜寻和救援部门指定为搜寻和援救特别困难的陆地区域上空运行的所有航空器。(　　)

答案：正确

出处：《一般运行和飞行规则》

531.《一般运行和飞行规则》中规定：当局方认为，为了使已经获得批准的训练大纲继续保持良好训练效果，应当对其做某些修订时，航空器代管人在接到局方的通知之后，应当对大纲进行相应的修订。航空器代管人在接到这种通知后 60 天之内，可向局方提出重新考虑的请求。(　　)

答案：错误

出处：《一般运行和飞行规则》

第4部分　填空题

1. 事故紧急抢修工作，指电气设备发生故障（　　　　　　　　），需短时间内恢复的抢修和排除故障的工作。

答案：被迫紧急停止运行

出处：《国家电网公司电力安全工作规程 线路部分》（Q/GDW 1799.2—2013）

2. 作业现场的生产条件和安全设施等应符合有关标准、规范的要求，工作人员的（　　　　　　）应合格、齐备。

答案：劳动防护用品

出处：《国家电网公司电力安全工作规程 线路部分》（Q/GDW 1799.2—2013）

3. 各类作业人员应被告知其作业现场和工作岗位存在的危险因素、防范措施及（　　　　　　　）。

答案：事故紧急处理措施

出处：《国家电网公司电力安全工作规程 线路部分》（Q/GDW 1799.2—2013）

4. 进入作业现场应正确佩戴安全帽，现场作业人员应穿（　　　　　　　）、绝缘鞋。

答案：全棉长袖工作服

出处：《国家电网公司电力安全工作规程 线路部分》（Q/GDW 1799.2—2013）

5. 各类作业人员应接受相应的（　　　　　　）和（　　　　　　），经考试合格上岗。

答案：安全生产教育，岗位技能培训

出处：《国家电网公司电力安全工作规程 线路部分》（Q/GDW 1799.2—2013）

6. 各类作业人员有权拒绝违章指挥和强令冒险作业；在发现直接危及人身、电网和设备安全的紧急情况时，有权停止作业或者在（　　　　　　　）后撤离作业场所，并立即报告。

答案：采取可能的紧急措施

出处：《国家电网公司电力安全工作规程 线路部分》（Q/GDW 1799.2—2013）

7. 现场勘察由工作票签发人或（　　　　　　）组织。

答案：工作负责人

出处：《国家电网公司电力安全工作规程 线路部分》（Q/GDW 1799.2—2013）

8. 根据现场勘察结果，对危险性、复杂性和（　　　　　　　）的作业项目，应编制组织措施、技术措施、安全措施，经本单位批准后执行。

答案：困难程度较大

出处：《国家电网公司电力安全工作规程 线路部分》（Q/GDW 1799.2—2013）

9. 停电设备的各端，应有（　　　　　　　），若无法观察到停电设备的断开点，应有能够反映设备运行状态的电气和机械等指示。

答案：明显的断开点

出处：《国家电网公司电力安全工作规程 线路部分》(Q/GDW 1799.2—2013)

10. 在城区、人口密集区地段或交通道口和通行道路上施工时，工作场所周围应装设遮栏（围栏），并在相应部位装设标示牌。必要时（　　　　　）。

答案：派专人看管

出处：《国家电网公司电力安全工作规程 线路部分》(Q/GDW 1799.2—2013)

11. 巡线工作应由有电力线路工作经验的人员担任。单独巡线人员应考试合格并经工区批准。汛期、暑天、雪天等恶劣天气巡线，必要时由两人进行。地震、台风、洪水、泥石流等灾害发生时，禁止巡视灾害现场。灾害发生后，如需要对线路、设备进行巡视时，应制订必要的安全措施，得到设备运维管理单位批准，并至少两人一组，巡视人员应与派出部门之间保持（　　　　）。

答案：通信联络

出处：《国家电网公司电力安全工作规程 线路部分》(Q/GDW 1799.2—2013)

12. 正常巡视应穿（　　　　　）；雨雪、大风天气或事故巡线，巡视人员应穿绝缘靴或绝缘鞋；汛期、暑天、雪天等恶劣天气和山区巡线应配备必要的防护用具、自救器具和药品；夜间巡线应携带足够的照明工具。

答案：绝缘鞋

出处：《国家电网公司电力安全工作规程 线路部分》(Q/GDW 1799.2—2013)

13. 夜间巡线应沿线路（　　　　）进行；大风时，巡线应沿线路（　　　　）前进，以免万一触及断落的导线；特殊巡视应注意选择路线，防止洪水、塌方、恶劣天气等对人的伤害。

答案：外侧，上风侧

出处：《国家电网公司电力安全工作规程 线路部分》(Q/GDW 1799.2—2013)

14. 巡线人员发现导线、电缆断落地面或悬挂空中，应设法防止行人靠近断线地点（　　　　）m以内，以免跨步电压伤人，并迅速报告调控人员和上级，等候处理。

答案：8

出处：《国家电网公司电力安全工作规程 线路部分》(Q/GDW 1799.2—2013)

15. 进行配电设备巡视的人员，应熟悉设备的内部结构和（　　　　）。巡视检查配电设备时，不准越过遮栏或围墙。进出配电设备室（箱）应随手关门，巡视完毕应上锁。单人巡视时，禁止打开配电设备柜门、箱盖。

答案：接线情况

出处：《国家电网公司电力安全工作规程 线路部分》(Q/GDW 1799.2—2013)

16. 在发生人身触电事故时，可以不经过许可，即行（　　　　），但事后应立即报告调度控制中心（或设备运维管理单位）和上级部门。

答案：断开有关设备的电源

出处：《国家电网公司电力安全工作规程 线路部分》(Q/GDW 1799.2—2013)

17. 测量人员应熟悉仪表的性能、使用方法和正确接线方式，掌握测量的（　　　　）。

答案：安全措施

出处：《国家电网公司电力安全工作规程 线路部分》(Q/GDW 1799.2—2013)

18. 带电线路导线的垂直距离（导线弛度、交叉跨越距离），可用测量仪或使用（　　　　　）测量。禁止使用皮尺、普通绳索、线尺等非绝缘工具进行测量。

答案：绝缘测量工具

出处：《国家电网公司电力安全工作规程　线路部分》(Q/GDW 1799.2—2013)

19. 在线路带电情况下，砍剪靠近线路的树木时，工作负责人应在工作开始前，向全体人员说明：（　　　　　），人员、树木、绳索应与导线保持符合安全规程要求的安全距离。

答案：电力线路有电

出处：《国家电网公司电力安全工作规程　线路部分》(Q/GDW 1799.2—2013)

20. 树枝接触或接近高压带电导线时，应将高压线路停电或用绝缘工具使树枝远离带电导线至安全距离。此前禁止（　　　　　）。

答案：人体接触树木

出处：《国家电网公司电力安全工作规程　线路部分》(Q/GDW 1799.2—2013)

21. 在10kV及以下的带电杆塔上进行工作，作业人员距最下层带电导线的垂直距离不准小于（　　　　　）m。

答案：0.7

出处：《国家电网公司电力安全工作规程　线路部分》(Q/GDW 1799.2—2013)

22. 在带电杆塔上进行测量、防腐、巡视检查、紧杆塔螺栓、清除杆塔上异物等工作，应使用绝缘无极绳索，风力应不大于5级，并应有（　　　　　）。

答案：专人监护

出处：《国家电网公司电力安全工作规程　线路部分》(Q/GDW 1799.2—2013)

23. 在66kV、110kV带电线路杆塔上工作，作业人员活动范围及其所携带的工具、材料等，与带电导线最小安全距离不准小于（　　　　　）m。

答案：1.5

出处：《国家电网公司电力安全工作规程　线路部分》(Q/GDW 1799.2—2013)

24. 在220kV带电线路杆塔上工作，作业人员活动范围及其所携带的工具、材料等，与带电导线最小安全距离不准小于（　　　　　）m。

答案：3

出处：《国家电网公司电力安全工作规程　线路部分》(Q/GDW 1799.2—2013)

25. 在500kV带电线路杆塔上工作，作业人员活动范围及其所携带的工具、材料等，与带电导线最小安全距离不准小于（　　　　　）m。

答案：5

出处：《国家电网公司电力安全工作规程　线路部分》(Q/GDW 1799.2—2013)

26. 运行中的高压直流输电系统的直流接地极线路和接地极应视为带电线路。各种工作情况下，邻近运行中的直流接地极线路导线的最小安全距离按（　　　　　）kV直流电压等级控制。

答案：±50

出处：《国家电网公司电力安全工作规程　线路部分》(Q/GDW 1799.2—2013)

27. 邻近或交叉其他220kV电力线工作的安全距离为（　　　　　）m。

答案：4

出处：《国家电网公司电力安全工作规程 线路部分》（Q/GDW 1799.2—2013）

28. 邻近或交叉其他110kV电力线工作的安全距离为（　　　　）m。

答案：3

出处：《国家电网公司电力安全工作规程 线路部分》（Q/GDW 1799.2—2013）

29. 邻近或交叉其他500kV电力线工作的安全距离为（　　　　）m。

答案：6

出处：《国家电网公司电力安全工作规程 线路部分》（Q/GDW 1799.2—2013）

30. 邻近或交叉其他±500kV电力线工作的安全距离为（　　　　）m。

答案：7.8

出处：《国家电网公司电力安全工作规程 线路部分》（Q/GDW 1799.2—2013）

31. 在邻近带电110kV线路进行工作时，人体、导线、施工机具等与带电导线的安全距离应为（　　　　）m，牵引绳索和拉绳与带电导线的最小安全距离为5m。

答案：3

出处：《国家电网公司电力安全工作规程 线路部分》（Q/GDW 1799.2—2013）

32. 在邻近带电220kV线路进行工作时，人体、导线、施工机具等与带电导线的安全距离应为（　　　　）m，牵引绳索和拉绳与带电导线的最小安全距离为6m。

答案：4

出处：《国家电网公司电力安全工作规程 线路部分》（Q/GDW 1799.2—2013）

33. 在邻近带电330kV线路进行工作时，人体、导线、施工机具等与带电导线的安全距离应为（　　　　）m，牵引绳索和拉绳与带电导线的最小安全距离为7m。

答案：5

出处：《国家电网公司电力安全工作规程 线路部分》（Q/GDW 1799.2—2013）

34. 在邻近带电500kV线路进行工作时，人体、导线、施工机具等与带电导线的安全距离应为（　　　　）m，牵引绳索和拉绳与带电导线的最小安全距离为8.5m。

答案：6

出处：《国家电网公司电力安全工作规程 线路部分》（Q/GDW 1799.2—2013）

35. 经核对停电检修线路的（　　　　），验明线路确已停电并挂好地线后，工作负责人方可宣布开始工作。

答案：线路名称杆号

出处：《国家电网公司电力安全工作规程 线路部分》（Q/GDW 1799.2—2013）

36. 遇有5级以上的大风时，禁止在同杆塔多回线路中进行部分线路停电检修工作及（　　　　）停电检修工作。

答案：直流单极线路

出处：《国家电网公司电力安全工作规程 线路部分》（Q/GDW 1799.2—2013）

37. 多回线路中的每回线路（直流线路每极）都应填写（　　　　）。

答案：双重称号

出处：《国家电网公司电力安全工作规程 线路部分》（Q/GDW 1799.2—2013）

38. 同杆塔多回线路中部分线路停电的工作，工作负责人在接受许可开始工作的命令时，应与工作许可人核对停电线路（　　　　）无误。

答案：双重称号

出处：《国家电网公司电力安全工作规程 线路部分》（Q/GDW 1799.2—2013）

39. 绝缘架空地线应视为（　　　　　　）。作业人员与绝缘架空地线之间的距离不应小于0.4m。

答案：带电体

出处：《国家电网公司电力安全工作规程 线路部分》（Q/GDW 1799.2—2013）

40. 遇有冲刷、起土、上拔或导地线、拉线松动的杆塔，应先（　　　　　　）、打好临时拉线或支好架杆后，再行登杆。

答案：培土加固

出处：《国家电网公司电力安全工作规程 线路部分》（Q/GDW 1799.2—2013）

41. 在杆塔上作业，工作点下方应按（　　　　　　）设围栏或其他保护措施。

答案：坠落半径

出处：《国家电网公司电力安全工作规程 线路部分》（Q/GDW 1799.2—2013）

42. 杆塔上下无法避免垂直交叉作业时，应做好（　　　　　　）的措施，作业时要相互照应，密切配合。

答案：防落物伤人

出处：《国家电网公司电力安全工作规程 线路部分》（Q/GDW 1799.2—2013）

43. 在居民区和交通道路附近立、撤杆时，应具备相应的（　　　　　　），并设警戒范围或警告标志，必要时派专人看守。

答案：交通组织方案

出处：《国家电网公司电力安全工作规程 线路部分》（Q/GDW 1799.2—2013）

44. 立、撤杆塔过程中基坑内禁止有人工作。除指挥人及指定人员外，其他人员应在处于杆塔高度的（　　　　　　）倍距离以外。

答案：1.2

出处：《国家电网公司电力安全工作规程 线路部分》（Q/GDW 1799.2—2013）

45. 检修杆塔不准随意拆除受力构件，如需要拆除，应事先做好（　　　　　　）。

答案：补强措施

出处：《国家电网公司电力安全工作规程 线路部分》（Q/GDW 1799.2—2013）

46. 架空绝缘导线不应视为绝缘设备，作业人员不准直接接触或（　　　　　　）。

答案：接近

出处：《国家电网公司电力安全工作规程 线路部分》（Q/GDW 1799.2—2013）

47. 合成纤维吊装带应按（　　　　　　）使用，无数据时禁止使用。使用中应避免与尖锐棱角接触，如无法避免，应加装必要的护套。

答案：出厂数据

出处：《国家电网公司电力安全工作规程 线路部分》（Q/GDW 1799.2—2013）

48. 杆塔等的固定爬梯，应（　　　　　　）。高百米以上的爬梯，中间应设有休息的平台，并应定期进行检查和维护。上爬梯应逐档检查爬梯是否牢固，上下爬梯应抓牢，两手不准抓一个梯阶。

答案：牢固可靠

出处：《国家电网公司电力安全工作规程 线路部分》（Q/GDW 1799.2—2013）

49. 所有电气设备的金属外壳均应有（　　　　　　）。使用中不准将接地装置拆除或对其进行任何工作。

答案：良好的接地装置

出处：《国家电网公司电力安全工作规程 线路部分》(Q/GDW 1799.2—2013)

50. 紧急救护的基本原则是在现场采取积极措施，保护伤员的生命，减轻伤情，(　　)，并根据伤情需要，迅速与医疗急救中心（医疗部门）联系救治。

答案：减少痛苦

出处：《国家电网公司电力安全工作规程 线路部分》(Q/GDW 1799.2—2013)

51. 现场工作人员都应定期接受培训，学会紧急救护法，会正确解脱电源，会(　　)，会止血、会包扎、会固定，会转移搬运伤员，会处理急救外伤或中毒等。

答案：心肺复苏法

出处：《国家电网公司电力安全工作规程 线路部分》(Q/GDW 1799.2—2013)

52. 每做（　　）次按压，需做2次人工呼吸，然后在胸部重新定位，再做胸外按压，如此反复进行，直到协助抢救者或专业医务人员赶来。

答案：30

出处：《国家电网公司电力安全工作规程 线路部分》(Q/GDW 1799.2—2013)

53. 创伤急救原则上是先（　　）、后（　　）、再(　　)，并注意采取措施，防止伤情加重或污染。需要送医院救治的，应立即做好保护伤员措施后送医院救治。

答案：抢救，固定，搬运

出处：《国家电网公司电力安全工作规程 线路部分》(Q/GDW 1799.2—2013)

54. 人工呼吸者除需通畅伤员呼吸道、吹气外，还应经常（　　）和观察瞳孔等。

答案：触摸其颈动脉

出处：《国家电网公司电力安全工作规程 线路部分》(Q/GDW 1799.2—2013)

55. 人工呼吸者与心脏按压者可以互换位置，互换操作，但中断时间不超过(　　) s。

答案：5

出处：《国家电网公司电力安全工作规程 线路部分》(Q/GDW 1799.2—2013)

56. 现场心肺复苏应坚持不断地进行，如需将伤员由现场移往室内，中断操作时间不得超过（　　）s；通道狭窄、上下楼层、送上救护车等的操作中断不得超过30s。

答案：7

出处：《国家电网公司电力安全工作规程 线路部分》(Q/GDW 1799.2—2013)

57. 不论在什么情况下，终止心肺复苏，取决于医生或医生组成的抢救组的首席医生，否则不得（　　）。

答案：放弃抢救

出处：《国家电网公司电力安全工作规程 线路部分》(Q/GDW 1799.2—2013)

58. 溺水死亡的主要原因是窒息缺氧。由于淡水在人体内能很快经循环吸收，而气管能容纳的水量很少，因此在抢救溺水者时不应“倒水”而延误抢救时间，更不应仅“倒水”而不用（　　　　　　　　）进行抢救。

答案：心肺复苏法

出处：《国家电网公司电力安全工作规程 线路部分》（Q/GDW 1799.2—2013）

59. 为加强国家电网公司架空输电线路运维管理，提高运维工作的（　　　　　　），保障电网安全运行，依据国家法律法规及公司有关规定，特制定《国家电网公司架空输电线路运维管理规定》。

答案：质量和效率

出处：《国家电网公司架空输电线路运维管理规定》

60.《国家电网公司架空输电线路运维管理规定》所称的线路运维管理是指对公司系统35kV及以上电压等级交直流线路开展的运维管理相关工作，主要包括新、改建线路工程（以下简称"工程"）的（　　　　　　）；在运线路的巡视、检测、维护、缺陷管理、运行分析、状态评价，以及专项管理、资料管理、人员培训和检查考核等工作。

答案：生产准备、验收

出处：《国家电网公司架空输电线路运维管理规定》

61.《国家电网公司架空输电线路运维管理规定》所称的线路运维管理是指对公司系统35kV及以上电压等级交直流线路开展的运维管理相关工作，主要包括新、改建线路工程（以下简称"工程"）的生产准备、验收；在运线路的巡视、检测、维护、缺陷管理、运行分析、状态评价，以及专项管理、资料管理、（　　　　　　　　）等工作。

答案：人员培训和检查考核

出处：《国家电网公司架空输电线路运维管理规定》

62. 国家电网公司架空输电线路运维管理规定适用于公司总（分）部及（　　　　　　　　）的线路运维管理工作。

答案：所属各级单位（含全资单位、控股）

出处：《国家电网公司架空输电线路运维管理规定》

63. 输电运维班参与工程施工质量、设备材料的抽查和中间验收，对发现的问题与缺陷，形成（　　　　　　　　）报上级主管部门和相关单位，并跟踪核实。

答案：书面材料

出处：《国家电网公司架空输电线路运维管理规定》

64. 各级运检部门在工程验收组织机构的统一安排下开展工程验收工作。验收人员应逐项核实线路本体、通道情况、（　　　　　　　　）、现场运行规程、资料档案及施工记录等是否满足竣工投运条件，并签字确认。

答案：调试试验项目

出处：《国家电网公司架空输电线路运维管理规定》

65. 各级运检部门应参加所负责或参与工程的启动试运行方案审查并参加各项启动工作，工程试运行期间组织输电运维班开展（　　　　　　　　），并督促问题整改。

答案：特巡、检测

出处：《国家电网公司架空输电线路运维管理规定》

66. 工程交接完成后，应按工程档案管理的要求，进行资料档案［包括（　　　　　　　　）、资料等］的归档工作。

答案：纸质和电子版竣工图纸

出处：《国家电网公司架空输电线路运维管理规定》

67. 输电运维班应按实物资产管理的要求，做好备品备件、仪器仪表、专用工器具的检验、入库工作，建立（　　　　　　　　）台账。

答案：实物资产

出处：《国家电网公司架空输电线路运维管理规定》

68. 工程竣工投运后（　　　　　　　　）内出现的质量问题，各级运检部门应向建设管理单位提出，必要时报上级运检部协调解决。

答案：1 年

出处：《国家电网公司架空输电线路运维管理规定》

69. 各级运检部门应明确所辖线路的运维管理界限，不得出现空白点。不同运维单位共同维护的线路，其分界点原则上按（　　　　　　　　）划分，由上级运检部门审核批准。

答案：行政区域

出处：《国家电网公司架空输电线路运维管理规定》

70. 现场运行规程主要体现线路（　　　　　　　　）运维要求。

答案：差异化

出处：《国家电网公司架空输电线路运维管理规定》

71. 线路运检单位应建立健全（　　　　　　　　），按线路区段明确责任人。

答案：线路巡视岗位责任制

出处：《国家电网公司架空输电线路运维管理规定》

72. 根据巡视不同的需要（或目的），线路巡视分为正常巡视、（　　　　　　　　）和特殊巡视，并根据实际需要，组织开展直升机和无人机巡视工作。

答案：故障巡视

出处：《国家电网公司架空输电线路运维管理规定》

73. 线路正常巡视采用状态巡视方式，状态巡视是指根据线路设备和通道环境特点，结合状态评价和运行经验，确定线路区段的巡视周期并（　　　　　　　　）的巡视方式。

答案：动态调整

出处：《国家电网公司架空输电线路运维管理规定》

74. 线路状态信息应准确、完整地反映线路运行状况及通道环境状况，并及时（　　　　　　　　）。

答案：补充完善

出处：《国家电网公司架空输电线路运维管理规定》

75. 输电运维班应及时掌握通道内树竹生长、建筑物、地理环境、特殊气候特点及跨越铁路、公路、河流、电力线等详细分布状况，对重要线路或特殊区段应逐档绘制（　　　　　　　　），并根据通道状态变化动态修订。

答案：线路通道状态图

出处：《国家电网公司架空输电线路运维管理规定》

76. 线路状态巡视周期一般划分 3 类。Ⅰ类线路巡视周期一般为 1 个月；Ⅱ类线路巡视周期一般为 2 个月；Ⅲ类线路巡视周期一般为（　　　　　　　　）个月。

答案：3 至 6

出处：《国家电网公司架空输电线路运维管理规定》

77.Ⅱ类线路巡视周期一般为2个月，主要包括：①远郊、平原、山地丘陵等一般区域的线路区段。②状态评价为（　　　　　　　）状态的线路区段。

答案："正常"

出处：《国家电网公司架空输电线路运维管理规定》

78.退运线路应纳入（　　　　　　　）范围，巡视周期一般为3个月。发现丢失塔材等缺陷应及时进行处理，确保线路完好、稳固。

答案：正常运维

出处：《国家电网公司架空输电线路运维管理规定》

79.跨区线路、重要电源送出线路、单电源线路、重要联络线路、电铁牵引站供电线路、重要负荷供电线路巡视周期不应超过（　　　　　　　）月。

答案：1个

出处：《国家电网公司架空输电线路运维管理规定》

80.新、改建线路或区段在投运后3个月内，应每月进行1次（　　　　　　　）。

答案：全面巡视

出处：《国家电网公司架空输电线路运维管理规定》

81.输电运维班对多雷区、微风振动区、重污区、重冰区、易舞区、大跨越等区段应适当开展带电登杆（塔）检查，重点抽查导线、地线（含OPGW）、金具、绝缘子、防雷设施、（　　　　　　　）等设备的运行情况。

答案：在线监测装置

出处：《国家电网公司架空输电线路运维管理规定》

82.线路运检单位组织输电运维班于每年（　　　　　　　）前逐线逐段编报次年度巡视计划，经本单位运检部审核并经主管领导批准后下发执行。500（330）kV及以上交直流线路的年度巡视计划应报省公司运检部备案。

答案：11月30日

出处：《国家电网公司架空输电线路运维管理规定》

83.每月28日前，线路运检单位编制下发（　　　　　　　）月度实施计划。输电运维班应根据月度实施计划编制周计划并执行。

答案：状态巡视

出处：《国家电网公司架空输电线路运维管理规定》

84.输电运维班在巡视中发现线路新增隐患及特殊区段范围发生变化时，应于每月25日汇总上报线路运检单位。线路运检单位应根据设备状况、季节和天气影响以及电网运行要求等，对（　　　　　　　）进行调整，并在本单位运检部备案。

答案：巡视计划及巡视周期

出处：《国家电网公司架空输电线路运维管理规定》

85.输电运维班巡视中发现的缺陷、隐患应及时录入（　　　　　　　）系统，最长不超过3日。

答案：运检管理

出处：《国家电网公司架空输电线路运维管理规定》

86.线路发生故障后，不论开关重合是否成功，线路运检单位均应根据气象环境、（　　　　　　　）、行波测距、雷电定位系统、在线监测、现场巡视情况等信息初步判断故障类型，组织故障巡视。

答案：故障录波

出处：《国家电网公司架空输电线路运维管理规定》

87. 线路运检单位应积极采用（　　　）等巡检技术开展线路巡视工作，对跨区线路或重要线路应有计划地安排直升机、无人机巡检。

答案：直升机、无人机

出处：《国家电网公司架空输电线路运维管理规定》

88. 在线路巡视周期内，已开展直升机或无人机巡视的线路或区段，人工巡视周期可适当调整，巡视内容以（　　　）部件为主。

答案：通道环境和塔头以下

出处：《国家电网公司架空输电线路运维管理规定》

89. 线路运检单位应根据线路运维状态、运维时间、线路环境等实际信息，制订合理的检测计划，并开展检测分析，编写（　　　）。

答案：分析报告

出处：《国家电网公司架空输电线路运维管理规定》

90.（　　　　　　）应严格按照检测计划开展检测工作，做好检测记录和异常分析处理。

答案：输电运维班

出处：《国家电网公司架空输电线路运维管理规定》

91. 每年雷雨季节前应对强雷区杆塔进行1次接地装置检查和（　　　）检测，对地下水位较高、强酸强碱等腐蚀严重区域应按30%比率开挖检查。

答案：接地电阻

出处：《国家电网公司架空输电线路运维管理规定》

92. 对（　　　　　　）每年应开展1次倾斜检测，特殊情况应缩短测试周期。

答案：采空区和大跨越铁塔

出处：《国家电网公司架空输电线路运维管理规定》

93. 根据线路运行状态，适时开展（　　　），及时发现线路电晕放电隐患。对电晕放电较严重的部位，宜进行紫外成像分析，采取相应处理措施。

答案：夜间巡视

出处：《国家电网公司架空输电线路运维管理规定》

94. 输电运维班应按照公司（　　　）配置相应的检测设备。

答案：运维装备配置标准

出处：《国家电网公司架空输电线路运维管理规定》

95. 线路运检单位应加强线路在线监测装置的运维工作，及时（　　　）失效的在线监测装置。

答案：更换

出处：《国家电网公司架空输电线路运维管理规定》

96. 各级评价中心应收集气象、覆冰、风偏、舞动、微风振动、杆塔倾斜、导线温度、视频等线路运行环境和状态的（　　　），开展数据统计与分析，编制月度专题报告并报上级运检部，适时发布预警信息。

答案：实时监测数据

出处：《国家电网公司架空输电线路运维管理规定》

97. 输电运维班应根据线路状况及时开展（　　　　　　　　　），主要包括：更换接地装置和塔材，铁塔防腐，基础及防洪、防撞设施修复，附属设施安装、修补，树竹砍伐，水泥杆裂纹修复等。

答案：维护工作

出处：《国家电网公司架空输电线路运维管理规定》

98. 线路缺陷分为本体缺陷、附属设施缺陷和（　　　　　　　　　）三类

答案：外部隐患

出处：《国家电网公司架空输电线路运维管理规定》

99. 本体缺陷指组成线路本体的全部构件、附件及零部件缺陷，包括基础、杆塔、导线、地线（OPGW）、绝缘子、金具、接地装置、（　　　　　　　　　）等发生的缺陷。

答案：拉线

出处：《国家电网公司架空输电线路运维管理规定》

100. 附属设施缺陷指附加在（　　　　　　　　　）上的线路标识、安全标志牌、各种技术监测或具有特殊用途的设备（如在线监测、防雷、防鸟装置等）发生的缺陷。

答案：线路本体

出处：《国家电网公司架空输电线路运维管理规定》

101. 外部隐患指外部环境变化对线路的安全运行已构成某种（　　　　　　　　　）的情况，如在线路保护区内违章建房、种植树竹、堆物、取土及各种施工作业等。

答案：潜在性威胁

出处：《国家电网公司架空输电线路运维管理规定》

102. 线路的各类缺陷按其严重程度分为（　　　　　　　　　）缺陷。

答案：危急、严重、一般

出处：《国家电网公司架空输电线路运维管理规定》

103. 危急缺陷指缺陷情况已危及线路安全运行，随时可能导致线路发生事故，既危险又紧急的缺陷。危急缺陷消除时间不应超过（　　　　　　　　　），或临时采取确保线路安全的技术措施进行处理，随后消除。

答案：24h

出处：《国家电网公司架空输电线路运维管理规定》

104. 严重缺陷指缺陷情况对线路安全运行已构成严重威胁，短期内线路尚可维持安全运行，情况虽危险，但紧急程度较危急缺陷次之的一类缺陷。此类缺陷的处理一般不超过（　　　　　　　　　），最多不超过 1 个月，消除前须加强监视。

答案：1 周

出处：《国家电网公司架空输电线路运维管理规定》

105. 一般缺陷指缺陷情况对线路的安全运行威胁较小，在一定期间内不影响线路安全运行的缺陷，此类缺陷一般应在（　　　　　　　　　）内予以消除，需要停电时列入年度、月度停电检修计划。

答案：一个检修周期

出处：《国家电网公司架空输电线路运维管理规定》

106. 缺陷应纳入运检管理系统进行（　　　　　　　　）管理，主要包括缺陷登录、统计、分析、处理、验收和上报等。

答案：全过程闭环

出处：《国家电网公司架空输电线路运维管理规定》

107. 输电运维班通过现场巡视、检（监）测等手段收集缺陷，确认、定性缺陷后，在运检管理系统（　　　　　　　　），纳入缺陷管理流程。

答案：为缺陷建档

出处：《国家电网公司架空输电线路运维管理规定》

108. 线路运检单位应核对缺陷性质，并组织安排缺陷的消除工作，缺陷在未消除之前应制订（　　　　　　　　）设备风险管控措施。

答案：有效的

出处：《国家电网公司架空输电线路运维管理规定》

109. 线路运检单位应结合线路运行经验、季节特点和通道情况积极开展线路隐患排查治理工作，建立隐患台账，（　　　　　　　　）设备和通道隐患。

答案：及时消除

出处：《国家电网公司架空输电线路运维管理规定》

110. 各级运检部门应认真做好月度、季度、年度运行分析和（　　　　　　　　）的专题分析工作。

答案：典型故障、缺陷

出处：《国家电网公司架空输电线路运维管理规定》

111. 输电运维班（　　　　　　　　）开展1次运行分析。

答案：每月

出处：《国家电网公司架空输电线路运维管理规定》

112. 各级运检部门应及时组织开展故障分析工作，各级评价中心做好技术支撑。省检修（分）公司、地（市）公司运检部应在故障点确认后2d内组织完成（　　　　　　），形成故障分析报告并报送省公司运检部。

答案：故障分析

出处：《国家电网公司架空输电线路运维管理规定》

113. 各级运检部门应适时组织召开典型故障分析会，总结故障经验，提出（　　　　　　　　）。

答案：改进措施

出处：《国家电网公司架空输电线路运维管理规定》

114. 对线路设备的整体状况开展评价工作，省公司运检部组织，（　　　　　　　　）负责，省检修（分）公司、地（市）公司、县公司运检部根据《架空输电线路状态评价导则》，对线路设备的整体状况开展评价工作。

答案：设备状态评价中心

出处：《国家电网公司架空输电线路运维管理规定》

115. 状态评价工作应纳入日常生产管理，定期进行评价。对评价为异常、严重状态的线路应制订相应的（　　　　　　　　），并结合技改大修进行处理。

答案：检修策略

出处：《国家电网公司架空输电线路运维管理规定》

116. 状态评价结果应形成报告并按时报（　　　　　　　　　）。

答案：上级运检部

出处：《国家电网公司架空输电线路运维管理规定》

117. 国网运检部、省公司运检部应组织退役线路的（　　　　　　　　　），并及时督促线路运检单位办理线路报废手续。

答案：技术鉴定

出处：《国家电网公司架空输电线路运维管理规定》

118. 防治线路污闪工作目标：不发生（　　　　　　　　　）和 500（330）kV 及以上线路污闪跳闸。

答案：大面积电网污闪停电事件

出处：《国家电网公司架空输电线路运维管理规定》

119. 输电运维班应加强对零值、低值瓷绝缘子的检测，及时更换（　　　　　　　　　）及零、低值瓷绝缘子。

答案：自爆玻璃绝缘子

出处：《国家电网公司架空输电线路运维管理规定》

120. 各级运检部门应加强沿线气象环境资料的调研收集，建设观冰站（点）、自动气象站，安装气象在线监测装置，并按照气象监测工作要求，组织开展气象观测工作，掌握特殊地形、特殊气候区域的资料，每 3 年统一修订（　　　　　　　　　）、冰区分布图。

答案：舞动区分布图

出处：《国家电网公司架空输电线路运维管理规定》

121. 各级运检部门应利用公司覆冰预测预警系统开展线路覆冰气候、形势、厚度自动化预报和冰情监测，及时掌握线路覆冰情况，发布预警信息。各线路运检单位应按照冰情预报、预警信息做好（　　　　　　　　　）准备工作。

答案：抗冰、融冰

出处：《国家电网公司架空输电线路运维管理规定》

122. 以两端挂线起止点杆塔（或电缆引出线杆塔）为终端组成完整回路的三相交流线路或（　　　　　　　　　）为 1 回线路。

答案：二相正负两极直流线路

出处：《国家电网公司架空输电线路运维管理规定》

123. 设备缺陷指设备在运用中发生异常，虽能继续使用，但影响（　　　　　　　　　）运行。设备缺陷按其严重程度分为危急、严重、一般三类。

答案：安全、经济

出处：《国家电网公司架空输电线路运维管理规定》

124. 状态管理是根据线路本体各组件运行状态及周围环境的变化情况，有针对性地开展的（　　　　　　　　　）工作。

答案：运维和检修

出处：《国家电网公司架空输电线路运维管理规定》

125. 架空输电线路杆塔基础巡视检查内容有破损、酥松、裂纹、漏筋、基础下沉、（　　　　　　　　　）、边坡保护不够。

答案：保护帽破损

出处：《国家电网公司架空输电线路运维管理规定》

126. 架空输电线路杆塔巡视检查内容有（　　　　　　　　　　）、地线支架变形、塔材、螺栓丢失、严重锈蚀、脚钉缺失、爬梯变形、土埋塔角。

答案：杆塔倾斜、主材弯曲

出处：《国家电网公司架空输电线路运维管理规定》

127. 架空输电线路绝缘子巡视检查内容有伞裙破损、严重污秽、有放电痕迹、弹簧销缺失、钢帽裂纹断裂、钢脚严重锈蚀、绝缘子串顺线路方向角大于7.5°或（　　　　）。

答案：300mm

出处：《国家电网公司架空输电线路运维管理规定》

128. 架空输电线路航空警示器材巡视检查内容有（　　　　　　　　）、跨江线彩球缺失、损坏、失灵。

答案：高塔警示灯

出处：《国家电网公司架空输电线路运维管理规定》

129. 外破易发区的主要特征是存在施工作业，杆塔、拉线基础周围取土、挖沙、堆土，漂浮物集中，以及线路通道附近放风筝、钓鱼、射击、爆破采石等现象，可能造成线路（　　　　）的区段。

答案：故障或受损

出处：《国家电网公司架空输电线路运维管理规定》

130. 树竹速长区的主要特征是跨越（　　　　　　　　），且处于树竹快速生长期，当季自然生长高度可能不满足交跨距离的区段。

答案：树木或竹林

出处：《国家电网公司架空输电线路运维管理规定》

131. 偷盗多发区的主要特征是社会治安环境较差，线路本体及附属设施经常性发生被（　　　　　　　　）的区域。

答案：盗窃、破坏

出处：《国家电网公司架空输电线路运维管理规定》

132. 采动影响区的主要特征是因地下开采作业引起或可能引起（　　　　　　　　）的区域。

答案：地表移动变形

出处：《国家电网公司架空输电线路运维管理规定》

133. （　　　　　　　　）的主要特征是线路通道或周边树木、茅草等易燃性植被茂盛，且存在不安全用火、燃烧秸秆、放火烧荒、上坟祭祀等火灾隐患，易引发大面积火灾的区域。

答案：山火高发区

出处：《国家电网公司架空输电线路运维管理规定》

134. （　　　　　　　　）的主要特征是存在崩塌、滑坡、泥石流、地面塌陷、地裂缝或地面沉降等地质灾害风险的区域。

答案：地质灾害区

出处：《国家电网公司架空输电线路运维管理规定》

135.（　　　　　　　　）的主要特征是处于草原、候鸟迁徙通道，邻近河流、湖泊、大型水库、湿地等水域的鸟类活动明显的区域，以及杆塔上鸟窝较多或发生过鸟害故障的区域。

答案：鸟害多发区

出处：《国家电网公司架空输电线路运维管理规定》

136. 多雷区的主要特征是根据地闪密度分布图，雷电活动强度处于（　　　　　　）的区域。

答案：C1 级及以上

出处：《国家电网公司架空输电线路运维管理规定》

137.（　　　　　　　　）的主要特征是依据风区分布图，对应风速标准超过线路基本设计风速的区域，以及历史发生过强风天气造成线路风偏放电、杆塔倾斜、倒塔等故障的区域。

答案：风害区

出处：《国家电网公司架空输电线路运维管理规定》

138. 微风振动区的主要特征是在（　　　　　　　　）作用下，导线（　　　　　　）的区域。

答案：风载荷；高频微幅振动较强

出处：《国家电网公司架空输电线路运维管理规定》

139.（　　　　　　　　）的主要特征是根据污区分布图，污区等级在 d 级及以上的区域。

答案：重污区

出处：《国家电网公司架空输电线路运维管理规定》

140.（　　　　　　　　）的主要特征是设计覆冰厚度为 20mm 及以上区段或根据运行经验出现超过 20mm 覆冰的区段。

答案：重冰区

出处：《国家电网公司架空输电线路运维管理规定》

141. 易舞区的主要特征是根据舞动分布图，舞动等级在（　　　　　　）的区域。

答案：2 级及以上

出处：《国家电网公司架空输电线路运维管理规定》

142. 季冻区的主要特征是存在季节性土层结冻及融化，对（　　　　　　　）造成影响的区域。

答案：杆塔基础

出处：《国家电网公司架空输电线路运维管理规定》

143. 水淹（冲刷）区的主要特征是存在杆塔基础被冲刷、浸泡、冰挤，可能影响（　　　　　　）的区域。

答案：基础安全

出处：《国家电网公司架空输电线路运维管理规定》

144. 垂钓区的主要特征是因垂钓可能对（　　　　　　　　）造成影响的区域。

答案：线路运行和人身安全

出处：《国家电网公司架空输电线路运维管理规定》

145.（　　　　　　　）的主要特征是因垂钓可能对线路运行和人身安全造成影响的区域。

答案：垂钓区

出处：《国家电网公司架空输电线路运维管理规定》

146.（　　　　　　　）的主要特征是车辆、作业机械难以到达、常年无人居住、补给困难的区域，主要集中在高原、高山、峡谷、沙漠、戈壁滩等地区。

答案：无人区

出处：《国家电网公司架空输电线路运维管理规定》

147.（　　　　　　　）的主要特征是跨越高速公路、电气化铁路、高铁和通航河流的线路耐张段。

答案：重要跨越

出处：《国家电网公司架空输电线路运维管理规定》

148. 标准化线路导、地线的基本要求有导、地线接续形式及（　　　　　）符合运行规程要求，无散股、断股、损伤及悬挂漂浮物现象，地线无锈蚀，引流线应顺畅、平滑、无损伤。

答案：接头数量

出处：《国家电网公司架空输电线路运维管理规定》

149.（　　　　　　　）的基本要求有：复合绝缘子伞裙、护套不应出现破损、龟裂、硬化、脆化、粉化现象，端头密封不应开裂、老化；瓷质绝缘子伞裙不应破损，瓷质不应有裂纹、表面严重结垢，瓷釉不应有烧坏现象；玻璃绝缘子不应自爆或表面有裂纹；钢帽、绝缘件、钢脚应在同一轴线上，钢脚、钢帽、浇装水泥不应有裂纹、歪斜、变形或严重锈蚀，钢脚与钢帽槽口间隙不应超标。

答案：标准化线路绝缘子

出处：《国家电网公司架空输电线路运维管理规定》

150. 标准化线路接地装置的基本要求有：接地引下线与杆塔连接（　　　　　　　），并应便于断开测量接地电阻；接地引下线及接地体不得断裂、锈蚀、缺失、接地体外露、连接部位松动或有雷电烧痕等情况。

答案：应可靠，接触良好

出处：《国家电网公司架空输电线路运维管理规定》

151. 标准化线路高塔跨树段线路导线在最大弧垂时与树木之间的安全距离应满足设计及运行规程相关安全距离要求。可能威胁线路安全运行、超过主要树种自然生长最终高度的个别树木应（　　　　　　　）。

答案：砍伐

出处：《国家电网公司架空输电线路运维管理规定》

152. 利用无人直升机机载可见光、红外等检测设备，完成架空输电线路（　　　　　　　）的作业系统。

答案：巡检任务

出处：《架空输电线路无人直升机巡检系统》（DL/T 1578—2016）

153. 保障无人直升机巡检系统正常工作的设备及工具的集合，一般包括

（　　　　　　　）、专用工具、备品备件和储运车辆等。

答案：供电设备

出处：《架空输电线路无人直升机巡检系统》（DL/T 1578—2016）

154. 手动飞行模式：不依赖导航定位系统，无人直升机飞行姿态不受飞控系统（　　　　　　　），由操作人员控制的飞行模式。

答案：闭环控制

出处：《架空输电线路无人直升机巡检系统》（DL/T 1578—2016）

155. 在操作人员通过地面控制模块或遥控手柄上的（　　　　　　　）启动该功能后，无人直升机立即按预先设定的策略中止当前任务并返航。

答案：特定功能键

出处：《架空输电线路无人直升机巡检系统》（DL/T 1578—2016）

156. 搭载任务设备的无人直升机任意两点（含旋翼）之间距离不大于（　　　　　　　）m。

答案：1.8

出处：《架空输电线路无人直升机巡检系统》（DL/T 1578—2016）

157. 按适用（　　　　　　　），无人直升机系统分为普通型、高温型、低温型、极低温型和特殊型。

答案：环境温度

出处：《架空输电线路无人直升机巡检系统》（DL/T 1578—2016）

158. 导航定位偏差水平方向不大于 1.5m，垂直方向不大于（　　　　　　　）m。

答案：3

出处：《架空输电线路无人直升机巡检系统》（DL/T 1578—2016）

159. 无人直升机抗风飞行性能试验宜在户外露天场地进行，面积应满足无人直升机巡检系统飞行安全要求，对于小型无人直升机巡检系统试验，面积应不小于（　　　　）m^2。若为室内场地，还应保持净空高度不低于 10m。

答案：100

出处：《架空输电线路无人直升机巡检系统》（DL/T 1578—2016）

160. 无人直升机抗风飞行性能试验应布置有数字化测量系统，可对场地内无人直升机的飞行航迹进行测量，各方向测量精度均不低于（　　　　　　　）m。

答案：1

出处：《架空输电线路无人直升机巡检系统》（DL/T 1578—2016）

161. 打开试验箱门，观察无人直升机状态是否正常，地面站和（　　　　　　　）是否正常待机。

答案：遥控手柄

出处：《架空输电线路无人直升机巡检系统》（DL/T 1578—2016）

162. 多旋翼无人直升机通常有四旋翼、六旋翼和（　　　　　　　）等结构。

答案：八旋翼

出处：《架空输电线路无人直升机巡检系统》（DL/T 1578—2016）

163. 增稳飞行模式：导航定位系统不参与控制，由飞控系统控制无人直升机（　　　　　　　），操作人员控制速度、航向、高度等的飞行模式。

答案：飞行姿态

出处：《架空输电线路无人直升机巡检系统》（DL/T 1578—2016）

164. 定点自动拍照：不需操作人员干扰，无人直升机按照（　　　　　）（包括位置坐标、时间间隔等）进行拍照。

答案：预设程序

出处：《架空输电线路无人直升机巡检系统》（DL/T 1578—2016）

165. 在《架空输电线路无人直升机巡检系统》（DL/T 1578—2016）中，机身上应有航行灯，航行灯发光强度不应小于（　　　　　）cd。

答案：25

出处：《架空输电线路无人直升机巡检系统》（DL/T 1578—2016）

166. 按适用（　　　　　），无人直升机巡检系统分为Ⅰ、Ⅱ、Ⅲ、Ⅳ型和Ⅴ型。

答案：海拔高度

出处：《架空输电线路无人直升机巡检系统》（DL/T 1578—2016）

167. 无人直升机具备任务规划功能，可对起降方式、飞行速度以及航点信息等进行设置，可设置航点数量不少于（　　　　　）个。在飞行过程中可实时修改航点。

答案：50

出处：《架空输电线路无人直升机巡检系统》（DL/T 1578—2016）

168. 无人直升机具备链路中断返航功能。在链路中断后，无人直升机应悬停等待通信信号恢复，且等待时间可预先设置。在等待时间内若通信信号恢复，无人直升机可继续执行任务，否则按预设航线返航。返航航点、速度等参数可预先设置，可设置的航点个数不少于（　　　　　）个。

答案：10

出处：《架空输电线路无人直升机巡检系统》（DL/T 1578—2016）

169. 在《架空输电线路无人直升机巡检系统》（DL/T 1578—2016）中，动力电池不应变形，表面无针眼、磕碰、裂纹等。电源正负极（　　　　　）清晰，接头有防松措施，宜使用防误插接头。

答案：标识

出处：《架空输电线路无人直升机巡检系统》（DL/T 1578—2016）

170. 无人直升机飞行状态稳定后，适时由（　　　　　）模式切换为全自主飞行模式，观察无人直升机飞行状态。

答案：手动飞行

出处：《架空输电线路无人直升机巡检系统》（DL/T 1578—2016）

171. 搭载在无人直升机上，用于检测、采集和记录架空输电线路信息的设备或装置，可为（　　　　　）光电吊舱型式，也可为云台搭载光电传感器型式。

答案：转塔式

出处：《架空输电线路无人直升机巡检系统》（DL/T 1578—2016）

172. 由操作人员通过地面控制模块或遥控手柄上的（　　　　　）进行拍照。

答案：特定功能键

出处：《架空输电线路无人直升机巡检系统》（DL/T 1578—2016）

173. 无人直升机在位置追踪功能试验中，应在（　　　　　）场地进行。

答案：户外露天

出处：《架空输电线路无人直升机巡检系统》(DL/T 1578—2016)

174. 在无人机拍照功能试验中，面积应满足无人直升机巡检系统（　　　　　　　）要求。

答案：飞行安全

出处：《架空输电线路无人直升机巡检系统》(DL/T 1578—2016)

175. 在无人机拍照功能试验中，以（　　　　　　　）将无人直升机放飞并沿规划航线飞行，测量无人直升机在每个测量点的悬停位置，观察拍照情况。

答案：全自主飞行模式

出处：《架空输电线路无人直升机巡检系统》(DL/T 1578—2016)

176. 无人机拍照功能试验，对任一形式的任务设备，全自主飞行模式下，无人直升机均能在所有测量点按预先设置进行（　　　　　　　）；手动或增稳飞行模式下，均可控制任务设备转动和拍照。

答案：悬停和拍照

出处：《架空输电线路无人直升机巡检系统》(DL/T 1578—2016)

177. 无人机拍照功能试验，对任一形式的任务设备，手动或增稳飞行模式下，均可控制任务设备（　　　　　　　）。

答案：转动和拍照

出处：《架空输电线路无人直升机巡检系统》(DL/T 1578—2016)

178. 若某方向水平转动范围大于 360°，则需在该方向连续转动（　　　　　　　）圈及以上。

答案：2

出处：《架空输电线路无人直升机巡检系统》(DL/T 1578—2016)

179. 稳像精准试验中，靶板通常为带标尺的（　　　　　　　），其上设置直径不大于 3mm 的黑色圆点作为参照物。

答案：白色平面

出处：《架空输电线路无人直升机巡检系统》(DL/T 1578—2016)

180. 在《架空输电线路无人直升机巡检系统》(DL/T 1578—2016) 中，稳像精准试验中，调整任务设备为（　　　　　　　）且固定不变，记录靶板至试验样品主镜面的距离 L（单位为 mm）、任务设备视场中心在靶板上的位置。

答案：最长焦距状态

出处：《架空输电线路无人直升机巡检系统》(DL/T 1578—2016)

181. 在《架空输电线路无人直升机巡检系统》(DL/T 1578—2016) 中，在可见光成像性能试验中，将试验样品通电，通过地面控制模块或遥控手柄将任务设备焦距设置为（　　　　　　　）且固定不变。

答案：最短焦距状态

出处：《架空输电线路无人直升机巡检系统》(DL/T 1578—2016)

182. 在《架空输电线路无人直升机巡检系统》(DL/T 1578—2016) 中，在红外成像性能试验中，试验应在室内无风、环境温度为（　　　　　　　）条件下进行。

答案：0～40℃

出处：《架空输电线路无人直升机巡检系统》（DL/T 1578—2016）

183. 依据《架空输电线路无人直升机巡检系统》（DL/T 1578—2016）中的规定，射频电磁场辐射抗扰度试验中射频电磁场信号强度为（　　　　　），并用 1kHz 的正弦波对信号进行 80％的幅度调制。

答案：10V/m

出处：《架空输电线路无人直升机巡检系统》（DL/T 1578—2016）

184. 依据《架空输电线路无人直升机巡检系统》（DL/T 1578—2016）中的规定，脉冲磁场抗扰度试验中将接地（参考）平面放置在试验台上，与实验室的（　　　　　）相连接。

答案：安全接地系统

出处：《架空输电线路无人直升机巡检系统》（DL/T 1578—2016）

185. 依据《架空输电线路无人直升机巡检系统》（DL/T 1578—2016）中的规定，静电放电抗扰度试验中在垂直耦合板上选取均匀分布的（　　　　　）个放电点。

答案：10

出处：《架空输电线路无人直升机巡检系统》（DL/T 1578—2016）

186. 依据《架空输电线路无人直升机巡检系统》（DL/T 1578—2016）中的规定，工频磁场抗扰试验中施加峰值为 100A/m 的工频磁场，持续（　　　　　）min。

答案：5

出处：《架空输电线路无人直升机巡检系统》（DL/T 1578—2016）

187. 依据《架空输电线路无人直升机巡检系统》（DL/T 1578—2016）中的规定，地面站软件性能试验中在指定起降区域将试验样品通电，通过无线网络下载场地周边地图，在地图上按规划的（　　　　　）进行设置，并完成自检。

答案：飞行航线

出处：《架空输电线路无人直升机巡检系统》（DL/T 1578—2016）

188. 依据《架空输电线路无人直升机巡检系统》（DL/T 1578—2016）中的规定，电池不应变形，表面无针眼、磕碰、裂纹等。电源正负极标识清晰，接头有防松措施，宜使用（　　　　　）。

答案：防误插接头

出处：《架空输电线路无人直升机巡检系统》（DL/T 1578—2016）

189. 依据《架空输电线路无人直升机巡检系统》（DL/T 1578—2016）中的规定，跟踪精度试验中移动标靶应为（　　　　　）。

答案：银灰色圆球

出处：《架空输电线路无人直升机巡检系统》（DL/T 1578—2016）

190. 依据《架空输电线路无人直升机巡检系统》（DL/T 1578—2016）中的规定，电池低气压试验中电池不出现（　　　　　）、鼓包、漏液、破裂、起火、爆炸等现象。

答案：变形

出处：《架空输电线路无人直升机巡检系统》（DL/T 1578—2016）

191. 依据《架空输电线路无人直升机巡检系统》（DL/T 1578—2016）行业标准，动力电池外部短路试验中外部短路总电阻为（　　　　　）。

答案：80mΩ±20mΩ

出处：《架空输电线路无人直升机巡检系统》(DL/T 1578—2016)

192.《架空输电线路无人机巡检作业安全工作规程》规定了架空输电线路（　　　　　　）安全工作的总则、保证安全的组织措施、保证安全的技术措施、安全注意事项、巡检作业异常处理、设备及资料管理。

答案：无人机巡检作业

出处：《架空输电线路无人机巡检作业安全工作规程》(Q/GDW 11399—2015)

193.《架空输电线路无人机巡检作业安全工作规程》(Q/GDW 11399—2015) 适用于使用（　　　　　　）和固定翼无人机巡检系统对公司架空输电线路开展无人机巡检作业的工作人员。

答案：中小型无人直升机

出处：《架空输电线路无人机巡检作业安全工作规程》(Q/GDW 11399—2015)

194.《架空输电线路无人机巡检作业安全工作规程》(Q/GDW 11399—2015) 规定：凡是注日期的引用文件，仅注日期的版本适用于本文件。凡是不注日期的引用文件，其（　　　　　　）(包括所有的修改单) 适用于本文件。

答案：最新版本

出处：《架空输电线路无人机巡检作业安全工作规程》(Q/GDW 11399—2015)

195. 一般将无人机分系统为（　　　　　　）型式的称为小型无人直升机巡检系统。

答案：多旋翼

出处：《架空输电线路无人机巡检作业安全工作规程》(Q/GDW 11399—2015)

196. 一般将无人机分系统为（　　　　　　）型式的称为固定翼无人机巡检系统。

答案：固定翼

出处：《架空输电线路无人机巡检作业安全工作规程》(Q/GDW 11399—2015)

197. 无人机巡检作业是指利用无人机巡检系统对架空输电线路本体和附属设施的运行状态、通道走廊环境等进行（　　　　　　）的工作。

答案：检查和检测

出处：《架空输电线路无人机巡检作业安全工作规程》(Q/GDW 11399—2015)

198.（　　　　　　）是指利用地面控制站以增稳或全自主模式控制无人机巡检系统飞行的人员。

答案：程控手

出处：《架空输电线路无人机巡检作业安全工作规程》(Q/GDW 11399—2015)

199. 程控手是指利用（　　　　　　）以增稳或全自主模式控制无人机巡检系统飞行的人员。

答案：地面控制站

出处：《架空输电线路无人机巡检作业安全工作规程》(Q/GDW 11399—2015)

200.（　　　　　　）是指利用遥控器以手动或增稳模式控制无人机巡检系统飞行的人员。

答案：操控手

出处：《架空输电线路无人机巡检作业安全工作规程》(Q/GDW 11399—2015)

201. 操控手是指利用（　　　　　　）以手动或增稳模式控制无人机巡检系统飞

行的人员。

答案：遥控器

出处：《架空输电线路无人机巡检作业安全工作规程》（Q/GDW 11399—2015）

202.（　　　　　　）是指操控任务载荷分系统对输电线路本体、附属设施和通道走廊环境等进行拍照、摄像的人员。

答案：任务手

出处：《架空输电线路无人机巡检作业安全工作规程》（Q/GDW 11399—2015）

203. 任务手是指操控（　　　　　　）对输电线路本体、附属设施和通道走廊环境等进行拍照、摄像的人员。

答案：任务载荷分系统

出处：《架空输电线路无人机巡检作业安全工作规程》（Q/GDW 11399—2015）

204. 任务手是指操控任务载荷分系统对输电线路本体、附属设施和通道走廊环境等进行（　　）的人员。

答案：拍照、摄像

出处：《架空输电线路无人机巡检作业安全工作规程》（Q/GDW 11399—2015）

205.（　　　　　　）是指巡检作业时无人机巡检系统的飞行路线。

答案：巡检航线

出处：《架空输电线路无人机巡检作业安全工作规程》（Q/GDW 11399—2015）

206. 巡检航线是指巡检作业时无人机巡检系统的（　　　　　　）。

答案：飞行路线

出处：《架空输电线路无人机巡检作业安全工作规程》（Q/GDW 11399—2015）

207.（　　　　　　）是指中小型无人直升机巡检作业时，无人直升机巡检系统停留进行拍照、摄像等作业的位置。

答案：巡检作业点

出处：《架空输电线路无人机巡检作业安全工作规程》（Q/GDW 11399—2015）

208. 巡检作业点是指中小型无人直升机巡检作业时，无人直升机巡检系统停留进行（　　　　　　）等作业的位置。

答案：拍照、摄像

出处：《架空输电线路无人机巡检作业安全工作规程》（Q/GDW 11399—2015）

209.（　　　　　　）是指为维护空中交通秩序、保障空中交通安全和国家安全，按照国家有关法规划设，对航空器在空间内活动应遵守的规则、方式和时间等进行了规定和限制的区域。

答案：空中管制区

出处：《架空输电线路无人机巡检作业安全工作规程》（Q/GDW 11399—2015）

210. 空中管制区是指为维护空中交通秩序、保障空中交通安全和国家安全，按照（　　　　　　）划设，对航空器在空间内活动应遵守的规则、方式和时间等进行了规定和限制的区域。

答案：国家有关法规

出处：《架空输电线路无人机巡检作业安全工作规程》（Q/GDW 11399—2015）

211. 空中管制区是指为维护空中交通秩序、保障空中交通安全和国家安全，按照国家有关法规划设，对（　　　　　　　　）在空间内活动应遵守的规则、方式和时间等进行了规定和限制的区域。

答案：航空器

出处：《架空输电线路无人机巡检作业安全工作规程》（Q/GDW 11399—2015）

212. 空中管制区是指为维护空中交通秩序、保障空中交通安全和国家安全，按照国家有关法规划设，对航空器在空间内活动应遵守的规则、方式和时间等进行了（　　　　　　）的区域。

答案：规定和限制

出处：《架空输电线路无人机巡检作业安全工作规程》（Q/GDW 11399—2015）

213.（　　　　　　　）的空中管制区包括塔台管制区、进近管制区和区域管制区等，此外还包括但不限于以下区域：空中禁区、空中限制区、空中危险区。

答案：民用航空

出处：《架空输电线路无人机巡检作业安全工作规程》（Q/GDW 11399—2015）

214. 民用航空的空中管制区包括塔台管制区、进近管制区和区域管制区等，此外还（　　　　　　　）以下区域：空中禁区、空中限制区、空中危险区。

答案：包括但不限于

出处：《架空输电线路无人机巡检作业安全工作规程》（Q/GDW 11399—2015）

215.（　　　　　　　）是指由国家划设的，未按照国家有关规则经特别批准，任何航空器不得飞入的空间。

答案：空中禁区

出处：《架空输电线路无人机巡检作业安全工作规程》（Q/GDW 11399—2015）

216.（　　　　　　　）是指由管制部门划设的，在规定时限内，未经管制部门许可的航空器禁止飞入的空间。

答案：空中限制区

出处：《架空输电线路无人机巡检作业安全工作规程》（Q/GDW 11399—2015）

217.（　　　　　　　）是指由管制部门划设，供对空射击或者发射使用的，在规定时限内，禁止无关航空器飞入的空间。

答案：空中危险区

出处：《架空输电线路无人机巡检作业安全工作规程》（Q/GDW 11399—2015）

218. 目视可及是指人员通过（　　　　　　　）可看见无人机巡检系统的范围。

答案：直接目视

出处：《架空输电线路无人机巡检作业安全工作规程》（Q/GDW 11399—2015）

219. 目视可及是指人员通过直接目视可看见（　　　　　　　）的范围。

答案：无人机巡检系统

出处：《架空输电线路无人机巡检作业安全工作规程》（Q/GDW 11399—2015）

220. 为加强架空输电线路无人机巡检作业现场管理，规范（　　　　　　　　）的行为，保证人身、电网和设备安全，应遵循国家有关法律、法规，并结合电力生产的实际，开展架空输电线路无人机巡检作业。

答案：各类作业人员

出处：《架空输电线路无人机巡检作业安全工作规程》（Q/GDW 11399—2015）

221. 为加强架空输电线路无人机巡检作业现场管理，规范各类作业人员的行为，保证人身、电网和设备安全，应遵循国家有关法律、法规，并结合（　　　　），开展架空输电线路无人机巡检作业。

答案：电力生产的实际

出处：《架空输电线路无人机巡检作业安全工作规程》(Q/GDW 11399—2015)

222. 使用小型无人直升机巡检系统进行的架空输电线路巡检作业，作业人员包括工作负责人（一名）和工作班成员，分别担任程控手和操控手，工作负责人可兼任程控手或操控手，但不得（　　　　）。

答案：同时兼任

出处：《架空输电线路无人机巡检作业安全工作规程》(Q/GDW 11399—2015)

223. 新参加无人机巡检工作的人员、实习人员和临时参加作业的人员等，应经过安全知识教育和培训后，方可参加（　　　　），且不得单独工作。

答案：指定工作

出处：《架空输电线路无人机巡检作业安全工作规程》(Q/GDW 11399—2015)

224. 开展架空输电线路无人机巡检作业的各单位应（　　　　）使用空域。

答案：规范化

出处：《架空输电线路无人机巡检作业安全工作规程》(Q/GDW 11399—2015)

225. 在试验和推广新技术、新工艺、新设备时，应制订相应的安全措施，确定无人机巡检系统（　　　　），并履行相关审批手续后方可执行。

答案：状态良好

出处：《架空输电线路无人机巡检作业安全工作规程》(Q/GDW 11399—2015)

226. 工作许可人应根据无人机巡检作业计划，按相关要求办理空域审批手续，并密切跟踪（　　　　）。

答案：当地空域变化情况

出处：《架空输电线路无人机巡检作业安全工作规程》(Q/GDW 11399—2015)

227. 各单位应建立空域申报协调机制，满足无人机（　　　　）时空域使用要求。

答案：应急巡检作业

出处：《架空输电线路无人机巡检作业安全工作规程》(Q/GDW 11399—2015)

228. 工作票签发人或工作负责人认为有必要进行现场勘察的作业场所，应根据工作任务组织现场勘察，并填写架空输电线路无人机巡检作业（　　　　）。现场勘察由工作票签发人或工作负责人组织。

答案：现场勘察记录单

出处：《架空输电线路无人机巡检作业安全工作规程》(Q/GDW 11399—2015)

229. 实际飞行巡检范围不应超过批复的空域，且在办理空域审批手续时，应按（　　　　）申报，不应扩大许可范围。

答案：实际飞行空域

出处：《架空输电线路无人机巡检作业安全工作规程》(Q/GDW 11399—2015)

230. 实际飞行巡检范围不应超过批复的空域，且在办理空域审批手续时，应按实际飞行空域申报，不应扩大（　　　　）。

答案：许可范围

出处：《架空输电线路无人机巡检作业安全工作规程》（Q/GDW 11399—2015）

231. 工作票（单）应用黑色或蓝色的钢（水）笔或圆珠笔填写与签发，内容应正确，填写应清楚，不得任意涂改。如有个别错、漏字需要修改，应使用（　　　　　），字迹应清楚。

答案：规范的符号

出处：《架空输电线路无人机巡检作业安全工作规程》（Q/GDW 11399—2015）

232. 工作许可人应由经省（地、市）检修公司分管生产领导（　　　　　）的人员担任。

答案：书面批准

出处：《架空输电线路无人机巡检作业安全工作规程》（Q/GDW 11399—2015）

233. 工作班成员应由熟悉线路情况、熟悉无人机巡检系统，熟悉《架空输电线路无人机巡检作业安全工作规程》（Q/GDW 11399—2015），取得无人机巡检系统（　　　　　），并具有相关工作经验的人员担任。

答案：培训合格证

出处：《架空输电线路无人机巡检作业安全工作规程》（Q/GDW 11399—2015）

234. 电话办理工作许可手续时，工作许可人及工作负责人应（　　　　　）。

答案：复诵核对无误

出处：《架空输电线路无人机巡检作业安全工作规程》（Q/GDW 11399—2015）

235. 工作负责人应核实确认作业范围地形地貌、气象条件、许可空域、现场环境以及无人机巡检系统状态等满足安全作业要求。任意一项不满足安全作业要求或（　　　　　），工作负责人都不得下令放飞。

答案：未得到确认

出处：《架空输电线路无人机巡检作业安全工作规程》（Q/GDW 11399—2015）

236. 在工作过程中，如遇雷、雨、大风以及其他任何情况威胁到作业人员或无人机巡检系统的安全，但可在工作票（单）有效期内恢复正常，工作负责人可根据情况间断工作，否则应（　　　　　）。

答案：终结本次工作

出处：《架空输电线路无人机巡检作业安全工作规程》（Q/GDW 11399—2015）

237. 在工作过程中，如无人机巡检系统状态不满足安全作业要求，且在工作票（单）（　　　　　）内无法修复并确保安全可靠，工作负责人应终结本次工作。

答案：有效期

出处：《架空输电线路无人机巡检作业安全工作规程》（Q/GDW 11399—2015）

238.（　　　　　）的工作，当空域许可情况发生变化不满足要求，但可在工作票（单）有效期内恢复正常，工作负责人可根据情况间断工作，否则应终结本次工作。

答案：已办理许可手续但尚未终结

出处：《架空输电线路无人机巡检作业安全工作规程》（Q/GDW 11399—2015）

239. 无人机巡检作业工作票若需办理延期手续，应在有效截止时间前（　　　　　）h由工作负责人向工作票签发人提出申请，经同意后由工作负责人报告工作许可人予以办理。

答案：2

出处：《架空输电线路无人机巡检作业安全工作规程》（Q/GDW 11399—2015）

240. 无人机巡检工作终结报告应简明扼要，并包括下列内容：工作负责人姓名、工作班组名称、工作任务［说明线路名称、（　　　　）等］已经结束，无人机巡检系统已经回收，工作终结。

答案：巡检飞行的起止杆塔号

出处：《架空输电线路无人机巡检作业安全工作规程》（Q/GDW 11399—2015）

241. 应严格按照（　　　　）的空域进行航线规划。

答案：批复后

出处：《架空输电线路无人机巡检作业安全工作规程》（Q/GDW 11399—2015）

242. 航线规划应避开（　　　　）、重要建筑和设施。

答案：空中管制区

出处：《架空输电线路无人机巡检作业安全工作规程》（Q/GDW 11399—2015）

243. 航线规划应尽量避开人员活动密集区、通信阻隔区、无线电干扰区、（　　　　）和森林防火区等地区。

答案：大风或切变风多发区

出处：《架空输电线路无人机巡检作业安全工作规程》（Q/GDW 11399—2015）

244. 对首次进行无人机巡检作业的线段，航线规划时应留有充足裕量，与避开区域保持足够的（　　　　）。

答案：安全距离

出处：《架空输电线路无人机巡检作业安全工作规程》（Q/GDW 11399—2015）

245. 对首次实际飞行的巡检作业航线，每架次任务的飞行航时应充分考虑无人机巡检系统作业航时，留有（　　　　）。

答案：充足裕量

出处：《架空输电线路无人机巡检作业安全工作规程》（Q/GDW 11399—2015）

246. 航前检查应确认当地气象条件是否满足所用无人机巡检系统起飞、飞行和降落的技术指标要求；掌握航线所经地区气象条件，判断是否对无人机巡检系统的安全飞行构成威胁。若不满足要求或存在（　　　　），工作负责人可根据情况间断工作、临时中断工作或终结本次工作。

答案：较大安全风险

出处：《架空输电线路无人机巡检作业安全工作规程》（Q/GDW 11399—2015）

247. 每次放飞前，应进行无人机巡检系统的（　　　　）。

答案：自检

出处：《架空输电线路无人机巡检作业安全工作规程》（Q/GDW 11399—2015）

248. 若自检结果中有告警或故障信息，应认真排查原因、修复，在确保（　　　　）后方可放飞。

答案：安全可靠

出处：《架空输电线路无人机巡检作业安全工作规程》（Q/GDW 11399—2015）

249. 采用自主飞行模式时，突发情况下，操控手可通过（　　　　）立即接管控制无人机巡检系统的飞行，并向程控手汇报。

答案：遥控手柄

出处：《架空输电线路无人机巡检作业安全工作规程》（Q/GDW 11399—2015）

250. 采用增稳或手动飞行模式时，当无人直升机巡检系统飞行中出现链路中断故障，巡检系统可原地悬停等候 1～5min，若链路（　　　　　　　），可采取沿原飞行轨迹返航或升高至安全高度后返航的安全策略。

答案：仍未恢复正常

出处：《架空输电线路无人机巡检作业安全工作规程》（Q/GDW 11399—2015）

251. 无人机巡检系统飞行时，程控手应密切观察无人机巡检系统飞行航迹是否符合（　　　　　　）。

答案：预设航线

出处：《架空输电线路无人机巡检作业安全工作规程》（Q/GDW 11399—2015）

252. 当天巡检作业结束后，对于油动力无人机巡检系统，应将油箱内剩余油品（　　）。

答案：抽出

出处：《架空输电线路无人机巡检作业安全工作规程》（Q/GDW 11399—2015）

253. 使用的无人机巡检系统应通过（　　　　　　　）。作业时，应严格遵守相关技术规程要求，严格按照所用机型要求进行操作。

答案：试验检测

出处：《架空输电线路无人机巡检作业安全工作规程》（Q/GDW 11399—2015）

254. 巡检作业现场所有人员均应正确佩戴（　　　　　　　）和穿戴个人防护用品，正确使用安全工器具和劳动防护用品。

答案：安全帽

出处：《架空输电线路无人机巡检作业安全工作规程》（Q/GDW 11399—2015）

255. 工作时，工作班成员禁止使用手机。除（　　　　　　）外，工作负责人不得使用手机。

答案：必要的对外联系

出处：《架空输电线路无人机巡检作业安全工作规程》（Q/GDW 11399—2015）

256. 使用中型无人直升机巡检系统的巡检作业，应在（　　　　　　　）范围内进行巡检作业。

答案：通信链路畅通

出处：《架空输电线路无人机巡检作业安全工作规程》（Q/GDW 11399—2015）

257. 使用小型无人直升机巡检系统的巡检作业，在飞至巡检作业点的过程中，通常应在（　　　　　　　）范围内。

答案：目视可及

出处：《架空输电线路无人机巡检作业安全工作规程》（Q/GDW 11399—2015）

258. 使用固定翼无人机巡检系统的巡检作业，巡检航线任一点应高出巡检线路（　　　　　　）100m 以上。

答案：包络线

出处：《架空输电线路无人机巡检作业安全工作规程》（Q/GDW 11399—2015）

259. 使用固定翼无人机巡检系统的巡检作业，使用弹射起飞方式时，应防止

（　　　　　　）。弹射架应固定牢靠，且有防误触发装置。

答案：橡皮筋断裂伤人

出处：《架空输电线路无人机巡检作业安全工作规程》（Q/GDW 11399—2015）

260. 维护保养人员应按（　　　　　　）要求按时开展日常维护、零件维修更换、大修保养和试验等工作。

答案：维护保养手册

出处：《架空输电线路无人机巡检作业安全工作规程》（Q/GDW 11399—2015）

261. 无人机巡检作业，工作负责人应具有一定组织能力和（　　　　　　），经专门培训，考试合格并具有上岗证。

答案：事故处理能力

出处：《架空输电线路无人机巡检作业安全工作规程》（Q/GDW 11399—2015）

262.《架空输电线路无人直升机巡检技术规程》（Q/GDW 11367—2014）中规定，无人直升机巡检系统是指利用无人直升机搭载（　　　　　　）等检测设备，完成架空输电线路巡检任务的作业系统。

答案：可见光、红外

出处：《架空输电线路无人直升机巡检技术规程》（Q/GDW 11367—2014）

263.《架空输电线路无人直升机巡检技术规程》（Q/GDW 11367—2014）中规定，一般由无人直升机（包括单旋翼、多旋翼、共轴双旋翼等）分系统、任务设备分系统和（　　　　　　）组成。

答案：综合保障分系统

出处：《架空输电线路无人直升机巡检技术规程》（Q/GDW 11367—2014）

264.《架空输电线路无人直升机巡检技术规程》（Q/GDW 11367—2014）中规定，视距内范围是指（　　　　　　）与无人直升机保持直接目视视觉接触的操作方式。

答案：操控手或任务手

出处：《架空输电线路无人直升机巡检技术规程》（Q/GDW 11367—2014）

265.《架空输电线路无人直升机巡检技术规程》（Q/GDW 11367—2014）中规定，中型无人直升机适用于数据链范围内架空输电线路的巡检作业，通常应（　　　　　　）制订巡检计划。

答案：提前

出处：《架空输电线路无人直升机巡检技术规程》（Q/GDW 11367—2014）

266.《架空输电线路无人直升机巡检技术规程》（Q/GDW 11367—2014）中规定，小型无人直升机巡检系统指空机质量小于 7kg 的无人直升机巡检系统，一般指（　　　　　　）多旋翼无人机。

答案：电动

出处：《架空输电线路无人直升机巡检技术规程》（Q/GDW 11367—2014）

267.《架空输电线路无人直升机巡检技术规程》（Q/GDW 11367—2014）中规定，航线规划指根据空域情况、线路通道环境和无人直升机性能等信息，规划（　　　　　　），满足工作任务要求。

答案：巡检飞行航线

出处：《架空输电线路无人直升机巡检技术规程》（Q/GDW 11367—2014）

268.《架空输电线路无人直升机巡检技术规程》（Q/GDW 11367—2014）中规定，程控手是利用（　　　　　　　　）以增稳或全自主模式控制无人机巡检系统的作业人员。

答案：地面控制站

出处：《架空输电线路无人直升机巡检技术规程》（Q/GDW 11367—2014）

269.《架空输电线路无人直升机巡检技术规程》（Q/GDW 11367—2014）中规定，操作手是利用（　　　　　　　　）以手动或增稳模式控制无人机巡检系统的作业人员。

答案：遥控器

出处：《架空输电线路无人直升机巡检技术规程》（Q/GDW 11367—2014）

270.《架空输电线路无人直升机巡检技术规程》（Q/GDW 11367—2014）中规定，任务手是利用（　　　　　　　　）对巡检目标进行拍照、摄像的作业人员。

答案：机载任务设备

出处：《架空输电线路无人直升机巡检技术规程》（Q/GDW 11367—2014）

271.《架空输电线路无人直升机巡检技术规程》（Q/GDW 11367—2014）中规定，作业人员应具有2年及以上架空输电线路运行维护工作经验，了解航空、气象、地理等相关知识，掌握无人直升机（　　　　　　　　），并考试合格。

答案：理论及技能

出处：《架空输电线路无人直升机巡检技术规程》（Q/GDW 11367—2014）

272.《架空输电线路无人直升机巡检技术规程》（Q/GDW 11367—2014）中规定，具备必要的安全生产知识，学会（　　　　　　　　）。

答案：紧急救护法

出处：《架空输电线路无人直升机巡检技术规程》（Q/GDW 11367—2014）

273.《架空输电线路无人直升机巡检技术规程》（Q/GDW 11367—2014）中规定，作业人员应身体健康、（　　　　　　　　），无妨碍作业的生理和心理障碍。作业前8h及作业过程中严禁饮用任何酒精类饮品。

答案：精神状态良好

出处：《架空输电线路无人直升机巡检技术规程》（Q/GDW 11367—2014）

274.《架空输电线路无人直升机巡检技术规程》（Q/GDW 11367—2014）中规定，中型机操控手负责无人直升机人工（　　　　　　　　）、设备准备、检查、撤收。

答案：起降操控

出处：《架空输电线路无人直升机巡检技术规程》（Q/GDW 11367—2014）

275.《架空输电线路无人直升机巡检技术规程》（Q/GDW 11367—2014）中规定，中型机工作负责人全面组织巡检工作开展，负责现场（　　　　　　　　）。

答案：飞行安全

出处：《架空输电线路无人直升机巡检技术规程》（Q/GDW 11367—2014）

276.《架空输电线路无人直升机巡检技术规程》（Q/GDW 11367—2014）中规定，中型机程控手负责程控无人直升机飞行、遥测信息监测、设备准备、检查、（　　　　　　　　）、撤收。

答案：航线规划

出处：《架空输电线路无人直升机巡检技术规程》（Q/GDW 11367—2014）

277.《架空输电线路无人直升机巡检技术规程》（Q/GDW 11367—2014）中规定，中型机任务手负责任务设备操作、现场环境观察、（　　　　　　　　　）、设备准备、检查、撤收。

答案：图传信息监测

出处：《架空输电线路无人直升机巡检技术规程》（Q/GDW 11367—2014）

278.《架空输电线路无人直升机巡检技术规程》（Q/GDW 11367—2014）中规定，小型机工作负责人负责组织巡检工作开展及现场飞行安全，可兼任（　　　　　　　　　）。

答案：操控手或程控手

出处：《架空输电线路无人直升机巡检技术规程》（Q/GDW 11367—2014）

279.《架空输电线路无人直升机巡检技术规程》（Q/GDW 11367—2014）中规定，无人直升机巡检系统和备品备件应满足无人直升机巡检相关功能和技术要求，（　　　　　　）并经检测合格，确保其状态正常。

答案：定期保养

出处：《架空输电线路无人直升机巡检技术规程》（Q/GDW 11367—2014）

280.《架空输电线路无人直升机巡检技术规程》（Q/GDW 11367—2014）中规定，中型无人直升机应储备不少于2架次正常巡检所需油料，（　　　　　　　）无人直升机应配备不少于6组电池。

答案：小型

出处：《架空输电线路无人直升机巡检技术规程》（Q/GDW 11367—2014）

281.《架空输电线路无人直升机巡检技术规程》（Q/GDW 11367—2014）中规定，起飞和降落时，作业人员应与无人直升机始终保持足够安全距离，（　　　　　　）。无人直升机桨叶转动时，严禁任何人接近。

答案：避开起降航线

出处：《架空输电线路无人直升机巡检技术规程》（Q/GDW 11367—2014）

282.《架空输电线路无人直升机巡检技术规程》（Q/GDW 11367—2014）中规定，作业人员应穿戴个人防护用品，正确使用（　　　　　　）。

答案：安全工器具

出处：《架空输电线路无人直升机巡检技术规程》（Q/GDW 11367—2014）

283.《架空输电线路无人直升机巡检技术规程》（Q/GDW 11367—2014）中规定，在雨、雪、风沙天气条件时，应采取必要的遮蔽措施后方可进行巡检；（　　）天气不得进行加油和放油操作。

答案：雷电

出处：《架空输电线路无人直升机巡检技术规程》（Q/GDW 11367—2014）

284.《架空输电线路无人直升机巡检技术规程》（Q/GDW 11367—2014）中规定，现场禁止使用可能对无人直升机造成干扰的（　　　　　　）。作业过程中，操控手和程控手严禁接打电话。

答案：电子设备

出处：《架空输电线路无人直升机巡检技术规程》（Q/GDW 11367—2014）

285.《架空输电线路无人直升机巡检技术规程》（Q/GDW 11367—2014）中规定，在检查杆塔本体及金具时，应（　　　　　　），中型无人直升机单次悬停不宜超过5min，与线路设备净空距离不小于30m、水平距离不小于25m。

答案：悬停检查

出处：《架空输电线路无人直升机巡检技术规程》（Q/GDW 11367—2014）

286.《架空输电线路无人直升机巡检技术规程》（Q/GDW 11367—2014）中规定，巡检作业，严禁中型无人直升机在线路正上方飞行。确有必要跨越线路，应采用上跨方式，与最上层线路的净空距离（　　　　　　）。

答案：不小于 30m

出处：《架空输电线路无人直升机巡检技术规程》（Q/GDW 11367—2014）

287.《架空输电线路无人直升机巡检技术规程》（Q/GDW 11367—2014）中规定，相邻两回线路边线之间的距离小于（　　　　　　）时，严禁中型无人直升机在两回线路之间飞行。

答案：100m

出处：《架空输电线路无人直升机巡检技术规程》（Q/GDW 11367—2014）

288.《架空输电线路无人直升机巡检技术规程》（Q/GDW 11367—2014）中规定，小型无人直升机不能长时间在线路设备正上方悬停，应始终与带电设备保持（　　　　　　）的净空距离。

答案：不小于 5m

出处：《架空输电线路无人直升机巡检技术规程》（Q/GDW 11367—2014）

289.《架空输电线路无人直升机巡检技术规程》（Q/GDW 11367—2014）中规定，对现场勘查认为危险性、复杂性较大的无人直升机巡检作业，应专门编制组织措施、技术措施、（　　　　　　），并履行相关审批手续。

答案：安全措施

出处：《架空输电线路无人直升机巡检技术规程》（Q/GDW 11367—2014）

290.《架空输电线路无人直升机巡检技术规程》（Q/GDW 11367—2014）中规定，规划的航线遇有线路（　　　　　　）、临近边坡等情况，应保持足够的安全距离。

答案：交叉跨越

出处：《架空输电线路无人直升机巡检技术规程》（Q/GDW 11367—2014）

291.《架空输电线路无人直升机巡检技术规程》（Q/GDW 11367—2014）中规定，抵达现场，应报告空管部门，履行工作许可手续，（　　　　　　）开展作业。

答案：获得许可后方可

出处：《架空输电线路无人直升机巡检技术规程》（Q/GDW 11367—2014）

292.《架空输电线路无人直升机巡检技术规程》（Q/GDW 11367—2014）中规定，中型无人直升机启动后应在地面（　　　　　　）。

答案：充分预热发动机

出处：《架空输电线路无人直升机巡检技术规程》（Q/GDW 11367—2014）

293.《架空输电线路无人直升机巡检技术规程》（Q/GDW 11367—2014）中规定，无人直升机可采用全自主或手动增稳模式起飞，离地后应先保持低空悬停，确定各项（　　　　　　）后方可执行巡检作业。

答案：状态正常

出处：《架空输电线路无人直升机巡检技术规程》（Q/GDW 11367—2014）

294.《架空输电线路无人直升机巡检技术规程》（Q/GDW 11367—2014）中规定，中型无人直升机巡检飞行速度不宜大于（　　　　　　　　）m/s。

答案：15

出处：《架空输电线路无人直升机巡检技术规程》（Q/GDW 11367—2014）

295.《架空输电线路无人直升机巡检技术规程》（Q/GDW 11367—2014）中规定，小型无人直升机巡检飞行速度不宜大于（　　　　　　　　）m/s。

答案：10

出处：《架空输电线路无人直升机巡检技术规程》（Q/GDW 11367—2014）

296.《架空输电线路无人直升机巡检技术规程》（Q/GDW 11367—2014）中规定，单旋翼带尾桨的中型无人直升机悬停时应（　　　　　　　　）悬停。

答案：顶风

出处：《架空输电线路无人直升机巡检技术规程》（Q/GDW 11367—2014）

297.《架空输电线路无人直升机巡检技术规程》（Q/GDW 11367—2014）中规定，在目视范围内，操控手应密切观察无人直升机飞行姿态及周围环境变化，异常情况下，操控手可（　　）控制无人直升机。

答案：手动接管

出处：《架空输电线路无人直升机巡检技术规程》（Q/GDW 11367—2014）

298.《架空输电线路无人直升机巡检技术规程》（Q/GDW 11367—2014）中规定，作业过程中，作业人员之间应保持呼唱，及时调整飞行状态，确保无人直升机满足巡检拍摄（　　）要求。

答案：角度和时间

出处：《架空输电线路无人直升机巡检技术规程》（Q/GDW 11367—2014）

299.《架空输电线路无人直升机巡检技术规程》（Q/GDW 11367—2014）中规定，在巡检过程中，若发现异常情况，应对（　　　　　　　　）进行重点检查核实，并记录详细信息。

答案：可疑部位

出处：《架空输电线路无人直升机巡检技术规程》（Q/GDW 11367—2014）

300.《架空输电线路无人直升机巡检技术规程》（Q/GDW 11367—2014）中规定，作业过程中，任务手如发现飞行航线、悬停点与预设航线偏差较大，应及时告知程控手（操控手）调整（　　　　　　　　）。

答案：飞行航线

出处：《架空输电线路无人直升机巡检技术规程》（Q/GDW 11367—2014）

301.《架空输电线路无人直升机巡检技术规程》（Q/GDW 11367—2014）中规定，小型无人直升机可采用自主或增稳飞行模式控制无人直升机到巡检作业点，以（　　　　　　　　）飞行模式进行作业。

答案：增稳

出处：《架空输电线路无人直升机巡检技术规程》（Q/GDW 11367—2014）

302.《架空输电线路无人直升机巡检技术规程》（Q/GDW 11367—2014）中规定，无人直升机降落前，应确认（　　　　　　　　）无异常。

答案：降落场地

出处：《架空输电线路无人直升机巡检技术规程》（Q/GDW 11367—2014）

303.《架空输电线路无人直升机巡检技术规程》（Q/GDW 11367—2014）中规定，作业结束后，应及时向空管部门汇报，履行（　　　　　　　）手续。

答案：工作终结

出处：《架空输电线路无人直升机巡检技术规程》（Q/GDW 11367—2014）

304.《架空输电线路无人直升机巡检技术规程》（Q/GDW 11367—2014）中规定，撤收前，油动无人直升机应将油箱内剩余油料（　　　　　　　）并妥善储存。

答案：回收

出处：《架空输电线路无人直升机巡检技术规程》（Q/GDW 11367—2014）

305.《架空输电线路无人直升机巡检技术规程》（Q/GDW 11367—2014）中规定，无人直升机巡检结束，人员撤离前，应清理现场，核对（　　　　　　　），确认现场无遗漏。

答案：设备和工器具清单

出处：《架空输电线路无人直升机巡检技术规程》（Q/GDW 11367—2014）

306.《架空输电线路无人直升机巡检技术规程》（Q/GDW 11367—2014）中规定，无人直升机巡检系统对维护保养要求定期（　　　　　　　），确保状态良好。

答案：保养、维修和试验

出处：《架空输电线路无人直升机巡检技术规程》（Q/GDW 11367—2014）

307.《架空输电线路无人直升机巡检技术规程》（Q/GDW 11367—2014）中规定，中型无人直升机应定期启动，检查发动机工况，如有异常应及时（　　　　　　　）。

答案：调试和维修

出处：《架空输电线路无人直升机巡检技术规程》（Q/GDW 11367—2014）

308.《架空输电线路无人直升机巡检技术规程》（Q/GDW 11367—2014）中规定，无人直升机巡检系统所需电池应（　　　　　　　）定期检查保养。

答案：指定专人

出处：《架空输电线路无人直升机巡检技术规程》（Q/GDW 11367—2014）

309.《架空输电线路无人直升机巡检技术规程》（Q/GDW 11367—2014）中规定，无人直升机巡检作业应编制异常处置应急预案（或现场处置方案），并（　　　　　　　）。

答案：开展现场演练

出处：《架空输电线路无人直升机巡检技术规程》（Q/GDW 11367—2014）

310.《架空输电线路无人直升机巡检技术规程》（Q/GDW 11367—2014）中规定，无人直升机因意外或失控撞向杆塔、导地线等造成线路设备损坏时，应立即（　　　　　　　），开展故障巡查，并将现场情况及时报告相关部门。

答案：启动应急预案

出处：《架空输电线路无人直升机巡检技术规程》（Q/GDW 11367—2014）

311.《架空输电线路无人直升机巡检技术规程》（Q/GDW 11367—2014）中规定，无人直升机发生坠机事故引发次生灾害时，应立即启动应急预案，就地组织事故抢险，对现场情况进行（　　　　　　　），及时进行民事协调，做好舆情监控，并将现场情况及时报告相关部门。

答案：拍照取证

出处：《架空输电线路无人直升机巡检技术规程》（Q/GDW 11367—2014）

312.《架空输电线路无人直升机巡检技术规程》（Q/GDW 11367—2014）中规定，无人直升机发生事故后，应及时分析（　　　　　　　　　　），编写事故分析报告。

答案：事故原因

出处：《架空输电线路无人直升机巡检技术规程》（Q/GDW 11367—2014）

313. 指挥与（　　　　）是无人机地面站的主要功能。

答案：任务规划

出处：《架空输电线路无人机巡检技术》

314. 在规模较大的无人机飞行系统中，可以有若干个控制站，这些不同功能的控制站通过（　　　　）连接起来，构成无人机地面站系统。

答案：通信设备

出处：《架空输电线路无人机巡检技术》

315. 云台特性是指云台的（　　　　　　　　　）和（　　　　　）的特性，包括图像采集的时间间隔、采集图像的分辨率、传输视频的分辨率等。

答案：图像采集；视频传输

出处：《架空输电线路无人机巡检技术》

316. 无人机特性培训主要是通过（　　　　　　　　）与（　　　　　）相结合的方式，先通过理论教学的方式让学员初步了解所使用无人机的特性，然后通过实践的方式加深学员对所使用无人机的认识。

答案：理论；实践

出处：《架空输电线路无人机巡检技术》

317. 无人机实际应用培训主要分为两个阶段。第一阶段是（　　　　）培训，主要包括杆塔的类型、图形的诊断和分析等。第二阶段则是（　　　　），由教员指出其中的不足，多次重复强化训练。

答案：基础知识；实践操作

出处：《架空输电线路无人机巡检技术》

318. 无人机基础知识培训主要通过（　　　　　　　　）的方式以教员讲解为主，师生互动为辅，让学员了解巡检作业的一些基础知识，为以后的巡检作业打下坚实的基础。

答案：授课

出处：《架空输电线路无人机巡检技术》

319. 模拟巡检作业以（　　　　　）为单位，每个（　　　　　　）按照教员的要求轮流进行模拟巡检作业。

答案：机组；机组

出处：《架空输电线路无人机巡检技术》

320. 应急飞行培训主要是针对装备机（　　　　　　　　　）时的非正常飞行程序操作的培训。

答案：发生故障

出处：《架空输电线路无人机巡检技术》

321. 当装备机遇见障碍物时，驾驶员一般需要（　　　　　　　　　）或者切换到手动模式控制飞机越过障碍物，继续执行巡检作业任务。

答案：重新规划航线

出处：《架空输电线路无人机巡检技术》

322. 链路丢失是指无人机地面站同无人机之间的通信（　　　　　）和（　　　　　）双双丢失或丢失其中一种，无人机地面站无法对无人机的飞行进行控制和监视。

答案：上行链路；下行链路

出处：《架空输电线路无人机巡检技术》

323. 当无人机系统出现链路丢失情况时，如果在目视范围内，无人机操控人员应及时把无人机飞行模式切换到（　　　　　），通过遥控器把飞机安全降落到指定位置。

答案：手动模式

出处：《架空输电线路无人机巡检技术》

324. 为保证无人机系统的正常运行，减少不必要的（　　　　　）与（　　　　　），提高无人机巡检作业工作效率，无人机系统的维修保养是必不可少的。

答案：机器故障；损失

出处：《架空输电线路无人机巡检技术》

325. 无人机设备运行过程中计划外停机主要有两个原因，一是机载设备出现故障造成的停机，称为（　　　　　）；二是对设备进行预防性维修时造成的停机，称为（　　　　　）。

答案：故障时间；检查时间

出处：《架空输电线路无人机巡检技术》

326. 实践经验表明，（　　　　　）的合理确定，直接影响到机载设备维修工作的适用性和有效性，只有在故障时间和检查时间二者之间寻找平衡点，确定出最佳维修周期，最终才能实现机载设备管理维修过程优化和维修费用经济的目标，因此适时有序地进行维修保养是必不可少的。

答案：维修保养周期

出处：《架空输电线路无人机巡检技术》

327. 检测是指不分解航空器部件，通过（　　　　　）和（　　　　　）来确定航空器部件的可用性。

答案：离位的试验；功能测试

出处：《架空输电线路无人机巡检技术》

328. 无人机修理是指对无人机系统的任何（　　　　　）或者（　　　　　）进行处理，使其达到在规定的限制范围内继续使用的工作统称。

答案：损伤；缺陷

出处：《架空输电线路无人机巡检技术》

329. 不同类型无人机维修保养要求不同，经验表明，无人机每飞行（　　　　　）h 或者更少就需要某种类型的预防性维护，至少每（　　　　　）h 进行一次较小的维护。

答案：20，50

出处：《架空输电线路无人机巡检技术》

330. 日常保养维护以（　　　　　）、（　　　　　）为主。每个起落至少进行一次维护，由操作人员进行。

答案：紧固；润滑

出处：《架空输电线路无人机巡检技术》

331. 一级技术保养一般以（　　　　　　　）、（　　　　　　　）为主，对飞行一定时间的无人机进行一次较深入的技术状况检查和调整，其目的是保证无人机在以后较长时间内有良好的运行性能。

答案：检查；调整

出处：《架空输电线路无人机巡检技术》

332. 机组人员要对无人机系统定期进行（　　　　　　　）和（　　　　　　　），发现故障时要及时汇报。

答案：维护；保养

出处：《架空输电线路无人机巡检技术》

333. 民航局把具有适航条件件的无人机的维护主要责任给予其所有者和运营者。所以，必须对无人机执行可靠性检查，保持无人机的（　　　　　　　）。

答案：适航性

出处：《架空输电线路无人机巡检技术》

334.（　　　　　　　）用于指导整个无人机系统各模块的检查和部件的定期更换。

答案：维护手册

出处：《架空输电线路无人机巡检技术》

335. 飞行前检查不但可以保证飞行的（　　　　　　　），而且可以减少不必要的（　　　　　　　）；因此实质上飞行前检查也是保养的一部分。

答案：安全性；机械损伤

出处：《架空输电线路无人机巡检技术》

336. 航模训练机与装备机系统维护保养包括（　　　　　　　）和（　　　　　　　）。

答案：常规保养，定期保养

出处：《架空输电线路无人机巡检技术》

337. 常规保养主要由用户根据日常使用情况对相关零部件进行（　　　　　　　）、（　　　　　　　）和（　　　　　　　）。

答案：检查，清洗，更换。

出处：《架空输电线路无人机巡检技术》

338. 定期保养是系统定期进行的（　　　　　　　）、（　　　　　　　）及保养工作。

答案：检查，维护

出处：《架空输电线路无人机巡检技术》

339. 长期不用的锂电池，应该存放在阴凉偏干燥的地方，切记不要放到冰箱里，也要避免放在高温的环境中。如长时间保存，建议将电池充到（　　　　　　　）%后放置（锂聚合物电池约 3.85V），电压太低或太高会造成电池永久的损伤。

答案：40

出处：《架空输电线路无人机巡检技术》

340. 预防性维护是简单的、次要的维护操作或小的标准零件与设备的替换，不涉及复杂的维护操作。被（　　　　　　　）的驾驶员可以对他们拥有的或者运行的任何飞机执行预防性维护。

答案：认证

出处：《架空输电线路无人机巡检技术》

341. 定期维修方式在保障机载设备的正常可靠运行中起到（　　　　　　），一定程度上使设备在故障发生前得到维修，且便于设备维修计划的制订、安排与管理。

答案：预防作用

出处：《架空输电线路无人机巡检技术》

342. 无人机巡检和人工巡检方式在（　　　　　　）和（　　　　　　）上存在差异，导致两种巡检模式单独巡检时，发现的缺陷位置有所不同。

答案：巡视位置；观察角度

出处：《架空输电线路无人机巡检技术》

343. 对重要输电通道故障的巡视，无人机可发挥（　　　　　　）、（　　　　　　）和（　　　　　　）的优势，可迅速查找线路故障点，迅速获得塔位周边地理、气象等信息，为故障分析提供第一手资料。

答案：快速；近距离；高角度

出处：《架空输电线路无人机巡检技术》

344. 在电网应急巡查和抢险救援方面，直升机可以发挥（　　　　　　）、（　　　　　　）、不受灾区地面交通限制等特点，为灾区电网灾后抢修，及时恢复供电提供了重要技术支撑。

答案：响应及时；机动灵活

出处：《架空输电线路无人机巡检技术》

345. 无人驾驶航空器是利用无线电遥控设备和自备的程序控制装置操作的无人机平台，简称（　　　　　　）。

答案：无人机

出处：《架空输电线路无人机巡检技术》

346. 控制站主要负责数据采集、（　　　　　　）任务的执行和管理、紧急情况处理、起飞降落等重要飞行任务的执行。

答案：控制计算、航线控制

出处：《架空输电线路无人机巡检技术》

347. 通信系统连接控制站与无人机平台，完成从控制站到无人机平台间的控制信息、（　　　　　　）、无人机状态信息及其他数据信息的传输。

答案：任务载荷信息

出处：《架空输电线路无人机巡检技术》

348. 超高空无人机飞行高度一般在（　　　　　　），可以完成远程（横跨地球）侦查监视任务。

答案：15000m 以上

出处：《架空输电线路无人机巡检技术》

349. 高空无人机飞行高度在 5000～15000m，中空无人机飞行高度一般在（　　　　　　），地空无人机飞行高度一般在 100～1000m，超低空无人机飞行高度一般在 100m 以下。

答案：1000～5000m

出处：《架空输电线路无人机巡检技术》

350. 高空长航时无人机的活动半径可达（　　　　　　　　），中空长航时无人机活动半径一般在500km以上。

答案：3000km

出处：《架空输电线路无人机巡检技术》

351. 架空输电线路的巡检分类有人工巡检、（　　　　）和无人机巡检。

答案：有人直升机巡检

出处：《架空输电线路无人机巡检技术》

352. 现代旋翼航空器通常包括直升机、（　　　　　　　　）和变模态旋翼机三种类型。

答案：旋翼机

出处：《架空输电线路无人机巡检技术》

353. 机翼翼型的主要参数有翼型厚度、（　　　　　　　　）、翼弦和翼型弯度等。

答案：中弧线

出处：《架空输电线路无人机巡检技术》

354. 机翼的平面形状主要包括翼展、根梢比、（　　　　　　　　）和迎角等参数。

答案：展弦比、后掠角

出处：《架空输电线路无人机巡检技术》

355. 单旋翼无人直升机有单旋翼带尾桨、（　　　　　　　　）、桨尖喷气等形式。

答案：无尾桨

出处：《架空输电线路无人机巡检技术》

356. 无人直升机的结构相对比较复杂，其主要由（　　　　　　　　）、传动结构、伺服结构、旋翼和操纵控制部分组成。

答案：机体、动力装置

出处：《架空输电线路无人机巡检技术》

357. 常见的起飞方式主要有滑跑起飞、弹射起飞和（　　　　　　　　）等，降落方式主要有滑跑降落、伞降、机腹擦地降落和撞网回收等。

答案：手抛起飞

出处：《架空输电线路无人机巡检技术》

358. 应用于电力系统中的无人机按照空机质量主要分为（　　　　　　　　）三个级别。

答案：大、中、小

出处：《架空输电线路无人机巡检技术》

359. 小型无人直升机是指空机质量（　　　　　　　　）的无人直升机。

答案：小于等于7kg

出处：《架空输电线路无人机巡检技术》

360. 小型无人直升机适用于（　　　　　　　　）、多方位精细化巡检和故障巡检。

答案：短距离（2～3个基塔）

出处：《架空输电线路无人机巡检技术》

361. 中型无人直升机适用于（　　　　　　　　）、多任务精细化巡检。

答案：中等距离

出处：《架空输电线路无人机巡检技术》

362. 小型固定翼无人机续航时间一般不少于（　　　　　　　　），适用于小范围通道巡检、应急巡检和灾害普查。

答案：1h

出处：《架空输电线路无人机巡检技术》

363. 中型固定翼无人机续航时间一般不少于2h，适用于（　　　　　　　　）通道巡检、应急巡检和灾害普查。

答案：大范围

出处：《架空输电线路无人机巡检技术》

364. 无人直升机巡检系统包括无人直升机系统、（　　　　　　　　）和综合保障系统。

答案：任务载荷系统

出处：《架空输电线路无人机巡检技术》

365. 飞行控制系统是一个较为复杂的闭环负反馈控制系统，它可以控制无人机实现（　　　　）飞行，控制机动飞行时飞行姿态较稳定，以保证无人机的安全降落。

答案：定高度、定航向、定姿态

出处：《架空输电线路无人机巡检技术》

366. 目前应用于架空输电线路巡检的无人机巡检系统具备手动、（　　　　　　）和自动三种飞行模式，并且具备自主起降、航线规划、一键返航、失控返航、三维程控飞行等功能。

答案：速度

出处：《架空输电线路无人机巡检技术》

367. 视觉导航可任意获取丰富的环境信息，并且具有独立性、准确性、可靠性以及（　　　　　　）等优势。

答案：信息完整性

出处：《架空输电线路无人机巡检技术》

368. 航迹推算导航系统的优点：具有自主性、保密性强，只需利用自身惯性元件的观测量即可推导出（　　　　）等导航参数，抗无线电干扰能力强，全天候，机动灵活。

答案：位置、速度

出处：《架空输电线路无人机巡检技术》

369. 目前无人机通信采用的调制模式包括2FSK、BPSK、（　　　　　　　）、直接扩频技术等。

答案：OFDM技术

出处：《架空输电线路无人机巡检技术》

370. 为了保障无人机巡线系统及输电线路的安全，提升巡线作业的可靠性，有必要实现无人机对输电导线的（　　　　　　　　）。

答案：避障

出处：《架空输电线路无人机巡检技术》

371. 避障策略和避障指令由（　　　　　　　　）实时计算，确保在山区复杂地形条件下，随时与线路保持安全距离，避免飞机碰撞导线或其他障碍物。

答案：飞控系统

出处：《架空输电线路无人机巡检技术》

372. 检测终端的功能是为地面飞行控制人员和任务操控人员提供实时的可见光和红外视频，同时提供高清晰度的（　　　　　　　　）供后期分析输电线路、杆塔和线路走廊的故障和缺陷。

答案：静态照片

出处：《架空输电线路无人机巡检技术》

373. 红外热像仪是检测系统中一个非常关键的检测设备，通过无线图像传输系统传输的实时红外视频，可以帮助任务操控人员检测输电线路上的接头、绝缘子、夹板、引流线、高压线、压接套管、绝缘子引线等有无（　　　　　　　　）和缺陷。

答案：热故障

出处：《架空输电线路无人机巡检技术》

374. 目前，激光雷达技术在电力行业实现了线路的自动化智能选线设计和线路设计方案的路径优化，缩短了（　　　　　　　　），节省了工程造价。

答案：输电线路长度

出处：《架空输电线路无人机巡检技术》

375. 机载光电稳像转台目前已应用于军事领域和公安、消防、环境监控以及（　　　　）等民用领域。

答案：电力

出处：《架空输电线路无人机巡检技术》

376. 基于机载视频的输电线路目标跟踪技术主要研究基于特征的实时目标跟踪技术。通过某种特征（如颜色）的分布来对目标进行描述，然后在各帧中通过目标模板与候选目标的相似性度量来寻找目标，并沿着特征分布相似性的梯度方向迭代搜索目标位置，最终实现模式匹配和（　　　　　　　　）。

答案：目标跟踪

出处：《架空输电线路无人机巡检技术》

377. 基于机载视频的典型设备识别定位技术主要研究基于特征的绝缘子串、防振锤、间隔棒、均压环、杆塔关键部位等（　　　　　　　　）技术。

答案：识别定位

出处：《架空输电线路无人机巡检技术》

378. 全景图像拼接技术在卫星遥感探测、气象、医学、军事、航空航天、大面积文化遗产保护以及（　　　　　　　　）方面有广泛的应用价值。

答案：虚拟场景实现

出处：《架空输电线路无人机巡检技术》

379. 全景图像拼接技术主要涉及特征点提取、特征点匹配和（　　　　　　　　）。

答案：图像融合技术

出处：《架空输电线路无人机巡检技术》

380. 根据玻璃、瓷质和合成绝缘子的各自特性，其常见故障有自爆、（ ）、裂纹破损、闪络放电和异物等。

答案：掉串

出处：《架空输电线路无人机巡检技术》

381. 玻璃绝缘子片自爆导致的（ ）是玻璃绝缘子特有故障缺陷，该缺陷被统称为玻璃绝缘子的损伤，是玻璃绝缘子最需要识别诊断的缺陷。

答案：掉片损伤

出处：《架空输电线路无人机巡检技术》

382. 基于红外图像进行设备测温技术是一种快速、有效地确定电气设备故障的方法，（ ）往往是电力设备存在缺陷的重要标志。

答案：电力设备温度异常

出处：《架空输电线路无人机巡检技术》

383. 申报飞行空域原则上与其他空域水平间隔不小于（ ），垂直间隔不小于（ ）。

答案：20km；2km

出处：《架空输电线路无人机巡检技术》

384. 可见光巡检主要检查内容包括导线、地线（光缆）、绝缘子、金具、杆塔、基础、（ ）、通道走廊等外部可见异常情况和缺陷。

答案：附属设施

出处：《架空输电线路无人机巡检技术》

385. 小型无人机、直升机在手动下顶下可控制在（ ）范围内较近距离地检查杆塔设备，在程控飞行模式时，当无人机到达杆塔位置时可暂停程控飞行转为增稳飞行模式悬停检查，为达到更好的巡检效果，可小范围调整无人机位置。

答案：10～20m

出处：《架空输电线路无人机巡检技术》

386. 由于小型旋翼机的机型较小，（ ），在执行巡检任务时要根据当时的风速和风向确定是否满足巡检条件。

答案：受风速的影响较大

出处：《架空输电线路无人机巡检技术》

387. 检查发电机、（ ）、UPS等无异常后按顺序打开测控设备，启动地面站。

答案：车上电源系统

出处：《架空输电线路无人机巡检技术》

388. 起飞前再次确认气象情况，（ ）、风速等环境条件不超过各类型旋翼无人机的飞行限制值。

答案：确保大气温度

出处：《架空输电线路无人机巡检技术》

389. 确认可见光设备、红外线热像仪、（ ）等具备充足的电源供应。

答案：紫外仪

出处：《架空输电线路无人机巡检技术》

390. 巡检任务结束后无人机返航，返回至降落点（　　　　　　）。

答案：上方并悬停

出处：《架空输电线路无人机巡检技术》

391. 降落时应注意观察垂直下降率，确保无人机下降率不超过（　　　　）。

答案：1.5m/s

出处：《架空输电线路无人机巡检技术》

392. 在无人机桨叶还未完全停止下来前，（　　　　　　　　　）任何人接近无人机。

答案：严禁

出处：《架空输电线路无人机巡检技术》

393. 无人机、直升机巡检中如发现可疑缺陷但无法明确判定，应另委派人员进行人工巡查，（　　　　　　　）。

答案：现场判定

出处：《架空输电线路无人机巡检技术》

394. 巡检前应下载、（　　　　　　　　），并对飞行作业中需规避的区域进行标注。

答案：更新巡检区域地图

出处：《架空输电线路无人机巡检技术》

395. 设备回收时，应将油门熄火，设备断电，（　　　　　　），对无人机巡检系统进行清洁、紧固，确认无人机巡检系统完好。

答案：检查各部件状态

出处：《架空输电线路无人机巡检技术》

396. 无人机在空中飞行时出现失去动力等机械故障时，应尽可能控制其在（　　　　）紧急降落。

答案：安全区域

出处：《架空输电线路无人机巡检技术》

397. 巡检人员应熟悉无人机巡检作业方法和技术手段，通过专业资格培训，（　　　　）持证上岗。

答案：考试合格后

出处：《架空输电线路无人机巡检技术》

398. 空管单位向其管制空域内的民用无人驾驶航空器系统提供（　　　　　）服务。

答案：空中交通

出处：《民用无人驾驶航空器系统空中交通管理办法》

399. 多个主体同时在同一空域范围内开展民用无人驾驶航空器飞行活动的，应当明确一个（　　　　　　），并对隔离空域内民用无人驾驶航空器飞行活动安全负责。

答案：活动组织者

出处：《民用无人驾驶航空器系统空中交通管理办法》

400. 空管单位应当同时向民用无人驾驶航空器和（　　　　　）附近运行的其他航空器提供服务。

答案：隔离空域

出处：《民用无人驾驶航空器系统空中交通管理办法》

401.（　　　　　　　　）是指没有机载驾驶员操作的民用航空器。

答案：民用无人驾驶航空器

出处：《民用无人驾驶航空器系统空中交通管理办法》

402. 隔离空域是指专门分配给（　　　　　　　　）运行的空域，通过限制其他航空器的进入以规避碰撞风险。

答案：无人驾驶航空器系统

出处：《民用无人驾驶航空器系统空中交通管理办法》

403. 机场净空区也称（　　　　　　　　），是指为保护航空器起飞、飞行和降落安全，根据民用机场净空障碍物限制图要求划定的空间范围。

答案：机场净空保护区域

出处：《民用无人驾驶航空器系统空中交通管理办法》

404. 起飞总质量不超过（　　　　　　　　）kg，距受药面高度不超过15m的植保类无人机。

答案：5700

出处：《轻小型无人机运行规定（试行）》

405. 民用无人机使用的（　　　　　　　　）应当使用机长、驾驶员及观测员能够正确理解的语言文字。

答案：说明书

出处：《轻小型无人机运行规定（试行）》

406. 任何人员在操作民用无人机时不得粗心大意和盲目蛮干，以免危及他人的生命或（　　　　）。

答案：财产安全

出处：《轻小型无人机运行规定（试行）》

407. 民用无人机驾驶员在饮用任何含酒精的液体之后的（　　　　）h之内或处于酒精作用之下或者受到任何药物影响及其工作能力对飞行安全造成影响的情况下，不得驾驶无人机。

答案：8

出处：《轻小型无人机运行规定（试行）》

408. 在开始飞行之前，机长应当：了解任务执行区域限制的（　　　　　　）；确定运行场地满足无人机使用说明书所规定的条件。

答案：气象条件

出处：《轻小型无人机运行规定（试行）》

409. 机长应确保无人机运行时符合（　　　　　　　　）的要求，避免进入限制区域：不得突破机场障碍物控制面、飞行禁区、未经批准的限制区以及危险区等。

答案：有关部门

出处：《轻小型无人机运行规定（试行）》

410. 当飞行操作危害到空域的其他使用者、地面上人身财产安全或不能按照《轻小型无人机运行规定（试行）》要求继续飞行，应当（　　　　　　）飞行活动。

答案：立即停止

出处：《轻小型无人机运行规定（试行）》

411. 对于未接入无人机云的用户，联系相关空管服务部门的程序，上报遵照程序的（　　　　　　）名单。

答案：相关责任人

出处：《轻小型无人机运行规定（试行）》

412. 以无人机为平台，搭载可见光、红外、紫外等（　　　　　　）对线路本体、附属设施以及线路通道进行巡视和检测。

答案：任务传感器

出处：《架空输电线路无人机巡检作业技术导则》（DL/T 1482—2015）

413. 由操作人员通过遥控器直接控制（　　　　　　），从而调整无人机飞行的飞行模式。

答案：姿态执行模块

出处：《架空输电线路无人机巡检作业技术导则》（DL/T 1482—2015）

414. 由飞行控制系统按照预先规划的航线（　　　　　　）无人机飞行的飞行模式。

答案：自动控制

出处：《架空输电线路无人机巡检作业技术导则》（DL/T 1482—2015）

415. 无人机巡检系统应包括无人机分系统、（　　　　　　）分系统和综合保障分系统。

答案：任务载荷

出处：《架空输电线路无人机巡检作业技术导则》（DL/T 1482—2015）

416. 综合保障分系统由地面保障设备和储运车辆组成。地面保障设备包括供电设备、燃油箱、抽油泵、备用电池、充电器、测频仪、专用工器具等。大、中型无人机巡检系统需配备（　　　　　　），小型无人机巡检系统可根据需要配备储运车辆。

答案：专用储运车辆

出处：《架空输电线路无人机巡检作业技术导则》（DL/T 1482—2015）

417. 小型固定翼无人机巡检系统操作简单、飞行灵活、易维护，可迅速对线路走廊和线路本体进行初步的状态评估，适用于（　　　　　　）的通道巡检和应急巡检工作。

答案：较短距离

出处：《架空输电线路无人机巡检作业技术导则》（DL/T 1482—2015）

418. 大、中型固定翼无人机巡检系统飞行速度快、续航时间长，应能用于快速的线路走廊普查工作，可迅速对线路走廊和线路本体进行状态评估，适用于（　　　　　　）的通道巡检、应急巡检和灾后巡检。

答案：长距离

出处：《架空输电线路无人机巡检作业技术导则》（DL/T 1482—2015）

419. 无人机如长期不用，应（　　　　　　），检查设备状态。如有异常现象，应及时调整、维修。

答案：定期启动

出处：《架空输电线路无人机巡检作业技术导则》（DL/T 1482—2015）

420. 作业人员应确保身体健康，精神状态良好，作业前 8h 及作业过程中严禁饮用任何（　　　　　　）。

答案：酒精类饮品

出处：《架空输电线路无人机巡检作业技术导则》(DL/T 1482—2015)

421. 无人机巡检作业前，作业执行单位应向空管部门报批巡检计划，履行（　　　　　　　），并严格遵守相关规定。开展紧急巡检时，应办理临时作业申请。

答案：空域申请手续

出处：《架空输电线路无人机巡检作业技术导则》(DL/T 1482—2015)

422. 较陡山坡线路区段采取单侧巡检方式，无人机应处于（　　　　　　　）、线路外侧。

答案：山坡

出处：《架空输电线路无人机巡检作业技术导则》(DL/T 1482—2015)

423. 对 500kV 及以下电压等级的交、直流单回或同塔双回输电线路，有特殊巡检需求时宜采取（　　　　　　　）方式。

答案：双侧巡检

出处：《架空输电线路无人机巡检作业技术导则》(DL/T 1482—2015)

424. 采用固定翼无人机进行通道巡检时，宜采用（　　　　　　　）方式。

答案：上方巡检

出处：《架空输电线路无人机巡检作业技术导则》(DL/T 1482—2015)

425. 中、大型无人机杆塔巡检高度宜与线路地线横担（　　　　　　　），当下端部件视角不佳不能看清时，可适当下降高度。

答案：等高或稍高

出处：《架空输电线路无人机巡检作业技术导则》(DL/T 1482—2015)

426. 精细巡检主要对象为（　　　　　　　）及附属设施。

答案：线路本体设备

出处：《架空输电线路无人机巡检作业技术导则》(DL/T 1482—2015)

427. 旋翼或固定翼无人机巡检系统均可用于（　　　　　　　）。

答案：通道巡检

出处：《架空输电线路无人机巡检作业技术导则》(DL/T 1482—2015)

428. 无人机巡检作业完成后，作业人员应填写（　　　　　　　）。

答案：无人机巡检系统使用单

出处：《架空输电线路无人机巡检作业技术导则》(DL/T 1482—2015)

429. 对于串、并列运行或者编队运行的无人机，按照（　　　　　　　）分类。

答案：总质量

出处：《民用无人机驾驶员管理规定》

430.（　　　　　　　）是指从事或拟从事航空器运营的个人、组织或企业。

答案：运营人

出处：《民用无人机驾驶员管理规定》

431. 应急飞行程序指挥训练，包括规避航空器、发动机故障、链路丢失、应急回收、迫降等，不少于（　　　　　　　）h。

答案：20

出处：《民用无人机驾驶员管理规定》

432. 飞行前检查训练，不少于（　　　　　　　　）h。

答案：4

出处：《民用无人机驾驶员管理规定》

433.（　　　　　）应由局方认可的人员担任。

答案：考试员

出处：《民用无人机驾驶员管理规定》

434. 用于考核的无人机系统由（　　　　　　　　）提供。

答案：执照申请人

出处：《民用无人机驾驶员管理规定》

435.《一般运行和飞行规则》中规定，为他人提供民用航空器驾驶服务并以此种服务获取报酬的驾驶员，应当至少取得（　　　　　　　）驾驶员执照和相应的航空器等级和运行许可。

答案：商用

出处：《一般运行和飞行规则》

436.《一般运行和飞行规则》中规定，机长必须保证每个飞行机组成员持有登记国颁发或认可的、具有适当等级并且（　　　　　　　　）的执照，并且机长必须对飞行机组成员保持其胜任能力表示满意。

答案：现行有效

出处：《一般运行和飞行规则》

437.《一般运行和飞行规则》中规定，任何人不得运行未处于（　　）状态的民用航空器。

答案：适航

出处：《一般运行和飞行规则》

438.《一般运行和飞行规则》中规定，任何人不得驾驶航空器靠近另一架航空器达到产生（　　　　　　　　）危险的程度。

答案：碰撞

出处：《一般运行和飞行规则》

439.《一般运行和飞行规则》中规定：除经局方批准外，任何人不得在任何城市、集镇或居住地的（　　　　　　　　）上空驾驶航空器进行特技飞行。

答案：人口稠密区

出处：《一般运行和飞行规则》

440. 特技飞行是指驾驶员有意做出的正常飞行所不需要的机动动作，这些动作中包含航空器姿态的急剧变化、非正常的姿态或非正常的（　　　）。

答案：加速度

出处：《一般运行和飞行规则》

441. 航空器试验飞行应当在空中交通不繁忙的开阔水面或（　　　　　　　）区域上空实施。

答案：人口稀少

出处：《一般运行和飞行规则》

442. 航空器所有权人或者运营人在每次对航空器完成任何维修和改装工作后，都应当由具有相应资格的维修人员在其航空器技术记录本上签署（　　　　　　　）使用。

答案：批准恢复

出处：《一般运行和飞行规则》

443. 所有航空器应当装有必要的（　　　　　　　）设备，以便使航空器在飞行中的任何阶段能够：①按照其飞行计划飞行；②按照空中交通管制的要求飞行（经局方同意，可在目视飞行规则下通过目视参考地标来完成导航的飞行除外）。

答案：电子导航

出处：《一般运行和飞行规则》

444. 电网是电力网的简称，通常是指联系发电与用电，由（　　　　　　　）及相应的二次系统等组成的统一整体。

答案：输电、变电、配电设备

出处：《智能电网技术》

445.（　　　　　　　）决定了电网的发展方式。

答案：电力需求

出处：《智能电网技术》

446. 孤立电网逐步发展成为规模较大的互联电网，其核心的驱动力是（　　　　　　　）。

答案：效率的提高和服务的提升

出处：《智能电网技术》

447. 当前我国电网面临的挑战主要包括：环境和能源；安全可靠与经济高效；（　　　　　　　）。

答案：电网开放与优质服务；技术创新与高效管理

出处：《智能电网技术》

448. 面对（　　　　　　　）的挑战，当前电网面临的紧迫任务有适应清洁能源开发、输送和消纳的发展需求，提高电网的安全可靠性、灵活适应性和资源优化配置能力。

答案：环境和能源

出处：《智能电网技术》

449.（　　　　　　　）是将先进的传感量测技术、信息通信技术、分析决策技术和自动控制技术与能源电力技术以及电网基础设施高度集成而形成的新型现代化电网。

答案：智能电网

出处：《智能电网技术》

450. 智能电网的智能化主要体现在：（　　　　　　　）；实时分析和决策；自适应和自愈。

答案：可观测；可控制

出处：《智能电网技术》

451. 传统电网是一个（　　　　　　　）系统。

答案：刚性

出处：《智能电网技术》

452. 与传统电网相比，智能电网将进一步优化各级电网控制，构建结构扁平化、功能模块化、（　　　　　　　）的柔性体系架构。

答案：系统组态化

出处：《智能电网技术》

453. 智能电网的主要特征有坚强、自愈、兼容、（　　　　　　　　　　）、优化。

答案：经济、集成

出处：《智能电网技术》

454. 解决能源安全与环保问题，应对气候变化，是发展智能电网的（　　　　　　　）。

答案：核心驱动力

出处：《智能电网技术》

455. 坚强智能电网以（　　　　　　　　　　）为骨干网架。

答案：特高压电网

出处：《智能电网技术》

456.（　　　　　　　　　　）是现代电网的两个基本发展要求。

答案：坚强与智能

出处：《智能电网技术》

457. 信息化、自动化、（　　　　　　　　　　）是坚强智能电网的基本技术特征。

答案：互动化

出处：《智能电网技术》

458. 坚强智能电网是安全可靠、（　　　　　　　　　　）、清洁环保、透明开放和友好互动的电网。

答案：经济高效

出处：《智能电网技术》

459. 坚强智能电网的技术体系包括电网基础体系、（　　　　　　　　　　）、智能应用体系和标准规范体系。

答案：技术支撑体系

出处：《智能电网技术》

460. 国家电网公司坚强智能电网建设应按照统一规划、（　　　　　　　　　　）、试点先行、整体推进原则实施。

答案：分步实施

出处：《智能电网技术》

461. 智能电网基础技术主要包括传感与量测技术、（　　　　　　　　　　）、超导技术、电网仿真技术、可视化技术、控制决策技术以及信息通信技术等。

答案：电力电子技术

出处：《智能电网技术》

462. 传感器的静态特性是指传感器在静态工作状态下的（　　　　　　　　）特性。

答案：输入/输出

出处：《智能电网技术》

463. 传感器的动态特性是指在被测量的物理量随（　　　　　　　　　　）变化的情况下，其输出跟随输入量的变化特性，用动态指标来表示。

答案：时间

出处：《智能电网技术》

464. 智能电网使用的传感器包括传统传感器、（　　　　　　）以及新兴的智能传感器等。

答案：光纤传感器

出处：《智能电网技术》

465. 传感器网络的基本要素是传感器、感知对象和（　　　　　　）。

答案：观察者

出处：《智能电网技术》

466. 广域测量系统是在（　　　　　　）基础上发展起来的。

答案：同步相量测量技术

出处：《智能电网技术》

467. 广域测量系统由 PMU、主站（控制中心）及（　　　　　　）组成。

答案：通信系统

出处：《智能电网技术》

468. 混合状态估计主要包括以 SCADA 数据为主的状态估计和（　　　　　　）。

答案：以 WAMS 为主的状态估计

出处：《智能电网技术》

469. 广域保护主要分为基于电网事件检测的广域保护和（　　　　　　）。

答案：基于电网动态响应的广域保护

出处：《智能电网技术》

470. 对于非完全已知和非传统数学模型描述的系统，需要建立包含（　　　　　　）、控制算法、控制策略、控制规则和协议形成含有传统解析和智能方法的混合控制模型。

答案：控制律

出处：《智能电网技术》

471. 小扰动分析与控制方法主要包括：扰动特征量的计算和分析；（　　　　　　）；人机结合的扰动处理过程。

答案：智能扰动分析

出处：《智能电网技术》

472. 电力电子技术是使用电力电子器件对电能进行变换和控制的技术，是电力技术、电子技术和（　　　　　　）的融合。

答案：控制技术

出处：《智能电网技术》

473. 目前大功率电力电子装置常用的冷却方式有：空气冷却方式、热管式散热方式、（　　　　　　）。

答案：液态冷却方式

出处：《智能电网技术》

474. 热管是一种新型高效的传热元件，具有优异的传热性能，传热效率高，（　　　　）的等温特性好。

答案：沿轴向

出处：《智能电网技术》

475. 液态冷却方式有油冷式散热器、（　　　　　　）、循环式水冷系统。

答案：水冷式散热器

出处：《智能电网技术》

476. 智能电网中常规紧急控制策略包括低频减载、低压减载、（　　　　）、高频切机、过载联切。

答案：振荡解列

出处：《智能电网技术》

477. 电网企业采取的信息系统安全防护措施主要有横向隔离、纵向加密、（　　　　）、病毒防御、其他措施。

答案：网络防护

出处：《智能电网技术》

478. 风电机组可分为叶片、轮毂、（　　　　）、塔筒（塔架）和基础。

答案：机舱

出处：《智能电网技术》

479. 新能源发电主要是指利用风能、太阳能、生物质能、（　　　　）等各种新型可再生能源进行发电。

答案：海洋能和地热能

出处：《智能电网技术》

480. 机舱是风电机组最重要的部分，其主要包括传动系统、偏航系统、（　　　　）、发电机、控制和安全系统等。

答案：液压与制动系统

出处：《智能电网技术》

481. 压缩空气储能的原理是利用电网负荷低谷时的剩余电力压缩空气，并将其储存在（　　　　）高压密封设施内，在用电高峰释放出来驱动燃气轮机发电。

答案：典型压力为7.5MPa的

出处：《智能电网技术》

482. 锂离子电池的主要优点是比能量大，比功率高，（　　　　），无记忆效应，循环特性好，可快速放电且效率高。

答案：自放电小

出处：《智能电网技术》

483. 大规模风电并网运行特性包括（　　　　）、无功电压控制、低电压穿越等。

答案：有功频率控制

出处：《智能电网技术》

484. 电力系统无功补偿可以分为串联补偿和并联补偿，也可分为（　　　　）。

答案：有源补偿和无源补偿

出处：《智能电网技术》

485. 特高压交流输电是指（　　　　）电压等级的交流输电工程及相关技术 。

答案：1000kV及以上

出处：《智能电网技术》

486. 根据接线方式的不同，MTDC主要可分为有串联式多端直流输电系统、

（　　　　　　　　）和混合式多端直流系统。

答案：并联式多端直流输电系统

出处：《智能电网技术》

487. 智能变电站系统结构从逻辑上可以划分成 3 层，分别是（　　　　　　　　）、间隔层和过程层。

答案：站控层

出处：《智能电网技术》

488. 断路器和高压组合电器的智能化主要包括测量、（　　　　　　　　）、计量、状态监测和保护。

答案：控制

出处：《智能电网技术》

489. 变电站模型的层次依次为变电站、（　　）、间隔、设备、子设备、连接节点、终端。

答案：电压等级

出处：《智能电网技术》

490. 分布式能源包括活塞发动机、（　　　　　　　　）、微型燃气轮机、光伏系统、热电联产、储能等。

答案：燃料电池

出处：《智能电网技术》

491. 辅助监测应用主要包括水情监测、雷电监测、（　　　　　　　　）、新能源综合监测及气象监测等功能。

答案：火电机组综合监测

出处：《智能电网技术》

492. 配电网设备资源管理包括设备档案的录入、修改、查询、统计等功能，也包括（　　　　　　　　）等功能。

答案：资产全寿命周期管理

出处：《智能电网技术》

493. 微电网是一种负荷和（　　　　　　　　）的集合。

答案：微电源

出处：《智能电网技术》

494. 光纤专网通信方式的特点是带宽高、容量大、覆盖范围广，（　　　　　　　　）高。

答案：可靠性、实时性、安全性

出处：《智能电网技术》

495. 用电信息采集系统在逻辑上分为主站层、（　　　　　　　　）、采集设备层 3 个层次。

答案：通信信道层

出处：《智能电网技术》

496. 用电信息采集关键技术包括智能电能表、采集终端、（　　　　　　　　）、安全加密、本地及远程通信技术。

答案：主站软件

出处：《智能电网技术》

497. 智能家居用电服务系统主要由主站系统、（ ）、家庭智能交互终端、智能用电设备4部分组成。

答案：通信信道

出处：《智能电网技术》

498. 门户的技术框架包括门户的总体架构和专用架构，总体架构主要包括展现层、（ ）、业务逻辑层和持久层。

答案：控制层

出处：《智能电网技术》

499. 采集系统的应用部署模式与各个省电力公司的营销管理模式密切相关，分为（ ）和分布式两种。

答案：集中式

出处：《智能电网技术》

500. 智能电网联盟成立于2003年，是由电力企业、IT企业、新技术供应商、（ ）发起成立的组织，旨在从全民和政府两个层面推动、教育、促进和宣传智能电网新技术的普及和应用。

答案：设备制造商及学术机构

出处：《智能电网技术》

第5部分　简答题

1.《国家电网公司电力安全工作规程 线路部分》（Q/DGW 1799.2—2013）规定的作业现场的基本条件什么?

答案：作业现场的生产条件和安全设施等应符合有关标准、规范的要求，工作人员的劳动防护用品应合格、齐备。经常有人工作的场所及施工车辆上宜配备急救箱，存放急救用品，并应指定专人经常检查、补充或更换。现场使用的安全工器具应合格并符合有关要求。各类作业人员应被告知其作业现场和工作岗位存在的危险因素、防范措施及事故紧急处理措施。

出处：《国家电网公司电力安全工作规程 线路部分》（Q/DGW 1799.2—2013）

2.《架空输电线路无人机巡检作业安全工作规程》（Q/GDW 11399—2015）无人机巡检作业，保证安全的组织措施有哪些?

答案：空域申报制度；现场勘察制度；工作票制度；工作许可制度；工作监护制度；工作间断制度；工作票的有效期与延期；工作终结制度。

出处：《架空输电线路无人机巡检作业安全工作规程》（Q/GDW 11399—2015）

3.《架空输电线路无人机巡检作业安全工作规程》（Q/GDW 11399—2015）无人机巡检作业怎样使用空域和申请空域?

答案：无人机巡检作业应严格按国家相关政策法规、当地民航军管等要求规范化使用空域。工作许可人应根据无人机巡检作业计划，按相关要求办理空域审批手续，并密切跟踪当地空域变化情况。各单位应建立空域申报协调机制，满足无人机应急巡检作业时空域的使用要求。

出处：《架空输电线路无人机巡检作业安全工作规程》（Q/GDW 11399—2015）

4.《架空输电线路无人机巡检作业安全工作规程》（Q/GDW 11399—2015）中规定现场勘察的内容都有什么?

答案：现场勘察应核实线路走向和走势、交叉跨越情况、杆塔坐标、巡检区域地形地貌、起飞和降落点环境、交通运输条件及其他危险点等，确认巡检航线规划条件。

出处：《架空输电线路无人机巡检作业安全工作规程》（Q/GDW 11399—2015）

5.《架空输电线路无人机巡检作业安全工作规程》（Q/GDW 11399—2015）中规定填用架空输电线路无人机巡检作业工作票的工作都有哪些内容?

答案：使用中型无人直升机和固定翼无人机巡检系统按计划开展的线路设备巡检、通道环境巡视、线路勘察和灾情巡视等工作。

出处：《架空输电线路无人机巡检作业安全工作规程》（Q/GDW 11399—2015）

6.《架空输电线路无人机巡检作业安全工作规程》（Q/GDW 11399—2015）中规定填用架空输电线路无人机巡检作业工作单的工作都有哪些内容?

答案：使用小型无人直升机巡检系统开展的线路设备巡检、通道环境巡视、线路勘察和灾情巡视等工作；在突发自然灾害或线路故障等情况下需紧急使用无人机巡检系统开展的工作。

出处：《架空输电线路无人机巡检作业安全工作规程》（Q/GDW 11399—2015）

7.《架空输电线路无人机巡检作业安全工作规程》（Q/GDW 11399—2015）中规定工作票（单）所列工作负责人（监护人）的基本条件应满足哪些要求？

答案：工作负责人（监护人）应由熟悉线路情况，熟悉无人机巡检系统，熟悉《架空输电线路无人机巡检作业安全工作规程》（Q/GDW 11399—2015），具有相关工作经验，并经省（地、市）检修公司分管生产领导书面批准的人员担任。

出处：《架空输电线路无人机巡检作业安全工作规程》（Q/GDW 11399—2015）

8.《架空输电线路无人机巡检作业安全工作规程》（Q/GDW 11399—2015）中规定工作票（单）所列工作班成员应满足哪些要求？

答案：工作班成员应由熟悉线路情况、熟悉无人机巡检系统、熟悉《架空输电线路无人机巡检作业安全工作规程》（Q/GDW 11399—2015），取得无人机巡检系统培训合格证，并具有相关工作经验的人员担任。

出处：《架空输电线路无人机巡检作业安全工作规程》（Q/GDW 11399—2015）

9. 根据《架空输电线路无人机巡检作业安全工作规程》（Q/GDW 11399—2015），无人机巡检作业，保证安全的技术措施是什么？

答案：航线规划；安全策略设置；航前检查；航巡监控；航后检查。

出处：《架空输电线路无人机巡检作业安全工作规程》（Q/GDW 11399—2015）

10. 根据《架空输电线路无人机巡检作业安全工作规程》（Q/GDW 11399—2015），无人机巡检作业的安全策略如何设置？

答案：应充分考虑无人机巡检系统在飞行过程中出现偏离航线、导航卫星颗数无法定位、通信链路中断、动力失效等故障的可能性，合理设置安全策略。应充分考虑巡检过程中气象条件和空域许可等情况发生变化的可能性，合理制订安全策略。

出处：《架空输电线路无人机巡检作业安全工作规程》（Q/GDW 11399—2015）

11.《架空输电线路无人直升机巡检技术规程》（Q/GDW 11367—2014）的适用范围？

答案：该标准适用于采用中、小型无人直升机在 110kV（66kV）及以上电压等级架空输电线路所进行的巡检作业，35kV 架空输电线路参照执行。

出处：《架空输电线路无人直升机巡检技术规程》（Q/GDW 11367—2014）

12. 根据《架空输电线路无人直升机巡检技术规程》（Q/GDW 11367—2014），什么是“无人直升机巡检”？

答案：使用无人直升机及其挂载的任务设备（可见光照相机、摄像机、红外热成像仪等）对输电线路本体设备及通道走廊等进行巡视检测，根据所用无人直升机巡检系统的不同，分为中型无人直升机巡检和小型无人直升机巡检。

出处：《架空输电线路无人直升机巡检技术规程》（Q/GDW 11367—2014）

13.《架空输电线路无人直升机巡检技术规程》（Q/GDW 11367—2014）中规定，中型无人直升机巡检系统适用于哪些巡检作业？

答案：中型无人直升机适用于数据链范围内架空输电线路的巡检作业，通常应提前制订巡检计划。

出处：《架空输电线路无人直升机巡检技术规程》（Q/GDW 11367—2014）

14.《架空输电线路无人直升机巡检技术规程》(Q/GDW 11367—2014) 中规定，小型无人直升机巡检系统适用于哪些巡检作业？

答案：小型无人直升机通常适用于视距内范围架空输电线路正常巡检、故障巡检和特殊巡检等。

出处：《架空输电线路无人直升机巡检技术规程》(Q/GDW 11367—2014)

15. 根据《架空输电线路无人直升机巡检技术规程》(Q/GDW 11367—2014)，无人直升机巡检内容有哪些？

答案：使用高清照相机（摄像机）检查导地线、绝缘子、金具、杆塔、基础、附属设施、线路通道等异常情况和缺陷隐患；使用红外热成像仪检查导线接续金具及绝缘子等设备发热异常情况。

出处：《架空输电线路无人直升机巡检技术规程》(Q/GDW 11367—2014)

16. 根据《架空输电线路无人直升机巡检技术规程》(Q/GDW 11367—2014)，无人直升机巡检对人员的要求有哪些？

答案：作业人员应具有2年及以上架空输电线路运行维护工作经验，了解航空、气象、地理等相关知识，掌握无人直升机理论及技能，并考试合格；具备必要的安全生产知识，学会紧急救护法；作业人员应身体健康、精神状态良好，无妨碍作业的生理和心理障碍。作业前8h及作业过程中严禁饮用任何酒精类饮品。无人直升机飞行巡检作业人员配备应满足相关要求。

出处：《架空输电线路无人直升机巡检技术规程》(Q/GDW 11367—2014)

17. 根据《架空输电线路无人直升机巡检技术规程》(Q/GDW 11367—2014)，无人直升机巡检对作业许可手续有哪些要求？

答案：抵达现场，应报告空管部门，履行工作许可手续，获得许可后方可开展作业。巡检作业前，根据相应机型和巡检任务编制无人直升机巡检作业指导书。故障巡检、特殊巡检等非计划巡检也应办理工作许可手续。

出处：《架空输电线路无人直升机巡检技术规程》(Q/GDW 11367—2014)

18. 根据《架空输电线路无人机巡检技术》，无人机地面站系统是怎样构成的？

答案：无人机地面站也称控制站、遥控站或任务规划与控制站。在规模较大的无人机飞行系统中，可以有若干个控制站，这些不同功能的控制站通过通信设备连接起来，构成无人机地面站系统。

出处：《架空输电线路无人机巡检技术》

19. 根据《架空输电线路无人机巡检技术》，什么是云台特性？

答案：云台特性是指云台的图像采集和视频传输的特性，包括图像采集的时间间隔、采集图像的分辨率、传输视频的分辨率等。

出处：《架空输电线路无人机巡检技术》

20. 根据《架空输电线路无人机巡检技术》，无人机特性培训有哪些方式？

答案：主要通过理论与实践相结合的方式，先通过理论教学的方式让学员初步了解所使用无人机的特性，然后通过实践的方式加深学员对所使用无人机的认识。

出处：《架空输电线路无人机巡检技术》

21. 根据《架空输电线路无人机巡检技术》，无人机实际应用培训主要分为几个阶段？

答案：主要分为两个阶段。第一阶段是基础知识培训，主要包括杆塔的类型、图形的诊断和分析等。第二阶段则是实践操作，由教员指出其中的不足，多次重复强化训练。

出处：《架空输电线路无人机巡检技术》

22. 根据《架空输电线路无人机巡检技术》，通过什么方式培训无人机基础知识？

答案：主要通过授课的方式以教员讲解为主，师生互动为辅，让学员了解巡检作业的一些基础知识，为以后的巡检作业打下坚实的基础。

出处：《架空输电线路无人机巡检技术》

23. 根据《架空输电线路无人机巡检技术》，无人机在进行巡检作业前应做哪些准备？

答案：首先要对巡检对象有深刻的了解，必须清楚巡检对象是谁，要达到怎样的巡检效果。其次必须能对采集的图像进行诊断和分析，找出故障并形成分析报告。

出处：《架空输电线路无人机巡检技术》

24. 根据《架空输电线路无人机巡检技术》，无人机的装备机地面站的培训包括什么？

答案：飞行状态参数查看、飞行参数设置、飞行航点规划以及通过地面站控制飞机飞行，即使学员将在无人机系统特性培训中所学到的无人机地面站知识应用到实践中去。

出处：《架空输电线路无人机巡检技术》

25. 根据《架空输电线路无人机巡检技术》，应急飞行培训主要针对哪些紧急状况？

答案：主要是针对装备机发生故障时的非正常飞行程序操作的培训，其中包括遇见障碍物、发动机故障、链路丢失等情况。

出处：《架空输电线路无人机巡检技术》

26. 根据《架空输电线路无人机巡检技术》，应急飞行培训的目的是什么？

答案：通过培训增强学员的应急飞行能力，在实际巡检作业任务过程中，遇到装备机出现故障的情况，学员可以通过应急飞行程序来操作装备机以减少损失，避免出现人员伤亡。

出处：《架空输电线路无人机巡检技术》

27. 根据《架空输电线路无人机巡检技术》，无人机驾驶员如何对无人机进行模拟发动机故障操作？

答案：在模拟发动机故障时，通过遥控器把无人机的油门降到最低，通过遥控器控制无人机的舵面使旋翼机缓慢下降或者使固定翼无人机进行滑行迫降，避免无人机直接失速降落，减小无人机的损失和避免人员伤亡。

出处：《架空输电线路无人机巡检技术》

28. 根据《架空输电线路无人机巡检技术》，什么是链路丢失？

答案：链路丢失是指无人机地面站同无人机之间的通信上行链路和下行链路双双丢失或丢失其中一种，无人机地面站无法对无人机的飞行进行控制和监视。

出处：《架空输电线路无人机巡检技术》

29. 根据《架空输电线路无人机巡检技术》，模拟无人机链路丢失练习的目的是什么？

答案：模拟无人机链路丢失情况，主要练习无人机操控人员的手动模式的飞行能力以及应变能力，保证无人机的安全。

出处：《架空输电线路无人机巡检技术》

30. 根据《架空输电线路无人机巡检技术》，无人机巡检系统维修保养的意义是什么？

答案：为保证无人机系统的正常运行，减少不必要的机器故障与损失，提高无人机巡检作业工作效率，无人机系统的维修保养是必不可少的。

出处：《架空输电线路无人机巡检技术》

31. 根据《架空输电线路无人机巡检技术》，无人机巡检系统维修保养的目的是什么？

答案：无人机系统的保管和维护质量的好坏，直接关系到系统能否长期保持良好的工作精度和性能。应当有序地对无人机系统进行维修保养，减少系统的故障率，减少停机维修的时间，提高整个系统的使用寿命、工作性能和安全性能。

出处：《架空输电线路无人机巡检技术》

32. 根据《架空输电线路无人机巡检技术》，无人机设备运行过程中计划外停机的原因有哪些？

答案：无人机设备运行过程中计划外停机主要有两个原因，一是机载设备出现故障造成的停机，称为故障时间；二是对设备进行预防件维修时造成的停机，称为检查时间。

出处：《架空输电线路无人机巡检技术》

33. 根据《架空输电线路无人机巡检技术》，无人机预防性维护和较小维护的周期如何规定？

答案：不同类型无人机维修保养要求不同，经验表明，无人机每飞行20h或者更少就需要某种类型的预防性维护，至少每50h进行一次较小的维护。同时，维护保养受运行类型、气候条件、保管设施、机龄和无人机结构的影响。

出处：《架空输电线路无人机巡检技术》

34. 根据《架空输电线路无人机巡检技术》，无人机系统检查维修和日常操作所需要的工具有哪些？

答案：无人机系统检查维修通常需要专用工具，这些工具一般要覆盖电子、电气和机械等多个类型对象的需要，如测量仪器、力矩扳手，以及测试子系统功能所需要的夹具、锁具等。日常操作需要的夹具一般用于控制设置和量程检查，锁具则可能包括任务载荷功能检查所需工具。工具在系统设计阶段就会考虑，工具配备的一般原则是减少所需工具数量，主要配备标准的国际通用工具。

出处：《架空输电线路无人机巡检技术》

35. 根据《架空输电线路无人机巡检技术》，无人机巡检系统的辅助设备有哪些？

答案：辅助设备一般被视为无人机系统的一部分，尤其是与控制站车辆集成的设备。如发电设备，还有专有的燃油供应和维修设备。

出处：《架空输电线路无人机巡检技术》

36. 根据《架空输电线路无人机巡检技术》，按照无人机组成部分可将维修保养分为哪几类？

答案：按照无人机组成部分可将维修保养分为无人机、控制站、通信链路、其他设备（如遥控器）等的维修保养。

出处：《架空输电线路无人机巡检技术》

37. 根据《架空输电线路无人机巡检技术》，按照维修保养等级，可将维修保养分为哪几类？

答案：按照维修保养等级，可将维修保养分为日常维护、一级技术保养维护、二级技术保养维护。

出处：《架空输电线路无人机巡检技术》

38. 根据《架空输电线路无人机巡检技术》，无人机航空器维修保养的运营商应接受哪些部门的监督检查？

答案：无人机航空器维修保养的运营商需要接受相关部门的监督检查，目前由中国AOPA及民航局管理部门进行管理，且正在加强对无人航空器维修管理机构实施无人航空器维修管理工作的指导监督。

出处：《架空输电线路无人机巡检技术》

39. 根据《架空输电线路无人机巡检技术》，无人机航空器维修保养的运营商应承担哪些责任？

答案：无人机航空器维修保养的运营商承担相应法律责任，违反相关规定的由无人航空器管理机构责令其停止经营；有违法所得的，没收违法所得；未取得航空器维修经营许可从事航空器维修经营活动的责令其停止经营。

出处：《架空输电线路无人机巡检技术》

40. 根据《架空输电线路无人机巡检技术》，协同巡检试点工作初步建立哪种新的巡检新模式？

答案：协同巡检试点工作已初步建立了直升机、无人机、人工协同巡检新模式。

出处：《架空输电线路无人机巡检技术》

41. 根据《架空输电线路无人机巡检技术》，怎样选择输电线路协同巡检方式？

答案：参考输电线路协同巡检效果评估软件系统，加以实际现场情况，综合考虑合适的方式进行巡检。

出处：《架空输电线路无人机巡检技术》

42. 根据《架空输电线路无人机巡检技术》，直升机在重要保电期和重要输电通道方面有什么作用？

答案：通过直升机对输电线路进行巡检，可显著提升重要保电期和重要输电通道应急处置能力。在重要保电期和重要输电通道方面，协同巡检模式发挥了重要作用。直升机响应及时、巡检效率高。

出处：《架空输电线路无人机巡检技术》

43. 根据《架空输电线路无人机巡检技术》，无人机对重要输电通道故障巡视有什么优点？

答案：无人机可发挥快速、近距离和高角度的优势，可迅速查找线路故障点，迅速获得塔位周边地理、气象等信息，为故障分析提供第一手资料。

出处：《架空输电线路无人机巡检技术》

44. 根据《架空输电线路无人机巡检技术》，在电网应急巡查和抢险救援方面直升机有何优势？

答案：在电网应急巡查和抢险救援方面，直升机可以发挥响应及时、机动灵活、不受灾区地面交通限制等特点，为灾区电网灾后抢修，及时恢复供电提供了重要技术支撑。

出处：《架空输电线路无人机巡检技术》

45. 根据《架空输电线路无人机巡检技术》，国家电网公司建立了怎样的无人机试验检测体系，都包括哪些内容？

答案：国家电网公司现已建成了国内首个无人机巡检系统性能试验检测体系，初步具备系统化地开展巡检性能、安全策略、抗电磁和无线电干扰、特殊环境适应性等试验能力，技术水平达到国内领先水平。

出处：《架空输电线路无人机巡检技术》

46. 民用无人驾驶航空器系统飞行活动评审需如何进行？

答案：民用无人驾驶航空器系统飞行活动需要评审时，由运营人会同空管单位提出使用空域，对空域内的运行安全进行评估并形成评估报告。地区管理局对评估报告进行审查或评审，出具结论意见。地区管理局应当组织相关部门对评估报告进行审查，对于复杂问题可以组织专家进行评审和现场演示，并将审查或评审结论反馈给运营人和有关空管单位。使用的民用无人驾驶航空器系统应当为遥控驾驶航空器系统，而非自主无人驾驶航空器系统，并且能够按要求设置电子围栏。

出处：《民用无人驾驶航空器系统空中交通管理办法》

47. 根据《民用无人驾驶航空器系统空中交通管理办法》的规定，民用无人驾驶航空器飞行空域的划设应当符合哪些要求？

答案：民用无人驾驶航空器飞行应当为其单独划设隔离空域，明确水平范围、垂直范围和使用时段。可在民航使用空域内临时为民用无人驾驶航空器划设隔离空域。飞行密集区、人口稠密区、重点地区、繁忙机场周边空域，原则上不划设民用无人驾驶航空器飞行空域。

出处：《民用无人驾驶航空器系统空中交通管理办法》

48. 根据《民用无人驾驶航空器系统空中交通管理办法》的规定，隔离空域的划设应当符合哪些要求？

答案：隔离空域由空管单位会同运营人划设。划设隔离空域应综合考虑民用无人驾驶航空器通信导航监视能力、航空器性能、应急程序等因素，并符合下列要求：①隔离空域边界原则上距其他航空器使用空域边界的水平距离不小于10km；②隔离空域上下限距其他航空器使用空域垂直距离8400m（含）以下不得小于600m，8400m以上不得小于1200m。

出处：《民用无人驾驶航空器系统空中交通管理办法》

49. 民用无人驾驶航空器在隔离空域内运行时，应当符合哪些要求？

答案：① 民用无人驾驶航空器应当遵守规定的程序和安全要求；②民用无人驾驶航空器确保在所分配的隔离空域内飞行，并与水平边界保持5km以上距离；③防止民用无人驾驶航空器无意间从隔离空域脱离。

出处：《民用无人驾驶航空器系统空中交通管理办法》

50. 为了防止民用无人驾驶航空器和其他航空器活动相互穿越隔离空域边界，提高民用无人驾驶航空器运行的安全性，需要采取哪些安全措施？

答案：①驾驶员应当持续监视民用无人驾驶航空器飞行；②当驾驶员发现民用无人驾驶航空器脱离隔离空域时，应向相关空管单位通报；③空管单位发现民用无人驾驶航空器脱离隔离空域时，应当防止其与其他航空器发生冲突，通知运营人采取相关措施，并向相关管制单位通报；④空管单位应当同时向民用无人驾驶航空器和隔离空域附近运行的其他航空器提供服务；⑤在空管单位和民用无人驾驶航空器系统驾驶员之间应建立可靠的通信；⑥空管单位应为民用无人驾驶航空器指挥与控制链路失效、民用无人驾驶航空器避让侵入的航空器等紧急事项设置相应的应急工作程序。

出处：《民用无人驾驶航空器系统空中交通管理办法》

51. 根据《民用无人驾驶航空器系统空中交通管理办法》的规定，民用无人驾驶航空器的无线电管理应当符合哪些规定？

答案：①民用无人驾驶航空器系统活动中使用无线电频率、无线电设备应当遵守国家无线电管理法规和规定，且不得对航空无线电频率造成有害干扰。②使用民用无人驾驶航空器系统应当遵守国家有关部门发布的无线电管制命令。③未经批准，不得在民用无人驾驶航空器上发射语音广播通信信号。

出处：《民用无人驾驶航空器系统空中交通管理办法》

52. 根据《轻小型无人机运行规定（试行）》，轻小型无人机的范围是什么？

答案：①可在视距内或视距外操作的、空机质量小于等于 116kg、起飞总质量不大于 150kg 的无人机，校正空速不超过 100km/h；②起飞全重不超过 5700kg，距受药面高度不超过 15m 的植保类无人机；③充气体积在 $4600m^3$ 以下的无人飞艇。

出处：《轻小型无人机运行规定（试行）》

53.《轻小型无人机运行规定（试行）》规定的Ⅰ类无人机的要求有哪些？

答案：Ⅰ类无人机使用者应安全使用无人机，避免对他人造成伤害，不必按照本咨询通告后续规定管理。

出处：《轻小型无人机运行规定（试行）》

54.《轻小型无人机运行规定（试行）》中无线电操作航空模型的规定有哪些？

答案：本咨询通告不适用于无线电操作的航空模型，但当航空模型使用了自动驾驶仪、指令与控制数据链路或自主飞行设备时，应按照本咨询通告管理。

出处：《轻小型无人机运行规定（试行）》

55.《轻小型无人机运行规定（试行）》不适用的范围是什么？

答案：本咨询通告不适用于室内、拦网内等隔离空间运行无人机，但当该场所有聚集人群时，操作者应采取措施确保人员安全。

出处：《轻小型无人机运行规定（试行）》

56. 根据《轻小型无人机运行规定（试行）》，无人机的定义是什么？

答案：无人机是由控制站管理（包括远程操纵或自主飞行）的航空器，也称远程驾驶航空器。

出处：《轻小型无人机运行规定（试行）》

57. 根据《轻小型无人机运行规定（试行）》，无人机系统的定义是什么？

答案：无人机系统也称远程驾驶航空器系统，是指由无人机、相关控制站、所需的指令与控制数据链路以及批准的型号设计规定的任何其他部件组成的系统。

出处：《轻小型无人机运行规定（试行）》

58. 根据《轻小型无人机运行规定（试行）》，无人机系统驾驶员指的是什么人？

答案：由运营人指派对无人机的运行负有必不可少责任并在飞行期间适时操纵无人机的人。

出处：《轻小型无人机运行规定（试行）》

59. 根据《轻小型无人机运行规定（试行）》，无人机系统的机长指的是什么人？

答案：无人机系统的机长是指在系统运行时间内负责整个无人机系统运行和安全的驾驶员。

出处：《轻小型无人机运行规定（试行）》

60. 根据《轻小型无人机运行规定（试行）》，无人机观测员指的是什么人？

答案：无人机观测员即由运营人指定的训练有素的人员，通过目视观测无人机，协助无人机驾驶员安全地实施飞行。

出处：《轻小型无人机运行规定（试行）》

61. 航空器运营人指的是？

答案：航空器运营人是指从事或拟从事航空器运营的个人、组织或者企业。

出处：《轻小型无人机运行规定（试行）》

62. 根据《轻小型无人机运行规定（试行）》，无人机控制站（也称遥控站、地面站）指的是什么？

答案：无人机系统的组成部分，包括用于操纵无人机的设备。

出处：《轻小型无人机运行规定（试行）》

63. 根据《轻小型无人机运行规定（试行）》，无人机指令与控制数据链路指的是什么？

答案：它是指无人机和控制站之间为飞行管理之目的的数据链接。

出处：《轻小型无人机运行规定（试行）》

64. 根据《轻小型无人机运行规定（试行）》，无人机视距内运行指的是什么？

答案：无人机驾驶员或无人机观测员与无人机保持直接目视视觉接触的操作方式，航空器处于驾驶员或观测员目视视距内半径500m，相对高度低于120m的区域内。

出处：《轻小型无人机运行规定（试行）》

65. 根据《轻小型无人机运行规定（试行）》，无人机超视距运行指的是什么？

答案：它指的是无人机在目视视距以外的运行。

出处：《轻小型无人机运行规定（试行）》

66. 根据《轻小型无人机运行规定（试行）》，融合空域、隔离空域分别指的是什么？

答案：融合空域是指有其他航空器同时运行的空域。隔离空域是指专门分配给无人机系统运行的空域，通过限制其他航空器的进入以规避碰撞风险。

出处：《轻小型无人机运行规定（试行）》

67. 根据《轻小型无人机运行规定（试行）》，无人机空机质量指的是什么？

答案：它是指不包含载荷和燃料的无人机质量，该质量包含燃料容器和电池等固体装置。

出处：《轻小型无人机运行规定（试行）》

68. 根据《轻小型无人机运行规定（试行）》，无人机云系统指的是什么？

答案：无人机云系统简称无人机云，是指轻小型民用无人机运行动态数据库系统，用于向无人机用户提供航行服务、气象服务等，对民用无人机运行数据（包括运营信息、位置、高度和速度等）进行实时监测。接入系统的无人机应即时上传飞行数据，无人机云系统对侵入电子围栏的无人机具有报警功能。

出处：《轻小型无人机运行规定（试行）》

69. 根据《轻小型无人机运行规定（试行）》，电子围栏指的是什么？

答案：它是指为阻挡即将侵入特定区域的航空器，在相应电子地理范围中画出特定区域，并配合飞行控制系统、保障区域安全的软硬件系统。

出处：《轻小型无人机运行规定（试行）》

70. 根据《轻小型无人机运行规定（试行）》，无人机主动反馈系统指的是什么？

答案：它是指运营人主动将航空器的运行信息发送给监视系统。

出处：《轻小型无人机运行规定（试行）》

71. 根据《轻小型无人机运行规定（试行）》，对民用无人机驾驶员资格的要求有哪些？

答案：民用无人机驾驶员应当根据其所驾驶的民用无人机的等级分类，符合咨询通告

《民用无人驾驶航空器系统驾驶员管理暂行规定》（AC-61-FS-2013-20）中关于执照、合格证、等级、训练、考试、检查和航空经历等方面的要求，并依据本咨询通告运行。

出处：《轻小型无人机运行规定（试行）》

72. 根据《轻小型无人机运行规定（试行）》，民用无人机的禁止操作方式是什么？

答案：任何人员在操作民用无人机时不得粗心大意和盲目蛮干，以免危及他人的生命或财产安全。

出处：《轻小型无人机运行规定（试行）》

73. 根据《轻小型无人机运行规定（试行）》，无人机飞行前的准备有哪些？

答案：在开始飞行之前，机长应当：了解任务执行区域限制的气象条件；确定运行场地满足无人机使用说明书所规定的条件；检查无人机各组件情况、燃油或电池储备、通信链路信号等满足运行要求。对于无人机云系统的用户，应确认系统是否接入无人机云；制订出现紧急情况的处置预案，预案中应包括紧急备降地点等内容。

出处：《轻小型无人机运行规定（试行）》

74. 根据《轻小型无人机运行规定（试行）》，无人机限制区域指的是什么？

答案：机长应确保无人机运行时符合有关部门的要求，避免进入限制区域。对于无人机云系统的用户，应该遵守该系统限制；对于未接入无人机云系统的用户，应向相关部门了解限制区域的划设情况。不得突破机场障碍物控制面、飞行禁区、未经批准的限制区以及危险区等。

出处：《轻小型无人机运行规定（试行）》

75. 根据《轻小型无人机运行规定（试行）》，对民用无人机视距外运行（BVLOS）的要求是什么？

答案：①必须将航路优先权让与有人驾驶航空器；②当飞行操作危害到空域的其他使用者、地面上人身财产安全或不能按照本咨询通告要求继续飞行，应当立即停止飞行活动；③驾驶员应当能够随时控制无人机。对于使用自主模式的无人机，无人机驾驶员必须能够随时超控。

出处：《轻小型无人机运行规定（试行）》

76. 根据《轻小型无人机运行规定（试行）》，出现无人机失控的情况，机长应该执行的预案有哪些？

答案：①无人机应急回收程序；②对于接入无人机云的用户，应在系统内上报相关情况；③对于未接入无人机云的用户，联系相关空管服务部门的程序，上报遵照以上程序的相关责任人名单。

出处：《轻小型无人机运行规定（试行）》

77. 根据《轻小型无人机运行规定（试行）》，民用无人机运行的仪表、设备和标识要求有哪些？

答案：①具有有效的空地 C2 链路；②地面站或操控设备具有显示无人机实时的位置、高度、速度等信息的仪器仪表；③用于记录、回放和分析飞行过程的飞行数据记录系统，且数据信息至少保存三个月（适用于Ⅲ、Ⅳ、Ⅵ和Ⅶ类）；④对于接入无人机云系统的用户，应当符合无人机云的接口规范；⑤对于未接入无人机云系统的用户，其无人机机身需有明确的标识，注明该无人机的型号、编号、所有者、联系方式等信息，以便出现坠机情况时能迅速查找到无人机所有者或操作者信息。

出处：《轻小型无人机运行规定（试行）》

78. 根据《轻小型无人机运行规定（试行）》，民用无人机运营人是否应当对无人机投保地面第三人责任险？

答案：根据《民用航空法》的规定，无人机运营人应当对无人机投保地面第三人责任险。

出处：《轻小型无人机运行规定（试行）》

79. 根据《架空输电线路无人直升机巡检系统》，按照适用环境温度，无人直升机巡检系统分为哪几个类型？

答案：按照适用环境温度，无人直升机系统分为普通型、高温型、低温型、极低温型和特殊型。

出处：《架空输电线路无人直升机巡检系统》

80. 根据《架空输电线路无人直升机巡检系统》，无人直升机的自检功能要求有哪些？

答案：①自检项目至少包括动力电池电压、遥测遥控和导航定位功能。以上任一项不能满足要求，均能在地面站或遥控手柄上以明显的声（或光）信号或其他方式进行报警提示，且飞控系统锁死。②宜具有根据报警提示直接确定故障部位或原因的功能。

出处：《架空输电线路无人直升机巡检系统》

81. 根据《架空输电线路无人直升机巡检系统》，无人直升机的电池外观应具备哪些特性？

答案：电池不应变形，表面无针眼、磕碰、裂纹等。电源正负极标识清晰，接头有防松措施，宜使用防误插接头。

出处：《架空输电线路无人直升机巡检系统》

82. 根据《架空输电线路无人直升机巡检系统》，无人机拍照功能试验，对试验结果的要求是什么？

答案：对任一形式的任务设备，全自主飞行模式下，无人直升机均能在所有测量点按预先设置进行悬停和拍照；手动或增稳飞行模式下，均可控制任务设备转动和拍照。

出处：《架空输电线路无人直升机巡检系统》

83. 根据《架空输电线路无人直升机巡检系统》，无人直升机巡检系统的运输和储存有哪些要求？

答案：①应采取有效措施防止设备在运输过程和储存环境中受损坏。运输过程中不可倒放，应轻拿轻放，避免碰撞，避免雨、雪等的直接淋袭。②设备应储存在干燥、通风、避免阳光直晒和无腐蚀、无有害物质的场所。

出处：《架空输电线路无人直升机巡检系统》

84. 根据《架空输电线路无人直升机巡检系统》，动力电池性能试验中包含哪些内容和要求？

答案：外观特性试验：检查电池外观、电源正负极标识，检查评估电池接头采取的防松脱、防误插措施效果，结果符合电池不应变形，表面无针眼、磕碰、裂纹等，电源正负极标识清晰，接头有防松措施，宜使用防误插接头的规定。电性能试验的电池充、放电方法：①充电方法按电池规格书规定的方法进行。充电前，应先将电池按规格书的方法放电至其放电截止电压。②放电方法以电池规格书规定的电流进行恒定放电，直至其放电截止电压。

出处：《架空输电线路无人直升机巡检系统》

85. 根据《架空输电线路无人直升机巡检系统》，在无人机拍照功能试验中，应做好哪些试验布置？

答案：①在户外露天场地进行，面积应满足无人直升机巡检系统飞行安全要求。在场地上布置3个测量点，分别记录其精度 E_i、纬度 B_i 和高度 H_i（$i=1$，2，3），坐标精度不低于10cm。各测量点之间的空间距离不小于20m。②布置有数字化测量系统，可对场地无人直升机空间位置进行测量。各方向测量精度均不低于1m，测量间隔时间不大于0.1s。

出处：《架空输电线路无人直升机巡检系统》

86. 线路状态巡视周期一般划分为哪几类？每类线路巡视周期分别为多久？

答案：线路状态巡视周期一般划分为3类。Ⅰ类线路巡视周期一般为1个月；Ⅱ类线路巡视周期一般为2个月；III类线路巡视周期一般为3～6个月。

出处：《国家电网公司架空输电线路运维管理规定》[国网（运检/4）305—2014]

87. Ⅰ类线路巡视周期一般为多长时间？主要包括哪些线路？

答案：Ⅰ类线路巡视周期一般为1个月，主要包括：①特高压交直流线路。②状态评价结果为“注意”“异常”“严重”状态的线路区段。③外破易发区、偷盗多发区、采动影响区、水淹（冲刷）区、垂钓区、重要跨越、大跨越等特殊区段。④城市（城镇）及近郊区域的线路区段。

出处：《国家电网公司架空输电线路运维管理规定》[国网（运检/4）305—2014]

88. Ⅱ类线路巡视周期一般为多长时间？主要包括哪些线路？

答案：Ⅱ类线路巡视周期一般为2个月。主要包括：①远郊、平原、山地丘陵等一般区域的线路区段。②状态评价为“正常”状态的线路区段。

出处：《国家电网公司架空输电线路运维管理规定》[国网（运检/4）305—2014]

89. III类线路巡视周期一般为多长时间？包括哪些线路？

答案：①高山大岭、沿海滩涂地区一般为3个月。在大雪封山等特殊情况下，可适当延长周期，但不应超过6个月。②无人区一般为3个月，在每年空中巡视1次的基础上可延长为6个月。

出处：《国家电网公司架空输电线路运维管理规定》[国网（运检/4）305—2014]

90. 本体缺陷指什么？

答案：本体缺陷指组成线路本体的全部构件、附件及零部件缺陷，包括基础、杆塔、导线、地线（OPGW）、绝缘子、金具、接地装置、拉线等发生的缺陷。

出处：《国家电网公司架空输电线路运维管理规定》[国网（运检/4）305—2014]

91. 附属设施缺陷指什么？

答案：附属设施缺陷指附加在线路本体上的线路标识、安全标志牌、各种技术监测或具有特殊用途的设备（如在线监测、防雷、防鸟装置等）发生的缺陷。

出处：《国家电网公司架空输电线路运维管理规定》[国网（运检/4）305—2014]

92. 外部隐患指什么？

答案：外部隐患指外部环境变化对线路的安全运行已构成某种潜在性威胁的情况，如在线路保护区内违章建房、种植树竹、堆物、取土及各种施工作业等。

出处：《国家电网公司架空输电线路运维管理规定》[国网（运检/4）305—2014]

93. 危急缺陷指什么？

答案：危急缺陷指缺陷情况已危及线路安全运行，随时可能导致线路发生事故，既危险又紧急的缺陷。危急缺陷消除时间不应超过24h，或临时采取确保线路安全的技术措施进行处理，随后消除。

出处：《国家电网公司架空输电线路运维管理规定》[国网（运检/4）305—2014]

94. 严重缺陷指什么？

答案：严重缺陷指缺陷情况对线路安全运行已构成严重威胁，短期内线路尚可维持安全运行，情况虽危险，但紧急程度较危急缺陷次之的一类缺陷。此类缺陷的处理一般不超过1周，最多不超过1个月，消除前须加强监视。

出处：《国家电网公司架空输电线路运维管理规定》[国网（运检/4）305—2014]

95. 一般缺陷指什么？

答案：一般缺陷指缺陷情况对线路的安全运行威胁较小，在一定期间内不影响线路安全运行的缺陷。此类缺陷一般应在一个检修周期内予以消除，需要停电时列入年度、月度停电检修计划。

出处：《国家电网公司架空输电线路运维管理规定》[国网（运检/4）305—2014]

96. 风偏故障后输电运维班应开展哪些工作？

答案：输电运维班应在线路风偏故障后检查导线、金具、铁塔等受损情况并及时处理。更换不同型式的悬垂绝缘子串后，应重新校核杆塔间隙是否满足要求。

出处：《国家电网公司架空输电线路运维管理规定》[国网（运检/4）305—2014]

97. 为防治外力破坏，线路运检单位对线路保护区内的施工单位应开展哪些工作？

答案：线路运检单位应主动服务，与线路保护区内的施工单位签订安全协议，必要时参加其组织的工程协调会，分析确定阶段施工中的高危作业，提前预警，指导其采取保证线路安全的防护措施。对每个可能危及线路安全运行的施工工序，应现场监护，重点危险区段应24h值守。

出处：《国家电网公司架空输电线路运维管理规定》[国网（运检/4）305—2014]

98. 架空输电线路杆塔基础巡视检查内容有哪些？

答案：破损、酥松、裂纹、漏筋、基础下沉、保护帽破损、边坡保护不够。

出处：《国家电网公司架空输电线路运维管理规定》[国网（运检/4）305—2014]

99. 架空输电线路杆塔巡视检查内容有哪些？

答案：杆塔倾斜、主材弯曲、地线支架变形、塔材、螺栓丢失、严重锈蚀、脚钉缺失、爬梯变形、土埋塔角。

出处：《国家电网公司架空输电线路运维管理规定》[国网（运检/4）305—2014]

100. 架空输电线路接地装置巡视检查内容有哪些？

答案：断裂、严重锈蚀、螺栓松脱、地线带丢失、接地带外露、接地带连接部位有雷电烧痕等。

出处：《国家电网公司架空输电线路运维管理规定》[国网（运检/4）305—2014]

101. 架空输电线路拉线及基础巡视检查内容有哪些？

答案：拉线金具等被拆卸、拉线棒严重锈蚀和蚀损，拉线松弛、断股、严重锈蚀、基础回填土下沉或缺土等。

出处：《国家电网公司架空输电线路运维管理规定》[国网（运检/4）305—2014]

102. 架空输电线路绝缘子巡视检查内容有哪些？

答案：伞裙破损、严重污秽、有放电痕迹、弹簧销缺失、钢帽裂纹断裂、钢脚严重锈蚀、绝缘子串顺线路方向角大于7.5°或300mm。

出处：《国家电网公司架空输电线路运维管理规定》[国网（运检/4）305—2014]

103. 架空输电线路导线、地线、引流线、屏蔽线、OPGW巡视检查的内容有哪些？

答案：散股、断股、损伤、放电烧伤、导线接头部位过热、悬挂漂浮物、弧垂过大或过小、严重损失、有电晕现象、导线缠绕、覆冰舞动、风偏过大、对交叉跨越物距离不够。

出处：《国家电网公司架空输电线路运维管理规定》[国网（运检/4）305—2014]

104. 架空输电线路金具巡视检查内容有哪些？

答案：线夹断裂、裂纹、磨损、销钉脱落或严重锈蚀、均压环烧伤、屏蔽环烧伤、螺栓松动、防振锤跑位、脱落、严重锈蚀、阻尼线变形、烧伤；间隔棒脱落或变形、离位；各位连扳、连接环、调整板损伤。

出处：《国家电网公司架空输电线路运维管理规定》[国网（运检/4）305—2014]

105. 架空输电线路通道内交叉跨越巡视检查内容有哪些？

答案：出现新建或改建电力、通信线路、道路、铁路、索道、管道等。

出处：《国家电网公司架空输电线路运维管理规定》[国网（运检/4）305—2014]

106. 对标准化线路导地线的基本要求有哪些？

答案：导地线接续形式及接头数量符合运行规程要求，无散股、断股、损伤及悬挂漂浮物现象，地线无锈蚀，引流线顺畅、平滑、无损伤。

出处：《国家电网公司架空输电线路运维管理规定》[国网（运检/4）305—2014]

107. 标准化线路金具的基本要求有哪些？

答案：金具无变形、锈蚀、烧伤、裂纹现象；金具连接处转动灵活，不应磨损；开口销和弹簧销无缺损和脱出；线路防振锤、阻尼线、间隔棒等防振金具无脱落、疲劳、位移；线路屏蔽环、均压环无倾斜、松动、变形，均压环不得反装。

出处：《国家电网公司架空输电线路运维管理规定》[国网（运检/4）305—2014]

108. 国家电网公司标准化输电线路建设杆塔一般规定检查考核内容是什么？

答案：①杆塔结构完好，金属构件无大面积锈蚀情况。②杆塔倾斜度（包括挠度）、主材相邻结点间弯曲度、横担歪斜度、螺栓紧固程度符合运行标准规定。③杆塔攀爬设施应完整、齐全、牢固、可靠、护栏无缺失。防松、防盗措施齐全，安装符合要求，无缺失。

出处：《国家电网公司架空输电线路运维管理规定》[国网（运检/4）305—2014]

第 6 部分　缺陷识别题

6.1　杆塔/铁塔类缺陷

6.1.1　杆塔塔材损坏变形

缺陷描述：
××线路××号××部位（编号）杆塔塔材损坏变形（图 6-1-1）。

图 6-1-1　杆塔塔材损坏变形

6.1.2　杆塔塔材螺栓丢失

缺陷描述：
××线路××号第××段××面××（编号）杆塔塔材螺栓丢失（图 6-1-2）。

6.1.3　杆塔塔材缺联板与螺栓

缺陷描述：
××线路××号第××段××面（编号）杆塔塔材缺联板与螺栓（图 6-1-3）。

图 6-1-2　杆塔塔材螺栓丢失

图 6-1-3　杆塔塔材缺联板与螺栓

6.1.4　杆塔塔材缺螺栓

缺陷描述：

××线路××号第××段××面（编号）杆塔塔材缺螺栓（图 6-1-4）。

6.1.5　杆塔塔材螺栓紧固不到位

缺陷描述：

××线路××号第××段××面（编号）杆塔塔材螺栓紧固不到位（图 6-1-5）。

图 6-1-4　　杆塔塔材缺螺栓

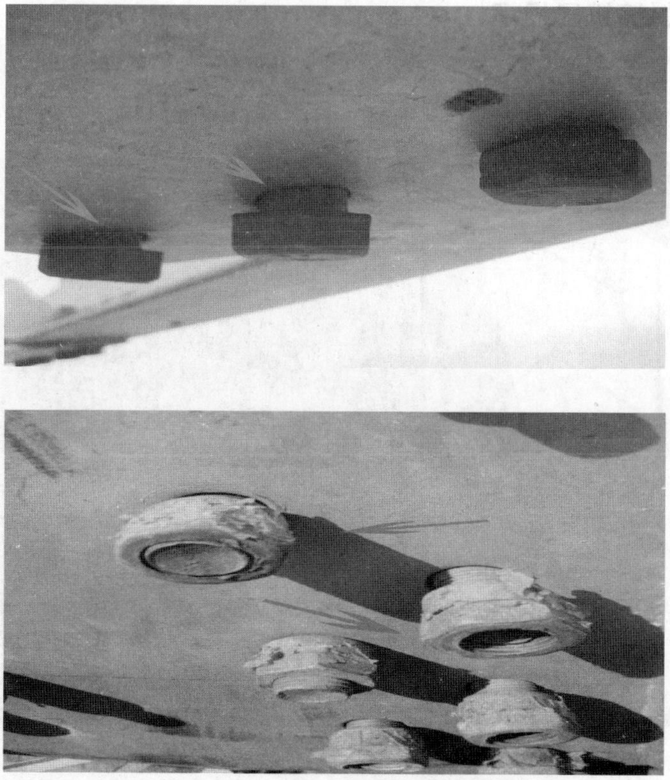

图 6-1-5　杆塔塔材螺栓紧固不到位

6.1.6 杆塔塔材螺栓缺防松垫

缺陷描述：

××线路××号第××段××面（编号）杆塔塔材螺栓缺防松垫（图 6-1-6）。

图 6-1-6 杆塔塔材螺栓缺防松垫

6.1.7 杆塔塔材镀锌层损坏

缺陷描述：

××线路××号第××段××面（编号）杆塔塔材镀锌层损坏（图 6-1-7）。

图 6-1-7 杆塔塔材镀锌层损坏

6.1.8　杆塔塔材丢失

缺陷描述：

××线路××号第××段××面××（编号）杆塔塔材丢失（图6-1-8）。

图6-1-8　杆塔塔材丢失

6.1.9　杆塔缺脚钉

缺陷描述：

××线路××号第××段×腿缺××（型号）脚钉×个（图6-1-9）。

图6-1-9　杆塔缺脚钉

6.1.10 杆塔斜材变形

缺陷描述：

××线路××号第××段×面（编号）杆塔斜材变形（图 6-1-10）。

图 6-1-10 杆塔斜材变形

6.1.11 杆塔覆冰

缺陷描述：

××线路××号杆塔覆冰（图 6-1-11）。

图 6-1-11 杆塔覆冰

图 6-1-11　杆塔覆冰（续）

6.1.12　杆塔上发现鸟窝

缺陷描述：

××线路××号××部位杆塔上发现鸟窝（图 6-1-12）。

图 6-1-12　杆塔上发现鸟窝

6.2　基础类缺陷

6.2.1　基础回填土下沉

缺陷描述：

××线路××号××腿基础回填土下沉（图 6-2-1），需回填土××方。

图 6-2-1　基础回填土下沉

6.2.2　杆塔基础断面过大

缺陷描述：

××线路××号××腿基础断面过大（图 6-2-2）。

图 6-2-2　杆塔基础断面过大

6.2.3　杆塔基础附近有险石

缺陷描述：

××线路××号××腿基础附近有险石（图 6-2-3）。

图 6-2-3　杆塔基础附近有险石

6.2.4　杆塔基础保护帽损坏

缺陷描述：

××线路××号××腿基础保护帽损坏（图 6-2-4）。

图 6-2-4　杆塔基础保护帽损坏

6.3　导线类缺陷

6.3.1　导线断股

缺陷描述：

××线路××号×相×号侧第×间隔棒至第×间隔棒间导线断股×股（图 6-3-1）。

6.3.2　导线被剥股

缺陷描述：

××线路××号×相×号侧第×间隔棒至第×间隔棒×线被剥股×股（图 6-3-2）。

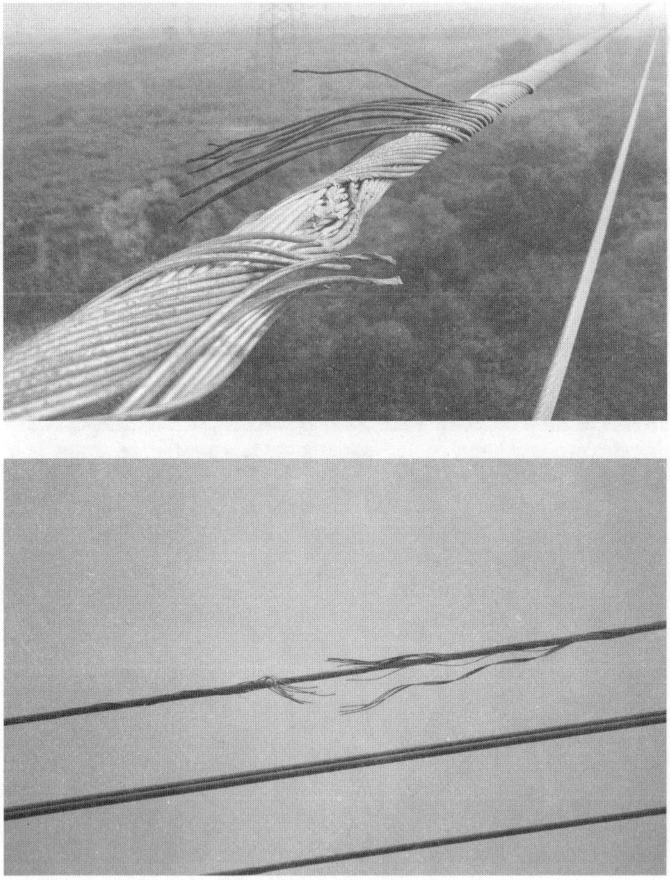

图 6-3-1　导线断股

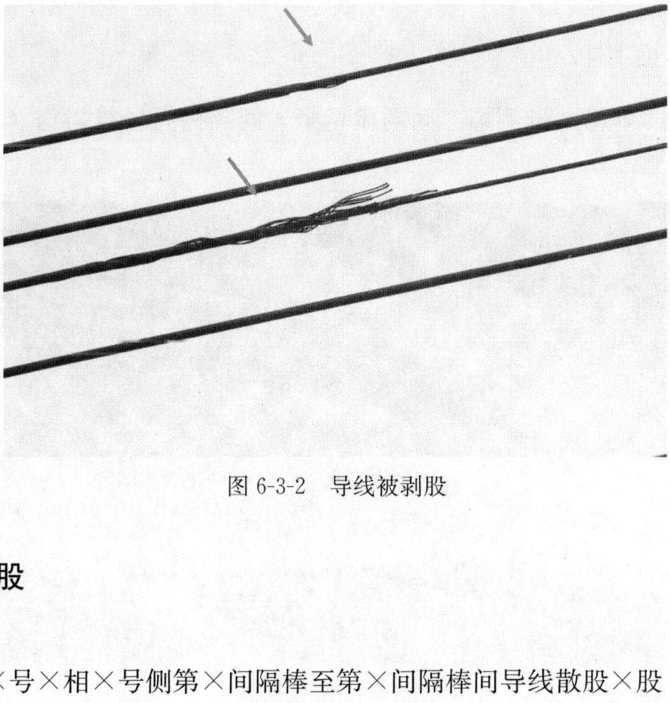

图 6-3-2　导线被剥股

6.3.3　导线散股

缺陷描述：

××线路××号×相×号侧第×间隔棒至第×间隔棒间导线散股×股（图 6-3-3）。

图 6-3-3　导线散股

6.3.4　导线损伤

缺陷描述：

××线路××号×相×号侧第×间隔棒至第×间隔棒间导线损伤（要说明损伤程度）（图 6-3-4）。

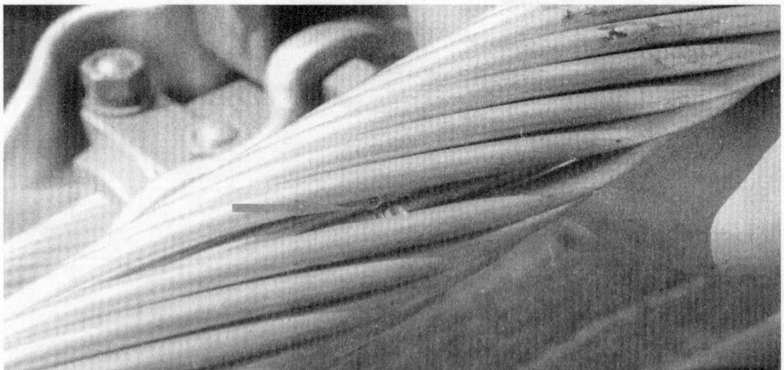

图 6-3-4　导线损伤

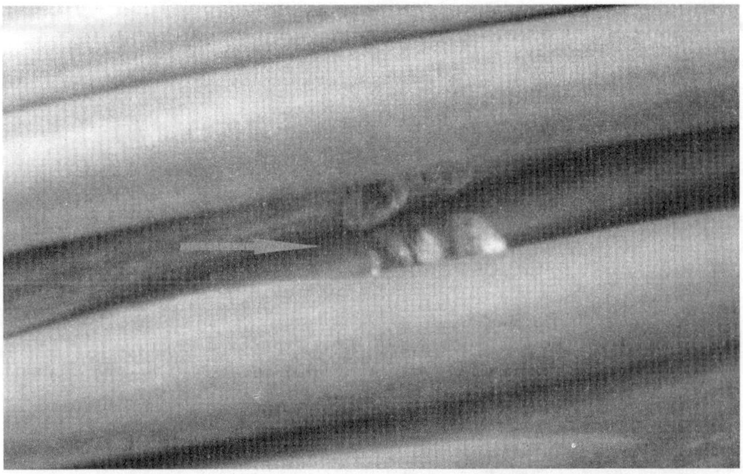

图 6-3-4　导线损伤（续）

6.3.5　导线上发现异物

缺陷描述：

××线路××号×相×号侧第×间隔棒处发现异物（图 6-3-5）。

图 6-3-5　导线上发现异物

6.3.6 导线有故障电流烧伤痕迹

缺陷描述：

××线路××号×相×号侧第×间隔棒至第×间隔棒间导线有故障电流烧伤痕迹（图 6-3-6）。

图 6-3-6 导线有故障电流烧伤痕迹

6.3.7 导线引流线从线夹中脱出

缺陷描述：

××线路××号×相×号侧×号导线引流线从线夹中脱出（图 6-3-7）。

图 6-3-7　导线引流线从线夹中脱出

6.3.8　导线压接管弯曲

缺陷描述：

××线路××号×号侧×号导线压接管弯曲（图 6-3-8）。

图 6-3-8　导线压接管弯曲

6.3.9　导线覆冰

缺陷描述：

××线路××号导线覆冰（必要时需说明覆冰直径××mm）（图 6-3-9）。

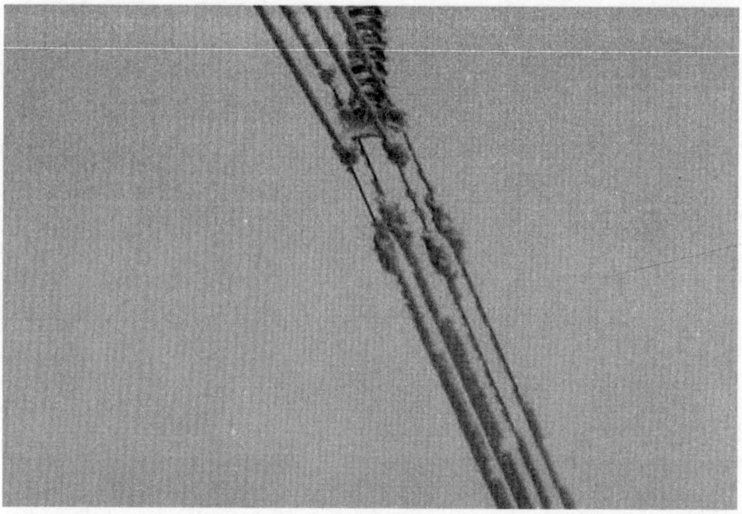

图 6-3-9　导线覆冰

6.4　地线类缺陷

6.4.1　分段绝缘架空地线断股

缺陷描述：

××线路××号×相×号侧地线断股×股（图 6-4-1）。

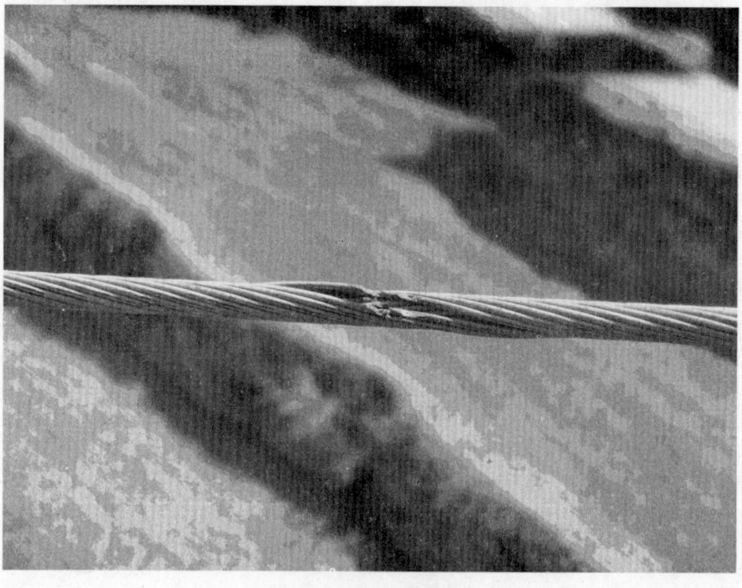

图 6-4-1　地线断股

6.4.2　分段绝缘架空地线与防鸟刺放电烧伤、断股

缺陷描述：

××线路××号×相×号侧地线与防鸟刺放电烧伤，断×股（图6-4-2）。

图6-4-2　地线与鸟刺放电烧伤、断股

6.4.3　分段绝缘架空地线有放电烧伤痕迹

缺陷描述：

××线路××号×相×号侧地线有放电烧伤痕迹（图6-4-3）。

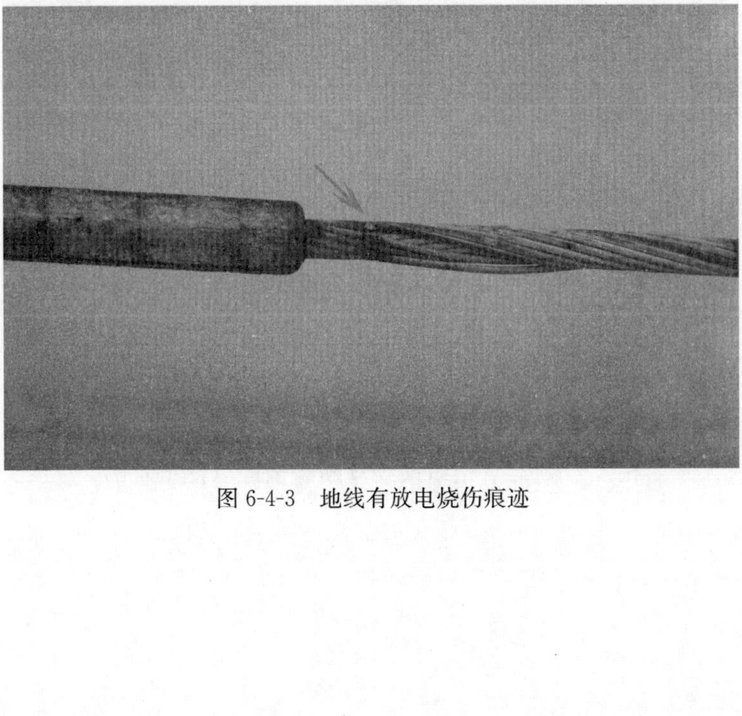

图6-4-3　地线有放电烧伤痕迹

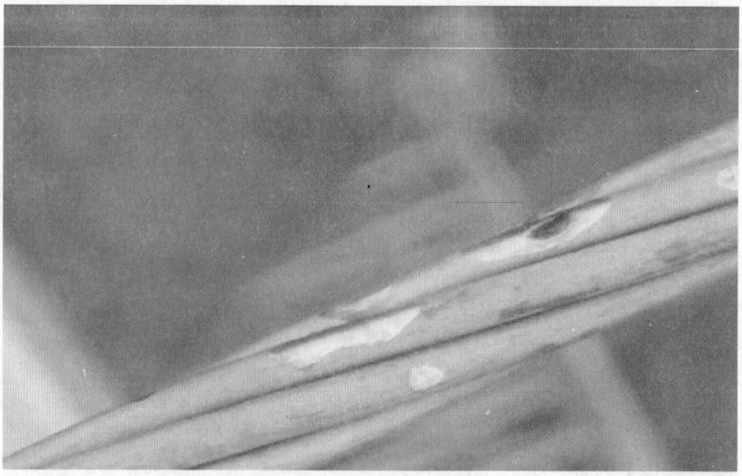

图 6-4-3　地线有放电烧伤痕迹（续）

6.4.4　分段绝缘架空地线发现异物

缺陷描述：

××线路××号×相×号侧地线线夹出口处发现异物（标明名称）（图 6-4-4）。

图 6-4-4　地线发现异物

6.4.5　OPGW 架空光缆预绞丝断、散股

缺陷描述：

××线路××号×相×号侧架空光缆预绞丝断、散股（图 6-4-5）。

图 6-4-5　OPGW 架空光缆预绞丝断、散股

6.4.6　直接接地点架空地线未安装接地引流线

缺陷描述：

××线路××号×相直接接地点架空地线未安装接地引流线（图 6-4-6）。

图 6-4-6　未安装接地引流线

6.4.7 直接接地点接地引流线脱落

缺陷描述：

××线路××号×相直接接地点接地引流线脱落（图 6-4-7）。

图 6-4-7 直接接地点接地引流线脱落

6.5 绝缘子类缺陷

6.5.1 绝缘子覆冰

缺陷描述：

××线路××号×相绝缘子覆冰（图 6-5-1）。

图 6-5-1 绝缘子覆冰

图 6-5-1　绝缘子覆冰（续）

6.5.2　绝缘子有覆冰闪络痕迹

缺陷描述：

××线路××号×相×号侧××绝缘子有覆冰闪络痕迹（图 6-5-2）。

图 6-5-2　绝缘子有覆冰闪络痕迹

6.5.3 绝缘子有污秽闪络痕迹

缺陷描述：

××线路××号×相×号侧××绝缘子有污秽闪络痕迹（图 6-5-3）。

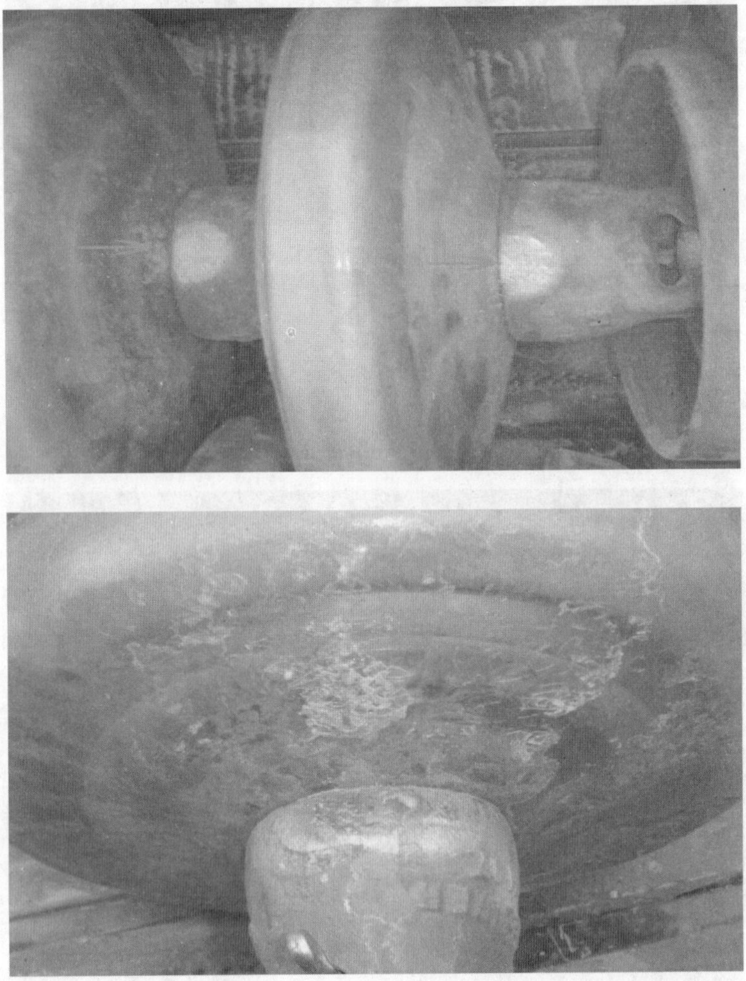

图 6-5-3 绝缘子有污秽闪络痕迹

6.5.4 绝缘子有雷击闪络痕迹

缺陷描述：

××线路××号×相×号侧××绝缘子有雷击闪络痕迹（图 6-5-4）。

6.5.5 绝缘子均压环有故障闪络后烧伤痕迹

缺陷描述：

××线路×号×相×号侧××绝缘子××（导线或横担）侧均压环有故障闪络后烧伤痕迹（图 6-5-5）。

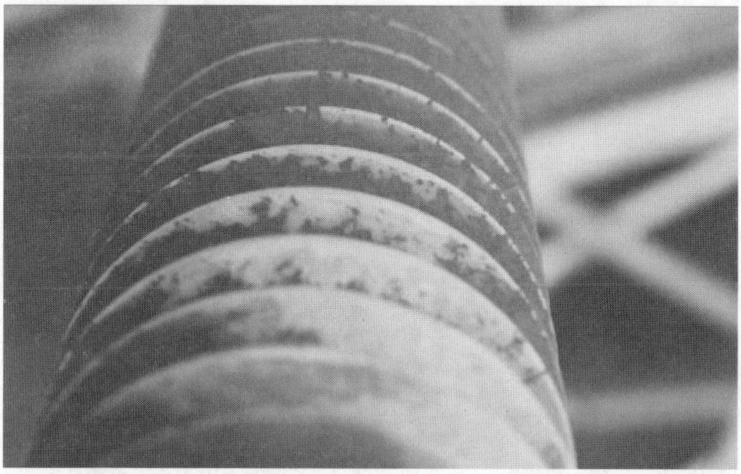

图 6-5-4　绝缘子有雷击闪络痕迹

图 6-5-5　绝缘子均压环有故障闪络后烧伤痕迹

图 6-5-5　绝缘子均压环有故障闪络后烧伤痕迹（续）

6.5.6　架空地线绝缘子放电间隙有故障闪络后烧伤痕迹

缺陷描述：

××线路××号×相地线绝缘子放电间隙有故障闪络后烧伤痕迹（图 6-5-6）。

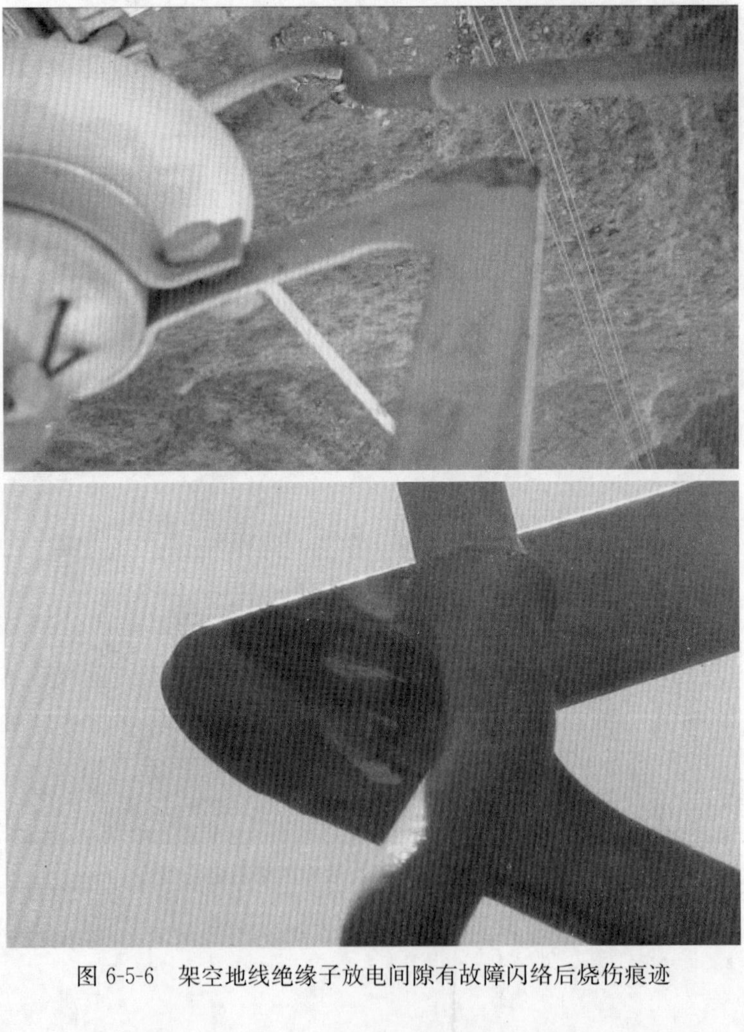

图 6-5-6　架空地线绝缘子放电间隙有故障闪络后烧伤痕迹

6.5.7　复合绝缘子串导线侧碗头 W 销子脱出

缺陷描述：

××线路××号×相复合绝缘子串导线侧碗头 W 销子脱出（图 6-5-7）。

图 6-5-7　复合绝缘子串导线侧碗头 W 销子脱出

6.5.8　玻璃绝缘子自爆

缺陷描述：

××线路××号×相×（大、小号侧；左、右）串××（横担或导线）侧第××片玻璃绝缘子自爆（图 6-5-8）。

图 6-5-8　玻璃绝缘子自爆

6.5.9　复合绝缘子伞裙破损

缺陷描述：
××线路××号×相×复合绝缘子伞裙破损（图 6-5-9）。

6.5.10　双串绝缘子安装不规范（不垂直于地面）

缺陷描述：
××线路××号×相双串绝缘子安装不规范（图 6-5-10）。

6.5.11　双串绝缘子受力不均匀

缺陷描述：
××线路××号×相双串绝缘子受力不均匀（图 6-5-11）。

图 6-5-9　复合绝缘子伞裙破损

图 6-5-10　双串绝缘子安装不规范（不垂直于地面）

图 6-5-11　双串绝缘子受力不均匀

6.6　金具类缺陷

6.6.1　引流线间隔棒支臂压接不佳导致支臂脱落

缺陷描述：

××线路××号×相引流线间隔棒×线支臂压接不佳导致支臂脱落（图 6-6-1）。

6.6.2　引流线支撑棒断裂

缺陷描述：

××线路××号×相引流线支撑棒断裂（图 6-6-2）。

6.6.3　导线绝缘子串球头挂环与 U 形挂环连接螺栓缺销子

缺陷描述：

××线路××号×相×绝缘子串球头挂环与 U 形挂环连接螺栓缺销子（图 6-6-3）。

图 6-6-1　引流线间隔棒支臂压接不佳导致支臂脱落

图 6-6-2　引流线支撑棒断裂

图 6-6-2　引流线支撑棒断裂（续）

图 6-6-3　导线绝缘子串球头挂环与 U 形挂环连接螺栓缺销子

6.6.4　导线绝缘子串球头挂环与挂板连接螺栓缺螺帽与销子

缺陷描述：

××线路××号×相×绝缘子串球头挂环与挂板连接螺栓缺螺帽与销子（图 6-6-4）。

图 6-6-4　导线绝缘子串球头挂环与挂板连接螺栓缺螺帽与销子

6.6.5　耐张塔调整板与 U 形挂环连接螺栓缺螺帽、销子

缺陷描述：

××线路××号×相×线导线（横担）侧耐张塔调整板与 U 形挂环连接螺栓缺螺帽、销子（图 6-6-5）。

图 6-6-5　耐张塔调整板与 U 形挂环连接螺栓缺螺帽、销子

6.6.6　导线线夹与联板连接螺栓缺螺帽、销子

缺陷描述：

××线路××号×相×导线线夹与联板连接螺栓缺螺帽、销子（图 6-6-6）。

图 6-6-6　导线线夹与联板连接螺栓缺螺帽、销子

6.6.7 导线线夹与联板连接螺栓缺螺帽与销子

缺陷描述：

××线路××号×相×导线线夹与联板连接螺栓缺螺帽与销子（图 6-6-7）。

图 6-6-7 导线线夹与联板连接螺栓缺螺帽与销子

6.6.8 导线绝缘子串横担侧挂点螺栓螺帽脱扣且缺销子

缺陷描述：

××线路××号×相×导线绝缘子串横担侧挂点螺栓螺帽脱扣且缺销子（图 6-6-8）。

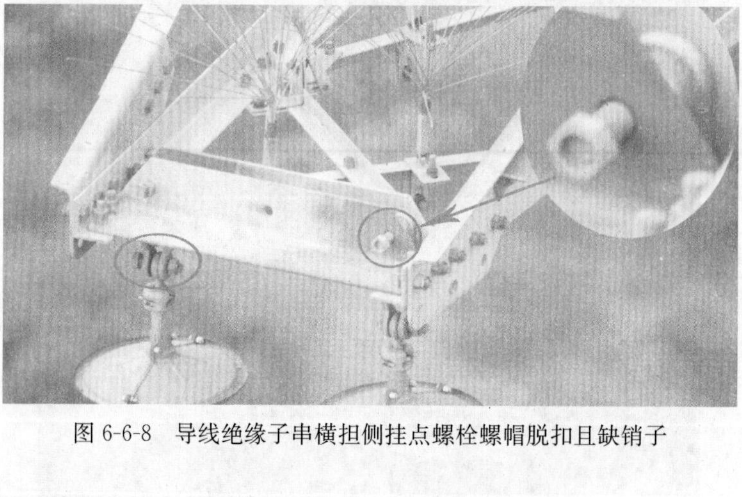

图 6-6-8 导线绝缘子串横担侧挂点螺栓螺帽脱扣且缺销子

6.6.9 导线绝缘子串碗头挂板与联板连接螺栓缺销子

缺陷描述：

××线路××号×相×导线绝缘子串碗头挂板与联板连接螺栓缺销子（图 6-6-9）。

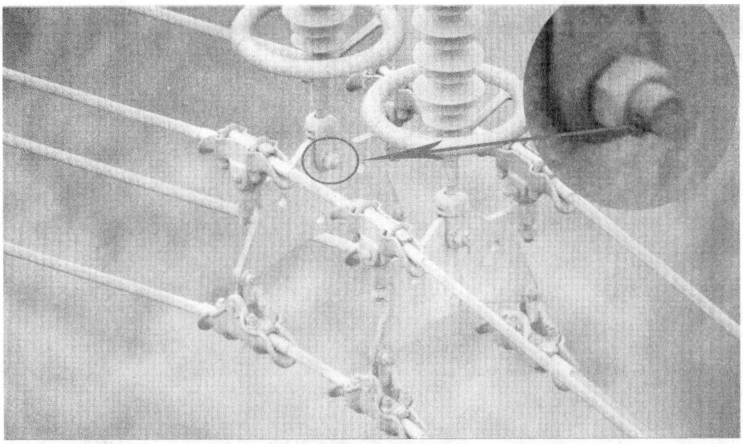

图 6-6-9　导线绝缘子串碗头挂板与联板连接螺栓缺销子

6.6.10　导线 V 串碗头挂板与联板连接螺栓、螺帽脱出至平扣

缺陷描述：

××线路××号×相×导线 V 串碗头挂板与联板连接螺栓、螺帽脱出至平扣（图 6-6-10）。

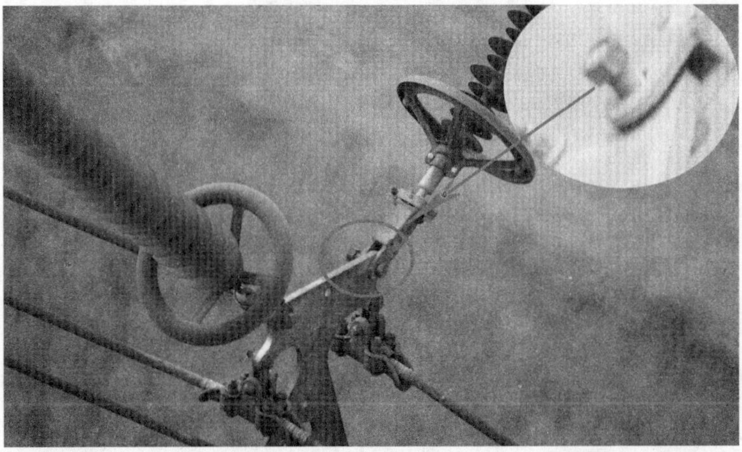

图 6-6-10　导线 V 串碗头挂板与联板连接螺栓、螺帽脱出至平扣

6.6.11　导线 V 串横担侧挂点螺栓缺销子

缺陷描述：

××线路××号×相×导线 V 串横担侧挂点螺栓缺销子（图 6-6-11）。

6.6.12　OPGW 架空光缆金具连接螺栓缺销子

缺陷描述：

××线路××号×相 OPGW 架空光缆××（金具）与××（金具）连接螺栓缺销子（图 6-6-12）。

图 6-6-11　导线 V 串横担侧挂点螺栓缺销子

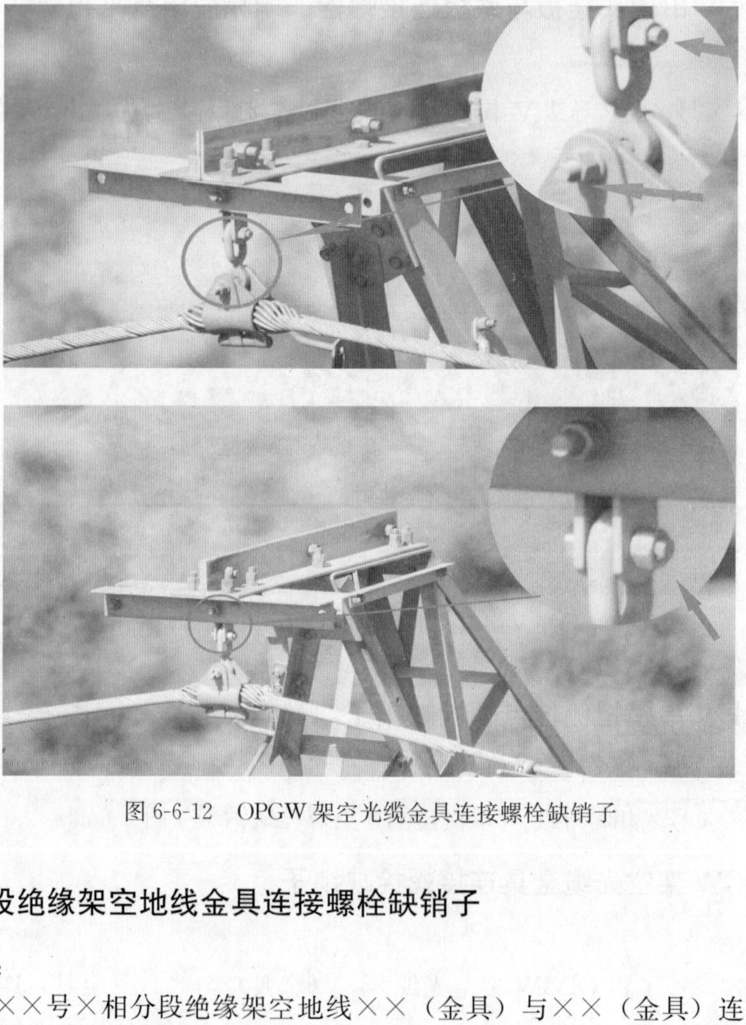

图 6-6-12　OPGW 架空光缆金具连接螺栓缺销子

6.6.13　分段绝缘架空地线金具连接螺栓缺销子

缺陷描述：

××线路××号×相分段绝缘架空地线××（金具）与××（金具）连接螺栓缺销子(图 6-6-13)。

图 6-6-13　分段绝缘架空地线金具连接螺栓缺销子

6.6.14　分段绝缘架空地线线夹 U 形螺栓缺螺帽

缺陷描述：

××线路××号×相分段绝缘架空地线×号侧线夹 U 形螺栓缺螺帽（图 6-6-14）。

图 6-6-14　分段绝缘架空地线线夹 U 形螺栓缺螺帽

6.6.15 复合绝缘子 V 串未加装护套

缺陷描述：

××线路××号×相复合绝缘子导线侧（横担侧）V 串未加装护套（图 6-6-15）。

图 6-6-15 复合绝缘子 V 串未加装护套

6.6.16 导线防振锤移位

缺陷描述：

××线路××号×相×号侧×号子导线防振锤向×（大或小）号侧移位××米（图 6-6-16）。

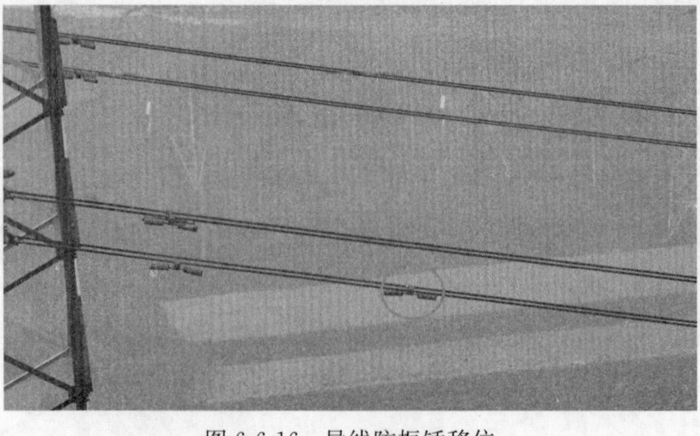

图 6-6-16 导线防振锤移位

6.6.17　导线绝缘子串均压环倾斜

缺陷描述：

××线路××号×相×（大或小）号侧导线绝缘子串××（横担或导线）侧均压环倾斜（图 6-6-17）。

图 6-6-17　导线绝缘子串均压环倾斜

6.6.18　导线绝缘子串均压环脱落

缺陷描述：

××线路××号×相×（大或小）号侧导线绝缘子串××（横担或导线）侧均压环脱落(图 6-6-18)。

图 6-6-18　导线绝缘子串均压环脱落

6.6.19　耐张塔均压屏蔽环安装方向错误

缺陷描述：

××线路××号×相耐张塔均压屏蔽环安装方向错误（图 6-6-19）。

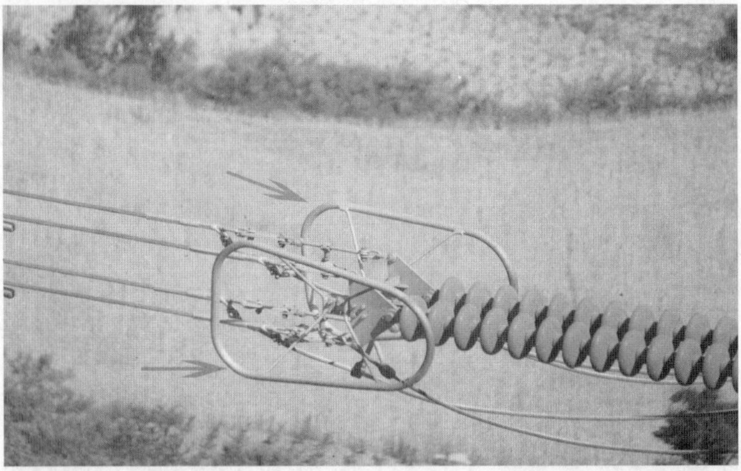

错误的安装方式

正确的安装方式

图 6-6-19　耐张塔均压屏蔽环安装方向错误

6.6.20　耐张塔引流线线夹发热

缺陷描述：

××线路××号×相×号耐张塔子导线引流线线夹发热，相对导线温升为×°（必要时还需要说明当前线路的负荷情况、测量时线路所处的环境温度、湿度和测量距离等）（图 6-6-20）。

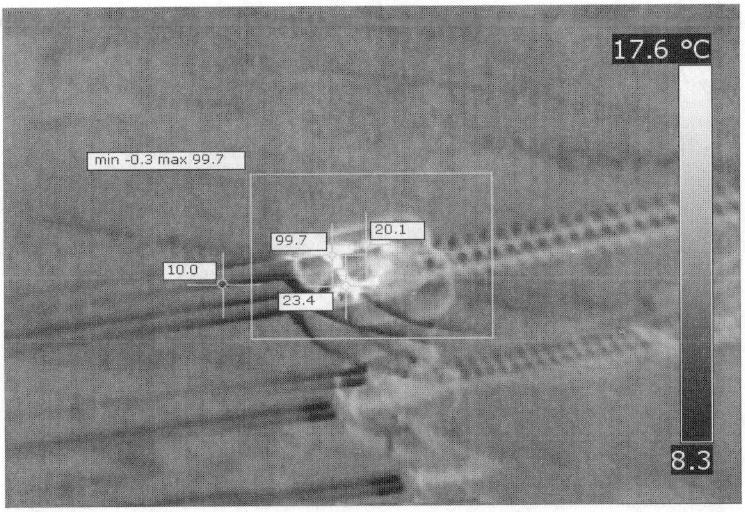

图 6-6-20　耐张塔引流线线夹发热

6.6.21　地线防振锤锈蚀

缺陷描述：

××线路××号×相地线防振锤锈蚀（图 6-6-21）。

图 6-6-21　地线防振锤锈蚀

6.7　接地类缺陷

6.7.1　接地点螺栓丢失

缺陷描述：

××线路××号×腿接地点螺栓丢失（图 6-7-1）。

图 6-7-1　接地点螺栓丢失

6.7.2　接地引线外露部分安装不规范

缺陷描述：

××线路××号×腿接地引线外露部分安装不规范（图 6-7-2）。

图 6-7-2　接地引线外露部分安装不规范

6.7.3　接地引线外露部分锈蚀

缺陷描述：

××线路××号×腿接地引线外露部分锈蚀（图 6-7-3）。

图 6-7-3　接地引线外露部分锈蚀

6.7.4　接地体埋深不满足设计要求

缺陷描述：

××线路××号接地体埋深××m，不满足设计要求（图 6-7-4）。

图 6-7-4　接地体埋深不满足设计要求

6.8 通道类缺陷

6.8.1 线路下方（侧下方）发现采石场

缺陷描述：

××线路××号×号侧第×间隔棒至第×间隔棒之间导线下方发现采石场［图 6-8-1（a）］。

××线路××号×号侧第×间隔棒至第×间隔棒之间导线侧下方（距离导线水平距离××m）发现采石场［图 6-8-1（b）］。

(a)

(b)

图 6-8-1 线路下方（侧下方）发现采石场

6.8.2 铁塔下方有车辆通过

缺陷描述：

××线路××号铁塔下方有车辆通过（图 6-8-2）。

图 6-8-2　铁塔下方有车辆通过

6.8.3　导线下方（侧下方）有树木

缺陷描述：

××线路××号×号侧第×间隔棒至第×间隔棒之间导线下方发现树木（树种、直径、树高、树木与导线之间的水平距离、树木与导线之间的净空距离、树木数量）［图 6-8-3(a)］。

××线路××号×号侧第×间隔棒至第×间隔棒之间导线侧下方发现树木（树种、直径、树高、树木与导线之间的水平距离、树木与导线之间的净空距离、树木数量）［图 6-8-3(b)］。

6.8.4　铁塔基础附近有蓄水池

缺陷描述：

××线路××号铁塔基础附近（距×腿×m）有蓄水池（图 6-8-4）。

(a)

(b)

图 6-8-3　导线下方（侧下方）发现树木

图 6-8-4　铁塔基础附近有蓄水池

6.8.5　导线下方发现蔬菜大棚

缺陷描述：

××线路××号×号侧第×间隔棒至第×间隔棒之间导线下方发现蔬菜大棚（图 6-8-5）。

图 6-8-5　导线下方发现蔬菜大棚

6.8.6　导线下方发现违章建筑

缺陷描述：

××线路××号×号侧第×间隔棒至第×间隔棒之间导线下方发现违章建筑（高危物品存储建筑要说明名称，如加油站、储气站等）（图 6-8-6）。

图 6-8-6　导线下方发现违章建筑

6.8.7 铁塔基础附近有大型机械进行土方开挖作业

缺陷描述：
××线路××号铁塔基础附近（距×腿×m）有大型机械进行土方开挖作业（图 6-8-7）。

图 6-8-7 铁塔基础附近有大型机械进行土方开挖作业

6.9 附属设施类缺陷

6.9.1 杆号牌损坏

缺陷描述：
××线路××号杆号牌损坏（图 6-9-1）。

图 6-9-1　杆号牌损坏

6.9.2　航巡牌扭转

缺陷描述：

××线路××号×面航巡牌扭转（图 6-9-2）。

图 6-9-2　航巡牌扭转

6.9.3　防鸟刺锈蚀

缺陷描述：

××线路××号防鸟刺锈蚀（必要时要说明锈蚀程度）（图 6-9-3）。

图 6-9-3　防鸟刺锈蚀

6.9.4　地线放电间隙杆损坏

缺陷描述：

××线路××号地线放电间隙杆损坏（图 6-9-4）。

图 6-9-4　地线放电间隙杆损坏